U0896809

马蒂厄函数理论基础及应用

熊天信 著

科学出版社
北京

内 容 简 介

本书首先系统地阐述了求解马蒂厄方程的理论和方法，对马蒂厄函数进行了合理的分类，详细地讨论了各类马蒂厄函数的基本特性以及它们之间的关系。其次，本书讲解了计算马蒂厄函数的数值的方法，编写了计算马蒂厄函数的程序，给出了马蒂厄函数及其一阶导数的图像和数值计算数表，详述了利用马蒂厄函数的级数展开其他函数的方法。最后本书列举了马蒂厄函数的一些应用实例。本书内容力求系统简明，使读者能全面掌握马蒂厄函数，书末附有4 篇相关附录。

本书可供从事数学、物理学、电磁场与微波技术等专业的学者和其他相关工程技术人员参考，也可作为学习马蒂厄函数的教材。

图书在版编目(CIP)数据

马蒂厄函数理论基础及应用 / 熊天信著.—北京：科学出版社，2014.7

ISBN 978-7-03-041376-5

Ⅰ.①马… Ⅱ.①熊… Ⅲ.①马蒂厄函数-研究 Ⅳ. ①O174.63

中国版本图书馆 CIP 数据核字（2014）第 150533 号

责任编辑：张　展　罗　莉 / 封面设计：墨创文化
责任校对：邓利娜 / 责任印制：余少力

科学出版社出版
北京东黄城根北街16 号
邮政编码：100717
http://www.sciencep.com

成都创新包装印刷厂印刷
科学出版社发行　各地新华书店经销

*

2014 年 7 月第 一 版　开本：787×1092 1/16
2015 年 1 月第二次印刷　印张：16
字数：360 千字

定价：69.00 元

前　　言

自法国数学家、天文学家马蒂厄(É. L. Mathieu，1835～1890年)于1868年在分析椭圆形膜的运动时提出马蒂厄函数以来，它在物理学、电磁场与微波技术和其他工程技术中便得到了广泛的应用，但由于其复杂性，特别是它的数值计算方法和程序实现的复杂性，使许多学者难以掌握。这使我萌生了通过对现有关于马蒂厄函数的文献进行梳理，写一本专著系统地介绍马蒂厄函数的想法。现今这一工作终于完成，了却了我多年来的一个心愿。

本书分为5章。第1章介绍了直角坐标系与一般正交曲线坐标系之间的变换关系，根据坐标变换，由标量波动方程，得到在椭圆坐标系中标量波动方程的两个横向方程，即马蒂厄方程。将这两个方程分别命名为角向马蒂厄方程和径向马蒂厄方程，相应的解称为角向马蒂厄函数和径向马蒂厄函数。第2章首先介绍了希尔方程的弗洛凯解，对其解的函数特性进行了讨论，在此基础上，得到角向马蒂厄函数，并讨论了角向马蒂厄函数的正交性、归一化方法和数值计算方法，编写了计算角向马蒂厄函数的Fortran程序并对其进行数值计算。其次，通过数值计算，绘出了部分角向马蒂厄函数的函数图像和它们的一阶导数的函数图像，给出了一些马蒂厄函数的数值计算结果。最后讨论了马蒂厄方程的稳定解区域和非稳定解区域。第3章介绍了径向马蒂厄函数，还讨论了角向马蒂厄函数和径向马蒂厄函数的关系，得到了利用贝塞尔函数的级数展开径向马蒂厄函数和角向马蒂厄函数的各种形式，以及它们的一阶导数形式，讨论了径向马蒂厄函数的收敛性并得出在大自变量时径向马蒂厄函数的渐近形式。该章编写了计算径向马蒂厄函数的Fortran程序，通过程序计算，给出了一些径向马蒂厄函数的函数图像和数值计算结果，这些结果和相关文献高度统一，反映出计算程序的正确性和可靠性。第4章介绍了马蒂厄函数及其乘积的积分表示方法，给出了用贝塞尔函数的级数展开马蒂厄函数的关系式及其证明过程。同时，推导出了一些马蒂厄函数之间、其他函数与马蒂厄函数之间的关系式，讨论了将其他函数展开成马蒂厄函数级数的方法，并证明了其他一些函数用马蒂厄函数的级数展开的具体形式。第5章介绍了马蒂厄函数的一些典型应用实例，这些实例可帮助读者进一步理解和应用马蒂厄函数，其结果也可供相关科技人员参考。

本书系统地论述了马蒂厄函数基础理论和应用，对广大学者学习和应用马蒂厄函数有重要的参考价值。本书注重内容的系统性和相对完整性，以使读者更易理解和掌握马蒂厄函数。对初学者来说，本书也可作为学习马蒂厄函数的教材。

由于条件所限，收集到的参考文献可能会有一些遗漏，加之作者水平所限，致使书中难免有不当和不足之处，恳请广大读者、专家学者批评指证！

作　者

2014年3月

目　录

第1章　马蒂厄方程

马蒂厄方程是以法国数学家、天文学家马蒂厄(É. L. Mathieu，1835～1890年)的名字命名的一个常微分方程，它是在椭圆柱坐标系中，利用分离变量法，由标量齐次亥姆霍兹方程得到的方程。为了深入理解马蒂厄方程，本章先介绍一般的正交曲线坐标系，并在此基础上推导出马蒂厄方程。

1.1　正交曲线坐标系

在参考系中，为了确定空间一点的位置，必须按规定方法选取一组有次序的数据，这组数据就叫“坐标”。在某一问题中规定坐标的方法，就是该问题所用的坐标系。坐标系的种类很多，常用的有：直角坐标系、球坐标系和圆柱坐标系。但是，由于上述坐标系边界的形状不能方便地解决某些问题，所以就要采用其他坐标系，例如：椭圆柱坐标系、抛物柱坐标系、长旋转椭球坐标系、扁旋转椭球坐标系、旋转抛物面坐标系、圆锥坐标系、椭球坐标系和抛物面坐标系等，这些坐标系都属于正交曲线坐标系。为对正交曲线坐标系有一个较全面的了解，下面先讨论它的定义，以及它与直角坐标系之间的变换关系，然后讨论标量函数在正交曲线坐标系中的梯度、矢量函数在正交曲线坐标系中的散度和旋度的表示方法。

1.1.1　正交曲线坐标系的定义和坐标系之间的变换关系

用 u_1、u_2 和 u_3 表示新坐标系的3个坐标轴，设 u_1、u_2 和 u_3 与直角坐标系中 x、y 和 z 的关系为

$$\begin{cases} u_1 = \phi_1(x,y,z) \\ u_2 = \phi_2(x,y,z) \\ u_3 = \phi_3(x,y,z) \end{cases} \tag{1.1.1}$$

我们假定 $u_i(x,\ y,\ z)(i=1,\ 2,\ 3)$ 在 xyz 空间的某个域 D 中有连续的一阶导数，并设在域 D 中的某点 $P_0(x_0,\ y_0,\ z_0)$处，下列条件成立

$$\frac{\partial(u_1,u_2,u_3)}{\partial(x,y,z)} = \begin{vmatrix} \dfrac{\partial\phi_1}{\partial x} & \dfrac{\partial\phi_1}{\partial y} & \dfrac{\partial\phi_1}{\partial z} \\ \dfrac{\partial\phi_2}{\partial x} & \dfrac{\partial\phi_2}{\partial y} & \dfrac{\partial\phi_2}{\partial z} \\ \dfrac{\partial\phi_3}{\partial x} & \dfrac{\partial\phi_3}{\partial y} & \dfrac{\partial\phi_3}{\partial z} \end{vmatrix} \neq 0 \tag{1.1.2}$$

公式(1.1.2)式右端的行列式叫做函数 ϕ_1、ϕ_2 和 ϕ_3 的雅可比行列式。在域 D 中某点 P_0处，(1.1.2)式成立能确保在该点的某邻域可以用坐标 u_1、u_2 和 u_3 来确定直角坐标系

中的每个点，这意味着存在如下反函数，且都是光滑的单值函数。

$$\begin{cases} x = x(u_1, u_2, u_3) \\ y = y(u_1, u_2, u_3) \\ z = z(u_1, u_2, u_3) \end{cases} \tag{1.1.3}$$

在上式中，u_1、u_2和u_3分别表示一般的正交曲线坐标系的三个坐标轴，(u_1, u_2, u_3)确定了一个坐标系，$u_i = u_i(x,y,z)(i = 1,2,3)$为常量的曲面称为坐标面，若空间各处三个坐标面都是正交的(坐标面的法线正交)，则称这样的坐标系为正交曲线坐标系(orthogonal curvilinear coordinate system)，如图 1-1 所示。

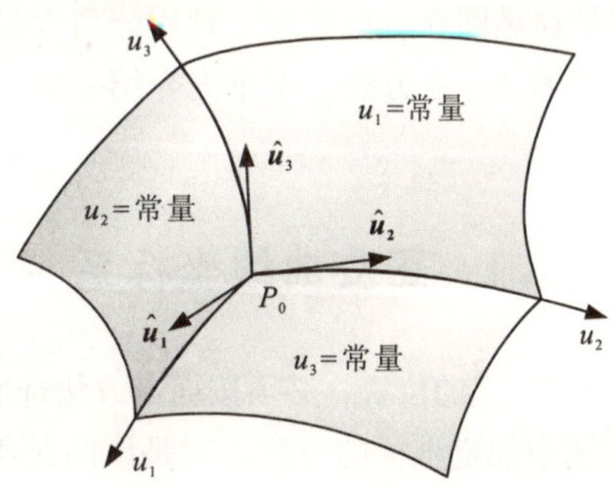

图 1-1　正交曲线坐标系

位置矢量 $\boldsymbol{r}=x\hat{\boldsymbol{e}}_x+y\hat{\boldsymbol{e}}_y+z\hat{\boldsymbol{e}}_z$(其中 $\hat{\boldsymbol{e}}_x$、$\hat{\boldsymbol{e}}_y$ 和 $\hat{\boldsymbol{e}}_z$ 分别为直角坐标系中沿 x、y 和 z 方向的单位矢量)的全微分为

$$\mathrm{d}\boldsymbol{r} = \frac{\partial \boldsymbol{r}}{\partial u_1}\mathrm{d}u_1 + \frac{\partial \boldsymbol{r}}{\partial u_2}\mathrm{d}u_2 + \frac{\partial \boldsymbol{r}}{\partial u_3}\mathrm{d}u_3 \tag{1.1.4}$$

其中，

$$\frac{\partial \boldsymbol{r}}{\partial u_i} = \hat{\boldsymbol{e}}_x \frac{\partial x}{\partial u_i} + \hat{\boldsymbol{e}}_y \frac{\partial y}{\partial u_i} + \hat{\boldsymbol{e}}_z \frac{\partial z}{\partial u_i}, i = 1,2,3 \tag{1.1.5}$$

$\frac{\partial \boldsymbol{r}}{\partial u_i}\mathrm{d}u_i$ 表示只有坐标 u_i 变化时位置矢量 $\boldsymbol{r}$ 的微分量。用 $\hat{\boldsymbol{u}}_i$ 表示沿$\frac{\mathrm{d}\boldsymbol{r}}{\mathrm{d}u_i}$轴切线方向的单位矢量，即正交曲线坐标系中的基矢，则

$$\hat{\boldsymbol{u}}_i = \frac{1}{\left|\frac{\partial \boldsymbol{r}}{\partial u_i}\right|}\frac{\partial \boldsymbol{r}}{\partial u_i} = \frac{1}{h_i}\frac{\partial \boldsymbol{r}}{\partial u_i} = \frac{1}{h_i}\left(\hat{\boldsymbol{e}}_x \frac{\partial x}{\partial u_i} + \hat{\boldsymbol{e}}_y \frac{\partial y}{\partial u_i} + \hat{\boldsymbol{e}}_z \frac{\partial z}{\partial u_i}\right) \tag{1.1.6}$$

式中，

$$h_i = \left|\frac{\partial \boldsymbol{r}}{\partial u_i}\right| = \sqrt{\left(\frac{\partial x}{\partial u_i}\right)^2 + \left(\frac{\partial y}{\partial u_i}\right)^2 + \left(\frac{\partial z}{\partial u_i}\right)^2} \tag{1.1.7}$$

称为度规系数(scale factor)。利用(1.1.7)式，可计算出正交曲线坐标系的度规系数，从而得到两坐标系之间的变换关系。表 1-1 列出了一些正交曲线坐标系的度规系数。

在正交曲线坐标系中，三基矢满足如下正交关系

$$\hat{\boldsymbol{u}}_i \cdot \hat{\boldsymbol{u}}_j = \delta_{ij} \tag{1.1.8}$$

式中，

$$\delta_{ij} = \begin{cases} 1, & (i = j) \\ 0, & (i \neq j) \end{cases}$$

表 1-1　常用坐标系的度规系数

坐标系	(u_1, u_2, u_3)	x	y	z	h_1	h_2	h_3
直角坐标系	(x, y, z)	x	y	z	1	1	1
圆柱坐标系	(r, θ, z)	$r\cos\theta$	$r\sin\theta$	z	1	r	1
球坐标系	(x, θ, φ)	$r\sin\theta\cos\varphi$	$r\sin\theta\sin\varphi$	$r\cos\theta$	1	r	$r\sin\theta$
椭圆柱坐标系	(ξ, η, z)	$h\cosh\xi\cos\eta$	$h\sinh\xi\sin\eta$	z	$h\sqrt{\frac{1}{2}(\cosh 2\xi - \cos 2\eta)}$	同左	1

且 $\hat{\boldsymbol{u}}_1$，$\hat{\boldsymbol{u}}_2$ 和 $\hat{\boldsymbol{u}}_3$ 之间满足右手螺旋关系，即有

$$\hat{\boldsymbol{u}}_1 \times \hat{\boldsymbol{u}}_2 = \hat{\boldsymbol{u}}_3, \hat{\boldsymbol{u}}_2 \times \hat{\boldsymbol{u}}_3 = \hat{\boldsymbol{u}}_1, \hat{\boldsymbol{u}}_3 \times \hat{\boldsymbol{u}}_1 = \hat{\boldsymbol{u}}_2 \tag{1.1.9}$$

(1.1.6)式就是一般正交曲线坐标系与直角坐标系之间的基矢变换关系，其矩阵形式为

$$\begin{pmatrix} \hat{\boldsymbol{u}}_1 \\ \hat{\boldsymbol{u}}_2 \\ \hat{\boldsymbol{u}}_3 \end{pmatrix} = \begin{pmatrix} \frac{1}{h_1}\frac{\partial x}{\partial u_1} & \frac{1}{h_1}\frac{\partial y}{\partial u_1} & \frac{1}{h_1}\frac{\partial z}{\partial u_1} \\ \frac{1}{h_2}\frac{\partial x}{\partial u_2} & \frac{1}{h_2}\frac{\partial y}{\partial u_2} & \frac{1}{h_2}\frac{\partial z}{\partial u_2} \\ \frac{1}{h_3}\frac{\partial x}{\partial u_3} & \frac{1}{h_3}\frac{\partial y}{\partial u_3} & \frac{1}{h_3}\frac{\partial z}{\partial u_3} \end{pmatrix} \begin{pmatrix} \hat{\boldsymbol{e}}_x \\ \hat{\boldsymbol{e}}_y \\ \hat{\boldsymbol{e}}_z \end{pmatrix} \tag{1.1.10}$$

易知，(1.1.10)式是正交矩阵，其逆变换为

$$\begin{pmatrix} \hat{\boldsymbol{e}}_x \\ \hat{\boldsymbol{e}}_y \\ \hat{\boldsymbol{e}}_z \end{pmatrix} = \begin{pmatrix} \frac{1}{h_1}\frac{\partial x}{\partial u_1} & \frac{1}{h_2}\frac{\partial x}{\partial u_2} & \frac{1}{h_3}\frac{\partial x}{\partial u_3} \\ \frac{1}{h_1}\frac{\partial y}{\partial u_1} & \frac{1}{h_2}\frac{\partial y}{\partial u_2} & \frac{1}{h_3}\frac{\partial y}{\partial u_3} \\ \frac{1}{h_1}\frac{\partial z}{\partial u_1} & \frac{1}{h_2}\frac{\partial z}{\partial u_2} & \frac{1}{h_3}\frac{\partial z}{\partial u_3} \end{pmatrix} \begin{pmatrix} \hat{\boldsymbol{u}}_1 \\ \hat{\boldsymbol{u}}_2 \\ \hat{\boldsymbol{u}}_3 \end{pmatrix} \tag{1.1.11}$$

1.1.2　正交曲线坐标系中标量函数的梯度

在正交曲线坐标系中取两点，使两坐标点具有相同的 u_2 和 u_3，而 u_1 相差 $\mathrm{d}u_1$，则此两点间的距离为[1]

$$\mathrm{d}l_1 = \sqrt{(\mathrm{d}x)^2 + (\mathrm{d}y)^2 + (\mathrm{d}z)^2} = \sqrt{\left(\frac{\partial x}{\partial u_1}\right)^2 + \left(\frac{\partial y}{\partial u_1}\right)^2 + \left(\frac{\partial z}{\partial u_1}\right)^2}\,\mathrm{d}u_1 \tag{1.1.12}$$

上式也可改写成

$$\mathrm{d}l_1 = h_1 \mathrm{d}u_1 \tag{1.1.13}$$

同理，两坐标点具有相同的 u_3 和 u_1，而 u_2 相差 $\mathrm{d}u_2$，则两点间的距离为

$$\mathrm{d}l_2 = h_2 \mathrm{d}u_2 \tag{1.1.14}$$

两坐标点具有相同的 u_1 和 u_2，而 u_3 相差 $\mathrm{d}u_3$，则两点间的距离为

$$\mathrm{d}l_3 = h_3 \mathrm{d}u_3 \tag{1.1.15}$$

这样，标量函数 $\Phi = \Phi(u_1, u_2, u_3)$ 的梯度 $\nabla\Phi$ 在 u_1 增长方向的分量为

$$(\nabla\Phi)_1 = \frac{\partial\Phi}{\partial l_1} = \frac{1}{h_1}\frac{\partial\Phi}{\partial u_1} \tag{1.1.16}$$

同理可得，标量函数 $\Phi = \Phi(u_1, u_2, u_3)$ 的梯度 $\nabla\Phi$ 在 u_2 和 u_3 增长方向的分量分别为

$$(\nabla\Phi)_2=\frac{\partial\Phi}{\partial l_2}=\frac{1}{h_2}\frac{\partial\Phi}{\partial u_2} \tag{1.1.17}$$

$$(\nabla\Phi)_3=\frac{\partial\Phi}{\partial l_3}=\frac{1}{h_3}\frac{\partial\Phi}{\partial u_3} \tag{1.1.18}$$

即正交曲线坐标系中标量函数的梯度为

$$\nabla\Phi=\hat{\boldsymbol{u}}_1\frac{1}{h_1}\frac{\partial\Phi}{\partial u_1}+\hat{\boldsymbol{u}}_2\frac{1}{h_2}\frac{\partial\Phi}{\partial u_2}+\hat{\boldsymbol{u}}_3\frac{1}{h_3}\frac{\partial\Phi}{\partial u_3}=\sum_i^3\hat{\boldsymbol{u}}_i\frac{1}{h_i}\frac{\partial\Phi}{\partial u_i} \tag{1.1.19}$$

正交曲线坐标系中∇算符为

$$\nabla=\hat{\boldsymbol{u}}_1\frac{1}{h_1}\frac{\partial}{\partial u_1}+\hat{\boldsymbol{u}}_2\frac{1}{h_2}\frac{\partial}{\partial u_2}+\hat{\boldsymbol{u}}_3\frac{1}{h_3}\frac{\partial}{\partial u_3}=\sum_i^3\hat{\boldsymbol{u}}_i\frac{1}{h_i}\frac{\partial}{\partial u_i} \tag{1.1.20}$$

1.1.3 正交曲线坐标系中矢量函数的散度

本节讨论在正交曲线坐标系下，如何求一个矢量函数$\boldsymbol{A}(u_1,u_2,u_3)=A_1(u_1,u_2,u_3)\hat{\boldsymbol{u}}_1+A_2(u_1,u_2,u_3)\hat{\boldsymbol{u}}_2+A_3(u_1,u_2,u_3)\hat{\boldsymbol{u}}_3$的散度。

取体积元ΔV为区间$\left(u_1-\frac{1}{2}\Delta u_1,u_1+\frac{1}{2}\Delta u_1\right)$、$\left(u_2-\frac{1}{2}\Delta u_2,u_2+\frac{1}{2}\Delta u_2\right)$和$\left(u_3-\frac{1}{2}\Delta u_3,u_3+\frac{1}{2}\Delta u_3\right)$之间的区域，体积元体积为$\Delta V=\Delta l_1\Delta l_2\Delta l_3=h_1h_2h_3\Delta u_1\Delta u_2\Delta u_3$，如图1-2所示。矢量$\boldsymbol{A}(u_1,u_2,u_3)$穿过包围体积元$\Delta V$的闭合曲面的通量为

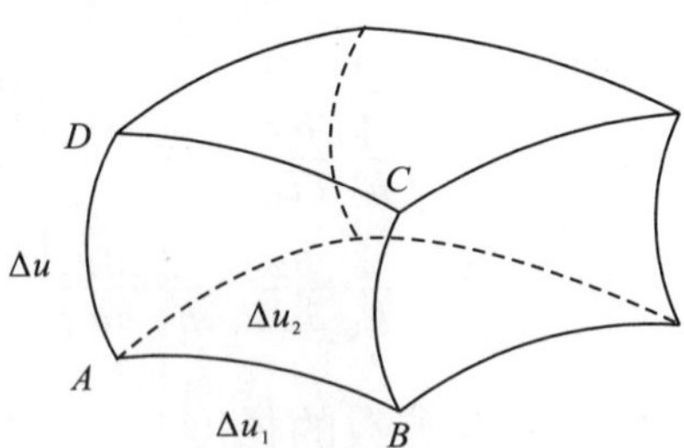

图1-2 矢量函数的体积元ΔV

$$\oiint_S\boldsymbol{A}\cdot d\boldsymbol{S}=\iint_{u_1+\frac{1}{2}\Delta u_1}\boldsymbol{A}\cdot d\boldsymbol{S}+\iint_{u_1-\frac{1}{2}\Delta u_1}\boldsymbol{A}\cdot d\boldsymbol{S}+\iint_{u_2+\frac{1}{2}\Delta u_2}\boldsymbol{A}\cdot d\boldsymbol{S}$$
$$+\iint_{u_2-\frac{1}{2}\Delta u_2}\boldsymbol{A}\cdot d\boldsymbol{S}+\iint_{u_3+\frac{1}{2}\Delta u_3}\boldsymbol{A}\cdot d\boldsymbol{S}+\iint_{u_3-\frac{1}{2}\Delta u_3}\boldsymbol{A}\cdot d\boldsymbol{S} \tag{1.1.21}$$

其中，

$$\begin{aligned}\iint_{u_1+\frac{1}{2}\Delta u_1}\boldsymbol{A}\cdot d\boldsymbol{S}&=\iint_{u_1+\frac{1}{2}\Delta u_1}\boldsymbol{A}\cdot\hat{\boldsymbol{u}}_1h_2h_3\,du_1du_2\\&=A_1\left(u_1+\frac{1}{2}\Delta u_1,u_2,u_3\right)h_2\left(u_1+\frac{1}{2}\Delta u_1,u_2,u_3\right)\\&\quad\times h_3\left(u_1+\frac{1}{2}\Delta u_1,u_2,u_3\right)\Delta u_2\Delta u_3\end{aligned} \tag{1.1.22}$$

将$A_1h_2h_3$作泰勒级数展开，并忽略展开式中的高次项，得

$$\iint_{u_1+\frac{1}{2}\Delta u_1}\boldsymbol{A}\cdot d\boldsymbol{S}=\left[h_2h_3A_1+\frac{1}{2}\frac{\partial(h_2h_3A_1)}{\partial u_1}\Delta u_1\right]\Delta u_2\Delta u_3 \tag{1.1.23}$$

同理可得

$$\iint_{u_1-\frac{1}{2}\Delta u_1} \boldsymbol{A}\cdot \mathrm{d}\boldsymbol{S} = \left[-h_2h_3A_1 + \frac{1}{2}\frac{\partial(h_2h_3A_1)}{\partial u_1}\Delta u_1\right]\Delta u_2\Delta u_3 \tag{1.1.24}$$

$$\iint_{u_2+\frac{1}{2}\Delta u_2} \boldsymbol{A}\cdot \mathrm{d}\boldsymbol{S} = \left[h_3h_1A_2 + \frac{1}{2}\frac{\partial(h_3h_1A_2)}{\partial u_2}\Delta u_2\right]\Delta u_3\Delta u_1 \tag{1.1.25}$$

$$\iint_{u_2-\frac{1}{2}\Delta u_2} \boldsymbol{A}\cdot \mathrm{d}\boldsymbol{S} = \left[-h_3h_1A_2 + \frac{1}{2}\frac{\partial(h_3h_1A_2)}{\partial u_2}\Delta u_2\right]\Delta u_3\Delta u_1 \tag{1.1.26}$$

$$\iint_{u_3+\frac{1}{2}\Delta u_3} \boldsymbol{A}\cdot \mathrm{d}\boldsymbol{S} = \left[h_1h_2A_3 + \frac{1}{2}\frac{\partial(h_1h_2A_3)}{\partial u_3}\Delta u_3\right]\Delta u_1\Delta u_2 \tag{1.1.27}$$

$$\iint_{u_3-\frac{1}{2}\Delta u_3} \boldsymbol{A}\cdot \mathrm{d}\boldsymbol{S} = \left[-h_1h_2A_3 + \frac{1}{2}\frac{\partial(h_1h_2A_3)}{\partial u_3}\Delta u_3\right]\Delta u_1\Delta u_2 \tag{1.1.28}$$

将(1.1.23)～(1.1.28)式代入(1.1.21)式，可得

$$\oiint_S \boldsymbol{A}\cdot \mathrm{d}\boldsymbol{S} = \frac{\partial(h_2h_3A_1)}{\partial u_1}\Delta u_1\Delta u_2\Delta u_3 + \frac{\partial(h_3h_1A_2)}{\partial u_1}\Delta u_1\Delta u_2\Delta u_3 + \frac{\partial(h_1h_2A_3)}{\partial u_1}\Delta u_1\Delta u_2\Delta u_3 \tag{1.1.29}$$

由矢量的散度定义，得正交曲线坐标系中矢量函数 $\boldsymbol{A}(u_1,\ u_2,\ u_3)$的散度$\nabla\cdot\boldsymbol{A}$ 为

$$\begin{aligned}\nabla\cdot\boldsymbol{A} &= \frac{\oiint_S \boldsymbol{A}\cdot \mathrm{d}\boldsymbol{S}}{\Delta V} = \frac{1}{h_1h_2h_3}\left(\frac{\partial(h_2h_3A_1)}{\partial u_1} + \frac{\partial(h_3h_1A_2)}{\partial u_1} + \frac{\partial(h_1h_2A_3)}{\partial u_1}\right)\\ &= \frac{1}{h_1h_2h_3}\sum_{i=1}^{3}\frac{\partial}{\partial u_1}\left(\frac{h_1h_2h_3}{h_i}A_i\right)\end{aligned} \tag{1.1.30}$$

拉普拉斯算符∇^2作用于标量函数 $\Phi=\Phi(u_1,u_2,u_3)$ 可转化为标量函数 $\Phi(u_1,u_2,u_3)$ 的梯度的散度，即 $\nabla^2\Phi=\nabla\cdot\nabla\Phi$ 。利用(1.1.19)式可得正交曲线坐标系中拉普拉斯算符∇^2作用于标量函数 Φ 的表示式为

$$\begin{aligned}\nabla^2\Phi &= \frac{1}{h_1h_2h_3}\left[\frac{\partial}{\partial u_1}\left(\frac{h_2h_3}{h_1}\frac{\partial\Phi}{\partial u_1}\right) + \frac{\partial}{\partial u_2}\left(\frac{h_3h_1}{h_2}\frac{\partial\Phi}{\partial u_2}\right) + \frac{\partial}{\partial u_3}\left(\frac{h_1h_2}{h_3}\frac{\partial\Phi}{\partial u_3}\right)\right]\\ &= \frac{1}{h_1h_2h_3}\sum_{i=1}^{3}\frac{\partial}{\partial u_i}\left(\frac{h_1h_2h_3}{h_i^2}\frac{\partial\Phi}{\partial u_i}\right)\end{aligned} \tag{1.1.31}$$

由此可见，在正交曲线坐标系中，拉普拉斯算符可表示为如下形式：

$$\nabla^2 = \sum_{i=1}^{3}\frac{1}{h_1h_2h_3}\frac{\partial}{\partial u_i}\left[\frac{h_1h_2h_3}{h_i^2}\frac{\partial}{\partial u_i}\right] \tag{1.1.32}$$

1.1.4　正交曲线坐标系中矢量函数的旋度

取一个微小曲边四边形 $ABCD$，如图 1-3 所示，它的法线沿 u_1增长方向，四边分别为 u_2、$u_2+\mathrm{d}u_2$、u_3和 $u_3+\mathrm{d}u_3$，将这四边不妨当作直线，现计算矢量函数 $\boldsymbol{A}(u_1,\ u_2,\ u_3)$ 沿 $ABCD$ 的环流量。

沿 AB 段和 CD 段有[1]

$$(h_2A_2)|_{u_3}\mathrm{d}u_2 - (h_2A_2)|_{u_3+\mathrm{d}u_3}\mathrm{d}u_2 = -\frac{\partial}{\partial u_3}(h_2A_2)\mathrm{d}u_2\mathrm{d}u_3 \tag{1.1.33}$$

沿 BC 段和 DA 段有

$$(h_3A_3)|_{u_2+\mathrm{d}u_2}\mathrm{d}u_3 - (h_3A_3)|_{u_3}\mathrm{d}u_3 = \frac{\partial}{\partial u_2}(h_3A_3)\mathrm{d}u_2\mathrm{d}u_3 \tag{1.1.34}$$

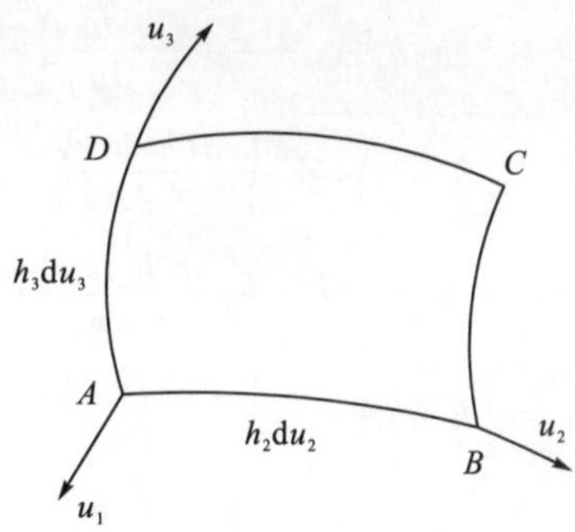

图 1-3　曲边四边形

把两者相加，得到沿回路 $ABCD$ 的环流量，将其除以曲边四边形的面积 $h_2h_3\mathrm{d}u_2\mathrm{d}u_3$就得到 u_2u_3面上每单位面积的环流量，即得到沿 $\hat{\boldsymbol{u}}_1$ 方向矢量函数 $\boldsymbol{A}(u_1, u_2, u_3)$的旋度分量为

$$(\nabla\times\boldsymbol{A})_1=\frac{1}{h_2h_3}\left[\frac{\partial(h_3A_3)}{\partial u_2}-\frac{\partial(h_2A_2)}{\partial u_3}\right] \tag{1.1.35}$$

同理可得

$$(\nabla\times\boldsymbol{A})_2=\frac{1}{h_3h_1}\left[\frac{\partial(h_1A_1)}{\partial u_3}-\frac{\partial(h_3A_3)}{\partial u_1}\right] \tag{1.1.36}$$

$$(\nabla\times\boldsymbol{A})_3=\frac{1}{h_1h_2}\left[\frac{\partial(h_2A_2)}{\partial u_1}-\frac{\partial(h_1A_1)}{\partial u_2}\right] \tag{1.1.37}$$

即在正交曲线坐标系中矢量函数 $\boldsymbol{A}(u_1, u_2, u_3)$的旋度为

$$\begin{aligned}\nabla\times\boldsymbol{A}&=\hat{\boldsymbol{u}}_1(\nabla\times\boldsymbol{A})_1+\hat{\boldsymbol{u}}_2(\nabla\times\boldsymbol{A})_2+\hat{\boldsymbol{u}}_3(\nabla\times\boldsymbol{A})_3\\&=\hat{\boldsymbol{u}}_1\frac{1}{h_2h_3}\left[\frac{\partial(h_3A_3)}{\partial u_2}-\frac{\partial(h_2A_2)}{\partial u_3}\right]+\hat{\boldsymbol{u}}_2\frac{1}{h_3h_1}\left[\frac{\partial(h_1A_1)}{\partial u_3}-\frac{\partial(h_3A_3)}{\partial u_1}\right]\\&\quad+\hat{\boldsymbol{u}}_3\frac{1}{h_1h_2}\left[\frac{\partial(h_2A_2)}{\partial u_1}-\frac{\partial(h_1A_1)}{\partial u_2}\right]\\&=\frac{1}{h_1h_2h_3}\begin{vmatrix}h_1\hat{\boldsymbol{u}}_1&h_2\hat{\boldsymbol{u}}_2&h_3\hat{\boldsymbol{u}}_3\\\dfrac{\partial}{\partial u_1}&\dfrac{\partial}{\partial u_2}&\dfrac{\partial}{\partial u_3}\\h_1A_1&h_2A_2&h_3A_3\end{vmatrix}\end{aligned} \tag{1.1.38}$$

1.2　马蒂厄方程

为深入理解马蒂厄方程，本节先介绍椭圆柱坐标系，讨论知在某些特殊情况下它可退化成圆柱坐标系，然后由标量波动方程出发，得到椭圆柱坐标系中一般的马蒂厄方程。

1.2.1　椭圆柱坐标系

在(x, y)平面中椭圆方程为 $x^2/a^2+y^2/b^2=1$（式中 $a>b$，a 为椭圆的半长轴，b 为椭圆的半短轴）。两焦点 F_1、F_2之间的距离为 $2h$，且 $h^2=a^2-b^2$，如图 1-4 所示。椭圆偏心率为 $e=h/a$，$e\in[0, 1]$。

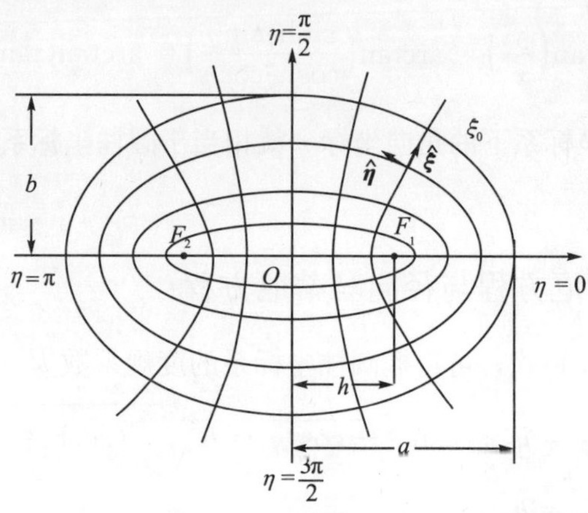

图 1-4　椭圆柱坐标系

椭圆柱坐标系(ξ, η, z)与直角坐标系(x, y, z)之间的变换关系是$(x+\mathrm{j}y)=h\cosh(\xi+\mathrm{j}\eta)$，其中$\xi$和$\eta$分别称为椭圆柱坐标系中的径向坐标和角向坐标，j 为单位虚数。令此等式两边的虚部与虚部相等，实部与实部相等，就得到

$$\begin{cases} x = h\cosh\xi\cos\eta \\ y = h\sinh\xi\sin\eta \\ z = z \end{cases} \tag{1.2.1}$$

式中ξ、η和z的取值范围分别为$\xi\in[0, \infty)$，$\eta\in[0, 2\pi)$，$z\in(-\infty, \infty)$。$\xi=\xi_0$的表面是一椭圆柱面，其方程为

$$\left(\frac{x}{h\cosh\xi_0}\right)^2+\left(\frac{y}{h\sinh\xi_0}\right)^2=\cos^2\eta+\sin^2\eta=1 \tag{1.2.2}$$

这时半长轴为$a=h\cosh\xi_0$，半短轴为$b=h\sinh\xi_0$。$\eta=\eta_0$的表面为双曲柱面，其方程为

$$\left(\frac{x}{h\cos\eta_0}\right)^2-\left(\frac{y}{h\sin\eta_0}\right)^2=\cosh^2\xi-\sinh^2\xi=1 \tag{1.2.3}$$

它与x轴的交点为$\pm h\cos\eta_0$，其渐近线为$y=x\tan\eta_0$。

椭圆柱面和双曲圆柱面是共焦的，且处处正交，椭圆柱坐标系中坐标(ξ, η)在直角坐标系中的位置由(1.2.1)式确定。由图 1-4 可以看出，椭圆柱坐标系中$\eta=0$的点对应直角坐标系中x轴的正半轴，$\eta=\pi$对应于直角坐标系中的x轴的负半轴，$\eta=\frac{\pi}{2}$对应于直角坐标系中y轴的正半轴，$\eta=\frac{3}{2}\pi$对应于直角坐标系中y轴的负半轴。椭圆柱坐标系中的$\xi=0$对应于直角坐标系中连接两焦点之间的直线。在直角坐标系中的焦点坐标$(x, y)=(\pm h, 0)$，在椭圆柱坐标系中则分别为$(\xi, \eta)=(0, 0)$和$(\xi, \eta)=(0, \pi)$。椭圆柱坐标系中的原点坐标为$\left(0, \frac{\pi}{2}\right)$或$\left(0, \frac{3}{2}\pi\right)$。当$h\to 0$或$\xi\to\infty$时，有$a\approx b$，即椭圆近似为圆，椭圆柱坐标系可看成为圆柱坐标系。坐标系中任一点到原点的距离为$r^2=x^2+y^2=h^2\cosh^2\xi\cos^2\eta+h^2\sinh^2\xi\sin^2\eta$，当$\xi\to\infty$时，有$\sinh\xi\to\cosh\xi$，故

$$r\big|_{\xi\to\infty}\sim h\cosh\xi\sim\frac{h\mathrm{e}^{\xi}}{2} \tag{1.2.4}$$

方位角为

$$\varphi = \arctan\left(\frac{y}{x}\right) = \arctan\left(\frac{\sinh\xi\sin\eta}{\cosh\xi\cos\eta}\right) = \arctan(\tanh\xi\tan\eta) \tag{1.2.5}$$

当ξ很大时，椭圆坐标系下的角向坐标η就相当于圆柱坐标系中的方位角φ，而$\frac{h\mathrm{e}^{\xi}}{2}$相当于径向距离。

1.2.2 角向马蒂厄方程与径向马蒂厄方程

由(1.1.7)式和(1.2.1)式，可得椭圆柱坐标系的度规系数为

$$\begin{cases} h_1 = h_\xi = h\sqrt{\cosh^2\xi - \cos^2\eta} = h\sqrt{\frac{1}{2}(\cosh 2\xi - \cos 2\eta)} \\ h_2 = h_\eta = h_\xi \\ h_3 = h_z = 1 \end{cases} \tag{1.2.6}$$

对于直角坐标系、圆柱坐标系、球坐标系、椭圆柱坐标系、抛物柱坐标系、长旋转椭球坐标系、扁旋转椭球坐标系、旋转抛物面坐标系、圆锥坐标系、椭球坐标系和抛物面坐标系，标量齐次亥姆霍兹方程都可用分离变量法进行求解[2]。下面本书将应用分离变量法，由标量波动方程得到标量亥姆霍兹方程，再由标量亥姆霍兹方程得到径向马蒂厄方程和角向马蒂厄方程。

标量波动方程为

$$\nabla^2\Phi(\boldsymbol{r},t) - \frac{1}{v^2}\frac{\partial^2}{\partial t^2}\Phi(\boldsymbol{r},t) = 0 \tag{1.2.7}$$

式中v是波速，$\Phi(\boldsymbol{r}, t)$是波函数。令$\Phi(\boldsymbol{r}, t)=\Phi(\boldsymbol{r})T(t)$，并将其代入(1.2.7)式可得

$$\frac{\mathrm{d}^2 T(t)}{\mathrm{d}t^2} + k^2 v^2 T(t) = 0 \tag{1.2.8}$$

$$\nabla^2\Phi(\boldsymbol{r}) + k^2\Phi(\boldsymbol{r}) = 0 \tag{1.2.9}$$

式中k^2是分离变量常数，(1.2.8)式是二阶常系数齐次线性微分方程，其解为函数$T(t)=\mathrm{e}^{\pm \mathrm{j}\omega t}$，$\omega=kv$；(1.2.9)式是三维标量齐次亥姆霍兹方程，将拉普拉斯算符分离为横向算符和纵向算符，即令

$$\nabla^2 = \nabla_{\mathrm{t}}^2 + \frac{\partial^2}{\partial z^2} \tag{1.2.10}$$

再令其解为$\Phi(\boldsymbol{r})=\Phi_{\mathrm{t}}(\boldsymbol{r}_{\mathrm{t}})Z(z)$，代入方程(1.2.9)式，应用分离变量法得

$$\frac{\mathrm{d}^2 Z(z)}{\mathrm{d}z^2} + k_z^2 Z(z) = 0 \tag{1.2.11}$$

$$\nabla_{\mathrm{t}}^2\Phi_{\mathrm{t}}(\boldsymbol{r}_{\mathrm{t}}) + k_{\mathrm{t}}^2\Phi_{\mathrm{t}}(\boldsymbol{r}_{\mathrm{t}}) = 0 \tag{1.2.12}$$

其中k_z^2是分离变量常数，且有$k_{\mathrm{t}}^2=k^2-k_z^2$，(1.2.11)式是二阶常系数齐次线性微分方程，其解为函数$Z(z) = \mathrm{e}^{\pm \mathrm{j}k_z z}$，(1.2.12)式是二维的标量亥姆霍兹方程，将(1.2.6)式代入(1.1.32)式，再利用(1.2.10)式可得在正交曲线坐标系中横向拉普拉斯算符为

$$\nabla_{\mathrm{t}}^2 = \frac{1}{h_\xi^2}\frac{\partial^2}{\partial\xi^2} + \frac{1}{h_\eta^2}\frac{\partial^2}{\partial\eta^2} \tag{1.2.13}$$

由(1.2.12)式可得椭圆柱坐标系中二维标量亥姆霍兹方程的形式为

$$\left[\frac{\partial^2}{\partial\xi^2} + \frac{\partial^2}{\partial\eta^2} + \frac{k_{\mathrm{t}}^2 h^2}{2}(\cosh 2\xi - \cos 2\eta)\right]\Phi_{\mathrm{t}}(\xi,\eta) = 0 \tag{1.2.14}$$

令 $\Phi_t(\xi,\eta)=R(\xi)\psi(\eta)$，代入(1.2.14)式得

$$\frac{\mathrm{d}^2\psi(\eta)}{\mathrm{d}\eta^2}+(a-2q\cos2\eta)\psi(\eta)=0 \tag{1.2.15}$$

$$\frac{\mathrm{d}^2R(\xi)}{\mathrm{d}\xi^2}-(a-2q\cosh2\xi)R(\xi)=0 \tag{1.2.16}$$

式中 a 是分离变量常数，q 是一无量纲参数，它和横向传播常数 k_t 之间的关系为

$$q=h^2k_t^2/4 \tag{1.2.17}$$

方程(1.2.15)式和(1.2.16)式分别叫做角向马蒂厄方程(angular Mathieu equation，AME)和径向马蒂厄方程(radial Mathieu equation，RME)。可以看出，如用 $\mathrm{j}\xi$ 代替方程(1.2.15)式中的 η，就可得到(1.2.16)式，反之如用 $\mathrm{j}\eta$ 代替(1.2.16)式中 ξ，就可得到(1.2.15)式。这种标准形式的马蒂厄方程由 E. L. Ince 于1914年提出[3]。然而，最初这一方程形式并不是统一的标准形式，如：E. T. Whittaker 将方程中的 q 写为 $-8q$[4]，J. A. Stratton 和 P. M. Morse 令方程中的 $a=b-c^2/2, q=c^2/4$[5~6]。但目前不少学者还是采用(1.2.15)式和(1.2.16)式的形式[7~13]。

至此，得到了在椭圆坐标系中波动方程的解形式为

$$\Phi(\boldsymbol{r},t)=R(\xi)\psi(\eta)\mathrm{e}^{\mathrm{j}(\pm k_z z\pm\omega t)} \tag{1.2.18}$$

它表示沿 z 方向传播的波，波的横向场分布由 $R(\xi)\psi(\eta)$ 表示，波的相速度为 $v_p=\omega/k_z$。

方程(1.2.15)式和(1.2.16)式的解分别称为角向马蒂厄函数(angular Mathieu functions，AMFS)和径向马蒂厄函数(radial Mathieu functions，RMFS)[11]。要特别强调的是，有的文献将(1.2.15)式和(1.2.16)式分别称为马蒂厄方程(Mathieu's equation)和修正马蒂厄方程(modified Mathieu's equation)，其解称为马蒂厄函数(Mathieu function)和修正马蒂厄函数(modified Mathieu function)[4~15]；有的文献将"Mathieu function"译成"马提厄函数"[6]；有的将其译为"马丢函数"[12~13,17~23]或"马修函数"[24~28]。本书采用的数学名词的翻译由全国自然科学名词审订委员会给出[14]，并考虑到方程(1.2.15)式和(1.2.16)式的物理意义，将其分别称为角向马蒂厄方程和径向马蒂厄方程，相应的解称为角向马蒂厄函数和径向马蒂厄函数。当然，这也是不少文献采用的命名方法。

第 2 章　角向马蒂厄函数

马蒂厄函数是马蒂厄方程的解，它是法国数学家、天文学家马蒂厄于 1868 年在分析椭圆形膜的振动时提出的[29]，此函数在诸多物理问题中都有应用。

由第 1 章可知，马蒂厄方程实际是在椭圆柱坐标系下，采用分离变量法，通过亥姆霍兹方程得到的两个横向方程。它分为角向马蒂厄方程和径向马蒂厄方程，其解称为角向马蒂厄函数和径向马蒂厄函数。

图 2-1 反映了马蒂厄函数的分类情况。马蒂厄函数如果按阶次是否为整数，可将其分为整数阶马蒂厄函数和非整数阶马蒂厄函数，但非整数阶马蒂厄函数在物理问题中用得很少，因此，本章主要介绍整数阶马蒂厄函数。整数阶马蒂厄函数又可分为角向马蒂厄函数和径向马蒂厄函数，角向马蒂厄函数又有周期函数和非周期函数两种形式。在大多数物理问题中，由于非周期函数不满足角方向的单值性要求，因而应用得很少。对径向马蒂厄函数，当参数 $q>0$ 时，整数阶径向马蒂厄函数可分第一类径向马蒂厄函数、第二类径向马蒂厄函数和马蒂厄−汉克尔函数；当参数 $q<0$ 时，径向马蒂厄函数分为第一类变形贝塞尔型径向马蒂厄函数和第二类变形贝塞尔型径向马蒂厄函数。每类整数阶马蒂厄函数均有奇、偶两种形式。另外，径向马蒂厄方程还存在对应于角向马蒂厄方程非周期解的两个解，即 $\mathrm{Fe}_m(\xi, q)$和 $\mathrm{Ge}_m(\xi, q)$函数。

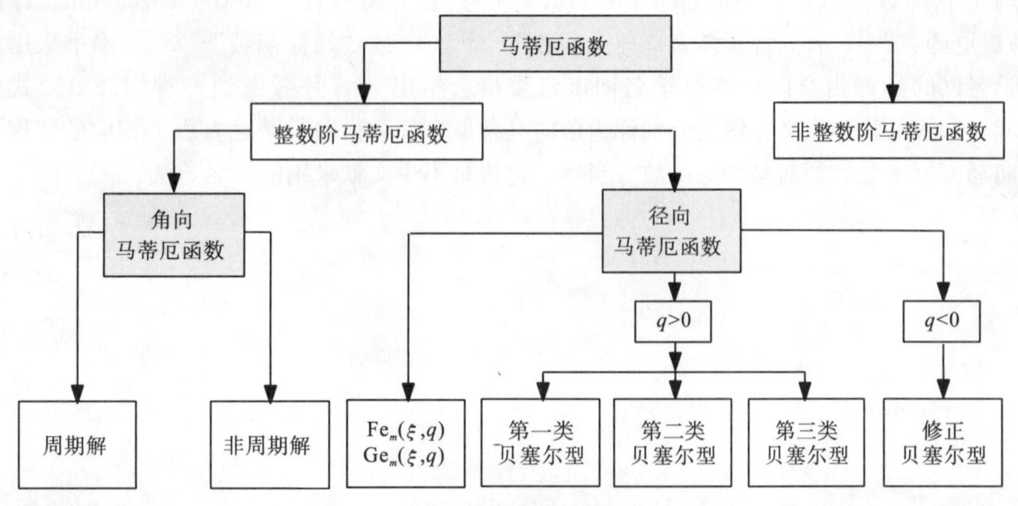

图 2-1　整数阶马蒂厄函数的分类

2.1 角向马蒂厄方程的解

2.1.1 解的一般性质——基本解

本节讨论角向马蒂厄方程(1.2.15)式的基本解所具有的性质。为使讨论更具一般性，本书先讨论比马蒂厄方程更普遍的方程，即希尔(Hill)方程的特殊形式，此方程为[12~13]

$$\frac{\mathrm{d}^2\psi}{\mathrm{d}\eta^2}+(a-\varphi(\eta))\psi=0 \tag{2.1.1}$$

其中，a 是一常量，$\psi(\eta)$ 是周期为 T 的函数。如果取 $\varphi(\eta)=2q\cos 2\eta\ (T=\pi)$，则(2.1.1)式就是角向马蒂厄方程。

设方程(2.1.1)式的两个基本解分别为函数 $\psi_1(\eta)$ 和函数 $\psi_2(\eta)$，它们满足下列初值条件

$$\begin{cases}\psi_1(0)=1, & \psi_1'(0)=0\\ \psi_2(0)=0, & \psi_2'(0)=1\end{cases} \tag{2.1.2}$$

因 $\psi_1(\eta)$ 和 $\psi_2(\eta)$ 是方程(2.1.1)式的解，则有

$$\begin{cases}\psi_1''+(\lambda-\varphi(\eta))\psi_1=0\\ \psi_2''+(\lambda-\varphi(\eta))\psi_2=0\end{cases} \tag{2.1.3}$$

将其中第一式乘以 ψ_2，第二式乘以 ψ_1，然后两式相减，可得

$$\psi_1\psi_2''-\psi_2\psi_1''=0 \tag{2.1.4}$$

由此进一步得到

$$\frac{\mathrm{d}}{\mathrm{d}\eta}(\psi_1\psi_2'-\psi_2\psi_1')=0 \tag{2.1.5}$$

利用初始条件(2.1.2)式可确定

$$\psi_1\psi_2'-\psi_2\psi_1'=1 \tag{2.1.6}$$

即由 ψ_1 与 ψ_2 组成的朗斯基(Wronskian)行列式不为零，故满足方程(2.1.1)式和初值条件(2.1.2)式的两个解 ψ_1、ψ_2 是线性无关的。因方程(2.1.1)式是线性方程，而 $\varphi(\eta)$ 是以 T 为周期的函数，故函数 $\psi_1(\eta\pm nT)$ 和 $\psi_2(\eta\pm nT)$ $(n=1, 2, 3, \cdots)$ 也是方程(2.1.1)式的解。因此，$\psi_1(\eta\pm T)$ 和 $\psi_2(\eta\pm T)$ 必然是 $\psi_1(\eta)$ 和 $\psi_2(\eta)$ 的线性组合，即有

$$\begin{cases}\psi_1(\eta\pm T)=A_1\psi_1(\eta)+B_1\psi_2(\eta)\\ \psi_2(\eta\pm T)=A_2\psi_1(\eta)+B_2\psi_2(\eta)\end{cases} \tag{2.1.7}$$

式中 A_1、B_1、A_2 和 B_2 为常数，它们可以利用初值条件(2.1.2)式求得。例如，由(2.1.7)式中的第一式，可确定 A_1 与 B_1 的值为

$$\begin{cases}\psi_1(\pm T)=A_1\psi_1(0)+B_1\psi_2(0)=A_1\\ \psi_1'(\pm T)=A_1\psi_1'(0)+B_1\psi_2'(0)=B_1\end{cases} \tag{2.1.8}$$

因而

$$\psi_1(\eta\pm T)=\psi_1(\pm T)\psi_1(\eta)+\psi_1'(\pm T)\psi_2(\eta) \tag{2.1.9}$$

应用同样的方法，可以得到

$$\psi_2(\eta\pm T)=\psi_2(\pm T)\psi_1(\eta)+\psi_2'(\pm T)\psi_2(\eta) \tag{2.1.10}$$

如果 $\varphi(\eta)$ 是 η 的偶函数，则 $\psi_1(-\eta)$ 和 $\psi_2(-\eta)$ 也是方程(2.1.1)式的解。因此有

$$\begin{cases}\psi_1(-\eta)=C_1\psi_1(\eta)+D_1\psi_2(\eta)\\ \psi_2(-\eta)=C_2\psi_1(\eta)+D_2\psi_2(\eta)\end{cases}\tag{2.1.11}$$

其中，C_1、D_1、C_2 和 D_2 为常数。同理，要确定 C_1 与 D_1，可利用初值条件(2.1.2)式，由(2.1.11)式的第一式可得

$$\begin{cases}\psi_1(0)=C_1\psi_1(0)+D_1\psi_2(0)=C_1\\ -\psi_1'(0)=C_1\psi_1'(0)+D_1\psi_2'(0)=D_1\end{cases}\tag{2.1.12}$$

注意到 $\psi_1(0)=1$，$\psi_1'(0)=0$，则 $C_1=1$，$D_1=0$，因而

$$\psi_1(-\eta)=\psi_1(\eta)\tag{2.1.13}$$

类似地可得

$$\psi_2(-\eta)=-\psi_2(\eta)\tag{2.1.14}$$

这就是说，当 $\varphi(\eta)$ 为偶函数时，由初值条件(2.1.2)式规定的基本解 $\psi_1(\eta)$ 为偶函数、$\psi_2(\eta)$ 为奇函数。因此，方程(2.1.1)式不能同时有两个线性无关的偶函数解或者两个线性无关的奇函数解，只能一个是奇函数解，另一个是偶函数解。

对(2.1.13)式和(2.1.14)式求导，可得

$$\psi_1'(-\eta)=-\psi_1'(\eta)\tag{2.1.15}$$

$$\psi_2'(-\eta)=\psi_2'(\eta)\tag{2.1.16}$$

当 $\varphi(\eta)$ 为偶函数时，利用(2.1.13)式和(2.1.14)式，可将(2.1.9)式和(2.1.10)式分别化为如下形式

$$\psi_1(\eta\pm T)=\psi_1(T)\psi_1(\eta)\pm\psi_1'(T)\psi_2(\eta)\tag{2.1.17}$$

$$\psi_2(\eta\pm T)=\pm\psi_2(T)\psi_1(\eta)+\psi_2'(T)\psi_2(\eta)\tag{2.1.18}$$

在以上两式中取负号，并令 $\eta=T$，则得

$$\psi_1(0)=[\psi_1(T)]^2-\psi_1'(T)\psi_2(T)\equiv 1\tag{2.1.19}$$

$$\psi_2(0)=\psi_2(T)[-\psi_1(T)+\psi_2'(T)]\equiv 0\tag{2.1.20}$$

由(2.1.20)式得到 $\psi_2(T)=0$ 或者是 $\psi_1(T)=\psi_2'(T)$。如 $\psi_2(T)=0$，则由(2.1.19)式得 $\psi_1(T)=\pm 1$，把这个结果代入(2.1.6)式就有

$$\psi_2(T)=\frac{1}{\psi_1(T)}=\pm 1=\psi_1(T)\tag{2.1.21}$$

所以，当 $\varphi(\eta)$ 为偶函数时，满足初值条件(2.1.2)式，就有

$$\psi_1(T)=\psi_2'(T)\tag{2.1.22}$$

这是方程(2.1.1)式的基本解的另一个性质。

由(2.1.6)式，取 $\eta=T/2$，得

$$\psi_1\left(\frac{T}{2}\right)\psi_2'\left(\frac{T}{2}\right)-\psi_2\left(\frac{T}{2}\right)\psi_1'\left(\frac{T}{2}\right)=1\tag{2.1.23}$$

在(2.1.17)式和(2.1.18)式中取负号，并令 $\eta=T/2$，利用(2.1.13)式和(2.1.14)式，可得

$$\psi_1\left(\frac{T}{2}\right)=\psi_1(T)\psi_1\left(\frac{T}{2}\right)-\psi_1'(T)\psi_2\left(\frac{T}{2}\right)\tag{2.1.24}$$

$$\psi_2\left(\frac{T}{2}\right)=\psi_2(T)\psi_1\left(\frac{T}{2}\right)-\psi_2'(T)\psi_2\left(\frac{T}{2}\right)\tag{2.1.25}$$

同样，在(2.1.17)式和(2.1.18)式中取负号并对 η 求导，令 $\eta=T/2$，并利用(2.1.15)式和(2.1.16)式，可得

$$-\psi_1'\left(\frac{T}{2}\right)=\psi_1(T)\psi_1'\left(\frac{T}{2}\right)-\psi_1'(T)\psi_2'\left(\frac{T}{2}\right) \tag{2.1.26}$$

$$\psi_2'\left(\frac{T}{2}\right)=-\psi_2(T)\psi_1'\left(\frac{T}{2}\right)+\psi_2'(T)\psi_2'\left(\frac{T}{2}\right) \tag{2.1.27}$$

用 $\psi_1'\left(\frac{T}{2}\right)$乘以(2.1.24)式，用 $\psi_1\left(\frac{T}{2}\right)$乘以(2.1.26)式，然后两式相减，并利用(2.1.23)式，可得

$$\psi_1'(T)-2\psi_1\left(\frac{T}{2}\right)\psi_1'\left(\frac{T}{2}\right) \tag{2.1.28}$$

同理，用 $\psi_2'\left(\frac{T}{2}\right)$ 乘以(2.1.25)式，用 $\psi_2\left(\frac{T}{2}\right)$ 乘以(2.1.27)式，然后相加，并利用(2.1.23)式，可得

$$\psi_2(T)=2\psi_2\left(\frac{T}{2}\right)\psi_2'\left(\frac{T}{2}\right) \tag{2.1.29}$$

若 $\psi_2'\left(\frac{T}{2}\right)$ 乘以(2.1.24)式，以 $\psi_2\left(\frac{T}{2}\right)$ 乘以(2.1.26)式，然后相加，并利用(2.1.23)式，可得

$$\psi_1\left(\frac{T}{2}\right)\psi_2'\left(\frac{T}{2}\right)+\psi_2\left(\frac{T}{2}\right)\psi_1'\left(\frac{T}{2}\right)=\psi_1(T) \tag{2.1.30}$$

将(2.1.23)式与(2.1.30)式分别进行加、减运算，得到

$$\psi_1(T)+1=2\psi_1\left(\frac{T}{2}\right)\psi_2'\left(\frac{T}{2}\right) \tag{2.1.31}$$

$$\psi_1(T)-1=2\psi_2\left(\frac{T}{2}\right)\psi_1'\left(\frac{T}{2}\right) \tag{2.1.32}$$

对于角向马蒂厄方程，有 $T=\pi$，由前面的讨论，可得

$$\psi_1(\eta\pm\pi)=\psi_1(\pi)\psi_1(\eta)\pm\psi_1'(\pi)\psi_2(\eta) \tag{2.1.33}$$

$$\psi_2(\eta\pm\pi)=\pm\psi_2(\pi)\psi_1(\eta)+\psi_2'(\pi)\psi_2(\eta) \tag{2.1.34}$$

$$\psi_1(\pi)=\psi_2'(\pi) \tag{2.1.35}$$

$$\psi_1'(\pi)=2\psi_1\left(\frac{\pi}{2}\right)\psi_1'\left(\frac{\pi}{2}\right) \tag{2.1.36}$$

$$\psi_2(\pi)=2\psi_2\left(\frac{\pi}{2}\right)\psi_2'\left(\frac{\pi}{2}\right) \tag{2.1.37}$$

$$\psi_1(\pi)+1=2\psi_1\left(\frac{\pi}{2}\right)\psi_2'\left(\frac{\pi}{2}\right) \tag{2.1.38}$$

$$\psi_1(\pi)-1=2\psi_2\left(\frac{\pi}{2}\right)\psi_1'\left(\frac{\pi}{2}\right) \tag{2.1.39}$$

2.1.2　弗洛凯解

因方程(2.1.1)式中 $\lambda-\varphi(\eta)$的周期为 T，所以，若函数 $\psi(\eta)$是方程(2.1.1)式的非零解，则函数 $\psi(\eta+T)$也是方程(2.1.1)式的解。如果函数 $\psi(\eta)$具有下列性质

$$\psi(\eta+T)=\sigma\psi(\eta) \tag{2.1.40}$$

其中，σ 是与 η 无关的常数，它可为虚数或实数，则函数 $\psi(\eta)$ 称为方程(2.1.1)式的弗洛凯(Floguet)解[12~13]。

由于方程(2.1.1)式的解完全由初值条件确定，所以(2.1.40)式和它对 η 的导数在 $\eta=0$ 时为

$$\psi(T)=\sigma\psi(0),\psi'(T)=\sigma\psi'(0) \tag{2.1.41}$$

由前述内容可知，方程(2.1.1)式的两个基本解为 $\psi_1(\eta)$ 和 $\psi_2(\eta)$，因而其一般解 $\psi(\eta)$ 可表示成它们的线性组合，即

$$\psi(\eta)=A\psi_1(\eta)+B\psi_2(\eta) \tag{2.1.42}$$

将(2.1.42)式代入(2.1.41)式，并应用(2.1.2)式，得

$$\begin{cases}A\psi_1(T)+B\psi_2(T)=\sigma A\\ A\psi_1'(T)+B\psi_2'(T)=\sigma B\end{cases} \tag{2.1.43}$$

或

$$\begin{cases}[\psi_1(T)-\sigma]A+\psi_2(T)B=0\\ \psi_1'(T)A+[\psi_2'(T)-\sigma]B=0\end{cases} \tag{2.1.44}$$

方程(2.1.44)式要有非零解，其系数行列式应等于零，即

$$\begin{vmatrix}\psi_1(T)-\sigma & \psi_2(T)\\ \psi_1'(T) & \psi_2'(T)-\sigma\end{vmatrix}=0 \tag{2.1.45}$$

由此得

$$\sigma^2-[\psi_1(T)+\psi_2'(T)]\sigma+\psi_1(T)\psi_2'(T)-\psi_1'(T)\psi_2(T)=0 \tag{2.1.46}$$

利用(2.1.6)式和(2.1.22)式，上式可简化为

$$\sigma^2-2\psi_1(T)\sigma+1=0 \tag{2.1.47}$$

因此，根据 $\psi_1(T)$ 可确定 σ。若令

$$\sigma=e^{\mu T}① \tag{2.1.48}$$

其中，μ 称为特征指数，可为实数或虚数。由(2.1.47)式和(2.1.48)式，得

$$\cosh\mu T=\frac{1}{2}(e^{\mu T}+e^{-\mu T})=\frac{(\sigma^2+1)}{2\sigma}=\psi_1(T) \tag{2.1.49}$$

这就是特征指数 μ 所满足的方程。由它可确定 μ，再由(2.1.48)式确定 σ，然后把 σ 代入(2.1.44)式就可确定出一组 A 和 B，这样，便求得满足条件(2.1.41)式的弗洛凯解(2.1.42)式的具体形式。如果令 $\mu=j\nu$，j 是单位虚数，(2.1.49)式可改写为

$$\cos\nu T=\frac{1}{2}(e^{j\nu T}+e^{-j\nu T})=\frac{(\sigma^2+1)}{2\sigma}=\psi_1(T) \tag{2.1.50}$$

综上，弗洛凯解总可以写成如下形式：

$$\psi(\eta)=e^{\mu\eta}u(\eta) \tag{2.1.51}$$

其中，$u(\eta)$ 是以 T 为周期的函数。上式若成立，则由(2.1.40)式和(2.1.48)式，有

$$u(\eta+T)=e^{-\mu(\eta+T)}\psi(\eta+T)=e^{-\mu\eta}\psi(\eta)=u(\eta) \tag{2.1.52}$$

对于角向马蒂厄方程，$a-\varphi(\eta)$ 的周期 $T=\pi$，应用(2.1.51)式和(2.1.29)式，可得

① 在文献[12～13]中是令 $\sigma=e^{j\nu T}$，而文献[10]和其他很多有关马蒂厄方程的应用文献都是令 $\sigma=e^{\mu T}$，考虑实际应用，本书采用文献[10]的方法。但可看出，只要令 $\mu=j\nu$，就会得到文献[12～13]中的结果。

$$\psi(\eta+\pi) = e^{\mu\pi}\psi(\eta) \tag{2.1.53}$$

而特征指数 μ 满足的(2.1.49)式应为

$$\cosh\mu\pi = \psi_1(\pi;a,q) \tag{2.1.54}$$

一般地，角向马蒂厄方程的完全解可以写成

$$\psi(\eta) = Ae^{\mu\eta}u(\eta) + Be^{-\mu\eta}u(-\eta) \tag{2.1.55}$$

若 $\mu=\mathrm{j}\nu$，ν 为整数，则由(2.1.54)式，有

$$\psi_1(\pi;a,q) = \pm 1 \tag{2.1.56}$$

所以，用(2.1.50)式表征的弗洛凯解，是以 π(当 ν 为偶数时)或 2π(当 ν 为奇数时)为周期的函数。这样的弗洛凯解称为周期解，其中周期为 π 的解称为全周期解，周期为 2π 的解称为半周期解。

若 ν 是非整数的有理数，即 $\nu=r/s$，r 和 s 为非零整数且互相无公约数，则弗洛凯解 $e^{\pm j\nu\pi}u(\eta)$是以 $s\pi$ 或者 $2\,s\pi$ 为周期的函数。

对于角向马蒂厄方程，其弗洛凯解还可以展开为傅里叶级数的形式[1]。设角向马蒂厄方程的弗洛凯解(2.1.52)式中 $u(\eta)$是以 π 为周期的函数，而且 $u(\eta)$在全 η 平面上是解析的，因为角向马蒂厄方程在有限区域内没有奇点。作变换 $\eta=\dfrac{1}{2\mathrm{j}}\ln t$，则函数

$$v(t) \equiv u\left(\frac{1}{2\mathrm{j}}\ln t\right) \tag{2.1.57}$$

是除了 $t=0$ 之外的全 t 平面上的单值解析函数，可以展开为洛朗级数

$$v(t) = \sum_{k=-\infty}^{\infty} c_{2k}t^k,\quad 0 < a \leqslant |\,t\,| \leqslant b < \infty \tag{2.1.58}$$

回到变量 η，得

$$\psi(\eta) = e^{\mu\eta}\sum_{k=-\infty}^{\infty} c_{2k}e^{j2k\eta} \tag{2.1.59}$$

这就是弗洛凯解的傅里叶级数展开式。因为前面的洛朗级数展开式在 $a\leqslant|\,t\,|\leqslant b$ 中绝对而且一致收敛，而 $|\,t\,| = |\,e^{2j\eta}\,| = e^{-2\mathrm{Im}(\eta)}$，所以级数在 η 平面上与实轴平行的任意带形区域中是绝对而且一致收敛的。前面洛朗级数展开的环状区域的内半径可以无限接近于 0，而外半径可以任意大，当 $k\to\pm\infty$时，有

$$\lim_{k\to\pm\infty} |\,c_{2k}\,|^{\frac{1}{|k|}} = 0 \tag{2.1.60}$$

将(2.1.59)式代入到角向马蒂厄方程(1.2.15)式中，从得到的递推关系中，可计算出(2.1.59)式中的展开系数 c_{2k}[12]。

令 $\mu=\alpha+\mathrm{j}\beta$，$\alpha$ 与 β 为实数，角向马蒂厄方程的完全解为

$$\psi(\eta) = Ae^{\alpha\eta}\sum_{k=-\infty}^{\infty} c_{2k}e^{j(2k+\beta)\eta} + Be^{-\alpha\eta}\sum_{k=-\infty}^{\infty} c_{2k}e^{-j(2k+\beta)\eta} \tag{2.1.61}$$

下面讨论用傅里叶级数展开的完全解。

(1)当 $\alpha\neq 0$ 或虽然 $\alpha=0$ 但 β 为非整数时，$e^{\mu\eta}\psi(\eta)$ 和 $e^{-\mu\eta}\psi(-\eta)$ 是一对独立的弗洛凯解，因为它们之比 $e^{2\mu\eta}\psi(\eta)/\psi(-\eta)$ 不等于常数，否则 $\psi(\eta)/\psi(-\eta)$ 将不是以 π 为周期的函数。在此情形下，角向马蒂厄方程的完全解可以写成

$$\psi(\eta) = Ae^{\mu\eta}\sum_{k=-\infty}^{\infty} c_{2k}e^{j2k\eta} + Be^{-\mu\eta}\sum_{k=-\infty}^{\infty} c_{2k}e^{-j2k\eta} \tag{2.1.62}$$

(2)当 $\alpha=0$，β 为整数时，两个弗洛凯解 $e^{\mu\eta}\psi(\eta)$ 和 $e^{-\mu\eta}\psi(-\eta)$ 都是以 π(若 β 为偶数)或以 2π(若 β 为奇数)为周期的函数，并且它们不是独立的，因为当 β 为整数时，前述两个基本解中有且只有一个是以 π 或 2π 为周期的解(除非 $q=0$，$a=m^2$)。方程(1.2.15)的完全解不取(2.1.62)的形式，而是一个周期(π 或 2π)解与另一个非周期的“不稳定”解的线性组合。

当 $\alpha\neq 0$ 或虽然 $\alpha=0$ 但 β 为非整数时，有时另选一对独立的解 $\psi_1(\eta)$ 和 $\psi_2(\eta)$：

$$\begin{aligned}\psi_1(\eta) &= \frac{1}{2}\Big[e^{\mu\eta}\sum_{k=-\infty}^{\infty}c_{2k}e^{j2k\eta}+e^{-\mu\eta}\sum_{k=-\infty}^{\infty}c_{2k}e^{-j2k\eta}\Big]\\ &= \frac{c_0}{2}(e^{\mu\eta}+e^{-\mu\eta})+\frac{1}{2}e^{\mu\eta}\Big[\sum_{k=1}^{\infty}(c_{2k}e^{j2k\eta}+c_{-2k}e^{-j2k\eta})\Big]\\ &\quad+\frac{1}{2}e^{-\mu\eta}\Big[\sum_{k=1}^{\infty}(c_{2k}e^{-j2k\eta}+c_{-2k}e^{j2k\eta})\Big]\\ &= c_0\cosh\mu\eta+\sum_{k=1}^{\infty}\big[c_{2k}\cosh(\mu+j2k)\eta+c_{-2k}\cosh(\mu-j2k)\eta\big]\\ &= \sum_{k=-\infty}^{\infty}c_{2k}\cosh(\mu+j2k)\eta \end{aligned} \tag{2.1.63}$$

$$\psi_2(\eta) = \frac{1}{2j}\Big[e^{\mu\eta}\sum_{k=-\infty}^{\infty}c_{2k}e^{j2k\eta}-e^{-\mu\eta}\sum_{k=-\infty}^{\infty}c_{2k}e^{-j2k\eta}\Big]=\sum_{k=-\infty}^{\infty}c_{2k}\sinh(\mu+j2k)\eta \tag{2.1.64}$$

$\psi_1(\eta)$和 $\psi_2(\eta)$的线性组合 $A\psi_1(\eta)+B\psi_2(\eta)$也是方程(1.2.15)式的完全解。特别地，当 $\alpha=0$，$\mu=j\beta$，β 为非整数时，有

$$\psi(\eta) = A\sum_{k=-\infty}^{\infty}c_{2k}\cos(2k+\beta)\eta+B\sum_{k=-\infty}^{\infty}c_{2k}\sin(2k+\beta)\eta \tag{2.1.65}$$

其中，常数 A 和 B 由初始条件确定，常数 c_{2k} 与 β 只取决于参数 a 和 q。

2.1.3 角向马蒂厄方程的周期解

求解角向马蒂厄方程大致分为两类，一类是方程中的参数 a 和 q 都是待定常数，需要根据周期条件来确定两者之间的关系，本节将讨论这类问题。另一类是参数 a 和 q 之值确定时求解角向马蒂厄方程，一般这样的解不是周期函数，它涉及求解希尔方程，本书不再讨论。

现在来讨论角向马蒂厄方程的周期解。由前述可知其方程只有在满足(2.1.56)式时，它才有周期为 π 或 2π 的周期解。$a(q)$称为角向马蒂厄方程的特征值，q 为本征参数。对应于每一个特征值，角向马蒂厄方程只有一个以 π 或 2π 为周期的解，除非 $q=0$，$a=m^2$ ($m=1, 2, \cdots$)，这时方程(1.2.15)式的解就是 $\cos m\eta$ 和 $\sin m\eta$ 函数。

下面我们证明当 $q\neq 0$ 时，方程(1.2.15)式的解只能有一个是周期解。

将(2.1.56)式代入(2.1.22)式和(2.1.19)式，对于角向马蒂厄方程，函数 $\varphi(\eta)=\cos 2\eta$，其周期 $T=\pi$，由此可得

$$\psi_1(\pi)=\psi_2'(\pi)=\pm 1, \psi_1'(\pi)\psi_2(\pi)=0 \tag{2.1.66}$$

$\psi_1'(\pi)\psi_2(\pi)=0$ 只能是 $\psi_1'(\pi)=0$ 或 $\psi_2(\pi)=0$，不会是 $q=0$ 的情况那样，$\psi_1'(\pi)$和 $\psi_2(\pi)$同时为零。

对角向马蒂厄方程(1.2.15)式，(2.1.17)式和(2.1.18)式分别为

$$\psi_1(\eta\pm\pi)=\psi_1(\pi)\psi_1(\eta)\pm\psi_1'(\pi)\psi_2(\eta) \tag{2.1.67}$$

$$\psi_2(\eta\pm\pi)=\pm\psi_2(\pi)\psi_1(\eta)+\psi_2'(\pi)\psi_2(\eta) \tag{2.1.68}$$

下面分两种情况对 $\psi_1(\eta)$和 $\psi_2(\eta)$的周期性进行讨论，

(1)$\psi_1'(\pi)=0$，$\psi_2(\pi)\neq0$。将(2.1.66)式的第一式代入(2.1.67)式和(2.1.68)式，得

$$\psi_1(\eta\pm\pi)=\pm\psi_1(\eta) \tag{2.1.69}$$

$$\psi_2(\eta\pm\pi)=\pm\psi_2(\pi)\psi_1(\eta)\pm\psi_2(\eta) \tag{2.1.70}$$

在(2.1.69)式中，右端“+”号对应于 $\psi_1(\pi)=1$ 的情况，“−”号对应于 $\psi_1(\pi)=-1$ 的情况。当 $\psi_1(\pi)=1$ 时，有 $\psi_1(\eta\pm\pi)=\psi_1(\eta)$，它表示 $\psi_1(\eta)$是以 π 为周期的函数；当 $\psi_1(\pi)=-1$ 时，有 $\psi_1(\eta\pm\pi)=-\psi_1(\eta)$，由此得 $\psi_1(\eta\pm2\pi)=-\psi_1(\eta\pm\pi)=\psi_1(\eta)$，它表示 $\psi_1(\eta)$是以 2π 为周期的函数。(2.1.70)式说明 $\psi_2(\eta)$不是周期函数。为求 $\psi_2(\eta)$，可引进

$$f(\eta)\equiv\psi_2(\eta)\mp\frac{\eta}{\pi}\psi_2(\pi)\psi_1(\eta) \tag{2.1.71}$$

由(2.1.70)式，取 $\eta=0$，注意到 $\psi_1(0)=1$，$\psi_2(0)=0$，因而此时(2.1.70)式右端第一项只能取正号，即

$$\psi_2(\eta+\pi)=\psi_2(\pi)\psi_1(\eta)\pm\psi_2(\eta) \tag{2.1.72}$$

由(2.1.71)式，有

$$\begin{aligned}f(\eta+\pi)&=\psi_2(\eta+\pi)\mp\frac{\eta+\pi}{\pi}\psi_2(\pi)\psi_1(\eta+\pi)\\&=\psi_2(\eta+\pi)-\left(\frac{\eta}{\pi}+1\right)\psi_2(\pi)\psi_1(\eta)\\&=\pm\psi_2(\eta)-\frac{\eta}{\pi}\psi_2(\pi)\psi_1(\eta)=\pm f(\eta)\end{aligned} \tag{2.1.73}$$

这说明，$f(\eta)$是以 π 或 2π 为周期的函数。这样，由(2.1.71)式，可求得

$$\psi_2(\eta)=f(\eta)\pm\frac{\eta}{\pi}\psi_2(\pi)\psi_1(\eta) \tag{2.1.74}$$

它在 $\eta\to\infty$时，有 $\psi_2(\eta)\to\pm\infty$，故 $\psi_2(\eta)$是无界函数。

(2) $\psi_1'(\pi)\neq0,\psi_2(\pi)=0$ 。将(2.1.66)式代入(2.1.67)式和(2.1.68)式，有

$$\psi_1(\eta\pm\pi)=\pm\psi_1(\eta)\pm\psi_1'(\pi)\psi_2(\eta) \tag{2.1.75}$$

$$\psi_2(\eta\pm\pi)=\pm\psi_2(\eta) \tag{2.1.76}$$

同样，在(2.1.75)式中，右端“+”号对应于 $\psi_1(\pi)=1$ 的情况，“−”号对应于 $\psi_1(\pi)=-1$ 的情况。当 $\psi_1(\pi)=1$ 时，有 $\psi_2(\eta\pm\pi)=\psi_2(\eta)$，它表明 $\psi_2(\eta)$是周期为 π 的函数；当 $\psi_1(\pi)=-1$ 时，有 $\psi_2(\eta\pm\pi)=-\psi_2(\eta)$，则 $\psi_2(\eta\pm2\pi)=-\psi_2(\eta\pm\pi)=\psi_2(\eta)$，表明 $\psi_2(\eta)$是周期为 2π 的函数。也就是说，在此情况下 $\psi_2(\eta)$是周期为 π 或 2π 的函数。但(2.1.75)式说明，$\psi_1(\eta)$不是周期函数，为了求 $\psi_1(\eta)$，可引入

$$g(\eta)\equiv\psi_1(\eta)\mp\frac{\eta}{\pi}\psi_1'(\pi)\psi_2(\eta) \tag{2.1.77}$$

而由(2.1.75)式，不难证明

$$g(\eta+\pi)\equiv\pm g(\eta) \tag{2.1.78}$$

这样，由(2.1.77)式，可以求得

$$\psi_1(\eta)=g(\eta)\pm\frac{\eta}{\pi}\psi_1'(\pi)\psi_2(\eta) \tag{2.1.79}$$

不难看出，当 $\eta\to\infty$时，有 $\psi_1(\eta)\to\pm\infty$，故 $\psi_1(\eta)$也是无界函数。

总之，当 $q\neq0$ 时，满足条件(2.1.56)式的角向马蒂厄方程(1.2.15)式的两个基本解中，只有一个周期解可作为其本征函数。

下面证明，如果 $\mu=\mathrm{j}\beta$，当 q 与特征指数 β 为实数时，角向马蒂厄方程的特征值 a 也必然是实数。

设对应于特征值 a 的角向马蒂厄方程(1.2.15)式的一个周期解为 ψ，则

$$\frac{\mathrm{d}^2\psi}{\mathrm{d}\eta^2}+[a-2q\cos2\eta]\psi=0 \tag{2.1.80}$$

设 a 的复共轭为 a^*，ψ 复共轭为 ψ^*，则 a^*，ψ^* 满足方程

$$\frac{\mathrm{d}^2\psi^*}{\mathrm{d}\eta^2}+[a^*-2q\cos2\eta]\psi^*=0 \tag{2.1.81}$$

将(2.1.80)式乘以 ψ^*，(2.1.81)式乘以 ψ 后，再两式相减，得

$$(a-a^*)\psi\psi^*=\psi\frac{\mathrm{d}^2\psi^*}{\mathrm{d}\eta^2}-\psi^*\frac{\mathrm{d}^2\psi}{\mathrm{d}\eta^2}=\frac{\mathrm{d}}{\mathrm{d}\eta}\left(\psi\frac{\mathrm{d}\psi^*}{\mathrm{d}\eta}-\psi^*\frac{\mathrm{d}\psi}{\mathrm{d}\eta}\right) \tag{2.1.82}$$

将上式两端对 η 从 $\eta=0$ 到 $\eta=\pi$ 同时积分，得

$$(a-a^*)\int_0^\pi\psi\psi^*\mathrm{d}\eta=\left(\psi\frac{\mathrm{d}\psi^*}{\mathrm{d}\eta}-\psi^*\frac{\mathrm{d}\psi}{\mathrm{d}\eta}\right)\Bigg|_0^\pi \tag{2.1.83}$$

利用(2.1.52)式，有 $\psi(\eta+\pi)=\mathrm{e}^{\mathrm{j}\beta\pi}\psi(\eta),\psi^*(\eta+\pi)=\mathrm{e}^{-\mathrm{j}\beta\pi}\psi^*(\eta)$，令 $\eta=0$，得 $\psi(\pi)=\mathrm{e}^{\mathrm{j}\beta\pi}\psi(0),\psi'(\pi)=\mathrm{e}^{\mathrm{j}\beta\pi}\psi'(0),\psi^*(\pi)=\mathrm{e}^{-\mathrm{j}\beta\pi}\psi^*(0),\psi^{*\prime}(\pi)=\mathrm{e}^{-\mathrm{j}\beta\pi}\psi^{*\prime}(0)$，故(2.1.83)式右端为零。因此，$(a-a^*)\int_0^\pi\psi\psi^*\mathrm{d}\eta=0$。又因 $\psi\neq0$，$\psi\psi^*$ 是非负实数，故 $\int_0^\pi\psi\psi^*\mathrm{d}\eta\neq0$，所以有

$$a=a^* \tag{2.1.84}$$

即特征值 a 是实数。

2.2 整数阶角向马蒂厄函数

满足条件(2.1.56)式的角向马蒂厄方程的解称为角向马蒂厄函数。本节讨论角向马蒂厄方程(1.2.15)式的解，得到用三角函数级数展开的角向马蒂厄函数和其一阶导数，再进一步分析角向马蒂厄函数的性质。

2.2.1 $q=0$ 时角向马蒂厄方程的解

为了得到一般情况下角向马蒂厄方程的解，先讨论当参数 $q=0$ 时角向马蒂厄方程的解。由于 $q=0$，此时角向马蒂厄方程变为二阶常系数齐次线性微分方程，其满足(2.1.56)式的解为

$$\psi_1(\eta)=\cos n\eta,\quad \psi_2(\eta)=\sin n\eta \tag{2.2.1}$$

为了与下面将要得到的整数阶角向马蒂厄函数相对应，把 $q=0$ 时角向马蒂厄方程的解，即(2.2.1)式分为以下四类周期函数($n=2m$ 或 $2m+1$)。

第一类周期函数为

$$\psi_1(\eta)=\cos2m\eta,(m=0,1,2,\cdots) \tag{2.2.2}$$

其特征是：周期为 π，且是 η 的偶函数，$\psi_1'(\pi/2)=0$。

第二类周期函数为

$$\psi_1(\eta) = \cos(2m+1)\eta, (m=0,1,2,\cdots) \tag{2.2.3}$$

其特征是：周期为 2π，且是 η 的偶函数，$\psi_1(\pi/2)=0$。

第三类周期函数为

$$\psi_2(\eta) = \sin 2m\eta, (m=1,2,\cdots) \tag{2.2.4}$$

其特征是：周期为 π，且是 η 的奇函数，$\psi_2(\pi/2)=0$.

第四类周期函数为

$$\psi_2(\eta) = \sin(2m+1)\eta, (m=0,1,2,\cdots) \tag{2.2.5}$$

其特征是：周期为 2π，且是 η 的偶函数，$\psi_2'(\pi/2)=0$。

2.2.2　$q>0$ 时角向马蒂厄方程的解——整数阶角向马蒂厄函数

在讨论角向马蒂厄函数之前，先介绍马蒂厄函数的符号问题。角向马蒂厄函数和径向马蒂厄函数符号有两种最常用的符号记法，一种是 Whittaker－Mclachlan 记法[10]，另一种是 Stratton－Morse 的记法[5~6]。虽然前者在文献中被广泛采用，但由于其符号的任意性，难以认识马蒂厄函数的全貌和掌握各函数之间的关系。后者将径向马蒂厄函数按与贝塞尔函数的关系进行分类，符号上也与贝塞尔函数符号类似，便于理解马蒂厄函数。Gutiérrez－Vega 将马蒂厄函数按其与三角函数和贝赛尔函数之间的联系进行分类，符号上反映出了它们之间的联系，它综合了 Whittaker－Mclachlan 和 Stratton－Morse 的记法，使函数符号更便于记忆。故本书采用 Gutiérrez－Vega 的马蒂厄函数符号记法[11]。几种不同的马蒂厄函数符号记法详见附录 A。

对于角向马蒂厄方程(1.2.15)式，物理上经常应用它的周期为 π 或 2π 的解。如在讨论电磁场问题时，方程(1.2.15)式决定了电磁场角向场量的分布情况，它常是以 2π 为周期的函数，满足这个条件的 a 值称其为特征值，一般有 $a_0<a_1<a_2<\cdots$。当 $\psi(\eta)$ 是 η 的偶函数时，其特征值用 $a_m(q)(m\in\{0,1,2,\cdots\})$ 表示，而 $\psi(\eta)$ 为 η 的奇函数时，其特征值用 $b_m(q)(m\in\{1,2,3,\cdots\})$ 表示。

由前面的讨论可知，角向马蒂厄方程(1.2.15)式有两类独立的解：一类是周期函数，另一类是非周期函数。我们用符号 $\mathrm{ce}_m(\eta, q)$ 和 $\mathrm{se}_m(\eta, q)$ 表示角向马蒂厄方程的第一类解，它们是周期函数，符号“ce”和“se”分别来源于“cosine－elliptic”和“sine－elliptic”。用符号 $\mathrm{fe}_m(\eta, q)$ 和 $\mathrm{ge}_m(\eta, q)$ 表示角向马蒂厄方程的第二类解，它们是非周期函数[10~11]，最初也有文献用 $in_m(\eta, q)$ 和 $jn_m(\eta, q)$ 来表示其第二类解[3]。$\mathrm{ce}_m(\eta, q)$ 和 $\mathrm{ge}_m(\eta, q)$ 是偶函数，而 $\mathrm{se}_m(\eta, q)$ 和 $\mathrm{fe}_m(\eta, q)$ 是奇函数，它们之间的关系如图 2-2 所示。在物理问题中，非周期函数 $\mathrm{fe}_m(\eta, q)$ 和 $\mathrm{ge}_m(\eta, q)$ 很少用。下面先讨论角向马蒂厄方程的第一类解。

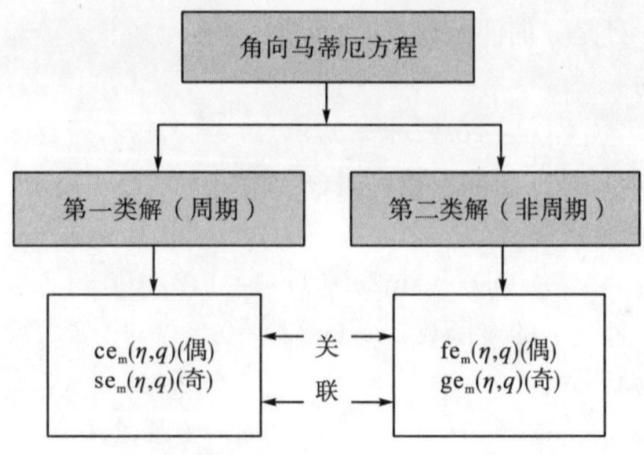

图 2-2 整数阶角向马蒂厄函数的分类

对于 $q\neq 0$ 的情况，当满足条件(2.1.56)式时，角向马蒂厄方程的解是周期函数，因而它可以展开为傅里叶级数。由(2.1.65)式可定义如下四类整数阶角向马蒂厄函数[10~13]（当 $q>0$ 时）：

第一类整数阶角向马蒂厄函数为

$$\mathrm{ce}_{2n}(\eta,q)=\sum_{k=0}^{\infty}A_{2k}^{(2n)}(q)\cos 2k\eta,(a_{2n}) \tag{2.2.6}$$

第二类整数阶角向马蒂厄函数为

$$\mathrm{ce}_{2n+1}(\eta,q)=\sum_{k=0}^{\infty}A_{2k+1}^{(2n+1)}(q)\cos(2k+1)\eta,(a_{2n+1}) \tag{2.2.7}$$

第三类整数阶角向马蒂厄函数为

$$\mathrm{se}_{2n+2}(\eta,q)=\sum_{k=0}^{\infty}B_{2k+2}^{(2n+2)}(q)\sin(2k+2)\eta,(b_{2n+2}) \tag{2.2.8}$$

第四类整数阶角向马蒂厄函数为

$$\mathrm{se}_{2n+1}(\eta,q)=\sum_{k=0}^{\infty}B_{2k+1}^{(2n+1)}(q)\sin(2k+1)\eta,(b_{2n+1}) \tag{2.2.9}$$

在(2.2.6)~(2.2.9)式中，$n\in\{0,1,2,3,\cdots\}$，(2.2.6)式和(2.2.8)式的周期为 π，(2.2.7)式和(2.2.9)式的周期为 2π。展开系数 $A_{2k}^{(2n)}(q)$、$A_{2k+1}^{(2n+1)}(q)$、$B_{2k+2}^{(2n+2)}(q)$ 和 $B_{2k+1}^{(2n+1)}(q)$ 是 q 的函数，上标与角向马蒂厄函数下角标相对应，但为了书写和表述简便，下文中常常省略展开系数 $A_{2k}^{(2n)}(q)$、$A_{2k+1}^{(2n+1)}(q)$、$B_{2k+2}^{(2n+2)}(q)$ 和 $B_{2k+1}^{(2n+1)}(q)$ 的上标和参数 q。a_{2n}、a_{2n+1}、b_{2n+2} 和 b_{2n+1} 表示对应的角向马蒂厄函数的特征值。(2.2.6)~(2.2.9)式也常合写为如下两式

$$\mathrm{ce}_{2n+p}(\eta,q)=\sum_{k=0}^{\infty}A_{2k+p}^{(2n+p)}(q)\cos(2k+p)\eta \tag{2.2.10}$$

$$\mathrm{se}_{2n+p}(\eta,q)=\sum_{k=0}^{\infty}B_{2k+p}^{(2n+p)}(q)\sin(2k+p)\eta \tag{2.2.11}$$

式中当 $p=0$ 时，函数的周期为 π，当 $p=1$ 时，函数的周期为 2π。在(2.2.10)式中，$n\in\{0,1,2,3,\cdots\}$；(2.2.11)式中，当 $p=0$ 时，$n\in\{1,2,3,\cdots\}$，当 $p=1$ 时，$n\in\{0,1,2,3,\cdots\}$。

由 $\mathrm{ce}_{2n}(\eta,q)$ 的展开式(2.2.6)式可以看出，$\mathrm{ce}_{2n}(\eta,q)$ 是角向坐标变量 η 的偶函数，

周期为 π，它是角向马蒂厄方程的全周期解，即有

$$\mathrm{ce}_{2n}(-\eta,q)=\mathrm{ce}_{2n}(\eta,q) \tag{2.2.12}$$

$$\mathrm{ce}_{2n}(\eta+\pi,q)=\mathrm{ce}_{2n}(\eta,q) \tag{2.2.13}$$

由(2.2.6)式可得 $\mathrm{ce}_{2n}(\eta,q)$在角向坐标变量 $\eta=0$ 和$\frac{1}{2}\pi$时的导数为

$$\mathrm{ce}'_{2n}(0,q)=\mathrm{ce}'_{2n}\left(\frac{1}{2}\pi,q\right)=0 \tag{2.2.14}$$

且

$$\begin{aligned}\mathrm{ce}_{2n}\left(\eta+\frac{1}{2}\pi,q\right)&=\sum_{k=0}^{\infty}A_{2k}^{(2n)}(q)\cos\left[2k\left(\eta+\frac{1}{2}\pi\right)\right]\\&=\sum_{k=0}^{\infty}(-1)^kA_{2k}^{(2n)}(q)\cos2k\eta=\mathrm{ce}_{2n}\left(\eta-\frac{1}{2}\pi,q\right)\end{aligned} \tag{2.2.15}$$

$\mathrm{ce}_{2n+1}(\eta,q)$为 η 的偶函数，周期为 2π，它是角向马蒂厄方程的半周期解，有

$$\mathrm{ce}_{2n+1}(-\eta,q)=\mathrm{ce}_{2n+1}(\eta,q) \tag{2.2.16}$$

$$\mathrm{ce}_{2n+1}(\eta+2\pi,q)=\mathrm{ce}_{2n+1}(\eta,q) \tag{2.2.17}$$

$$\mathrm{ce}_{2n+1}\left(\frac{1}{2}\pi,q\right)=0 \tag{2.2.18}$$

且

$$\begin{aligned}\mathrm{ce}_{2n+1}\left(\eta+\frac{1}{2}\pi,q\right)&=\sum_{k=0}^{\infty}A_{2k+1}^{(2n+1)}(q)\cos\left[(2k+1)\left(\eta+\frac{1}{2}\pi\right)\right]\\&=\sum_{k=0}^{\infty}-(-1)^kA_{2k+1}^{(2n+1)}(q)\sin[(2k+1)\eta]\\&=-\mathrm{ce}_{2n+1}\left(\eta-\frac{1}{2}\pi,q\right)\end{aligned} \tag{2.2.19}$$

$\mathrm{se}_{2n+2}(\eta,q)$是 η 的奇函数，周期为 π，它是角向马蒂厄方程的全周期解，有

$$\mathrm{se}_{2n+2}(-\eta,q)=-\mathrm{se}_{2n+2}(\eta,q) \tag{2.2.20}$$

$$\mathrm{se}_{2n+2}(\eta+\pi,q)=\mathrm{se}_{2n+2}(\eta,q) \tag{2.2.21}$$

$$\mathrm{se}_{2n+2}\left(\frac{1}{2}\pi,q\right)=0 \tag{2.2.22}$$

且

$$\begin{aligned}\mathrm{se}_{2n+2}\left(\eta+\frac{1}{2}\pi,q\right)&=\sum_{k=0}^{\infty}B_{2k+2}^{(2n+2)}(q)\sin\left[(2k+2)\left(\eta+\frac{1}{2}\pi\right)\right]\\&=\sum_{k=0}^{\infty}(-1)^{k+1}B_{2k+2}^{(2n+2)}(q)\sin[(2k+2)\eta]\\&=-\mathrm{se}_{2n+2}\left(\eta-\frac{1}{2}\pi,q\right)\end{aligned} \tag{2.2.23}$$

$\mathrm{se}_{2n+1}(\eta,q)$是 η 的奇函数，周期为 2π，它是角向马蒂厄方程的半周期解，有

$$\mathrm{se}_{2n+1}(-\eta,q)=-\mathrm{se}_{2n+1}(\eta,q) \tag{2.2.24}$$

$$\mathrm{se}_{2n+1}(\eta+2\pi,q)=\mathrm{se}_{2n+1}(\eta,q) \tag{2.2.25}$$

$$\mathrm{se}'_{2n+1}\left(\frac{1}{2}\pi,q\right)=0 \tag{2.2.26}$$

且

$$\begin{aligned}\mathrm{se}_{2n+1}\left(\eta+\frac{1}{2}\pi,q\right)&=\sum_{k=0}^{\infty}B_{2k+1}^{(2n+1)}(q)\sin\left[(2k+1)\left(\eta+\frac{1}{2}\pi\right)\right]\\&=\sum_{k=0}^{\infty}(-1)^{k}B_{2k+1}^{(2n+1)}(q)\cos[(2k+1)\eta]\\&=-\mathrm{se}_{2n+1}\left(\eta-\frac{1}{2}\pi,q\right)\end{aligned}\tag{2.2.27}$$

由(2.2.6)~(2.2.9)式不难得到[30]

$$\mathrm{ce}_{2n}(0,q)=\sum_{k=0}^{\infty}A_{2k}^{(2n)}(q)=A_0^{(2n)}+A_2^{(2n)}+A_4^{(2n)}+A_6^{(2n)}+\cdots\tag{2.2.28}$$

$$\mathrm{ce}_{2n}\left(\frac{1}{2}\pi,q\right)=\sum_{k=0}^{\infty}(-1)^{k}A_{2k}^{(2n)}(q)=A_0^{(2n)}-A_2^{(2n)}+A_4^{(2n)}-A_6^{(2n)}+\cdots\tag{2.2.29}$$

$$\mathrm{ce}_{2n+1}(0,q)=\sum_{k=0}^{\infty}A_{2k+1}^{(2n+1)}(q)=A_1^{(2n+1)}+A_3^{(2n+1)}+A_5^{(2n+1)}+\cdots\tag{2.2.30}$$

$$\mathrm{ce'}_{2n+1}\left(\frac{1}{2}\pi,q\right)=\sum_{k=0}^{\infty}(-1)^{k+1}(2k+1)A_{2k+1}^{(2n+1)}(q)=-A_1^{(2n+1)}+3A_3^{(2n+1)}-5A_5^{(2n+1)}+\cdots\tag{2.2.31}$$

$$\mathrm{se'}_{2n+2}(0,q)=\sum_{k=0}^{\infty}(2k+2)B_{2k+2}^{(2n+2)}(q)=2B_1^{(2n+2)}+4B_3^{(2n+2)}+6B_5^{(2n+2)}+\cdots\tag{2.2.32}$$

$$\mathrm{se'}_{2n+2}\left(\frac{1}{2}\pi,q\right)=\sum_{k=0}^{\infty}(-1)^{k+1}(2k+2)B_{2k+2}^{(2n+2)}(q)=-2B_1^{(2n+2)}+4B_3^{(2n+2)}-6B_5^{(2n+2)}+\cdots\tag{2.2.33}$$

$$\mathrm{se}_{2n+1}\left(\frac{1}{2}\pi,q\right)=\sum_{k=0}^{\infty}(-1)^{k}B_{2k+1}^{(2n+1)}(q)=B_1^{(2n+1)}-B_3^{(2n+1)}+B_5^{(2n+1)}-B_7^{(2n+1)}+\cdots\tag{2.2.34}$$

$$\mathrm{se'}_{2n+1}(0,q)=\sum_{k=0}^{\infty}(2k+1)B_{2k+1}^{(2n+1)}(q)=B_1^{(2n+1)}+3B_3^{(2n+1)}+5B_5^{(2n+1)}+\cdots\tag{2.2.35}$$

由(2.2.6)~(2.2.9)式，还可得到角向马蒂厄函数 $\mathrm{ce}_{2n}(\eta,\ q)$、$\mathrm{ce}_{2n+1}(\eta,\ q)$、$\mathrm{se}_{2n+2}(\eta,\ q)$和 $\mathrm{se}_{2n+1}(\eta,\ q)$等对 η 的一阶导数分别为

$$\mathrm{ce'}_{2n}(\eta,q)=\frac{\mathrm{d}}{\mathrm{d}\eta}[\mathrm{ce}_{2n}(\eta,q)]=-\sum_{k=0}^{\infty}(2k)A_{2k}^{(2n)}(q)\sin(2k\eta)\tag{2.2.36}$$

$$\mathrm{ce'}_{2n+1}(\eta,q)=\frac{\mathrm{d}}{\mathrm{d}\eta}[\mathrm{ce}_{2n+1}(\eta,q)]=-\sum_{k=0}^{\infty}(2k+1)A_{2k+1}^{(2n+1)}(q)\sin[(2k+1)\eta]\tag{2.2.37}$$

$$\mathrm{se'}_{2n+2}(\eta,q)=\frac{\mathrm{d}}{\mathrm{d}\eta}[\mathrm{se}_{2n+2}(\eta,q)]=\sum_{k=0}^{\infty}(2k+2)B_{2k+2}^{(2n+2)}(q)\cos[(2k+2)\eta]\tag{2.2.38}$$

$$\mathrm{se'}_{2n+1}(\eta,q)=\frac{\mathrm{d}}{\mathrm{d}\eta}[\mathrm{se}_{2n+1}(\eta,q)]=\sum_{k=0}^{\infty}(2k+1)B_{2k+1}^{(2n+1)}(q)\cos[(2k+1)\eta]\tag{2.2.39}$$

2.3 马蒂厄函数的数值计算

2.3.1 概述

无论是计算角向马蒂厄函数还是径向马蒂厄函数，其关键在于计算马蒂厄函数的特征值和其傅里叶级数展开系数。由于非周期马蒂厄函数在物理和工程中应用较少，本书将重点讨论周期马蒂厄函数的数值计算方法。

自马蒂厄函数1868年问世以来，不断有人探索马蒂厄函数的数值计算方法。1926年，E. L. Ince首次通过解连分式的超越方程得到了马蒂厄函数的特征值，但受限于历史条件，他只计算了特征值a_0、a_1、a_2、b_1、b_2，且$q\in[0,8]$，精度到小数点后第五位[31]。1927年，E. T. Whittaker和G. N. Watson在其专著《现代分析课程》中对马蒂厄方程进行了系统研究，但没有给出解的数值分析方法[4]。

1929年，S. Goldstein给出了马蒂厄方程特征值的渐近展开[32]式。与此同时，许多人在诸多领域对马蒂厄函数理论的应用展开了研究，推进了关于马蒂厄函数基本理论的发展，并找出了一些新的渐近关系式和恒等式[33~38]。1945~1946年，W. G. Bickley等[39~40]对E. L. Ince、S. Goldstein和K. Hidaka等学者计算马蒂厄方程特征值的情况进行了介绍和对比，并改正了S. Lubkin在计算中的个别错误。另外，W. G. Bickley等还对用贝塞尔函数级数表示的马蒂厄函数的收敛性进行了讨论。1946年，G. Blanch得到了特征值和傅里叶级数展开系数的准确表达式，并修正了过去在特征值计算上存在的错误[33]。1947年，一本由N. W. Mclachlan编写的专著《马蒂厄函数的理论及应用》出版，详细地讨论马蒂厄方程的解法和马蒂厄函数的数值计算方法。到目前为止，此专著仍是对马蒂厄函数讨论最详细的文献，但其编写体系较为零乱，马蒂厄函数符号也没有和贝塞尔函数相联系，不利于对马蒂厄函数的理解和掌握[10]。

随着计算机技术的发展，在20世纪60年代，一些关于马蒂厄函数的数值计算书籍相继出版。1960年，G. Blanch利用抛物柱函数展开，得到了精确到小数点后第7位的奇马蒂厄函数的准确展开式[41]，改进了S. Goldstein[32]和R. Sips[38]的计算结果。E. T. Kirkpatrick用连分式计算马蒂厄方程的特征值，连分式取第21项为零，依次计算第20项、第19项等，由特征值则可计算出马蒂厄函数的傅里叶级数展开式中的系数，从而计算出马蒂厄函数。他给出了$0\leqslant n\leqslant 3$，$0\leqslant q\leqslant 20$，径向坐标$\xi\in\{0.1, 0.2, 0.3, 0.4, 0.5\}$的径向马蒂厄函数(变形马蒂厄函数)的计算数表，计算程序在IBM 650计算机上运行，但没有给出程序设计所用的计算机语言，更没有给出具体的计算程序[42]。1964年，G. Blanch又用连分式计算了马蒂厄函数的特征值[43]，其内容在M. Abramowitz等所编著的《数学函数手册》中出版[7]。1966年，G. Blanch又再次讨论了马蒂厄方程的特征值的数值计算方法，证明了已发表的特征值的上限和下限的可用性[44]。1962年，T. Tamir对分数阶非周期马蒂厄函数展开系数的稳定性进行了研究，并给出了数值计算结果[45~46]。1965年，H. Früchting用二分法计算三斜矩阵的特征值，并对T. Tamir的计算结果进行了完善[47]。

1969年，D. Clemm发表了计算马蒂厄函数及其导数的Fortran 77程序。为计算马蒂厄函数的特征值，D. Clemm由数表拟合出一粗略的结果，然后用牛顿叠代法得到较准确的结果；对径向马蒂厄函数采用贝塞尔函数的乘积展开进行计算，马蒂厄函数的归一化采用 J. A. Stratton 的归一化方法，对角向马蒂厄函数的计算精度可达 10^{-12}。在计算程序中假设参数 q 和角向坐标 η 均为正的实数[48~49]。显然，D. Clemm 的算法缺点是要依赖其之前的数据结果。

1973 年，荷兰“代尔夫特技术大学的数值分析小组”给出了一种快速计算马蒂厄函数的算法。此算法在计算马蒂厄函数的傅里叶级数展开系数时采用 G. Blanch 提供的方法，所用到的高阶贝塞尔函数可通过第一阶和第二阶贝塞尔函数以及诺伊曼函数的递推关系计算。当参数 $q\in[0,\ 10000]$ 时，计算结果都很好[50]。1979 年，W. R. Leeb 通过寻找对称三斜矩阵的特征值来计算马蒂厄函数的特征值，其计算精度达 10^{-9}，并计算了参数 $q\in[0,\ 250]$ 的前 24 个特征值，但其仅计算了特征值，并没有计算马蒂厄函数[51]。

1980 年，S. R. Rengarajan 等完善了 W. R. Leeb 的计算，在参数 $q\in[-0.8,\ 0.8]$ 时，其程序在计算 11 阶角向和径向马蒂厄函数及导数的精度达 10^{-7}[52]。1994 年，N. Toyama 等用截断连分式的方法，计算了 6 阶马蒂厄函数，在参数 $q\in[0,30]$ 时，精度超过了 10^{-9}[53]。

1993 年，R. Shirts 发表了两个计算整数阶和分数阶马蒂厄函数及特征值的程序，第一个程序使用斜三角矩阵计算特征值，其计算精度达 10^{-12}。第二个程序用连分式计算特征值，其计算精度达 10^{-14}。同时，对该算法的局限性进行了讨论和说明[54]。

1994 年，A. Lindner 和 H. Freese 通过在马蒂厄方程的 Floquet 解中引入一个称为“模量”和“相”的量，得到有关模量一阶微分方程和相的二阶微分方程，其中模量与特征指数是相互独立的。在此计算方法中，特征指数可以通过一个一阶微分方程的积分计算得到，可精确计算整数阶和分数阶角向马蒂厄函数[55]。

1995 年，J. J. Stammes 在研究电磁波被椭圆柱面散射时，提出了一种计算马蒂厄函数的有效和可靠的新方法。此方法用公式表示特征值的计算，与过去的方法相比，它不需要对特征值的初值进行估计，可用计算机的程序库完成计算工作[56]。

1996 年，F. A. Alhargan 提出了一个准确计算马蒂厄函数特征值的渐近公式，并引进了一种新的归一化方法[57]。2000 年，他用 C++语言编写了计算所有整数阶马蒂厄函数及其导数的程序库，包括了在计算马蒂厄函数时所需的贝塞尔函数和变形贝塞尔函数，他所编写的马蒂厄函数的计算数程序可计算阶数超过 1000 的马蒂厄函数，此算法被美国计算机学会(ACM，Association for Computing Machinery)称为“算法 804”[58~59]。

1999 年，M. Schneider 等[60]采用双曲函数展开马蒂厄函数，计算径向马蒂厄函数，此方法虽可节省计算时间，但在计算第一类径向马蒂厄函数的零点时，计算精度降低到 10^{-5}，计算程序要求参数 q 为大于零的实数、径向坐标 ξ 为实数，且计算不包括第二类径向马蒂厄函数。

2001 年，D. Frenkel 和 R. Portugal 将角向马蒂厄函数展开成参数 q 的指数形式、傅里叶级数形式，分别找出参数 q 较小时的展开系数的通式，从而求出角向马蒂厄函数。对于参数 q 较大时，采用三角函数和抛物柱函数分别展开，得到特征值 a 展开的通式，利用这一方法能有效地对角向马蒂厄函数进行数值计算[61]。D. Erricolo 应用 G. Blanch 的计算马蒂厄函数特征值的算法，编写出了计算马蒂厄函数的 Fortran 90 计算程序，其具有精度高、实用等优点。D. Erricolo 还将其编写的程序数值计算结果与其他学者得到的数值计算结果进行对比，以验证其有效性[62]。2006 年，D. Erricolo 的算法被美国计算机学会称为“算法 861”[63]。

2003 年，Gutiérrez−Vega J C 用 Matlab 软件编写了计算马蒂厄函数的程序，在程序中采用计算连分式的方法计算特征值，而展开系数采用正向递归技术和反向递归技术相结合的计算方法[11]。为更好地理解和应用马蒂厄函数，Gutiérrez−Vega J C 等还作出一些马蒂厄函数的三维图像，通过可视化的方法认识和理解马蒂厄函数，并展示了在物理系统中如何用马蒂厄函数来表示驻波、行波和旋转波[64]。2008 年，E. Cojocaru 也用 Matlab 软件编写出了所有角向和径马蒂厄函数及其导数的计算程序，这些程序可作为函数在 Matlab 软件中调用[65]。

在国内，能查到关于马蒂厄函数数值计算的最早的文献是西南物理研究所的隋国芳和丁芝莱对参数 $0<q<20$ 的角向马蒂厄函数进行数值求解[66]（1987 年）。1994 年，葛俊祥等[67]利用马蒂厄函数的级数展开及其特征值的数值迭代多项式，编写了计算马蒂厄函数及其加法定理的程序，当阶数 $n\leqslant 30$，参数 q 满足 $0\leqslant q\leqslant 50$ 时，其计算精度达 10^{-5}。在 PC286/20（不带协处理器）微机上运行该程序，每计算一个自变量的 0～30 阶马蒂厄函数值所需的时间小于 10 s。程序占用内存小于 64 K，所编写的加法定理计算程序对于不同椭圆柱坐标系间的函数相互变换十分有用。1995 年，张善杰等[19]给出了计算角向马蒂厄函数和径向马蒂厄函数及其导数值的程序流图和相应的数学公式，并讨论了算法，给出了参数 $q=\pm 25$ 时角向马蒂厄函数、第一类和第二类径向马蒂厄函数前 12 阶的函数值及其导数值。所编写的 Fortran 77 程序计算精度高，并可适应较宽的参变量范围。1996 年，张善杰和金建铭在专著《Computation of Special Functions》所附的光盘中给出了计算马蒂厄函数特征值、展开系数、角向马蒂厄函数及导数、第一类和第二类径向马蒂厄函数及其导数的程序[68]，这些程序也可通过网上下载[69]，该专著的中文版已于 2011 年由南京大学出版社出版[70]。1999 年，朱峰给出了一种较大 q 值下马蒂厄函数特征值的修正算法，该方法所得结果对于谐振区高端（q 值为 650～1000），精度可达 10^{-4}～10^{-5}。在谐振频域中，这一结果运用于求解大纵横比物体电磁散射问题中，能够满足工程的一般要求。文中还给出了求解连分式的递进算法，该算法易于编程、能克服运算过程中的积累误差，具有精度高等特点[20]。2010 年，马达等[71]由参数 $q>0$ 和 $q<0$ 时的角向马蒂厄函数间的关系，推导出了各类含负参数 q 的马蒂厄函数的导数的叠加计算公式，并据此编写了各类含负参数 q 的马蒂厄函数及其导数的计算程序，给出了相应的计算数表和函数曲线，通过与一些商业软件和文献［7］、文献［19］的计算结果进行对比，验证了其准确性和可靠性，所编写的 Matlab 程序包为在实际工程应用中计算马蒂厄函数提供了有效的计算工具。

以上内容简述了马蒂厄函数数值计算的研究历程，相信随着有关马蒂厄函数理论研究的深入和计算机科学技术的不断发展，今后一定会有更新的研究成果问世。

2.3.2　角向马蒂厄函数傅里叶级数展开系数的递推关系

将(2.2.6)式代入(1.2.15)式得

$$\sum_{k=0}^{\infty} 4k^2 A_{2k}^{(2n)} \cos 2k\eta - [a - 2q\cos 2\eta] \sum_{k=0}^{\infty} A_{2k}^{(2n)} \cos 2k\eta = 0 \tag{2.3.1}$$

利用公式

$$\cos\alpha\cos\beta = [\cos(\alpha+\beta) + \cos(\alpha-\beta)]/2 \tag{2.3.2}$$

可将(2.3.1)式转化为

$$\sum_{k=0}^{\infty} 4k^2 A_{2k}^{(2n)} \cos 2k\eta - a \sum_{k=0}^{\infty} A_{2k}^{(2n)} \cos 2k\eta + q \sum_{k=0}^{\infty} A_{2k}^{(2n)} \cos[2(k+1)\eta] + q \sum_{k=0}^{\infty} A_{2k}^{(2n)} \cos[2(k-1)\eta] = 0 \tag{2.3.3}$$

整理上式得

$$aA_0^{(2n)} - qA_2^{(2n)} + [(a-4)A_2^{(2n)} - q(2A_0^{(2n)} + A_4^{(2n)})]\cos 2\eta + \sum_{k=2}^{\infty} [(a-4k^2)A_{2k}^{(2n)} - qA_{2k-2}^{(2n)} - qA_{2k+2}^{(2n)}]\cos 2k\eta = 0 \tag{2.3.4}$$

上式要成立，其 $\cos 2k\eta$ 项的系数应分别等于零，这样可得第一类角向马蒂厄函数傅里叶级数展开系数的递推关系如下。

$\mathrm{ce}_{2n}(\eta,q):(a=a_{2n})$

$$aA_0^{(2n)} - qA_2^{(2n)} = 0 \tag{2.3.5a}$$

$$(a-4)A_2^{(2n)} - q(2A_0^{(2n)} + A_4^{(2n)}) = 0 \tag{2.3.5b}$$

$$[a-(2k)^2]A_{2k}^{(2n)} - q(A_{2k-2}^{(2n)} + A_{2k+2}^{(2n)}) = 0, k \in \{2,3,\cdots\} \tag{2.3.5c}$$

同理将(2.2.7)~(2.2.9)式分别代入(1.2.15)式，可得第二类、第三类和第四类角向马蒂厄函数傅里叶级数展开系数的递推关系分别如下。

$\mathrm{ce}_{2n+1}(\eta,q),(a=a_{2n+1})$：

$$(a-1)A_1^{(2n+1)} - q(A_1^{(2n+1)} + A_3^{(2n+1)}) = 0 \tag{2.3.6a}$$

$$[a-(2k+1)^2]A_{2k+1}^{(2n+1)} - q(A_{2k-1}^{(2n+1)} + A_{2k+3}^{(2n+1)}) = 0 \quad k \in \{1,2,\cdots\} \tag{2.3.6b}$$

$\mathrm{se}_{2n+2}(\eta,q),(b=b_{2n+2})$：

$$(b-4)B_2^{(2n+2)} - qB_4^{(2n+2)} = 0 \tag{2.3.7a}$$

$$[a-(2k)^2]B_{2k}^{(2n+2)} - q(B_{2k-2}^{(2n+2)} + B_{2k+2}^{(2n+2)}) = 0 \quad k \in \{2,3\cdots\} \tag{2.3.7b}$$

$\mathrm{se}_{2n+1}(\eta,q),(b=b_{2n+1})$：

$$(B\text{-}1)B_1^{(2n+1)} - q(B_3^{(2n+1)} - B_1^{(2n+1)}) = 0 \tag{2.3.8a}$$

$$[b-(2k+1)^2]B_{2k+1}^{(2n+1)} - q(B_{2k-1}^{(2n+1)} + B_{2k+3}^{(2n+1)}) = 0 \quad k \in \{1,2,\cdots\} \tag{2.3.8b}$$

(2.3.5)~(2.3.8)式的递推关系可写成如下矩阵形式。

$$\begin{bmatrix} a & -q & 0 & 0 & \cdots & 0 \\ -2q & a-2^2 & -q & 0 & \cdots & 0 \\ 0 & -q & a-4^2 & -q & 0 & 0 \\ 0 & 0 & -q & a-6^2 & \ddots & 0 \\ \vdots & \vdots & 0 & \ddots & \ddots & -q \\ 0 & 0 & 0 & 0 & -q & a-(2k)^2 \end{bmatrix} \begin{bmatrix} A_0^{(2n)} \\ A_2^{(2n)} \\ A_4^{(2n)} \\ A_6^{(2n)} \\ \vdots \\ A_{2k}^{(2n)} \end{bmatrix} = 0 \tag{2.3.9}$$

$$\begin{bmatrix} a-1-q & -q & 0 & 0 & \cdots & 0 \\ -q & a-3^2 & -q & 0 & \cdots & 0 \\ 0 & -q & a-5^2 & -q & 0 & 0 \\ 0 & 0 & -q & \ddots & \ddots & 0 \\ \vdots & \vdots & 0 & \ddots & \ddots & -q \\ 0 & 0 & 0 & 0 & -q & a-(2k+1)^2 \end{bmatrix} \begin{bmatrix} A_1^{(2n+1)} \\ A_3^{(2n+1)} \\ A_5^{(2n+1)} \\ A_7^{(2n+1)} \\ \vdots \\ A_{2k}^{(2n+1)} \end{bmatrix} = 0 \tag{2.3.10}$$

$$\begin{bmatrix} b-2^2 & -q & 0 & 0 & \cdots & 0 \\ -q & b-4^2 & -q & 0 & \cdots & 0 \\ 0 & -q & b-6^2 & -q & 0 & 0 \\ 0 & 0 & -q & \ddots & \ddots & 0 \\ \vdots & \vdots & 0 & \ddots & \ddots & -q \\ 0 & 0 & 0 & 0 & -q & b-(2k+2)^2 \end{bmatrix} \begin{bmatrix} B_2^{(2n+2)} \\ B_4^{(2n+2)} \\ B_6^{(2n+2)} \\ B_8^{(2n+2)} \\ \vdots \\ B_{2k+2}^{(2n+2)} \end{bmatrix} = 0 \quad (2.3.11)$$

$$\begin{bmatrix} b-1+q & -q & 0 & 0 & \cdots & 0 \\ -q & b-3^2 & -q & 0 & \cdots & 0 \\ 0 & -q & b-5^2 & -q & 0 & 0 \\ 0 & 0 & -q & b-7^2 & \ddots & 0 \\ \vdots & \vdots & 0 & \ddots & \ddots & -q \\ 0 & 0 & 0 & 0 & -q & b-(2k+2)^2 \end{bmatrix} \begin{bmatrix} B_1^{(2n+1)} \\ B_3^{(2n+1)} \\ B_5^{(2n+1)} \\ B_7^{(2n+1)} \\ \vdots \\ B_{2k+1}^{(2n+1)} \end{bmatrix} = 0 \quad (2.3.12)$$

递推关系(2.3.5)～(2.3.8)式是线性差分方程，其收敛性对于数值计算很重要。下面以 $A_{2k}^{(2n)}$ 为例对其收敛性进行分析[11]。首先定义

$$V_k = \frac{a-k^2}{q} \quad (2.3.13)$$

将(2.3.5)式分别改写为

$$A_2^{(2n)} - V_0 A_0^{(2n)} = 0 \quad (2.3.14)$$

$$A_{2k+2}^{(2n)} + c_{2k-2} A_{2k-2}^{(2n)} - V_{2k} A_{2k}^{(2n)} = 0, (k \geqslant 1, c_0 = 2; c_n = 1, k \geqslant 2) \quad (2.3.15)$$

令

$$G_{2k} = \frac{A_{2k}^{(2n)}}{A_{2k-2}^{(2n)}}, H_{2k} = \frac{1}{G_{2k}} \quad (2.3.16)$$

则

$$G_{2k} H_{2k} = 1 \quad (2.3.17)$$

(2.3.14)式和(2.3.15)式可写为[44,62～63]

$$G_2 = V_0 \quad (2.3.18)$$

$$G_{2k} = V_{2k-2} - c_{2k-4} H_{2k-2}, (k \geqslant 2) \quad (2.3.19)$$

将(2.3.19)式中的 k 用 $k+1$ 代替，得

$$G_{2k+2} = V_{2k} - c_{2k-2} H_{2k} = V_{2k} - c_{2k-2} \frac{1}{G_{2k}} \quad (2.3.20)$$

故

$$G_{2k} = \frac{c_{2k-2}}{V_{2k} - G_{2k+2}}, (k \geqslant 1) \quad (2.3.21)$$

或

$$G_{2k+2} + \frac{c_{2k-2}}{G_{2k}} = V_{2k} = \frac{a-(2k)^2}{q} \quad (2.3.22)$$

由(2.3.22)式可以看出：

(1)由于当 $k \to \infty$时，$V_{2k} \to -\infty$，故 $\left(G_{2k+2} + \frac{c_{2k-2}}{G_{2k}}\right) \to -\infty$；

(2)由 $\left(G_{2k+2}+\frac{c_{2k-2}}{G_{2k}}\right)\to-\infty$，可知 $G_{2k}\to-\infty$ 或 $G_{2k}\to 0^-$；

(3)由于 $|A_{2k}^{(2n)}|>|A_{2k-2}^{(2n)}|$，因此 G_{2k} 不可能趋于负无穷大，当 $k\to\infty$ 时，有 $G_{2k}\to 0^-$；

(4)由于 $G_{2k}<0$，因此 $A_{2k}^{(2n)}$ 与 $A_{2k-2}^{(2n)}$ 的符号相反，随着 k 的增加，$A_{2k}^{(2n)}$ 的绝对值减小。

(2.3.22)式也可写为

$$[a-(2k)^2]-\frac{c_{2k-2}+G_{2k+2}G_{2k}}{G_{2k}}q=0 \tag{2.3.23}$$

因为当 k 增加时，$G_{2k}\to 0$，当 k 足够大时，$c_{2k-2}=1$，可使 $G_{2k+2}G_{2k}\ll 1$，$a\ll(2k)^2$，这样当 $k\to+\infty$时，有

$$|G_{2k}|=\left|\frac{A_{2k}^{(2n)}}{A_{2k-2}^{(2n)}}\right|\sim\frac{q}{(2k)^2}\to 0 \tag{2.3.24}$$

即当 $k\to+\infty$时，有

$$\left|\frac{A_{2k+2}^{(2n)}}{A_{2k}^{(2n)}}\right|\sim\frac{q}{(2k+2)^2}\to 0 \tag{2.3.25}$$

因此 $A_{2k}^{(2n)}(q)$是收敛的。

为了求解递推关系(2.3.5)～(2.3.8)式，首先需求特征值 $a_m(q)$和 $b_m(q)$。现以计算 a_{2n} 的(2.3.5)式为例进行讨论。由(2.3.19)式知 G_{2k} 依赖于 H_{2k-2}，即依赖于 G_{2k-2}，由 $G_2=V_0$，即可计算出 G_4，由 G_4 又即可计算出 G_6，如此下去，用正向递归的方法，即可计算出 G_{2k}。也可以用(2.3.21)式进行逆向递推计算出 G_{2k}。在计算展开系数时，可利用展开系数满足的归一化关系(关于马蒂厄函数的归一化关系将在后面讨论)。应用递推公式计算展开系数时，需注意递推过程的稳定性。通常，对于低阶情形可采用逆向递推法，因为这时它比较稳定；对于高阶情形则应采用混合递推法，可以显著地改善计算结果的精度。

2.3.3 角向马蒂厄方程的特征值的计算

计算马蒂厄函数的关键是计算马蒂厄方程的特征值 $a_m(q)$和 $b_m(q)$，其计算方法有很多。下面介绍用连分式的方法和用级数展开的方法计算马蒂厄方程的特征值。

(1)应用连分式进行计算。此计算特征值的方法是基于求解一个含有无穷连分式的超越方程，下面对此进行说明。用逆向递归的方法，循环应用(2.3.21)式可得

$$G_{2k}=\cfrac{c_{2k-2}}{V_{2k}-\cfrac{1}{V_{2k+2}-G_{2k+4}}},\quad k\in\{2,3,4,\cdots\} \tag{2.3.26}$$

因此可得下面的连分式

$$G_4=\frac{c_{2k-2}}{V_4-}\frac{1}{V_6-}\frac{1}{V_8-}\frac{1}{V_{10}-}\cdots \tag{2.3.27}$$

在上式中利用如下记号

$$\frac{1}{g_1-}\frac{1}{g_2-}\frac{1}{g_3-\cdots}=\cfrac{1}{g_1-\cfrac{1}{g_2-\cfrac{1}{g_3-\cdots}}} \tag{2.3.28}$$

将(2.3.5a)式和(2.3.5b)式可改写为

$$G_2 = V_0, \quad G_4 = V_2 - \frac{2}{G_2} \tag{2.3.29}$$

由(2.3.27)式和(2.3.29)式，得

$$G_4 = V_2 - \frac{2}{G_2} = V_2 - \frac{2}{V_0} = \frac{1}{V_4 -}\frac{1}{V_6 -}\frac{1}{V_8 -}\frac{1}{V_{10} - \cdots} \tag{2.3.30}$$

这样就得到了求第一类角向马蒂厄函数 $\mathrm{ce}_{2n}(\eta, q)$特征值 a 的连分方程为

$$V_0 = \frac{2}{V_2 -}\frac{1}{V_4 -}\frac{1}{V_6 -}\frac{1}{V_8 -}\frac{1}{V_{10} - \cdots} \tag{2.3.31}$$

它的根是函数 $\mathrm{ce}_{2n}(\eta, q)$的特征值 $a_{2n}(n=0, 1, 2, \cdots)$。有关连分式的数值计算是一个复杂的问题，读者可参考文献［43］和其他相关文献。利用同样的方法可以得到其他几类函数特征值的连分式，现把这些方程归纳如下。

$$V_0 = \frac{2}{V_2 -}\frac{1}{V_4 -}\frac{1}{V_6 - \cdots}, \text{（根为 } a_{2n}\text{，第一类角向马蒂厄函数）} \tag{2.3.32}$$

$$V_1 - 1 = \frac{1}{V_3 -}\frac{1}{V_5 -}\frac{1}{V_7 - \cdots}, \text{（根为 } a_{2n+1}\text{，第二类角向马蒂厄函数）} \tag{2.3.33}$$

$$V_2 = \frac{1}{V_4 -}\frac{1}{V_6 -}\frac{1}{V_8 - \cdots}, \text{（根为 } b_{2n+2}\text{，第三类角向马蒂厄函数）} \tag{2.3.34}$$

$$V_1 + 1 = \frac{1}{V_3 -}\frac{1}{V_5 -}\frac{1}{V_7 - \cdots}, \text{（根为 } b_{2n+1}\text{，第四类角向马蒂厄函数）} \tag{2.3.35}$$

另一种计算特征值 $a_m(q)$和 $b_m(q)$的方法是解特征值问题，下面说明此方法的过程。将(2.3.9)～(2.3.12)式的展开系数写成一矩阵形式，为使这些方程有非零解，其系数行列式必须等于零，以求 $a_{2n}(q)$为例，即需

$$\begin{vmatrix} a & -q & 0 & 0 & \cdots & 0 \\ -2q & a-2^2 & -q & 0 & \cdots & 0 \\ 0 & -q & a-4^2 & -q & 0 & 0 \\ 0 & 0 & -q & a-6^2 & \ddots & 0 \\ \vdots & \vdots & 0 & \ddots & \ddots & -q \\ 0 & 0 & 0 & 0 & -q & a-(2k)^2 \end{vmatrix} = 0 \tag{2.3.36}$$

上式就是确定(2.2.6)式的角向马蒂厄函数的特征值的本征方程，展开系数是一个以 q 为参数、关于 $a(q)$的无穷多项式。因此，对于某一给定的 q 值，(2.3.36)式有无穷多个根，即有无穷多个特征值，用 $a_{2n}(q)(n=0, 1, 2, \cdots)$表示(下标对应马蒂厄函数的阶)。

由于对给定的有限 q 取值，(2.2.6)式系数的值随 k 的增加而减小，或者说，当 $k \to +\infty$时，$A_{2k}^{(2n)}(q) \to 0$，因而对于 $a_{2n}(q)$的数值近似解，可在 $k=N$ 项后截断此无穷多项式，这时，级数(2.2.6)式截断后变为一有限级数，而(2.3.36)式变为一有限维的行列式。对于给定的精度要求，N 的取值随马蒂厄函数的参数 q 和阶数 m 的增加而增大。由于在实际应用中也仅需计算有限个数的特征值，因而 N 的值总是有限的。

(2.3.36)式的求解相当于求解如下矩阵特征值

$$\{[\boldsymbol{C}_1] - a[\boldsymbol{I}]\}[\boldsymbol{A}] = 0 \tag{2.3.37}$$

其中，$[\boldsymbol{I}]$ 为单位矩阵，而

$$[\boldsymbol{C}_1]=\begin{bmatrix} a & -q & 0 & 0 & \cdots & 0 \\ -2q & a-2^2 & -q & 0 & \cdots & 0 \\ 0 & -q & a-4^2 & -q & 0 & 0 \\ 0 & 0 & -q & a-6^2 & \cdots & 0 \\ \vdots & \vdots & 0 & \vdots & \vdots & -q \\ 0 & 0 & 0 & 0 & -q & a-(2k)^2 \end{bmatrix} \tag{2.3.38}$$

是一个三对角矩阵，一旦求解出(2.3.37)式的特征值，亦可解得相应的本征矢量 $[\boldsymbol{A}]$，它的矩阵元素就相当于展开系数。通常，递推关系式可更有效地计算展开系数。采用完全类似的分析和推导，可确定由(2.2.7)～(2.2.9)式定义的其他三个马蒂厄函数的展开系数。

文献［69］还介绍了一种基于求解一个含有无穷连分式的超越方程来求特征值的方法，其思想为：将(2.3.36)式中的行列式展开为一个无穷多项式，从而将它写成一个含有无穷连分式的超越方程。对于(2.2.6)～(2.2.9)式所定义的四种角向马蒂厄函数，此超越方程为

$$F_i(\lambda,q)=(2k+p)^2+T_1+T_2-k=0 \tag{2.3.39}$$

式中，$k=0$，1，2，…，对于偶数阶角向马蒂厄函数，$p=0$；对于奇数阶角向马蒂厄函数，$p=1$；i 取值为 1、2、3 和 4，分别对应于 $\mathrm{ce}_{2n}(\eta,q)$、$\mathrm{ce}_{2n+1}(\eta,q)$、$\mathrm{se}_{2n+1}(\eta,q)$ 和 $\mathrm{se}_{2n+2}(\eta,q)$，而

$$T_1=-\frac{q^2}{(2k+2+p)^2-\lambda-}\frac{q^2}{(2k+4+p)^2-\lambda-}\frac{q^2}{(2k+6+p)^2-\lambda-}\cdots \tag{2.3.40}$$

$$T_1=-\frac{q^2}{(2k-2+p)^2-\lambda-}\frac{q^2}{(2k-4+p)^2-\lambda-}\cdots\frac{q^2}{(4-p)^2-\lambda-q^2/T_{0i}} \tag{2.3.41}$$

(2.3.41)式中 T_{0i} 分别为

$$T_{01}=4-\lambda+2q^2/\lambda,\quad \lambda=a \tag{2.3.42}$$

$$T_{02}=1+q-\lambda,\quad \lambda=a \tag{2.3.43}$$

$$T_{03}=1-q-\lambda,\quad \lambda=b \tag{2.3.44}$$

$$T_{04}=4-\lambda,\quad \lambda=b \tag{2.3.45}$$

(2.3.39)式可采用数值方法(如弦截法)来求解，从而确定出角向马蒂厄方程的本征值。文献［69］与文献［7］给出的超越方程略有不同，在文献［69］给出的(2.3.39)式中，已将因子 $(2k+p)^2$ 从连分式中抽出。实际计算表明(2.3.39)式的形式可较大地改善迭代过程的稳定性，采用弦截法及适当的 λ 初值，便可求得计算角向马蒂厄函数所需精度的特征值[69]。

为了使读者更清楚马蒂厄函数，下面以计算 $a_{2n}(q)$ 和 $\mathrm{ce}_{2n}(\eta,q)$ 为例，展示其计算过程[10]。由(2.3.5c)式，可计算得

$$-G_{2k}=\frac{q}{4k^2}\frac{1}{1-\frac{1}{4k^2}(a-qG_{2k+2})},k\in\{2,3,\cdots\} \tag{2.3.46}$$

将上式中的 k 用 $k+1$ 代替，可得

$$-G_{2k+2}=\frac{q}{4(k+1)^2}\frac{1}{1-\frac{1}{4(k+1)^2}(a-qG_{2k+4})} \tag{2.3.47}$$

再将上式两端同乘 $\frac{q}{4k^2}$，得

$$\begin{aligned}-\frac{qG_{2k+2}}{4k^2}&=\frac{q^2}{16k^2(k+1)^2}\frac{1}{1-\frac{1}{4(k+1)^2}(a-qG_{2k+4})}\\&=\frac{q^2/[16k^2(k+1)^2]}{1-a/[4(k+1)^2]-}\frac{q^2/[16(k+1)^2(k+2)^2]}{1-a/[4(k+2)^2]-}\frac{q^2/[16(k+2)^2(k+3)^2]}{1-a/[4(k+3)^2]-}\cdots\\&=E_{2k}\end{aligned} \tag{2.3.48}$$

由(2.3.46)式也可得到

$$\begin{aligned}-\frac{qG_{2k+2}}{4k^2}&=1-\frac{a}{4k^2}+\frac{q}{4k^2}\frac{1}{G_{2k}}\\&=1-\frac{a}{4k^2}+\frac{q^2/[16k^2(k-1)^2]}{qG_{2k}/[4(k-1)^2]}\quad(k\geqslant 2)\end{aligned} \tag{2.3.49}$$

由此就找到了 $-\frac{qG_{2k+2}}{4k^2}$ 的递推规律，即将(2.3.49)式中的 k 用 $k-1$ 代替，得

$$-\frac{qG_{2k}}{4(k-1)^2}=1-\frac{a}{4(k-1)^2}+\frac{q^2/[16(k-1)^2(k-2)^2]}{qG_{2k-2}/[4(k-2)^2]} \tag{2.3.50}$$

然后将上式代回到(2.3.49)式，得

$$-\frac{qG_{2k+2}}{4k^2}=1-\frac{a}{4k^2}-\frac{q^2/[16k^2(k-1)^2]}{1-\frac{a}{4(k-1)^2}+\frac{q^2/[16(k-1)^2(k-2)^2]}{qG_{2k-2}/[4(k-2)^2]}} \tag{2.3.51}$$

将上述过程进行下去，由(2.3.51)式可得连分式

$$-\frac{qG_{2k+2}}{4k^2}=1-\frac{a}{4k^2}-\frac{q^2/[16k^2(k-1)^2]}{1-a/[4(k-1)^2]-}\frac{q^2/[16(k-1)^2(k-2)^2]}{1-a/[4(k-2)^2]-}\cdots+\frac{q^2/64}{qG_4} \tag{2.3.52}$$

因 $G_2=V_0=\frac{a}{q}$，(2.3.5b)式可写为

$$\frac{1}{4}qG_4=-\left(1-\frac{1}{4}a+\frac{q^2}{2a}\right) \tag{2.3.53}$$

将(2.3.53)式代入到(2.3.52)式，得

$$-\frac{qG_{2k+2}}{4k^2}=1-\frac{a}{4k^2}-F_{2k} \tag{2.3.54}$$

其中

$$F_{2k}=\frac{q^2/[16k^2(k-1)^2]}{1-a/[4(k-1)^2]-}\frac{q^2/[16(k-1)^2(k-2)^2]}{1-a/[4(k-2)^2]-}\cdots-\frac{q^2/64}{1-a/4+}\frac{q^2}{2a} \tag{2.3.55}$$

由(2.3.48)式和(2.3.55)式，可得

$$E_{2k}=1-\frac{a}{4k^2}-F_{2k} \tag{2.3.56}$$

令

$$D_{2k}=1-\frac{a}{4k^2}-E_{2k}-F_{2k},(k\geqslant 1) \tag{2.3.57}$$

取适当的特征值 a 可使 $D_{2k}=0$。对应于函数 $ce_2(\eta,\ q)$和 $ce_4(\eta,\ q)$的特征值分别为 a_2 和 a_4，以此类推。

以计算 a_4 为例，先估算一下其取值范围。当 $q=0$ 时，$a_4=16$，随着 q 的增大，a_4 增大。现假设当 $q=8$ 时，$a=20$。在(2.3.49)式中取 $k=2$，将(2.3.53)式中的 G_4 代入，并利用(2.3.49)式与(2.3.54)式右边对应相等，得

$$1-\frac{a}{16}+\frac{q^2/64}{1-a/4+q^2/(2a)}=1-\frac{1}{16}a-F_4=0.167 \tag{2.3.58}$$

(2.3.48)式中取到第二项，可得

$$E_4\approx\frac{1/9}{1-a/36-}\frac{1/36}{1-a/64}=0.275 \tag{2.3.59}$$

将(2.3.58)式和(2.3.59)式的结果代入(2.3.57)式，可计算出 $D_4=0.167-0.275=-0.108$。同样，将 $q=8$、$a=19$ 代入到(2.3.58)式和(2.3.59)式分别得到 0.297 和 0.257，则 $D_4=0.04$。采用线性插值方法可计算出 $x=0.27$，其示意图如图 2-3 所示，则有 $a_4=19+x=19.27$。用同样的方法，将 $q=8$、$a=19.25$ 和 $q=8$、$a=19.27$ 代入方程(2.3.58)式和(2.3.59)式计算，再应用插值法，可得 $a_4\approx 19.253$。

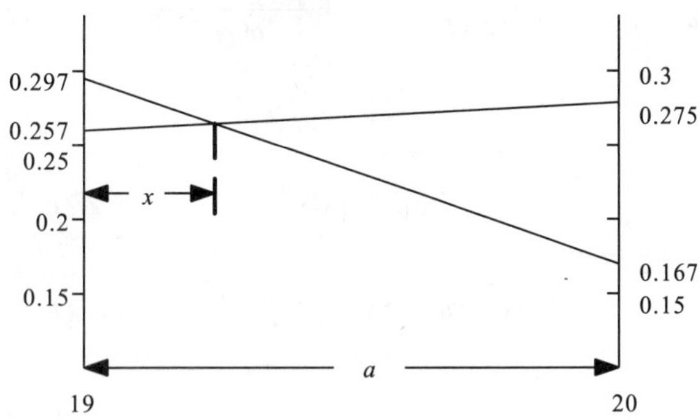

图 2-3 线性插值说明图

将计算出的 a_4 值代入到(2.3.29)式，得

$$G_2=\frac{A_2^{(4)}}{A_0^{(4)}}=V_0=\frac{a_4}{q}\approx\frac{19.253}{8}\approx 2.4066 \tag{2.3.60}$$

$$G_4=\frac{A_4^{(4)}}{A_2^{(4)}}=V_2-\frac{2}{G_2}=-4\,\frac{1}{q}\left(1-\frac{1}{4}a+\frac{q^2}{2a}\right)=-\frac{1-4.8132+1.6624}{2}=1.0754 \tag{2.3.61}$$

由(2.3.49)式可得

$$G_{2k+2}=\frac{1}{q}(a-4k^2)-\frac{1}{G_{2k}},(k\geqslant 1) \tag{2.3.62}$$

由此可计算出

$$G_6=\frac{A_6^{(4)}}{A_4^{(4)}}=2.4066-2-0.9298=-0.5232,(k=2) \tag{2.3.63}$$

$$G_8 = \frac{A_8^{(4)}}{A_6^{(4)}} = 2.4066 - 4.5 + 1.9113 = -0.1821, (k = 3) \tag{2.3.64}$$

$$G_{10} = \frac{A_{10}^{(4)}}{A_8^{(4)}} = 2.4066 - 8 + 5.4915 = -0.1019, (k = 4) \tag{2.3.65}$$

进一步的计算可得

$$A_2^{(4)} = 2.4066 A_0^{(4)} \tag{2.3.66}$$

$$A_4^{(4)} = G_4 A_2^{(4)} = 2.5881 A_0^{(4)} \tag{2.3.67}$$

$$A_6^{(4)} = G_6 A_4^{(4)} = -1.3541 A_0^{(4)} \tag{2.3.68}$$

$$A_8^{(4)} = G_8 A_6^{(4)} = 0.2466 A_0^{(4)} \tag{2.3.69}$$

$$A_{10}^{(4)} = G_{10} A_8^{(4)} = -0.0251 A_0^{(4)} \tag{2.3.70}$$

应用归一化条件(相关内容见 2.4 节)，有

$$2[A_0^{(4)}]^2 + [A_2^{(4)}]^2 + [A_4^{(4)}]^2 + \cdots = 16.385 [A_0^{(4)}]^2 = 1 \tag{2.3.71}$$

所以

$$A_0^{(4)} = 0.2470 \tag{2.3.72}$$

将(2.3.72)式代回到(2.3.66)～(2.3.70)式，可计算得到

$$A_2^{(4)} = 0.5944 \tag{2.3.73}$$

$$A_4^{(4)} = 0.9393 \tag{2.3.74}$$

$$A_6^{(4)} = -0.3345 \tag{2.3.75}$$

$$A_8^{(4)} = 0.0609 \tag{2.3.76}$$

$$A_{10}^{(4)} = -0.0062 \tag{2.3.77}$$

将上述结果代入到(2.2.6)式，可得角向马蒂厄方程 $\psi''(\eta) + (19.253 - 16\cos 2\eta)\psi(\eta) = 0$ 的解近似为

$$\begin{aligned} \mathrm{ce}_4(\eta, 8) = {} & 0.2470 + 0.5944\cos 2\eta + 0.9393\cos 4\eta - 0.3345\cos 6\eta \\ & + 0.0609\cos 8\eta - 0.0062\cos 10\eta + \cdots \end{aligned} \tag{2.3.78}$$

当 $q=0$ 时，马蒂厄函数展开系数的一些特殊值为[7]

$$A_0^{(0)}(0) = 1/\sqrt{2}, A_{2k}^{(2k)}(0) = 1, A_{2k}^{(2n)}(0) = 0, k > 0, n \neq k \tag{2.3.79}$$

$$A_{2k+1}^{(2k+1)}(0) = 1, A_{2k+1}^{(2n+1)}(0) = 0, n \neq k \tag{2.3.80}$$

$$B_{2k+1}^{(2k+1)}(0) = 1, B_{2k+1}^{(2n+1)}(0) = 0, n \neq k \tag{2.3.81}$$

$$B_{2k+2}^{(2k+2)}(0) = 1, B_{2k+2}^{(2n+2)}(0) = 0, n \neq k \tag{2.3.82}$$

当 q 足够小时，展开系数 $A_m(q)$ 和 $B_m(q)$ 的表达式为[10]

$$A_{2k}^{(0)}(q) = (-1)^k \left[\frac{2}{(k!)^2} t^k - \frac{2k(3k+4)}{[(k+1)!]^2} t^{k+2} + O(t^{k+4}) \right] A_0^{(0)}(q), t = \frac{1}{4}q, (k \geqslant 1) \tag{2.3.83}$$

$$\begin{aligned} A_{2k+1}^{(1)}(q) = (-1)^k \bigg[& \frac{1}{k!(k+1)!} t^k + \frac{k}{[(k+1)!]^2} t^{k+1} \\ & + \frac{1}{4(k-1)!(k+2)!} t^{k+2} + O(t^{k+3}) \bigg] A_1^{(1)}(q) \end{aligned} \tag{2.3.84}$$

$$A_0^{(2)}(q) = \left[t - \frac{3}{5} t^3 + \frac{1363}{216} t^5 + O(t^7) \right] A_2^{(2)}(q) \tag{2.3.85}$$

$$A_{2k+2}^{(2)}(q) = (-1)^k\left[\frac{2}{k!(k+2)!}t^k + \frac{k(47k^2+222k+247)}{18(k+2)!(k+3)!}t^{k+2} + O(t^{k+4})\right]A_2^{(2)}(q) \tag{2.3.86}$$

$$B_{2k+1}^{(1)}(q) = (-1)^k\left[\frac{1}{k!(k+1)!}t^k - \frac{k}{[(k+1)!]^2}t^{k+1} + \frac{1}{4(k-1)!(k+2)!}t^{k+2} + O(t^{k+3})\right]B_1^{(1)}(q) \tag{2.3.87}$$

$$B_{2k+2}^{(2)}(q) = (-1)^k\left[\frac{2}{k!(k+2)!}t^k - \frac{k(k+1)(7k+23)}{18(k+2)!(k+3)!}t^{k+2} + O(t^{k+4})\right]B_2^{(2)}(q) \tag{2.3.88}$$

(2)应用级数展开进行计算。由于角向马蒂厄方程(1.2.15)式中 a 和 q 是互相关联的，当 q 足够小时，我们可将 a 展开成 q 的级数

$$a = m^2 + \alpha_1 q + \alpha_2 q^2 + \alpha_3 q^3 + \cdots \tag{2.3.89}$$

为简单起见，我们首先讨论当 $q=0$ 时，$a=m^2=1$ 的情况。此时

$$a = 1 + \alpha_1 q + \alpha_2 q^2 + \alpha_3 q^3 + \cdots \tag{2.3.90}$$

因为，当 $q=0$ 时，其解为 $\cos\eta$，故当 $q\neq 0$ 时，可设角向马蒂厄方程(1.2.15)式的解为

$$\psi(\eta,q) = \cos\eta + c_1(\eta)q + c_2(\eta)q^2 + c_3(\eta)q^3 + \cdots \tag{2.3.91}$$

其中 c_1、c_2、c_3 等是 η 的函数，由(2.3.90)式和(2.3.91)式可计算得

$$\psi''(\eta,q) = -\cos\eta + qc_1'' + q^2c_2'' + q^3c_3'' + \cdots \tag{2.3.92}$$

$$a\psi(\eta,q) = \cos\eta + q(c_1 + \alpha_1\cos\eta) + q^2(c_2 + \alpha_1 c_1 + \alpha_2\cos\eta) + q^3(c_3 + \alpha_1 c_2 + \alpha_2 c_1 + \alpha_3\cos\eta) + \cdots \tag{2.3.93}$$

$$-2q\cos 2\eta\psi''(\eta,q) = -q(\cos\eta + \cos 3\eta) - 2q^2c_1\cos 2\eta - 2q^3c_2\cos 2\eta - \cdots \tag{2.3.94}$$

将(2.3.92)～(2.3.94)式代入角向马蒂厄方程(1.2.15)式，q 的同次幂的系数项应等于零，所以有

$$\cos\eta - \cos\eta = 0, (q^0) \tag{2.3.95}$$

$$c_1'' + c_1 - \cos 3\eta + (\alpha_1 - 1)\cos\eta = 0, (q) \tag{2.3.96}$$

$$c_2'' + c_2 + \alpha_1 c_1 - 2c_1\cos 2\eta + \alpha_2\cos\eta = 0, (q^2) \tag{2.3.97}$$

由于(2.3.96)式中第 4 项使解中会出现非周期项 $[(1-\alpha_1)\eta/2]\sin\eta$，因 $\psi(\eta,q)$ 是周期函数，故(2.3.96)式中第 4 项不能存在，所以应令

$$\alpha_1 = 1 \tag{2.3.98}$$

因此(2.3.96)式化为

$$c_1'' + c_1 - \cos 3\eta = 0 \tag{2.3.99}$$

由上式可得

$$c_1 = -\frac{1}{8}\cos 3\eta \tag{2.3.100}$$

将 α_1 和 c_1 的值代入(2.3.97)式，经整理得

$$c_2'' + c_2 + \frac{1}{8}\cos 5\eta - \frac{1}{8}\cos 3\eta + \left(\frac{1}{8} + \alpha_2\right)\cos\eta = 0 \tag{2.3.101}$$

与确定 α_1 和 c_1 的方法一样，为保证解的周期性，必须令

$$\alpha_2 = -\frac{1}{8} \tag{2.3.102}$$

这样(2.3.101)式变为

$$c_2'' + c_2 + \frac{1}{8}\cos 5\eta - \frac{1}{8}\cos 3\eta = 0 \tag{2.3.103}$$

解上述方程可得

$$c_2 = \frac{1}{192}\cos 5\eta - \frac{1}{64}\cos 3\eta \tag{2.3.104}$$

依照上述计算方法，可计算出 α_3、α_4、c_3 和 c_4 等其他项，其值为

$$\alpha_3 = -\frac{1}{64} \tag{2.3.105}$$

$$c_3 = -\frac{1}{512}q^3\left(\frac{1}{3}\cos 3\eta - \frac{4}{9}\cos 5\eta + \frac{1}{18}\cos 7\eta\right) \tag{2.3.106}$$

$$\alpha_4 = -\frac{1}{1536} \tag{2.3.107}$$

$$c_4 = -\frac{1}{4096}\left(\frac{11}{9}\cos 3\eta + \frac{1}{6}\cos 5\eta - \frac{1}{12}\cos 7\eta + \frac{1}{180}\cos 9\eta\right) \tag{2.3.108}$$

将 c_1，c_2 等代入(2.3.91)式，就得马蒂厄函数 $\mathrm{ce}_1(\eta, q)$的表达式为[10]

$$\begin{aligned}\mathrm{ce}_1(\eta,q) = {} & \cos\eta - \frac{1}{8}q\cos 3\eta + \frac{1}{64}q^2\left(-\cos 3\eta + \frac{1}{3}\cos 5\eta\right) \\ & - \frac{1}{512}q^3\left(\frac{1}{3}\cos 3\eta - \frac{4}{9}\cos 5\eta + \frac{1}{18}\cos 7\eta\right) \\ & + \frac{1}{4096}q^4\left(\frac{11}{9}\cos 3\eta + \frac{1}{6}\cos 5\eta - \frac{1}{12}\cos 7\eta + \frac{1}{180}\cos 9\eta\right) + O(q^5)\end{aligned} \tag{2.3.109}$$

其相应的特征值为[10]

$$a_1(q) = 1 + q - \frac{1}{8}q^2 - \frac{1}{64}q^3 - \frac{1}{1536}q^4 + \frac{11}{36864}q^5 + O(q^6) \tag{2.3.110}$$

应用类似的方法可得[10]

$$\begin{aligned}\mathrm{ce}_0(\eta,q) = {} & 1 - \frac{1}{2}q\cos 2\eta + \frac{1}{32}q^2\cos 4\eta - \frac{1}{128}q^3\left(\frac{1}{9}\cos 6\eta - 7\cos 2\eta\right) \\ & + \frac{1}{73728}q^4(\cos 8\eta - 320\cos 4\eta) + O(q^5)\end{aligned} \tag{2.3.111}$$

$$a_0(q) = -\frac{1}{2}q^2 + \frac{7}{128}q^4 - \frac{29}{2304}q^6 + O(q^8) \tag{2.3.112}$$

$$\begin{aligned}\mathrm{ce}_2(\eta,q) = {} & \cos 2\eta - \frac{1}{8}q\left(\frac{2}{3}\cos 4\eta - 2\right) + \frac{1}{384}q^2\cos 6\eta - \frac{1}{512}q^3\left(\frac{1}{45}\cos 8\eta + \frac{43}{27}\cos 4\eta + \frac{40}{3}\right) \\ & + \frac{1}{4096}q^4\left(\frac{1}{540}\cos 10\eta + \frac{293}{540}\cos 6\eta\right) + O(q^5)\end{aligned} \tag{2.3.113}$$

$$a_2(q) = 4 + \frac{5}{12}q^2 - \frac{763}{13824}q^4 + \frac{1002401}{79626240}q^6 + O(q^8) \tag{2.3.114}$$

同样，令

$$\psi(\eta,q) = \sin m\eta + s_1(\eta)q + s_2(\eta)q^2 + s_3(\eta)q^3 + \cdots \tag{2.3.115}$$

$$b = m^2 + \beta_1 q + \beta_2 q^2 + \beta_3 q^3 + \cdots \tag{2.3.116}$$

仿照计算 $ce_1(\eta, q)$的方法，可计算得到

$$\mathrm{se}_1(\eta,q) = \sin\eta - \frac{1}{8}q\sin3\eta + \frac{1}{64}q^2\left(\sin3\eta + \frac{1}{3}\sin5\eta\right) - \frac{1}{512}q^3\left(\frac{1}{3}\sin3\eta + \frac{4}{9}\sin5\eta + \frac{1}{18}\sin7\eta\right) + \frac{1}{4096}q^4\left(-\frac{11}{9}\sin3\eta + \frac{1}{6}\sin5\eta + \frac{1}{12}\sin7\eta + \frac{1}{180}\sin9\eta\right) + O(q^5) \tag{2.3.117}$$

$$b_1(q) = 1 - q - \frac{1}{8}q^2 + \frac{1}{64}q^3 - \frac{1}{1536}q^4 - \frac{11}{36864}q^5 + \frac{49}{589824}q^6 - \frac{55}{9437184}q^7 - \frac{265}{113246208}q^8 + O(q^9) \tag{2.3.118}$$

$$\mathrm{se}_2(\eta,q) = \sin2\eta - \frac{1}{12}q\sin4\eta + \frac{1}{384}q^2\sin6\eta - \frac{1}{512}q^3\left(\frac{1}{45}\sin8\eta - \frac{5}{27}\sin4\eta\right) + \frac{1}{4096}q^4\left(\frac{1}{540}\sin10\eta - \frac{37}{540}\sin6\eta\right) + O(q^5) \tag{2.3.119}$$

$$b_2(q) = 4 - \frac{1}{12}q^2 + \frac{5}{13824}q^4 + O(q^6) \tag{2.3.120}$$

进一步计算可得，当 $q<1$、$m\leqslant 6$ 时，$a_m(q)$和 $b_m(q)$的一些表达式为[7,12,69~70]

$$a_0(q) = -\frac{1}{2}q^2 + \frac{7}{128}q^4 - \frac{29}{2304}q^6 + \frac{68687}{18874368}q^8 + O(q^{10}) \tag{2.3.121}$$

$$\left.\begin{array}{l} a_1(-q) \\ b_1(-q) \end{array}\right\} = 1 - q - \frac{1}{8}q^2 + \frac{1}{64}q^3 - \frac{1}{1536}q^4 - \frac{11}{36864}q^5 + \frac{49}{589824}q^6 - \frac{55}{9437184}q^7 - \frac{83}{35389440}q^8 + O(q^9) \tag{2.3.122}$$

$$a_2(q) = 4 + \frac{5}{12}q^2 - \frac{763}{13824}q^4 + \frac{1002401}{79626240}q^6 - \frac{1669068401}{458647142400}q^8 + O(q^{10}) \tag{2.3.123}$$

$$b_2(q) = 4 - \frac{1}{12}q^2 + \frac{5}{13824}q^4 - \frac{289}{79626240}q^6 + \frac{21391}{458647142400}q^8 + O(q^{10}) \tag{2.3.124}$$

$$\left.\begin{array}{l} a_3(-q) \\ b_3(-q) \end{array}\right\} = 9 + \frac{1}{16}q^2 - \frac{1}{64}q^3 + \frac{13}{20480}q^4 + \frac{5}{16384}q^5 - \frac{1961}{23592960}q^6 + \frac{609}{104857600}q^7 + O(q^8) \tag{2.3.125}$$

$$a_4(q) = 16 + \frac{1}{30}q^2 + \frac{433}{864000}q^4 - \frac{5701}{2721600000}q^6 + O(q^8) \tag{2.3.126}$$

$$b_4(q) = 16 + \frac{1}{30}q^2 - \frac{317}{864000}q^4 + \frac{10049}{2721600000}q^6 + O(q^8) \tag{2.3.127}$$

$$\left.\begin{array}{l} a_5(-q) \\ b_5(-q) \end{array}\right\} = 25 + \frac{1}{48}q^2 + \frac{11}{774144}q^4 - \frac{1}{147456}q^5 + \frac{37}{891813888}q^6 + O(q^7) \tag{2.3.128}$$

$$a_6(q) = 36 + \frac{1}{70}q^2 + \frac{187}{43904000}q^4 + \frac{6743617}{92935987200000}q^6 + O(q^8) \quad (2.3.129)$$

$$b_6(q) = 36 + \frac{1}{70}q^2 + \frac{187}{43904000}q^4 - \frac{5861633}{92935987200000}q^6 + O(q^8) \quad (2.3.130)$$

比较文献［10］和文献［7］、文献［12］以及文献［69］和文献［70］中 $a_m(q)$和 $b_m(q)$的结果，只在 $a_1(-q)$和 $b_1(q)$中 q^8 项的系数有微小差异，其他特征值都完全相同。

当 $m \geqslant 7$ 和 $q < 3m$ 时，$a_m(q)$、$b_m(q)$的表达式为[7,10,12,69~70]

$$\left.\begin{array}{l} a_m(q) \\ b_m(q) \end{array}\right\} = m^2 + \frac{1}{2(m^2-1)}q^2 + \frac{5m^2+7}{32(m^2-1)^3(m^2-4)}q^4 + \frac{9m^4+58m^2+29}{64(m^2-1)^5(m^2-4)(m^2-9)}q^6 + O(q^7) \quad (2.3.131)$$

应当注意，上式中余项的数量级是 $O(q^7)$，而不是 $O(q^8)$，但是，如果 $m \geqslant 8$，则余项是 $O(q^8)$。此外，应注意(2.3.131)式不表示 $a_m(q) = b_m(q)$，当 $|q| \to 0$ 时，$a_m(q) \to b_m(q)$，但当 $|q| > 0$ 时，$a_m(q) - b_m(q) \neq 0$，它们的差别是 $O(q^7)$。

当 $1 < q < 10$ 或 $1 < q < m^2$ 时，a_m、b_m 的表达式为[69~70]

$$a_0(q) = 0.5542818 - 0.88297q - 0.09638957q^2 + 0.003999267q^3, (1 < q < 10) \quad (2.3.132)$$

$$a_1(q) = 0.811752 + 1.33372q - 0.3089229q^2 + 0.0192917q^3 - 0.000494603q^4, (1 < q < 10) \quad (2.3.133)$$

$$b_1(q) = 1.10427 - 1.152218q - 0.05482465q^2 + 0.01971096q^3, (1 < q < 10) \quad (2.3.134)$$

$$a_2(q) = 3.3290504 + 0.992q - 0.0001829032q^2 - 0.008667445q^3 + 0.0003200972q^4, (1 < q < 15) \quad (2.3.135)$$

$$b_2(q) = 4.00909 - 0.004732542q - 0.08725329q^2 + 0.00238446q^3, (1 < q < 10) \quad (2.3.136)$$

$$a_3(q) = 8.9449274 - 0.1039356q + 0.19069602q^2 - 0.01453021q^3 + 0.0003035731q^4, (1 < q < 20) \quad (2.3.137)$$

$$b_3(q) = 8.771735 + 0.2689874q - 0.03569325q^2 + 0.00009369364q^3, (1 < q < 15) \quad (2.3.138)$$

$$a_4(q) = 16.620847 - 0.5924058q + 0.17344854q^2 - 0.0079684875q^3 + 0.0001076676q^4, (1 < q < 25) \quad (2.3.139)$$

$$b_4(q) = 15.744 + 0.1907493q + 0.0038216144q^2 - 0.000708719q^3, (1 < q < 20) \quad (2.3.140)$$

$$a_5(q) = 25.93515 - 0.600205q + 0.10706975q^2 - 0.002983416q^3 + 0.00002238231q^4, (1 < q < 35) \quad (2.3.141)$$

$$b_5(q) = 24.897 + 0.0416399q + 0.0218225q^2 - 0.0007425364q^3, (1 < q < 25) \quad (2.3.142)$$

$$a_6(q) = 36.423 - 0.181233q + 0.253998q^2 + 0.000480263q^3 - 0.0000166846q^4, (1 < q < 40) \quad (2.3.143)$$

$$b_6(q) = 35.9925 - 0.02349616q + 0.0216609q^2 - 0.000457146q^3, (1 < q < 35) \tag{2.3.144}$$

$$a_7(q) = 49.0547 - 0.0353597q - 0.003097887q^2 + 0.0009730514q^3 - 0.00001411114q^4, (10 < q < 50) \tag{2.3.145}$$

$$b_7(q) = 49.19035 - 0.0916292q + 0.0205511q^2 - 0.0003043872q^3, (10 < q < 40) \tag{2.3.146}$$

当 $q \geqslant 10$ 或 $q \geqslant m^2$ 时，$a_m(q)$、$b_m(q)$的表达式为[7,69~70]

$$\left.\begin{array}{l} a_m(q) \\ b_{m+1}(q) \end{array}\right\} = -2q + 2w\sqrt{q} - \frac{w^2+1}{8} - \frac{w+3/w}{2^7\sqrt{\varphi}} - \frac{d_1}{2^{12}\varphi} - \frac{d_2}{2^{17}\varphi^{3/2}} - \frac{d_3}{2^{20}\varphi^2} - \frac{d_4}{2^{25}\varphi^{5/2}} \tag{2.3.147}$$

其中

$$w = 2m+1, \varphi = \frac{q}{w^4} (\varphi \text{ 为实数}) \tag{2.3.148}$$

$$d_1 = 5 + \frac{34}{w^2} + \frac{9}{w^4} \tag{2.3.149}$$

$$d_2 = \frac{33}{w} + \frac{410}{w^3} + \frac{405}{w^5} \tag{2.3.150}$$

$$d_3 = \frac{63}{w^2} + \frac{1260}{w^4} + \frac{2943}{w^6} + \frac{486}{w^8} \tag{2.3.151}$$

$$d_4 = \frac{527}{w^3} + \frac{15617}{w^5} + \frac{69001}{w^7} + \frac{41607}{w^9} \tag{2.3.152}$$

当 $q<1$ 时，$a_m(q)$和 $b_m(q)$的更高阶的级数展开式可参看附录 C。应用求得的近似特征值可确定展开系数，从而可得以下马蒂厄函数的展开式[7,69~70]。当 $|q|<1$ 时，有

$$\mathrm{ce}_0'(\eta,q) = 2^{-1/2}\left[1 - \frac{1}{2}q\cos 2\eta + q^2\left(\frac{1}{32}\cos 4\eta - \frac{1}{16}\right) - \frac{1}{128}q^3\left(\frac{1}{9}\cos 6\eta - 11\cos 2\eta\right)\right] + O(q^4) \tag{2.3.153}$$

$$\mathrm{ce}_1(\eta,q) = \cos\eta - \frac{1}{8}q\cos 3\eta + \frac{1}{128}q^2\left(\frac{2}{3}\cos 5\eta - 2\cos 3\eta - \cos\eta\right) - \frac{1}{1024}q^3\left(\frac{1}{9}\cos 7\eta - \frac{8}{9}\cos 5\eta - \frac{1}{3}\cos 3\eta + 2\cos\eta\right) + O(q^4) \tag{2.3.154}$$

$$\mathrm{se}_1(\eta,q) = \sin\eta - \frac{1}{8}q\sin 3\eta + \frac{1}{128}q^2\left(\frac{2}{3}\sin 5\eta + 2\sin 3\eta - \sin\eta\right) - \frac{1}{1024}q^3\left(\frac{1}{9}\sin 7\eta + \frac{8}{9}\sin 5\eta - \frac{1}{3}\sin 3\eta - 2\sin\eta\right) + O(q^4) \tag{2.3.155}$$

$$\mathrm{ce}_2(\eta,q) = \cos 2\eta - \frac{1}{4}q\left(\frac{1}{3}\cos 4\eta - 1\right) + \frac{1}{128}q^2\left(\frac{1}{3}\cos 6\eta - \frac{76}{9}\cos 2\eta\right) + O(q^3) \tag{2.3.156}$$

$$\mathrm{se}_2(\eta,q) = \sin 2\eta - \frac{1}{12}q\sin 4\eta + \frac{1}{128}q^2\left(\frac{1}{3}\sin 6\eta - \frac{4}{9}\sin 2\eta\right) + O(q^3) \tag{2.3.157}$$

$$\mathrm{ce}_3(\eta,q)=\cos3\eta-\frac{1}{16}q(\cos5\eta-2\cos\eta)+\frac{1}{64}q^2\left(\frac{1}{10}\cos7\eta-\frac{5}{8}\cos3\eta+\cos\eta\right)+O(q^3)\tag{2.3.158}$$

$$\mathrm{se}_3(\eta,q)=\sin3\eta-\frac{1}{16}q(\sin5\eta-2\sin\eta)+\frac{1}{64}q^2\left(\frac{1}{10}\sin7\eta-\frac{5}{8}\sin3\eta-\sin\eta\right)+O(q^3)\tag{2.3.159}$$

当 $m\geqslant4$ 时，有

$$\begin{aligned}\mathrm{ce}_m(\eta,q)=&\cos m\eta-\frac{1}{4}q\left(\frac{\cos(m+2)\eta}{(m+1)}-\frac{\cos(m-2)\eta}{(m-1)}\right)\\&+\frac{1}{32}q^2\left[\frac{\cos(m+4)\eta}{(m+1)(m+2)}+\frac{\cos(m-4)\eta}{(m-1)(m-2)}\right.\\&\left.-\left(\frac{1}{(m+1)^2}+\frac{1}{(m-1)^2}\right)\cos m\eta\right]+O(q^3)\end{aligned}\tag{2.3.160}$$

$$\begin{aligned}\mathrm{se}_m(\eta,q)=&\sin m\eta-\frac{1}{4}q\left(\frac{\sin(m+2)\eta}{(m+1)}-\frac{\sin(m-2)\eta}{(m-1)}\right)\\&+\frac{1}{32}q^2\left[\frac{\sin(m+4)\eta}{(m+1)(m+2)}+\frac{\sin(m-4)\eta}{(m-1)(m-2)}\right.\\&\left.-\left(\frac{1}{(m+1)^2}+\frac{1}{(m-1)^2}\right)\sin m\eta\right]+O(q^3)\end{aligned}\tag{2.3.161}$$

比较文献［7］给出的(2.3.153)～(2.3.157)式与文献［10］给出的(2.3.109)式、(2.3.111)式、(2.3.113)式、(2.3.117)式和(2.3.119)式，发现两者之间有一定的差异。特别是(2.3.111)式与(2.3.153)式，前者少了系数 $2^{-1/2}$，这是由于(2.3.111)式没有归一化造成的结果。如果将两文献中的 $\mathrm{ce}_0(\eta,q)$ 作相同的归一化，并将对应的马蒂厄函数精确到相同的 q 次方，尽管两文献的解析表达式略有差别，但数值计算结果差异不大。表 2-1～表 2-10 给出了具体的数值计算结果。

表 2-1　函数 $\mathrm{ce}_0(\eta, q)$数值计算值(以文献［10］所给表达式计算)

η \ q	0.1	0.3	0.5	0.7	0.9
0°	0.672010	0.604057	0.540611	0.483500	0.434550
10°	0.674089	0.609934	0.549727	0.495198	0.448076
20°	0.680091	0.627009	0.576388	0.529667	0.488280
30°	0.689339	0.653618	0.618450	0.584792	0.553601
40°	0.700767	0.687009	0.672096	0.656365	0.640152
50°	0.713032	0.723467	0.731735	0.737499	0.740423
60°	0.724654	0.758607	0.790239	0.818594	0.842714
70°	0.734199	0.787895	0.839744	0.888307	0.932150
80°	0.740463	0.807327	0.872951	0.935605	0.993560
90°	0.742645	0.814134	0.884651	0.952368	1.015461

表 2-2 函数 $ce_0(\eta, q)$数值计算值(以文献 [7] 所给表达式计算)

η \ q	0.1	0.3	0.5	0.7	0.9
0°	0.672033	0.604654	0.543374	0.491080	0.450659
10°	0.674110	0.610494	0.552322	0.502320	0.463213
20°	0.680108	0.627466	0.578504	0.535473	0.500620
30°	0.689350	0.653916	0.619831	0.588581	0.561655
40°	0.700771	0.687113	0.672576	0.657681	0.642949
50°	0.713028	0.723363	0.731255	0.736183	0.737626
60°	0.724643	0.758308	0.788858	0.814805	0.834659
70°	0.734182	0.787438	0.837628	0.882501	0.919810
80°	0.740442	0.806766	0.870355	0.928482	0.978422
90°	0.742623	0.813537	0.881889	0.944789	0.999352

表 2-3 函数 $ce_1(\eta, q)$数值计算值(以文献 [10] 所给表达式计算)

η \ q	0	0.2	0.4	0.6	0.8
0°	1.000000	0.974584	0.948340	0.921273	0.893389
10°	0.984808	0.962749	0.939874	0.916180	0.891666
20°	0.939693	0.926841	0.913273	0.898970	0.883913
30°	0.866025	0.865840	0.865262	0.864260	0.862802
40°	0.766044	0.778657	0.791479	0.804485	0.817652
50°	0.642788	0.664910	0.687979	0.712004	0.736992
60°	0.500000	0.525737	0.552983	0.581785	0.612194
70°	0.342020	0.364429	0.388402	0.414011	0.441328
80°	0.173648	0.186629	0.200606	0.215633	0.231761
90°	0.000000	0.000000	0.000000	0.000000	0.000000

表 2-4 函数 $ce_1(\eta, q)$数值计算值(以文献 [7] 所给表达式计算)

η \ q	0	0.2	0.4	0.6	0.8
0°	1.000000	0.974264	0.947028	0.918250	0.887889
10°	0.984808	0.962433	0.938574	0.913178	0.886190
20°	0.939693	0.926536	0.912012	0.896036	0.878524
30°	0.866025	0.865556	0.864071	0.861458	0.857606
40°	0.766044	0.778402	0.790394	0.801902	0.812805
50°	0.642788	0.664692	0.687041	0.709743	0.732703
60°	0.500000	0.525566	0.552233	0.579957	0.608694
70°	0.342020	0.364310	0.387878	0.412723	0.438843
80°	0.173648	0.186568	0.200336	0.214966	0.230469
90°	0.000000	0.000000	0.000000	0.000000	0.000000

表 2-5　函数 $ce_2(\eta, q)$数值计算值(以文献［10］所给表达式计算)

η \ q	0	0.2	0.4	0.6	0.8
0°	1.000000	1.033438	1.067083	1.100938	1.135000
10°	0.939693	0.976977	1.014366	1.051859	1.089456
20°	0.766044	0.813098	0.860048	0.906893	0.953635
30°	0.500000	0.558229	0.616250	0.674063	0.731667
40°	0.173648	0.239258	0.304763	0.370164	0.435461
50°	−0.173648	−0.107935	−0.042117	0.023805	0.080831
60°	−0.500000	−0.441562	−0.382917	−0.324062	−0.265000
70°	−0.766044	−0.718886	−0.671624	−0.624258	−0.576788
80°	−0.939693	−0.902512	−0.865436	−0.828464	−0.791596
90°	−1.000000	−0.966771	−0.933750	−0.900937	−0.868333

表 2-6　函数 $ce_2(\eta, q)$数值计算值(以文献［7］所给表达式计算)

η \ q	0	0.2	0.4	0.6	0.8
0°	1.000000	1.030799	1.056528	1.077188	1.092778
10°	0.939693	0.974498	1.004447	1.029541	1.049780
20°	0.766044	0.811077	0.851962	0.888700	0.921290
30°	0.500000	0.556910	0.610972	0.662188	0.710556
40°	0.173648	0.238799	0.302930	0.366040	0.428129
50°	−0.173648	−0.107476	−0.040284	0.027929	0.097163
60°	−0.500000	−0.440243	−0.377639	−0.312187	−0.243889
70°	−0.766044	−0.716865	−0.663538	−0.606065	−0.544444
80°	−0.939693	−0.900032	−0.855517	−0.806146	−0.751920
90°	−1.000000	−0.964132	−0.923194	−0.877187	−0.826111

表 2-7　函数 $se_1(\eta, q)$数值计算值(以文献［10］所给表达式计算)

η \ q	0	0.2	0.4	0.6	0.8
0°	0.000000	0.000000	0.000000	0.000000	0.000000
10°	0.173648	0.161612	0.150467	0.140161	0.130642
20°	0.342020	0.321104	0.301609	0.283465	0.266598
30°	0.500000	0.475721	0.452851	0.431340	0.411139
40°	0.642788	0.621606	0.601356	0.582031	0.563623
50°	0.766044	0.753665	0.741544	0.729705	0.718173

续表

η \ q	0	0.2	0.4	0.6	0.8
60°	0.866025	0.865850	0.865346	0.864544	0.863475
70°	0.939693	0.951847	0.963323	0.974139	0.984315
80°	0.984808	1.006051	1.026482	1.046103	1.064915
90°	1.000000	1.024582	1.048326	1.071227	1.093278

表 2-8 函数 $se_1(\eta, q)$数值计算值(以文献［7］所给表达式计算)

η \ q	0	0.2	0.4	0.6	0.8
0°	0.000000	0.000000	0.000000	0.000000	0.000000
10°	0.173648	0.160939	0.147803	0.134226	0.120198
20°	0.342020	0.319927	0.296949	0.273087	0.248343
30°	0.500000	0.474330	0.447351	0.419105	0.389639
40°	0.642788	0.620339	0.596357	0.570934	0.544165
50°	0.766044	0.752817	0.738213	0.722354	0.705359
60°	0.866025	0.865593	0.864372	0.862473	0.860011
70°	0.939693	0.952189	0.964735	0.977413	0.990306
80°	0.984808	1.006835	1.029650	1.053309	1.077863
90°	1.000000	1.025528	1.052139	1.079875	1.108778

表 2-9 函数 $se_2(\eta, q)$数值计算值(以文献［10］所给表达式计算)

η \ q	0	0.2	0.4	0.6	0.8
0°	0.000000	0.000000	0.000000	0.000000	0.000000
10°	0.342020	0.331397	0.320955	0.310693	0.300611
20°	0.642788	0.626464	0.610322	0.594359	0.578577
30°	0.866025	0.851592	0.837158	0.822724	0.808290
40°	0.984808	0.979017	0.973046	0.966895	0.960563
50°	0.984808	0.990418	0.995848	1.001097	1.006166
60°	0.866025	0.880459	0.894893	0.909327	0.923760
70°	0.642788	0.659291	0.675975	0.692840	0.709885
80°	0.342020	0.352824	0.363807	0.374971	0.386316
90°	0.000000	0.000000	0.000000	0.000000	0.000000

表 2-10　函数 $se_2(\eta, q)$数值计算值(以文献［7］所给表达式计算)

η \ q	0	0.2	0.4	0.6	0.8
0°	0.000000	0.000000	0.000000	0.000000	0.000000
10°	0.342020	0.331350	0.320765	0.310265	0.299851
20°	0.642788	0.626375	0.609964	0.593556	0.577149
30°	0.866025	0.851471	0.836677	0.821642	0.806366
40°	0.984808	0.978880	0.972499	0.965664	0.958375
50°	0.984808	0.990281	0.995300	0.999866	1.003977
60°	0.866025	0.880339	0.894412	0.908244	0.921836
70°	0.642788	0.659202	0.675618	0.692036	0.708456
80°	0.342020	0.352776	0.363617	0.374544	0.385556
90°	0.000000	0.000000	0.000000	0.000000	0.000000

2.3.4　特征值 a_m和 b_m的特征曲线

每一个 q 值都对应一组特征值 $a \in \{a_m(q), b_m(q)\}$，$a_m(q)$和 $b_m(q)$是 q 的函数。利用前面讨论的方法，可计算出 $a_m(q)$和 $b_m(q)$，从而绘出 $a_m(q)$和 $b_m(q)$的特征曲线，如图 2-4 是所示。

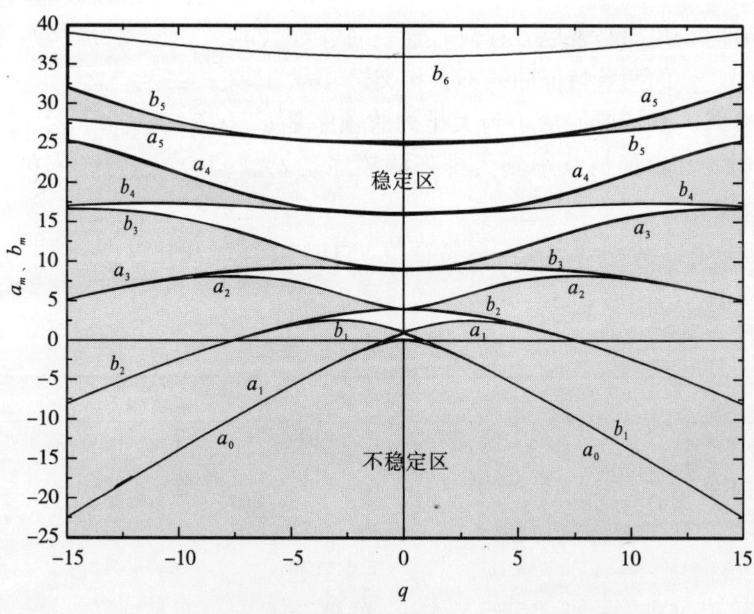

图 2-4　特征值 a_m和 b_m曲线图

特征值 a_m和 b_m的特征曲线的特点如下。

(1)将(2.3.32)~(2.3.35)式中的 V 变号，以(2.3.33)式为例，将 V_1、V_3、V_5 等变为 $-V_1$、$-V_3$、$-V_5$ 等，则有

$$-V_1-1=\frac{1}{(-V_3)-}\frac{1}{(-V_5)-}\frac{1}{(-V_7)-\cdots} \tag{2.3.162}$$

将上式左、右两端同乘以负号，可得

$$V_1+1=\frac{1}{V_3-}\frac{1}{V_5-}\frac{1}{V_7-\cdots} \tag{2.3.163}$$

这与(2.3.35)式相同，由此可得

$$a_{2n+1}(-q)=b_{2n+1}(q) \tag{2.3.164}$$

同样的方法可证明

$$a_{2n}(-q)=a_{2n}(q) \tag{2.3.165}$$

$$b_{2n+2}(-q)=b_{2n+2}(q) \tag{2.3.166}$$

由此可见，$a_{2n}(q)$的曲线和$b_{2n+2}(q)$的曲线关于$q=0$的轴对称；$a_{2n+1}(q)$的曲线与$b_{2n+1}(q)$的曲线是对称的。

(2)当$q>0$且足够大时，$a_m(q)$趋于$b_{m+1}(q)$；当$q<0$且其绝对值足够大时，$a_{2n}(q)$趋于$a_{2n+1}(q)$，$b_{2n+1}(q)$趋于$b_{2n+2}(q)$。

(3)当q足够小，且m足够大时，由(2.3.131)式可知$a_m(q)$和$b_m(q)$几乎相等，其特征曲线平行于q轴；当$q=0$时，$a_m(q)=b_m(q)=m^2$，椭圆情况变化为圆的情况。

(4)除$a_0(q)$与q轴相切于原点外，其它曲线与q轴都有两个交点，且一个交点的q值为正，另一个交点的q值为负，如图2-4中曲线a_1、b_1和b_2等。当增大q后，其他特征曲线与q轴的交点也将反映出来。函数$ce_{2n}(\eta, q)$和$se_{2n+2}(\eta, q)$的两个零点的q值等值反号，函数$ce_{2n+1}(\eta, q)$和$se_{2n+1}(\eta, q)$的零点大小相等，符号相反。

(5)当$q\neq 0$时，角向马蒂厄方程只有唯一的解$ce_m(\eta, q)$或$se_m(\eta, q)$，因此函数$ce_m(\eta, q)$或$se_m(\eta, q)$的两条特征曲线不会相交。

(6)当$q>0$时，其特征值从小到大排列的顺序是$a_{2n}(q)<b_{2n+1}(q)<a_{2n+1}(q)<b_{2n+2}(q)$；当$q<0$时，其特征值从小到大排列的顺序是$a_{2n}(q)<a_{2n+1}(q)<b_{2n+1}(q)<b_{2n+2}(q)$。

表2-11和表2-12分别列出了一些特征值$a_m(q)$和$b_m(q)$的值，当q取负值，$a_m(q)$和$b_m(q)$的值可根据(2.3.164)～(2.3.166)式得到。

表 2-11 特征值 a_m 数表

q	a_0	a_1	a_2	a_3	a_4
0	0.00000000	1.00000000	4.00000000	9.00000000	16.00000000
1	−0.45513860	1.85910807	4.37130098	9.07836885	16.03383234
2	−1.51395689	2.37919988	5.17266513	9.37032248	16.14120379
3	−2.83439189	2.51903909	6.04519685	9.91550629	16.33872075
4	−4.28051882	2.31800817	6.82907483	10.67102710	16.64981891
5	−5.80004602	1.85818754	7.44910974	11.54883204	17.09658168
6	−7.36883083	1.21427816	7.87006447	12.46560068	17.68878295
7	−8.97374251	0.43834909	8.08662314	13.35842132	18.41660866
8	−10.60672924	−0.43594360	8.11523883	14.18188036	19.25270506
9	−12.26241422	−1.38670157	7.98284316	14.90367967	20.16092639

续表

q	a_0	a_1	a_2	a_3	a_4
10	−13.93697996	−2.39914240	7.71736985	15.50278437	21.10463371
11	−15.62759065	−3.46284060	7.34294811	15.96891226	22.05099912
12	−17.33206603	−4.57013285	6.87873686	16.30153494	22.97212747
13	−19.04868417	−5.71518060	6.33944764	16.50760884	23.84488117
14	−20.77605531	−6.89340053	5.73631235	16.59854047	24.65059505
15	−22.51303776	−8.10110513	5.07798320	16.58738117	25.37506106
16	−24.25867947	−9.33526707	4.37123261	16.48688426	26.00867834
17	−26.01217644	−10.59335923	3.62146112	16.30848857	26.54647647
18	−27.77284216	−11.87324252	2.83305673	16.06197536	26.98776644
19	−29.54008486	−13.17308487	2.00964789	15.75550380	27.33536971
20	−31.31339007	−14.49130143	1.15428289	15.39581091	27.59457815
21	−33.09230715	−15.82650917	0.26955854	14.98845431	27.77208701
22	−34.87643872	−17.17749207	−0.64228591	14.53804081	27.87509931
23	−36.66543223	−18.54317373	−1.57929924	14.04842043	27.91069232
24	−38.45897317	−19.92259565	−2.53976570	13.52284272	27.88544080
25	−40.25677955	−21.31489969	−3.52216473	12.96407944	27.80524058
26	−42.05859738	−22.71931388	−4.52513948	12.37451982	27.67526525
27	−43.86419695	−24.13514064	−5.54747195	11.75624399	27.49999932
28	−45.67336964	−25.56174709	−6.58806297	11.11107984	27.28330817
29	−47.48592536	−26.99855690	−7.64591594	10.44064730	27.02852019
30	−49.30169031	−28.44504342	−8.72012344	9.74639288	26.73850772
31	−51.12050506	−29.90072389	−9.80985613	9.02961708	26.41576036
32	−52.94222296	−31.36515445	−10.91435339	8.29149615	26.06244825
33	−54.76670878	−32.83792588	−12.03291544	7.53309969	25.68047537
34	−56.59383745	−34.31865996	−13.16489661	6.75540493	25.27152356
35	−58.42349305	−35.80700619	−14.30969957	5.95930852	24.83708854
36	−60.25556789	−37.30263912	−15.46677034	5.14563626	24.37850943
37	−62.08996173	−38.80525585	−16.63559392	4.31515125	23.89699261
38	−63.92658107	−40.31457391	−17.81569058	3.46856087	23.39363139
39	−65.76533851	−41.83032938	−19.00661249	2.60652259	22.86942190
40	−67.60615224	−43.35227525	−20.20794083	1.72964908	22.32527634
41	−69.44894553	−44.88017991	−21.41928319	0.83851253	21.76203377
42	−71.29364633	−46.41382583	−22.64027132	−0.06635149	21.18046915
43	−73.14018682	−47.95300845	−23.87055902	−0.98444076	20.58130090
44	−74.98850314	−49.49753503	−25.10982040	−1.91528344	19.96519726
45	−76.83853502	−51.04722381	−26.35774821	−2.85843550	19.33278162
46	−78.69022554	−52.60190308	−27.61405236	−3.81347842	18.68463716
47	−80.54352084	−54.16141046	−28.87845864	−4.78001714	18.02131080

续表

q	a_0	a_1	a_2	a_3	a_4
48	−82. 39836993	−55. 72559218	−30. 15070749	−5. 75767822	17. 34331656
49	−84. 25472445	−57. 29430248	−31. 43055297	−6. 74610817	16. 65113855
50	−86. 11253853	−58. 86740302	−32. 71776171	−7. 74497202	15. 94523359

表 2-12 特征值 b_m 数表

q	b_1	b_2	b_3	b_4	b_5
0	1. 00000000	4. 00000000	9. 00000000	16. 00000000	25. 00000000
1	−0. 11024882	3. 91702477	9. 04773926	16. 03297008	25. 02084082
2	−1. 39067650	3. 67223271	9. 14062774	16. 12768795	25. 08334903
3	−2. 78537970	3. 27692197	9. 22313285	16. 27270120	25. 18707980
4	−4. 25918290	2. 74688103	9. 26144613	16. 45203529	25. 33054487
5	−5. 79008060	2. 09946045	9. 23632771	16. 64821994	25. 51081605
6	−7. 36391101	1. 35138115	9. 13790585	16. 84460164	25. 72341065
7	−8. 97120235	0. 51754541	8. 96238546	17. 02666078	25. 96244718
8	−10. 60536814	−0. 38936177	8. 70991436	17. 18252777	26. 22099947
9	−12. 26166165	−1. 35881012	8. 38311916	17. 30301096	26. 49154724
10	−13. 93655248	−2. 38215824	7. 98606914	17. 38138068	26. 76642636
11	−15. 62734205	−3. 45233504	7. 52354886	17. 41305356	27. 03821313
12	−17. 33191844	−4. 56353993	7. 00056678	17. 39524968	27. 30001241
13	−19. 04859490	−5. 71098752	6. 42204334	17. 32665638	27. 54564772
14	−20. 77600042	−6. 89070068	5. 79262947	17. 20711534	27. 76976668
15	−22. 51300350	−8. 09934680	5. 11661512	17. 03734214	27. 96788060
16	−24. 25865779	−9. 33410974	4. 39789620	16. 81868374	28. 13635593
17	−26. 01216255	−10. 59258995	3. 63997689	16. 55291593	28. 27237229
18	−27. 77283316	−11. 87272646	2. 84599170	16. 24208044	28. 37385819
19	−29. 54007896	−13. 17273570	2. 01873697	15. 88835867	28. 43941294
20	−31. 31338617	−14. 49106326	1. 16070568	15. 49397758	28. 46822133
21	−33. 09230454	−15. 82634548	0. 27412198	15. 06114251	28. 45996615
22	−34. 87643697	−17. 17737877	−0. 63902650	14. 59199155	28. 41474273
23	−36. 66543104	−18. 54309477	−1. 57695945	14. 08856655	28. 33297844
24	−38. 45897235	−19. 92254027	−2. 53807789	13. 55279653	28. 21535941
25	−40. 25677898	−21. 31486062	−3. 52094153	12. 98648995	28. 06276590
26	−42. 05859699	−22. 71928616	−4. 52424901	12. 39133324	27. 87621669
27	−43. 86419667	−24. 13512086	−5. 54682090	11. 76889330	27. 65682264
28	−45. 67336945	−25. 56173291	−6. 58758498	11. 12062273	27. 40574882

续表

q	b_1	b_2	b_3	b_4	b_5
29	−47.48592523	−26.99854668	−7.64556360	10.44786640	27.12418444
30	−49.30169021	−28.44503602	−8.71986272	9.75186887	26.81331954
31	−51.12050499	−29.90071850	−9.80966249	9.03378192	26.47432755
32	−52.94222291	−31.36515051	−10.91420905	8.29467208	26.10835259
33	−54.76670875	−32.83792300	−12.03280747	7.53552775	25.71650066
34	−56.59383743	−34.31865783	−13.16481559	6.75726591	25.29983389
35	−58.42349303	−35.80700462	14.30963857	5.96073838	24.85936716
36	−60.25556788	−37.30263795	−15.46672426	5.14673752	24.39606653
37	−62.08996172	−38.80525498	−16.63555902	4.31600144	23.91084900
38	−63.92658106	−40.31457326	−17.81566406	3.46921874	23.40458321
39	−65.76533850	−41.83032890	−19.00659228	2.60703279	22.87809085
40	−67.60615223	−43.35227489	−20.20792539	1.73004563	22.33214847
41	−69.44894553	−44.88017963	−21.41927137	0.83882141	21.76748959
42	−71.29364633	−46.41382562	−22.64026223	−0.06611039	21.18480697
43	−73.14018682	−47.95300829	−23.87055203	−0.98425218	20.58475490
44	−74.98850314	−49.49753491	−25.10981501	−1.91513564	19.96795152
45	−76.83853502	−51.04722372	−26.35774403	−2.85831943	19.33498109
46	−78.69022554	−52.60190301	−27.61404912	−3.81338710	18.68639611
47	−80.54352084	−54.16141041	−28.87845612	−4.77994516	18.02271945
48	−82.39836993	−55.72559214	−30.15070553	−5.75762137	17.34444625
49	−84.25472445	−57.29430245	−31.43055144	−6.74606320	16.65204579
50	−86.11253853	−58.86740299	−32.71776051	−7.74493638	15.94596318

2.4　角向整数阶马蒂厄函数的正交归一化关系

设函数 ψ_1 和 ψ_2 是满足角向马蒂厄方程(1.2.15)式的两个周期解，其相应的特征值分别为 a_1和 a_2，则有

$$\begin{cases}\dfrac{\mathrm{d}^2\psi_1}{\mathrm{d}\eta^2}+(a_1-2q\cos2\eta)\psi_1=0\\ \dfrac{\mathrm{d}^2\psi_2}{\mathrm{d}\eta^2}+(a_2-2q\cos2\eta)\psi_2=0\end{cases}\tag{2.4.1}$$

将(2.4.1)式中的第一式乘以 ψ_2，第二式乘以 ψ_1，两式相减得

$$\psi_2\frac{\mathrm{d}^2\psi_1}{\mathrm{d}\eta^2}-\psi_1\frac{\mathrm{d}^2\psi_2}{\mathrm{d}\eta^2}=(a_2-a_1)\psi_1\psi_2\tag{2.4.2}$$

上式两端对 η 从 $\eta=\eta_1$ 到 $\eta=\eta_2$ 积分，得

$$\int_{\eta_1}^{\eta_2}\psi_2\mathrm{d}\psi_1' - \int_{\eta_1}^{\eta_2}\psi_1\mathrm{d}\psi_2' = (a_2 - a_1)\int_{\eta_1}^{\eta_2}\psi_1\psi_2\mathrm{d}\eta \tag{2.4.3}$$

即

$$(\psi_2\psi_1' - \psi_1\psi_2')\Big|_{\eta_1}^{\eta_2} = (a_2 - a_1)\int_{\eta_1}^{\eta_2}\psi_1\psi_2\mathrm{d}\eta \tag{2.4.4}$$

对于给定的 q，设 $\psi_1 = \mathrm{ce}_m(\eta, q)$，$\psi_2 = \mathrm{ce}_p(\eta, q)(m \neq p,\ m \in \{0, 1, 2, \cdots\},\ p \in \{0, 1, 2, \cdots\})$，由于 $\mathrm{ce}_m(\eta, q)$和 $\mathrm{ce}_p(\eta, q)$都是以 π 或 2π 为周期的函数，因此，当 $\eta_1 = 0$，$\eta_2 = 2\pi$ 时，(2.4.4)式左边等于零，故

$$\int_0^{2\pi}\mathrm{ce}_m(\eta,q)\mathrm{ce}_p(\eta,q)\mathrm{d}\eta = 0 \tag{2.4.5}$$

当 $m = p = 2n$ 时，将(2.2.6)式代入上式得

$$\begin{aligned}\int_0^{2\pi}\mathrm{ce}_{2n}^2(\eta,q)\mathrm{d}\eta &= \int_0^{2\pi}\sum_{k=0}^{\infty}\left[A_{2k}^{(2n)}(q)\cos 2k\eta\right]^2\mathrm{d}\eta \\ &= \sum_{k=0}^{\infty}\int_0^{2\pi}\left[A_{2k}^{(2n)}(q)\right]^2\cos^2 2k\eta\mathrm{d}\eta\end{aligned} \tag{2.4.6}$$

由 2.3.2 节的内容可知，(2.4.6)式右边的求和是绝对一致收敛的，故其积分可逐项进行，再利用 $\cos^2 2k\eta$ 从 0 至 2π 的积分结果，可得

$$\int_0^{2\pi}\mathrm{ce}_{2n}^2(\eta,q)\mathrm{d}\eta = 2\pi\left[A_0^{(2n)}(q)\right]^2 + \pi\sum_{k=1}^{\infty}\left[A_{2k}^{(2n)}(q)\right]^2 \tag{2.4.7}$$

利用同样的方法可得

$$\int_0^{2\pi}\mathrm{se}_m(\eta,q)\mathrm{se}_p(\eta,q)\mathrm{d}\eta = 0, (m \neq p, m, p \in \{1,2,\cdots\}) \tag{2.4.8}$$

$$\int_0^{2\pi}\mathrm{ce}_m(\eta,q)\mathrm{se}_p(\eta,q)\mathrm{d}\eta = 0, (m \neq p, m, p \in \{1,2,\cdots\}) \tag{2.4.9}$$

$$\int_0^{2\pi}\mathrm{ce}_{2n+1}^2(\eta,q)\mathrm{d}\eta = \pi\sum_{k=0}^{\infty}\left[A_{2k+1}^{(2n+1)}(q)\right]^2 \tag{2.4.10}$$

$$\int_0^{2\pi}\mathrm{se}_{2n+1}^2(\eta,q)\mathrm{d}\eta = \pi\sum_{k=0}^{\infty}\left[B_{2k+1}^{(2n+1)}(q)\right]^2 \tag{2.4.11}$$

$$\int_0^{2\pi}\mathrm{se}_{2n+2}^2(\eta,q)\mathrm{d}\eta = \pi\sum_{k=0}^{\infty}\left[B_{2k+2}^{(2n+2)}(q)\right]^2 \tag{2.4.12}$$

函数 $\mathrm{ce}_m(\eta, q)$和 $\mathrm{se}_m(\eta, q)$有两种归一化标准：一种是规定函数 $\mathrm{ce}_m(\eta, q)$和 $\mathrm{se}_m(\eta, q)$的展开系数中 $\cos m\eta$ 和 $\sin m\eta$ 的系数 $A_m(q)$和 $B_m(q)$都为 1，另一种是 N. W. Mclachlan 归一化方法，它规定角向马蒂厄函数展开系数满足以下条件

$$\begin{aligned}2A_0{}^2 + \sum_{k=0}^{\infty}(A_{2k})^2 &= \sum_{k=0}^{\infty}(A_{2k+1})^2 = \sum_{k=0}^{\infty}(B_{2k+2})^2 \\ &= \sum_{k=0}^{\infty}(B_{2k+1})^2 = 1\end{aligned} \tag{2.4.13}$$

本书采用 N. W. Mclachlan 的归一化方法。总结上述讨论，函数 $\mathrm{ce}_m(\eta, q)$和 $\mathrm{se}_m(\eta, q)$的归一化正交关系为

$$\int_0^{2\pi}\mathrm{ce}_m(\eta,q)\mathrm{ce}_n(\eta,q)\mathrm{d}\eta = \int_0^{2\pi}\mathrm{se}_m(\eta,q)\mathrm{se}_n(\eta,q)\mathrm{d}\eta = \begin{cases}\pi, m = n \\ 0, m \neq n\end{cases} \tag{2.4.14}$$

$$\int_0^{2\pi}\mathrm{ce}_m(\eta,q)\mathrm{se}_n(\eta,q)\mathrm{d}\eta = 0, \quad m, n \in \{1,2,\cdots\} \tag{2.4.15}$$

2.5　角向马蒂厄函数图像

利用张善杰、沈耀春[68~70]编写的计算角向马蒂厄方程的特征值和角向马蒂厄函数展开系数的程序，根据(2.2.6)～(2.2.9)式即可编写出计算角向马蒂厄函数 $ce_m(\eta, q)$和 $se_m(\eta, q)$的程序，数值计算结果与相关文献给出的结果一致[39]。根据(2.2.36)～(2.2.39)式，可计算出马蒂厄函数的一阶导数。利用数值计算结果，可绘出角向马蒂厄函数的图像和相应的可视化的图形，以及角向马蒂厄函数的一阶导数的曲线，如图 2-5～图 2-39 所示。通过这些图形，可加深对马蒂厄函数的认识和了解，对角向马蒂厄函数有一个直观的认识。

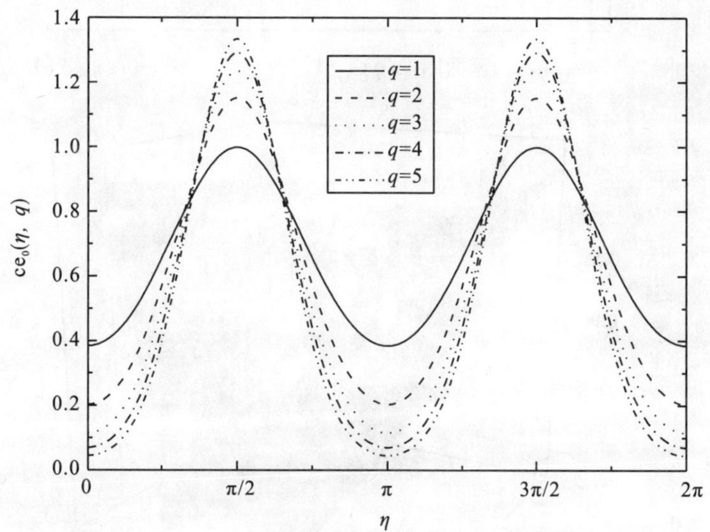

图 2-5　$ce_0(\eta, q)$函数图像($q \in \{1, 2, 3, 4, 5\}$, $0 \leqslant \eta \leqslant 2\pi$)

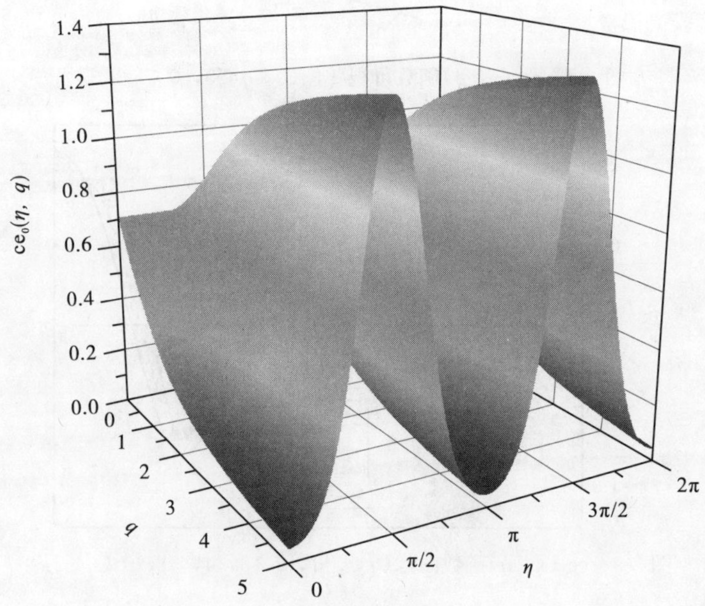

图 2-6　$ce_0(\eta, q)$函数可视化图($0 \leqslant q \leqslant 5$, $0 \leqslant \eta \leqslant 2\pi$)

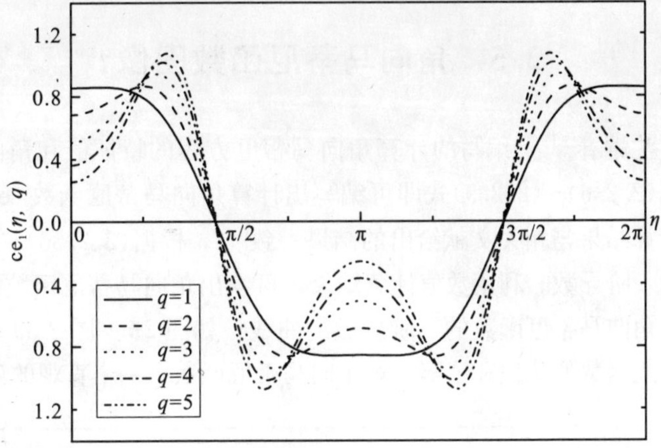

图 2-7 $ce_1(\eta, q)$函数图像($q\in\{1, 2, 3, 4, 5\}$，$0\leqslant\eta\leqslant2\pi$)

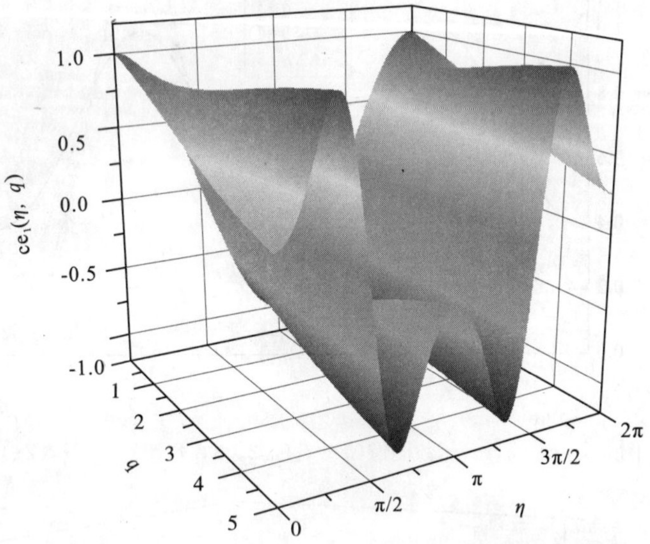

图 2-8 $ce_1(\eta, q)$函数可视化图($0\leqslant q\leqslant5$，$0\leqslant\eta\leqslant2\pi$)

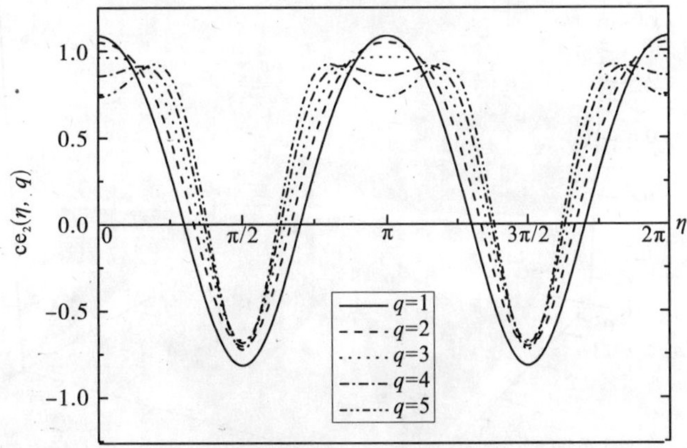

图 2-9 $ce_2(\eta, q)$函数图像($q\in\{1, 2, 3, 4, 5\}$，$0\leqslant\eta\leqslant2\pi$)

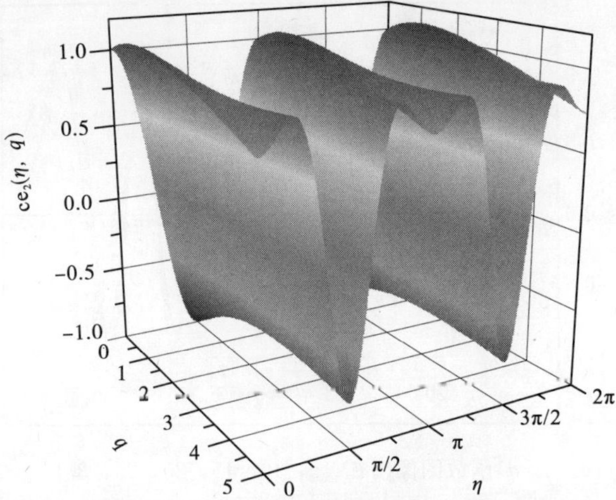

图 2-10　$\mathrm{ce}_2(\eta,\ q)$函数可视化图($0\leqslant q\leqslant 5,\ 0\leqslant\eta\leqslant 2\pi$)

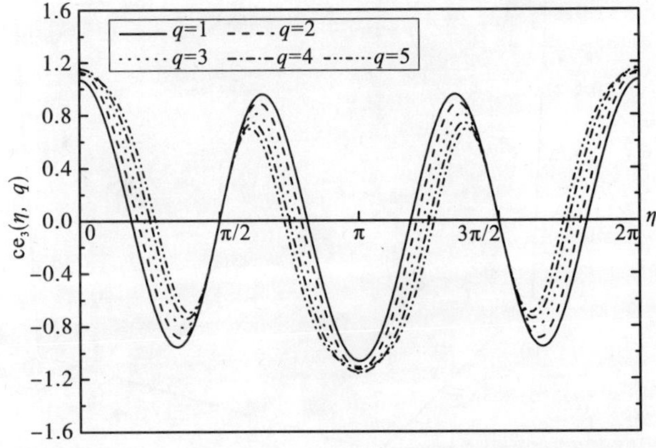

图 2-11　$\mathrm{ce}_3(\eta,\ q)$函数图像($q\in\{1,\ 2,\ 3,\ 4,\ 5\},\ 0\leqslant\eta\leqslant 2\pi$)

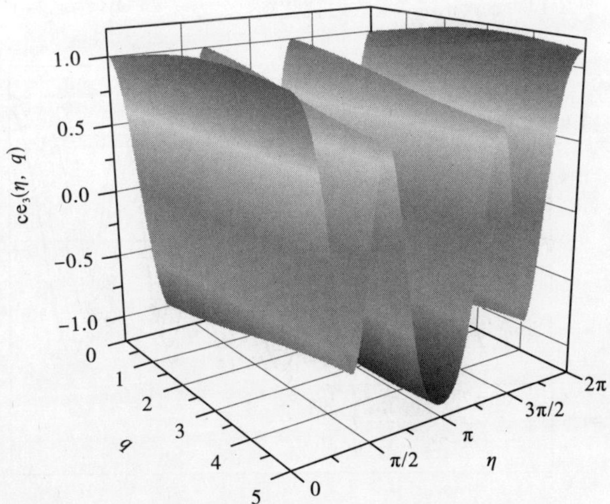

图 2-12　$\mathrm{ce}_3(\eta,\ q)$函数可视化图($0\leqslant q\leqslant 5,\ 0\leqslant\eta\leqslant 2\pi$)

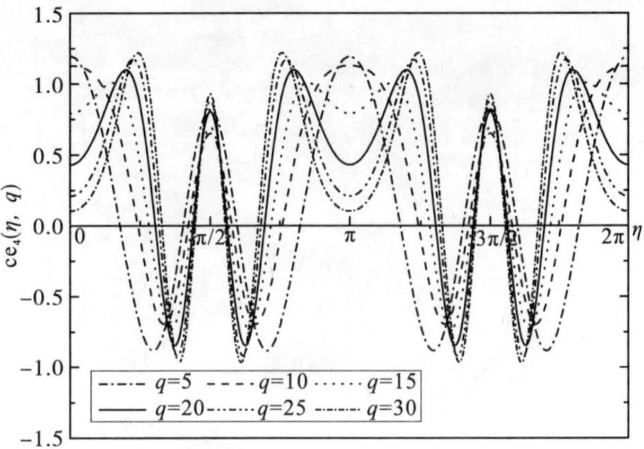

图 2-13 $ce_4(\eta, q)$函数图像($q\in\{5, 10, 15, 20, 25, 30\}$, $0\leqslant\eta\leqslant2\pi$)

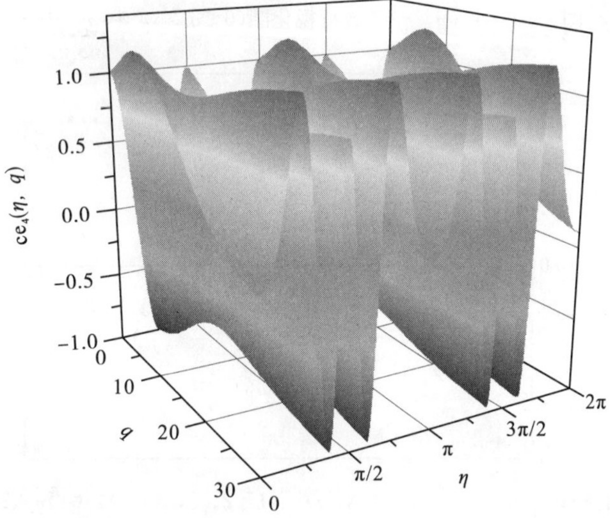

图 2-14 $ce_4(\eta, q)$函数可视化图($0\leqslant q\leqslant30$, $0\leqslant\eta\leqslant2\pi$)

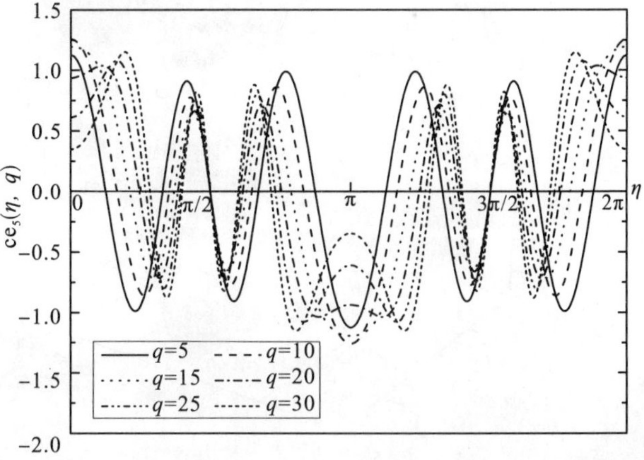

图 2-15 $ce_5(\eta, q)$函数图像($q\in\{5, 10, 15, 20, 25, 30\}$, $0\leqslant\eta\leqslant2\pi$)

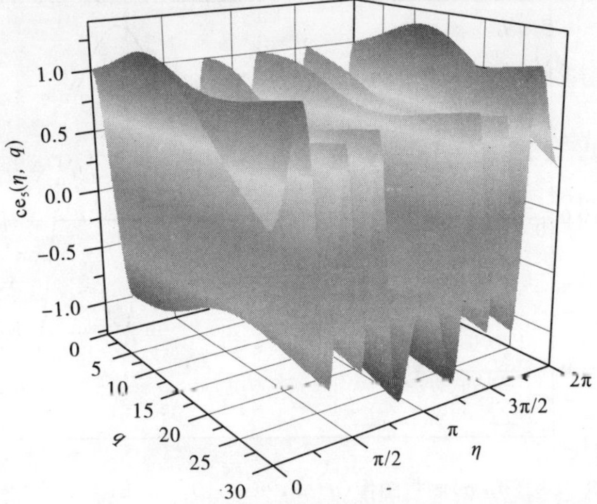

图 2-16　$ce_5(\eta, q)$函数可视化图($0\leqslant q\leqslant 30$，$0\leqslant\eta\leqslant 2\pi$)

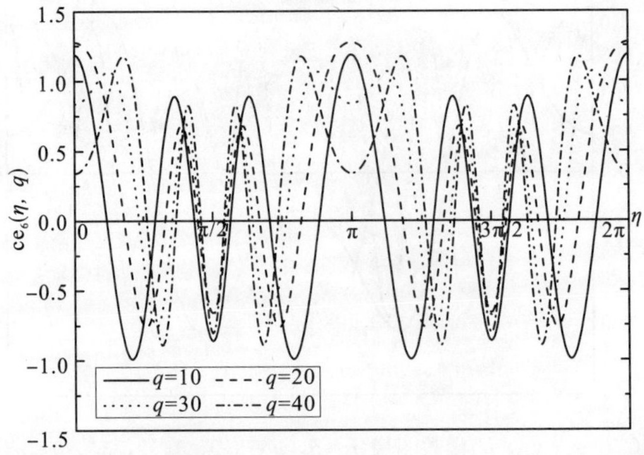

图 2-17　$ce_6(\eta, q)$函数图像($q\in\{10, 20, 30, 40\}$，$0\leqslant\eta\leqslant 2\pi$)

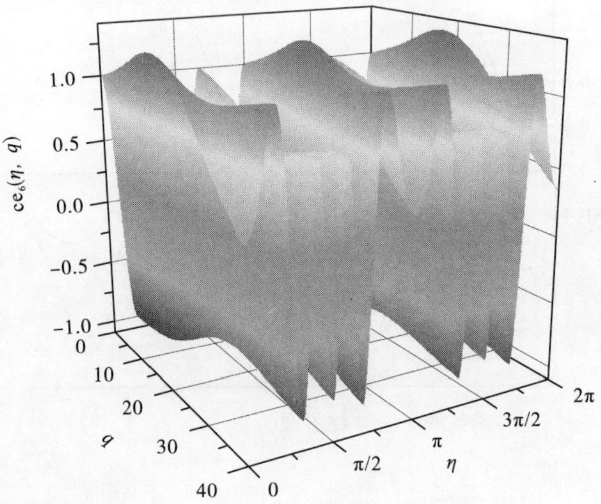

图 2-18　$ce_6(\eta, q)$函数可视化图($0\leqslant q\leqslant 40$，$0\leqslant\eta\leqslant 2\pi$)

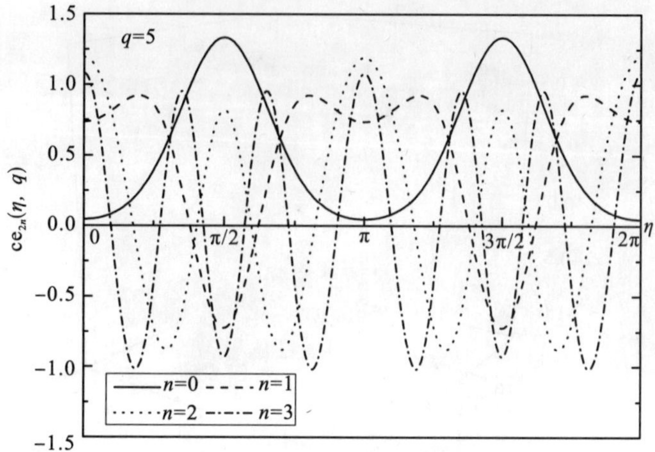

图 2-19 $ce_{2n}(\eta, q)$函数图像($q=5$，$n\in\{0,1,2,3\}$，$0\leqslant\eta\leqslant 2\pi$)

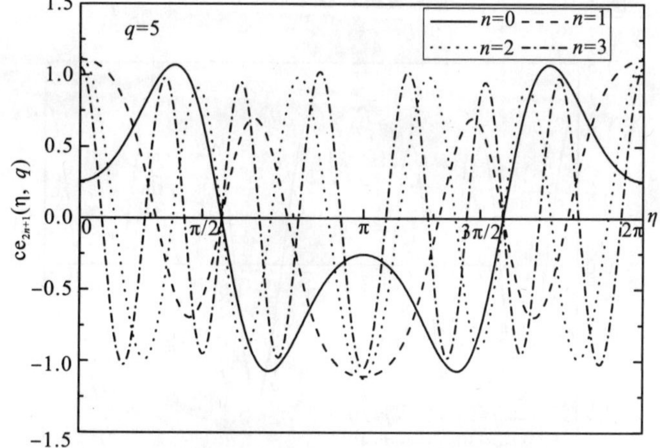

图 2-20 $ce_{2n+1}(\eta, q)$函数图像($q=5$，$n\in\{0,1,2,3\}$，$0\leqslant\eta\leqslant 2\pi$)

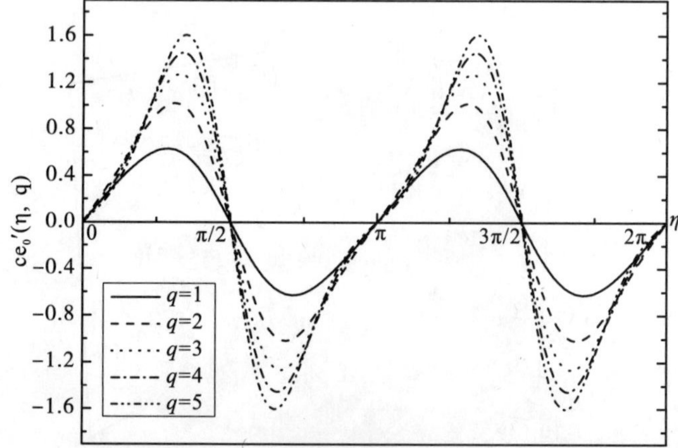

图 2-21 $ce_0(\eta, q)$函数的一阶导数图像($q\in\{1,2,3,4,5\}$，$0\leqslant\eta\leqslant 2\pi$)

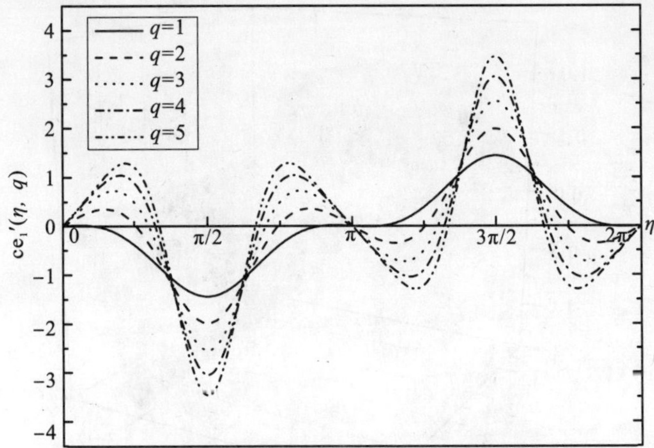

图 2-22　$\mathrm{ce}_1(\eta, q)$函数的一阶导数图像($q\in$ {1，2，3，4，5}，$0\leqslant\eta\leqslant 2\pi$)

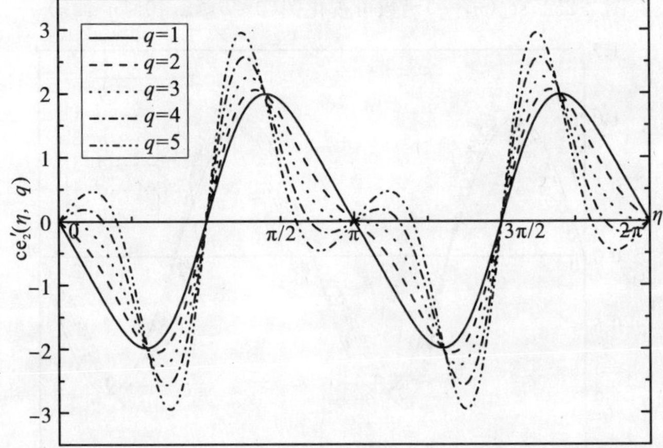

图 2-23　$\mathrm{ce}_2(\eta, q)$函数的一阶导数图像($q\in$ {1，2，3，4，5}，$0\leqslant\eta\leqslant 2\pi$)

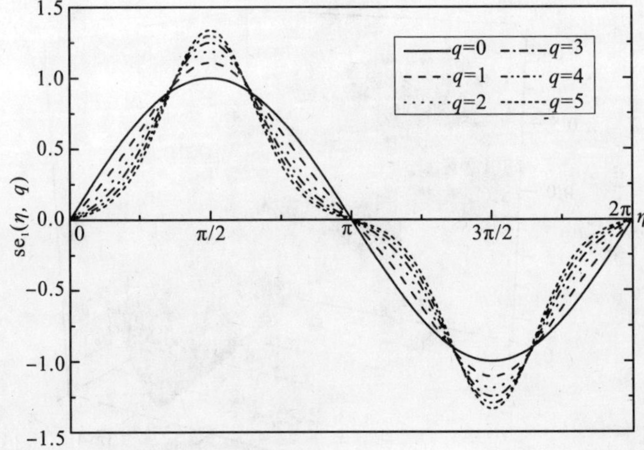

图 2-24　$\mathrm{se}_1(\eta, q)$函数图像($q\in$ {0，1，2，3，4，5}，$0\leqslant\eta\leqslant 2\pi$)

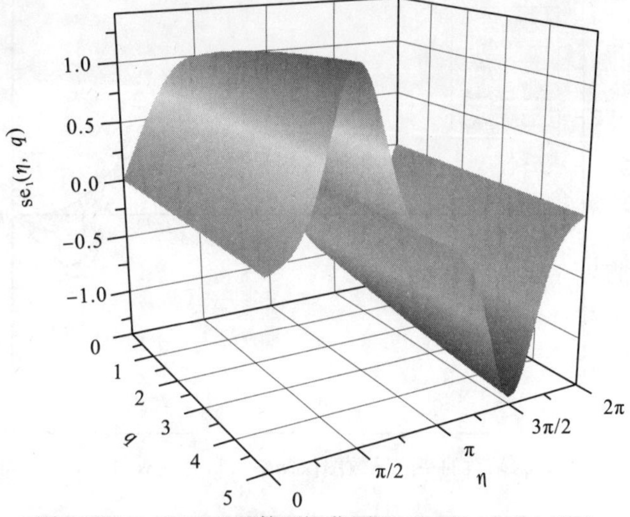

图 2-25 $se_1(\eta, q)$函数可视化图($0 \leqslant q \leqslant 5$，$0 \leqslant \eta \leqslant 2\pi$)

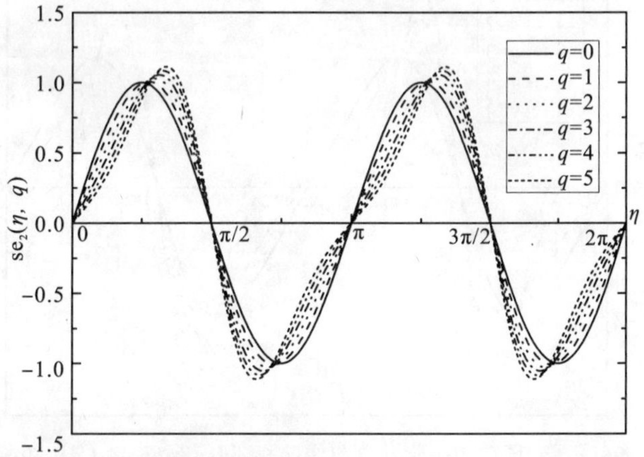

图 2-26 $se_2(\eta, q)$函数图像($q \in \{0, 1, 2, 3, 4, 5\}$，$0 \leqslant \eta \leqslant 2\pi$)

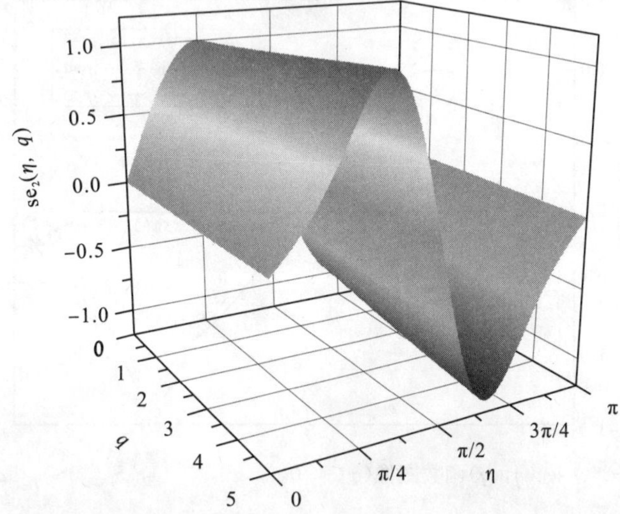

图 2-27 $se_2(\eta, q)$函数可视化图($0 \leqslant q \leqslant 5$，$0 \leqslant \eta \leqslant \pi$)

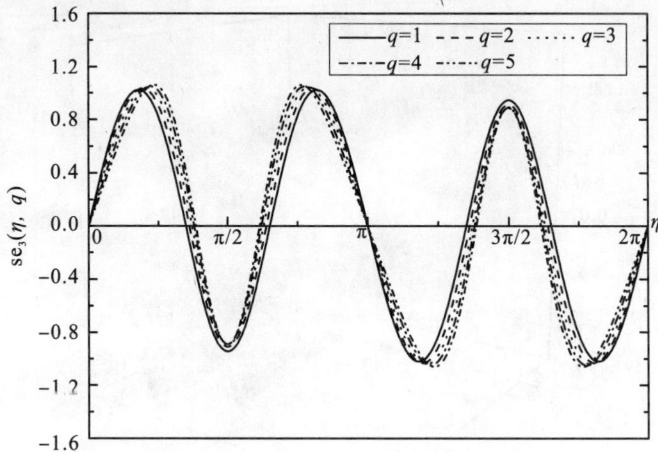

图 2-28　$se_3(\eta, q)$函数图像($q \in \{1, 2, 3, 4, 5\}$, $0 \leqslant \eta \leqslant 2\pi$)

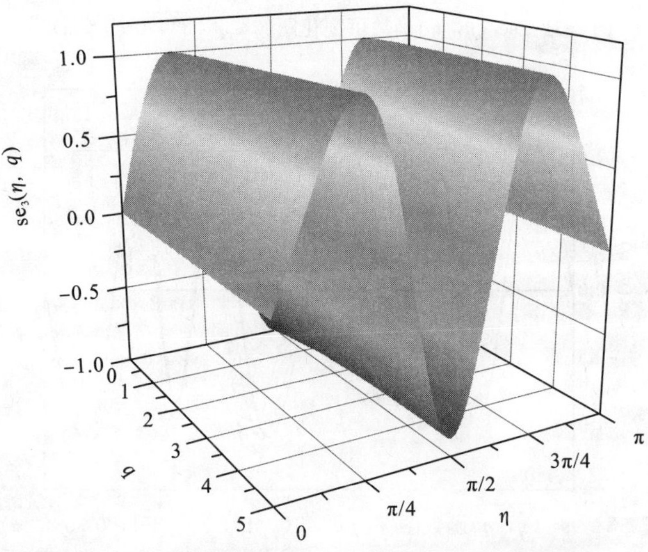

图 2-29　$se_3(\eta, q)$函数可视化图($0 \leqslant q \leqslant 5$, $0 \leqslant \eta \leqslant \pi$)

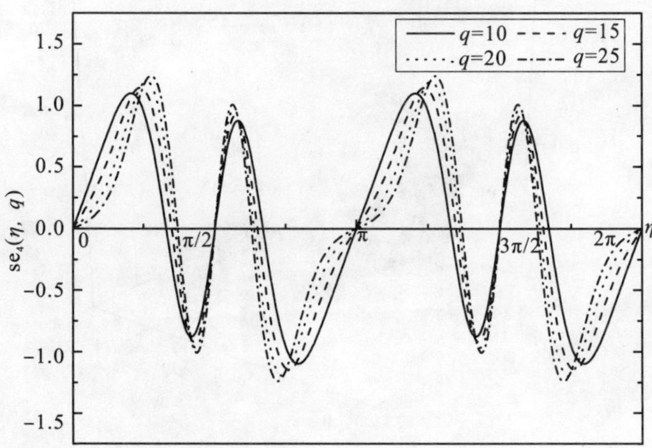

图 2-30　$se_4(\eta, q)$函数图像($q \in \{10, 15, 20, 25\}$, $0 \leqslant \eta \leqslant 2\pi$)

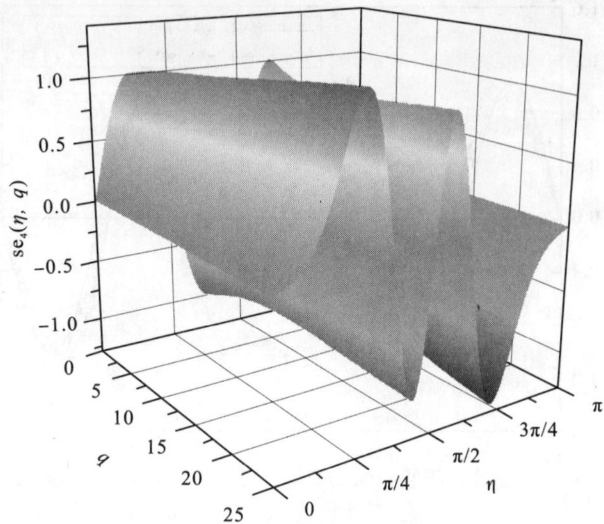

图 2-31 $se_4(\eta, q)$函数可视化图($0\leqslant q\leqslant 25$, $0\leqslant\eta\leqslant\pi$)

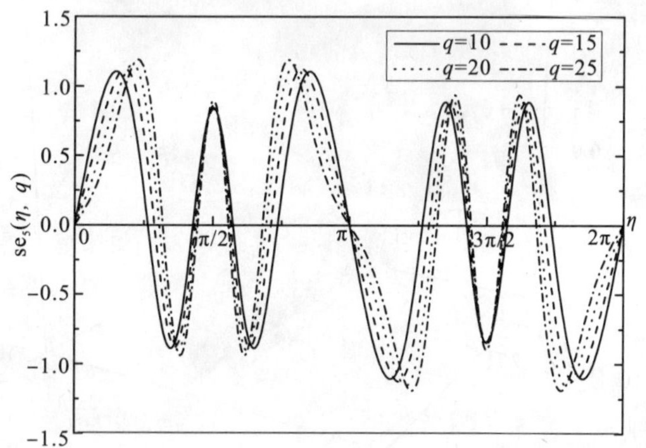

图 2-32 $se_5(\eta, q)$函数图像($q\in\{10, 15, 20, 25\}$, $0\leqslant\eta\leqslant 2\pi$)

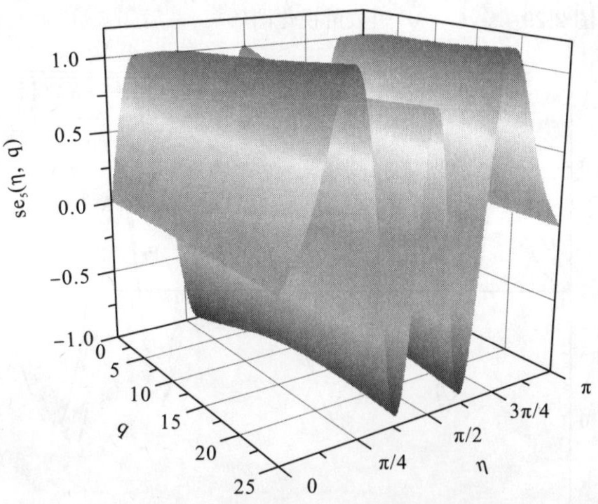

图 2-33 $se_5(\eta, q)$函数可视化图($0\leqslant q\leqslant 25$, $0\leqslant\eta\leqslant\pi$)

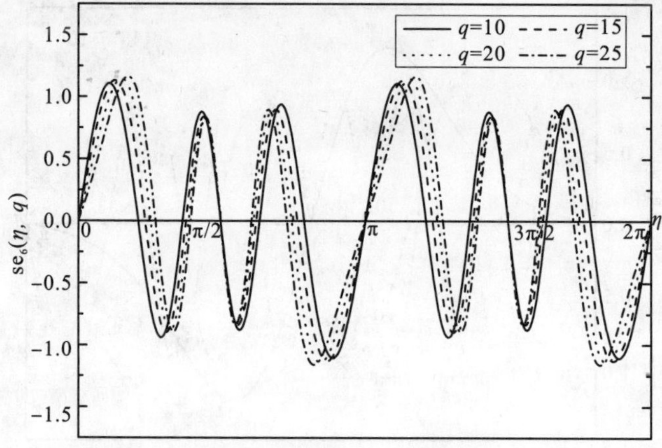

图 2-34　$\mathrm{se}_6(\eta, q)$函数图像($q\in\{10, 15, 20, 25\}$, $0\leqslant\eta\leqslant 2\pi$)

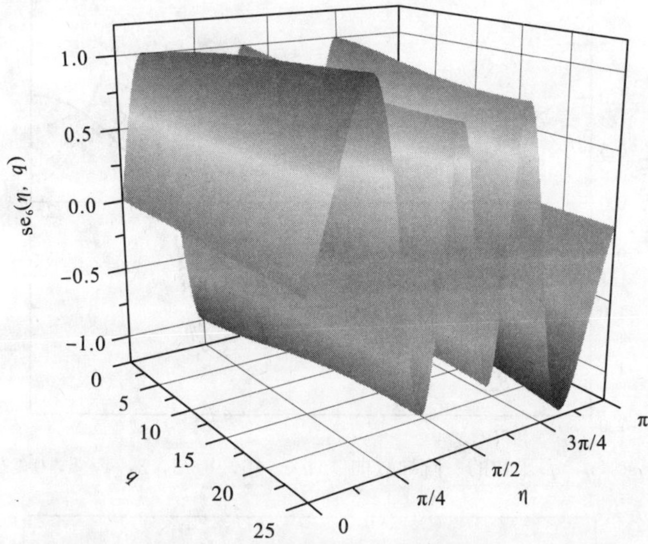

图 2-35　$\mathrm{se}_6(\eta, q)$函数可视化图($0\leqslant q\leqslant 25$, $0\leqslant\eta\leqslant\pi$)

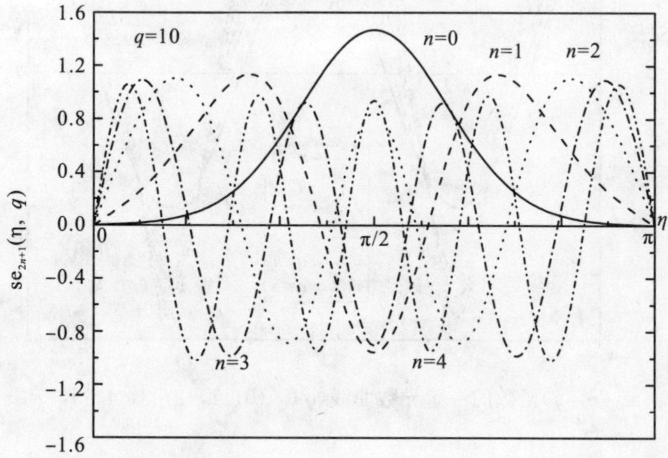

图 2-36　$\mathrm{se}_{2n+1}(\eta, q)$函数图像($q=10$, $n\in\{0, 1, 2, 3, 4\}$, $0\leqslant\eta\leqslant\pi$)

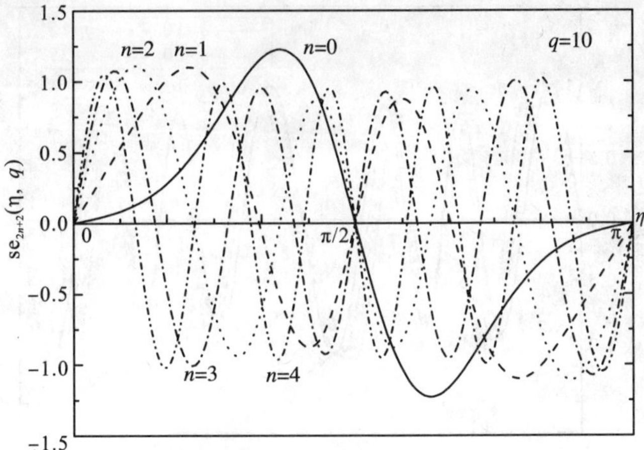

图 2-37 $se_{2n+2}(\eta, q)$函数图像($q=10$，$n\in\{0, 1, 2, 3, 4\}$，$0\leqslant\eta\leqslant\pi$)

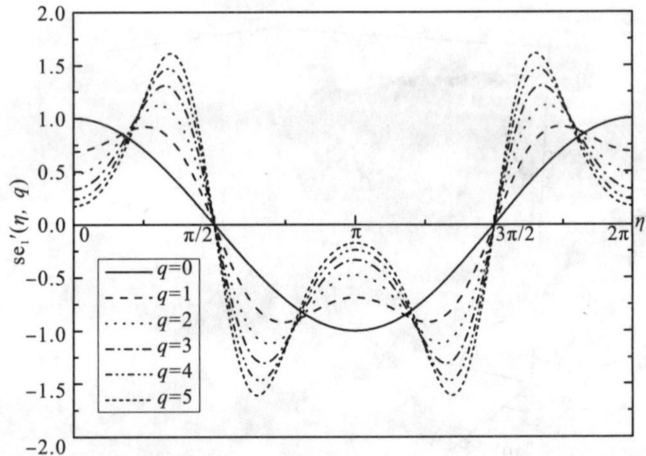

图 2-38 $se_1(\eta, q)$函数的一阶导数曲线($q\in\{0, 1, 2, 3, 4, 5$，$0\leqslant\eta\leqslant2\pi$)

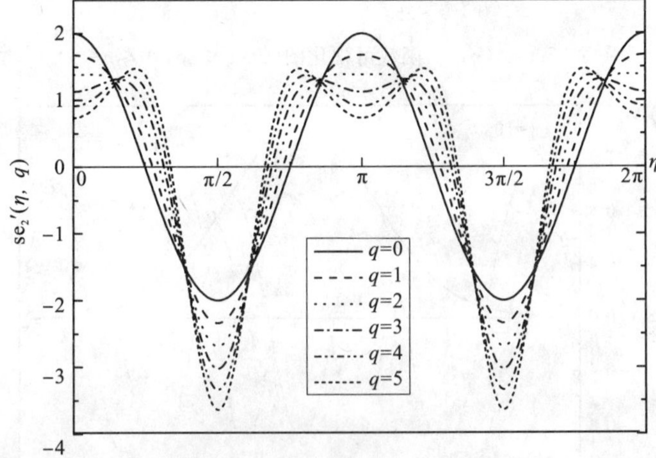

图 2-39 $se_2(\eta, q)$函数的一阶导数曲线($q\in\{0, 1, 2, 3, 4, 5$，$0\leqslant\eta\leqslant2\pi$)

2.6　角向马蒂厄函数数表

为便于读者在应用时对角向马蒂厄函数的数值计算结果进行对比，表 2-13～表 2-23 给出一些整数阶角向马蒂厄函数 $ce_m(\eta, q)$和 $se_m(\eta, q)$的数值计算结果，表 2-24～表 2-27 分别给出了整数阶角向马蒂厄函数的导数 $ce_0'(\eta, q)$，$ce_1'(\eta, q)$，$se_1'(\eta, q)$和 $se_2'(\eta, q)$的数值计算结果。表 2-28 和表 2-29 分别给出了 $q=10$ 时，函数 $ce_m(\eta, q)$和 $se_m(\eta, q)$的零点值。

表 2 13　角向马蒂厄函数 $ce_0(\eta, q)$的数值计算结果

η \ q	1	5	10	15	20
0°	0.38482783	0.04480018	0.00762652	0.00193251	0.00060374
5°	0.38842353	0.04751814	0.00863188	0.00233136	0.00077498
10°	0.39918734	0.05594375	0.01189064	0.00368295	0.00138132
15°	0.41704187	0.07088728	0.01816365	0.00649620	0.00274070
20°	0.44183374	0.09367601	0.02882187	0.01176656	0.00552429
25°	0.47329946	0.12609627	0.04597400	0.02119621	0.01099192
30°	0.51102278	0.17026946	0.07258176	0.03748067	0.02134983
35°	0.55438878	0.22842850	0.11248161	0.06459518	0.04020706
40°	0.60254138	0.30256828	0.17019793	0.10793873	0.07301601
45°	0.65435205	0.39396619	0.25041881	0.17410698	0.12723487
50°	0.70840794	0.50260805	0.35704094	0.27001805	0.21179234
55°	0.76302667	0.62660650	0.49180194	0.40118886	0.33538784
60°	0.81630307	0.76174953	0.65271021	0.56923077	0.50340178
65°	0.86618943	0.90134512	0.83270667	0.76910005	0.71383893
70°	0.91060622	1.03651040	1.01914554	0.98713917	0.95365504
75°	0.94757509	1.15697778	1.19463422	1.20116479	1.19752325
80°	0.97536142	1.25236210	1.33944582	1.38347236	1.41087869
85°	0.99261017	1.31368623	1.43516543	1.50656997	1.55754705
90°	0.99845851	1.33484867	1.46866047	1.55010815	1.60989086

表 2-14　角向马蒂厄函数 $ce_1(\eta, q)$的数值计算结果

η \ q	1	5	10	15	20
0°	0.85659847	0.25654288	0.05359875	0.01504007	0.00505181
5°	0.85704151	0.26451220	0.05822475	0.01727067	0.00613461
10°	0.85817318	0.28860076	0.07275579	0.02455603	0.00981330

续表

η \ q	1	5	10	15	20
15°	0.85940604	0.32925997	0.09912984	0.03874767	0.01748975
20°	0.85977846	0.38693869	0.14046908	0.06313182	0.03185631
25°	0.85798487	0.46162593	0.20079140	0.10259249	0.05735754
30°	0.85242514	0.55222626	0.28437243	0.16352961	0.10061162
35°	0.84127816	0.65582523	0.39458984	0.25317978	0.17040608
40°	0.82260350	0.76696523	0.53216553	0.37792737	0.27664255
45°	0.79447181	0.87712561	0.69293798	0.54032827	0.42750086
50°	0.75512016	0.97465614	0.86564554	0.73504184	0.62442569
55°	0.70312305	1.04541248	1.03059161	0.94470847	0.85560227
60°	0.63756402	1.07424870	1.16028996	1.13776838	1.09031864
65°	0.55818824	1.04732102	1.22299078	1.27067717	1.27821076
70°	0.46551447	0.95487992	1.18918789	1.29618084	1.35733723
75°	0.36088619	0.79395674	1.03991977	1.17693148	1.27199720
80°	0.24644703	0.57020251	0.77439522	0.90046604	0.99556808
85°	0.12503483	0.29821256	0.41393617	0.48924249	0.54837624
90°	0.00000000	0.00000000	0.00000000	0.0000000	0.00000000

表 2-15 角向马蒂厄函数 $ce_2(\eta, q)$的数值计算结果

η \ q	1	5	10	15	20
0°	1.08596194	0.73529431	0.24588835	0.07879283	0.02864894
5°	1.07615038	0.74237652	0.25742964	0.08636512	0.03298017
10°	1.04664690	0.76289486	0.29251578	0.11021108	0.04710975
15°	0.99728070	0.79458468	0.35227024	0.15360373	0.07451685
20°	0.92788358	0.83343617	0.43766377	0.22151007	0.12111956
25°	0.83845527	0.87344879	0.54811173	0.31950779	0.19501832
30°	0.72937545	0.90650125	0.67952823	0.45167573	0.30523755
35°	0.60164108	0.92253660	0.82211248	0.61719509	0.45865755
40°	0.45710078	0.91027227	0.95851254	0.80591520	0.65459452
45°	0.29865157	0.85858770	1.06341281	0.99410963	0.87757177
50°	0.13036035	0.75859260	1.10578137	1.14283825	1.09086925
55°	−0.04252594	0.60613983	1.05466278	1.20201762	1.23574884
60°	−0.21370917	0.40426704	0.88827672	1.12241901	1.24196333
65°	−0.37612046	0.16483185	0.60440942	0.87461712	1.05190105

续表

η \ q	1	5	10	15	20
70°	−0.52234353	−0.09142740	0.22834720	0.46902490	0.65276260
75°	−0.64514842	−0.33692075	−0.18599513	−0.03286308	0.10182458
80°	−0.73808039	−0.54130538	−0.56460403	−0.52547005	−0.47364650
85°	−0.79603267	−0.67695071	−0.83082786	−0.88701553	−0.91153123
90°	−0.81572684	−0.72448815	−0.92675926	−1.01996623	−1.07529323

表 2-16　角向马蒂厄函数 $ce_3(\boldsymbol{\eta}, q)$的数值计算结果

η \ q	1	5	10	15	20
0°	1.06723551	1.11124826	0.70482793	0.30928968	0.12611832
5°	1.03857955	1.10459409	0.71679478	0.32512874	0.13806861
10°	0.95391733	1.08344447	0.75142021	0.37308702	0.17548945
15°	0.81717922	1.04439048	0.80457617	0.45390292	0.24269830
20°	0.63494482	0.98228575	0.86848090	0.56682833	0.34537090
25°	0.41643428	0.89112913	0.93074235	0.70666861	0.48762459
30°	0.17340047	0.76540577	0.97385803	0.86002462	0.66709253
35°	−0.08015426	0.60187141	0.97602374	1.00188066	0.86828149
40°	−0.32850648	0.40160990	0.91414411	1.09470526	1.05625957
45°	−0.55503071	0.17198033	0.76953706	1.09292417	1.17510254
50°	−0.74331086	−0.07213801	0.53580263	0.95497091	1.15700730
55°	−0.87848821	−0.30849478	0.22679000	0.66217146	0.94593880
60°	−0.94872640	−0.50957848	−0.11886541	0.23864928	0.53208139
65°	−0.94661807	−0.64683341	−0.44053307	−0.23844926	−0.01807406
70°	−0.87032348	−0.69645913	−0.66791948	−0.64966022	−0.55895071
75°	−0.72423318	−0.64553756	−0.74131393	−0.86886400	−0.90722622
80°	−0.51899034	−0.49674994	−0.63350501	−0.81405060	−0.92036425
85°	−0.27079203	−0.27000304	−0.36431037	−0.49028673	−0.57557958
90°	0.00000000	0.00000000	0.00000000	0.00000000	0.00000000

表 2-17　角向马蒂厄函数 $ce_4(\boldsymbol{\eta}, q)$的数值计算结果

η \ q	1	5	10	15	20
0°	1.03513516	1.19333070	1.12710679	0.79118670	0.43023078
5°	0.98029216	1.16111597	1.12215212	0.80492974	0.45054396

续表

q / η	1	5	10	15	20
10°	0.82136053	1.06490798	1.10475424	0.84380352	0.51122778
15°	0.57468682	0.90646799	1.06758432	0.90023104	0.61044329
20°	0.26603062	0.69015993	0.99948160	0.96016167	0.74163467
25°	−0.07165098	0.42479573	0.88747652	1.00196394	0.88882389
30°	−0.40124460	0.12557949	0.72026416	0.99698722	1.02186781
35°	−0.68521070	−0.18454190	0.49318610	0.91370702	1.09487811
40°	−0.88974493	−0.47496866	0.21400815	0.72691213	1.05244170
45°	−0.98897173	−0.70978287	−0.09231517	0.43140939	0.84757318
50°	−0.96864659	−0.85275984	−0.38266467	0.05611659	0.47026124
55°	−0.82877570	−0.87473106	−0.60139923	−0.32946664	−0.02415824
60°	−0.58459589	−0.76194965	−0.69381532	−0.62553299	−0.50703776
65°	−0.26551818	−0.52314850	−0.62517686	−0.73311526	−0.80870746
70°	0.08807546	−0.19256603	−0.39895792	−0.59866591	−0.79238956
75°	0.42992063	0.17322701	−0.06552333	−0.25172716	−0.43893845
80°	0.71419664	0.50523018	0.28582958	0.18903943	0.11213730
85°	0.90213572	0.73687194	0.55213105	0.55443039	0.60824709
90°	0.96781842	0.81995111	0.65132461	0.69589490	0.80689359

表 2-18　角向马蒂厄函数 $ce_5(\eta, q)$的数值计算结果

q / η	1	5	10	15	20
0°	1.02142097	1.12480725	1.25801994	1.19343223	0.93657553
5°	0.93316786	1.05875653	1.22105790	1.18420195	0.94820184
10°	0.68346308	0.86721365	1.10961052	1.15258863	0.97894245
15°	0.31509201	0.57011485	0.92312605	1.08747230	1.01589582
20°	−0.10826250	0.20074769	0.66431599	0.97279607	1.03654863
25°	−0.51241618	−0.19513982	0.34398381	0.79219455	1.00938550
30°	−0.82519997	−0.56227743	−0.01380718	0.53655875	0.89870972
35°	−0.98920995	−0.84188270	−0.36837847	0.21388775	0.67623149
40°	−0.97265475	−0.98109314	−0.66377589	−0.14154963	0.33935869
45°	−0.77622233	−0.94490710	−0.83747585	−0.46636998	−0.06959203
50°	−0.43433899	−0.72810904	−0.83717455	−0.67815104	−0.45598238
55°	−0.01005985	−0.36327646	−0.64248451	−0.70173344	−0.69240730
60°	0.41597751	0.07936647	−0.28369351	−0.50634114	−0.67105533

续表

η \ q	1	5	10	15	20
65°	0.76079501	0.50306451	0.15302231	−0.13699808	−0.37195896
70°	0.95565158	0.80615219	0.54228282	0.28198811	0.09405768
75°	0.96049635	0.90943317	0.75792925	0.58557647	0.51134781
80°	0.77300531	0.78103928	0.72106776	0.63980305	0.66236413
85°	0.42991105	0.44966189	0.43681073	0.41249302	0.45674925
90°	0.00000000	0.00000000	0.00000000	0.00000000	0.00000000

表 2-19　角向马蒂厄函数 $se_1(\eta, q)$的数值计算结果

η \ q	1	5	10	15	20
0°	0.00000000	0.00000000	0.00000000	0.00000000	0.00000000
5°	0.06006324	0.01554975	0.00400886	0.00129761	0.00048423
10°	0.12107214	0.03296047	0.00906157	0.00312429	0.00123978
15°	0.18390407	0.05419949	0.01640752	0.00618941	0.00267058
20°	0.24929884	0.08142189	0.02771101	0.01159436	0.00548871
25°	0.31778845	0.11699914	0.04525505	0.02109684	0.01097330
30°	0.38962740	0.16346317	0.07210451	0.03742141	0.02133971
35°	0.46472730	0.22333370	0.11215685	0.06455853	0.04020132
40°	0.54260172	0.29880518	0.16997273	0.10791523	0.07301260
45°	0.62232932	0.39129241	0.25026208	0.17409148	0.12723276
50°	0.70254404	0.50087291	0.35693481	0.27000778	0.21179099
55°	0.78146068	0.62571596	0.49173652	0.40118234	0.33538699
60°	0.85694198	0.76163806	0.65268016	0.56922726	0.50340130
65°	0.92660870	0.90195273	0.83270881	0.76909918	0.71383875
70°	0.98798857	1.03776470	1.01917708	0.98714071	0.95365514
75°	1.03869339	1.15878179	1.19469144	1.20116847	1.19752360
80°	1.07660760	1.25458872	1.33952336	1.38347776	1.41087924
85°	1.10006751	1.31617997	1.43525608	1.50657650	1.55754773
90°	1.10800947	1.33743389	1.46875566	1.55011507	1.60989159

表 2-20 角向马蒂厄函数 $se_2(\eta, q)$的数值计算结果

η \ q	1	5	10	15	20
0°	0.00000000	0.00000000	0.00000000	0.00000000	0.00000000
5°	0.14603310	0.06462060	0.02233346	0.00840448	0.00345867
10°	0.28988648	0.13303530	0.04844766	0.01926040	0.00837663
15°	0.42921543	0.20879870	0.08241704	0.03552149	0.01670182
20°	0.56136798	0.29491323	0.12879130	0.06111539	0.03141142
25°	0.68328749	0.39338607	0.19252966	0.10129508	0.05709710
30°	0.79148107	0.50463457	0.27852459	0.16267213	0.10045294
35°	0.88207149	0.62677723	0.39055594	0.25260514	0.17030584
40°	0.95094446	0.75492638	0.52960273	0.37754945	0.27657818
45°	0.99399362	0.88068531	0.69165646	0.54010223	0.42746093
50°	1.00745310	0.99211728	0.86552674	0.73494542	0.62440479
55°	0.98829216	1.07445653	1.03151987	0.94472886	0.85559789
60°	0.93463135	1.11173229	1.16209741	1.13789194	1.09032906
65°	0.84612717	1.08926138	1.22542185	1.27088184	1.27823349
70°	0.72426638	0.99666565	1.19189292	1.29643227	1.35736799
75°	0.57251442	0.83077779	1.04248368	1.17718442	1.27202983
80°	0.39627625	0.59763709	0.77639871	0.90067123	0.99559541
85°	0.20265212	0.31285689	0.41503517	0.48935744	0.54839182
90°	0.00000000	0.00000000	0.00000000	0.00000000	0.00000000

表 2-21 角向马蒂厄函数 $se_3(\eta, q)$的数值计算结果

η \ q	1	5	10	15	20
0°	0.00000000	0.00000000	0.00000000	0.00000000	0.00000000
5°	0.24086557	0.15553820	0.07560228	0.03465525	0.01613009
10°	0.46877886	0.31171185	0.15790719	0.07579410	0.03703047
15°	0.67116820	0.46809193	0.25310606	0.13029720	0.06833668
20°	0.83627564	0.62216902	0.36608816	0.20549722	0.11721621
25°	0.95368199	0.76848077	0.49915463	0.30850018	0.19248508
30°	1.01493740	0.89805565	0.65018101	0.44436179	0.30357739
35°	1.01427628	0.99842710	0.81046477	0.61286950	0.45760924
40°	0.94935519	1.05450805	0.96291727	0.80420871	0.65403031
45°	0.82191429	1.05055248	1.08170282	0.99476783	0.87743062
50°	0.63823488	0.97322180	1.13464098	1.14553033	1.09110600

续表

η \ q	1	5	10	15	20
55°	0.40925753	0.81541746	1.08932717	1.20619007	1.23629317
60°	0.15024340	0.58010992	0.92274290	1.12723521	1.24269301
65°	−0.12008922	0.28304214	0.63225275	0.87902732	1.05264044
70°	−0.38094599	−0.04688648	0.24404071	0.47197910	0.65331418
75°	−0.61125633	−0.37038471	−0.18560561	−0.03210979	0.10202862
80°	−0.79170366	−0.64370069	−0.57918964	−0.52707522	−0.47384730
85°	−0.90673082	−0.82668894	−0.85633257	−0.89042837	−0.91205602
90°	−0.94623976	−0.89108152	−0.95626214	−1.02405622	−1.07594175

表 2-22　角向马蒂厄函数 $se_4(\eta, q)$的数值计算结果

η \ q	1	5	10	15	20
0°	0.00000000	0.00000000	0.00000000	0.00000000	0.00000000
5°	0.33049312	0.26600671	0.17336555	0.10048083	0.05495050
10°	0.62586921	0.51814752	0.34959136	0.21042909	0.11991972
15°	0.85432726	0.74153330	0.52918440	0.33799232	0.20503469
20°	0.99051534	0.91969281	0.70795746	0.48807366	0.31982937
25°	1.01827112	1.03491701	0.87493210	0.65942427	0.47092402
30°	0.93271855	1.06985653	1.01110299	0.84091923	0.65751080
35°	0.74143653	1.01051254	1.09008804	1.00812218	0.86494026
40°	0.46441826	0.85038587	1.08185077	1.12242057	1.05850905
45°	0.13260430	0.59502592	0.96023499	1.13581552	1.18197084
50°	−0.21508487	0.26567036	0.71372190	1.00379594	1.16679665
55°	−0.53607606	−0.09967783	0.35671758	0.70559476	0.95614555
60°	−0.78942828	−0.44924114	−0.06340530	0.26568371	0.53980912
65°	−0.94141955	−0.72518949	−0.46894293	−0.23492769	−0.01521630
70°	−0.97059892	−0.87527253	−0.76744996	−0.66969956	−0.56178567
75°	−0.87142420	−0.86583017	−0.87838225	−0.90431789	−0.91436504
80°	−0.65574241	−0.69241520	−0.76253076	−0.85078727	−0.92852309
85°	−0.35168546	−0.38422231	−0.44198259	−0.51341148	−0.58093528
90°	0.00000000	0.00000000	0.00000000	0.00000000	0.00000000

表 2-23 角向马蒂厄函数 $se_5(\eta, q)$的数值计算结果

η \ q	1	5	10	15	20
0°	0.00000000	0.00000000	0.00000000	0.00000000	0.00000000
5°	0.41444303	0.37126574	0.29475534	0.21096422	0.13889281
10°	0.75714615	0.69848202	0.57337947	0.42409861	0.28909201
15°	0.96829508	0.94051715	0.81676459	0.63723727	0.45878835
20°	1.01017649	1.06278973	1.00100130	0.83973225	0.64902727
25°	0.87402288	1.04199136	1.09792303	1.00926587	0.84851943
30°	0.58230369	0.87162739	1.07915189	1.11134076	1.02849954
35°	0.18580069	0.56725551	0.92417457	1.10395426	1.14095639
40°	−0.24443763	0.16948498	0.63153478	0.94963774	1.12538269
45°	−0.62927955	−0.25760789	0.22999532	0.63453340	0.92860215
50°	−0.89596158	−0.63455752	−0.21573853	0.18920505	0.53671247
55°	−0.99224762	−0.88142740	−0.61088877	−0.29981251	0.00742766
60°	−0.89745739	−0.93737241	−0.85172554	−0.70086364	−0.51969077
65°	−0.62783155	−0.77988310	−0.85926039	−0.87724356	−0.85758587
70°	−0.23464361	−0.43703967	−0.61457891	−0.74747405	−0.85284225
75°	0.20507134	0.01326766	−0.17927530	−0.33841515	−0.47992435
80°	0.60362323	0.45969427	0.31344876	0.20321071	0.11207083
85°	0.88058442	0.78638073	0.69995021	0.65991583	0.64831882
90°	0.97964307	0.90607793	0.84603843	0.83794934	0.86354312

表 2-24 角向马蒂厄函数导数 $ce_0'(\eta, q)$的数值计算结果

η \ q	1	5	10	15	20
0°	0.00000000	0.00000000	0.00000000	0.00000000	0.00000000
5°	0.08236431	0.06281076	0.02349824	0.00942880	0.00409390
10°	0.16418046	0.13184103	0.05262191	0.02249406	0.01038580
15°	0.24472896	0.21318464	0.09373758	0.04383944	0.02200629
20°	0.32296392	0.31252889	0.15453401	0.08014292	0.04412625
25°	0.39739118	0.43458222	0.24421293	0.14105830	0.08530633
30°	0.46599758	0.58212395	0.37295106	0.23971220	0.15888096
35°	0.52624925	0.75468548	0.55022433	0.39205328	0.28366536
40°	0.57517420	0.94702470	0.78167234	0.61406503	0.48259271
45°	0.60953785	1.14774898	1.06456366	0.91594211	0.77738101
50°	0.62610981	1.33862545	1.38266628	1.29320685	1.17774806

续表

η \ q	1	5	10	15	20
55°	0.62200523	1.49519925	1.70229728	1.71663875	1.66594038
60°	0.59506778	1.58921704	1.97208203	2.12537670	2.18160703
65°	0.54424605	1.59295780	2.12882778	2.42921620	2.61663695
70°	0.46990569	1.48494491	2.11034912	2.52492803	2.83060424
75°	0.37401920	1.25582943	1.87315707	2.32612709	2.69091383
80°	0.26018665	0.91278278	1.40971688	1.79815348	2.12769017
85°	0.13346324	0.48079905	0.75831395	0.98301735	1.17913125
90°	0.00000000	0.00000000	0.00000000	0.00000000	0.00000000

表 2-25　角向马蒂厄函数导数 $ce_1'(\eta, q)$的数值计算结果

η \ q	1	5	10	15	20
0°	0.00000000	0.00000000	0.00000000	0.00000000	0.00000000
5°	0.00977573	0.18300545	0.10727038	0.05224082	0.02561622
10°	0.01503546	0.36997790	0.22947401	0.11822668	0.06130814
15°	0.01137735	0.56280753	0.38098808	0.21326058	0.11967233
20°	−0.00534480	0.75919111	0.57422797	0.35491659	0.21798279
25°	−0.03883112	0.95056574	0.81664134	0.56179595	0.37908534
30°	−0.09208605	1.12041840	1.10568429	0.84891421	0.62918777
35°	−0.16711493	1.24357810	1.42212977	1.21848140	0.98982145
40°	−0.26459139	1.28730975	1.72337270	1.64620840	1.46153340
45°	−0.38353948	1.21501332	1.94003907	2.06639006	1.99995470
50°	−0.52108977	0.99292215	1.98041330	2.36345144	2.49185875
55°	−0.67237623	0.59931832	1.74670914	2.38110951	2.74792963
60°	−0.83063470	0.03456944	1.16384554	1.95873900	2.53368213
65°	−0.98754365	−0.67086099	0.21514240	0.99434472	1.65065668
70°	−1.13381227	−1.45377325	−1.02760642	−0.48422013	0.05175057
75°	−1.25997684	−2.22359386	−2.39569835	−2.27466783	−2.06218339
80°	−1.35732054	−2.87630422	−3.64858487	−4.01849487	−4.23486716
85°	−1.41879658	−3.31457206	−4.53173550	−5.29508864	−5.87758486
90°	−1.43981908	−3.46904200	−4.85043830	−5.76420644	−6.49056578

表 2-26　角向马蒂厄函数导数 $se_1'(\eta, q)$的数值计算结果

η \ q	1	5	10	15	20
0°	0.68644190	0.17467540	0.04402257	0.01392514	0.00507789
5°	0.69192517	0.18523183	0.04980832	0.01679077	0.00651393
10°	0.70798472	0.21753355	0.06833723	0.02638872	0.01154102
15°	0.73344343	0.27333841	0.10315828	0.04591156	0.02256191
20°	0.76632372	0.35509196	0.16022564	0.08125704	0.04439701
25°	0.80384123	0.46514651	0.24700400	0.14166655	0.08544074
30°	0.84242822	0.60460260	0.37512160	0.24005110	0.15894928
35°	0.87781292	0.77180767	0.55161588	0.39224726	0.28370112
40°	0.90517981	0.96068238	0.78260332	0.61418035	0.48261214
45°	0.91942857	1.15922980	1.06522654	0.91601464	0.77739213
50°	0.91553507	1.34876353	1.38317794	1.29325645	1.17775495
55°	0.88899807	1.50447152	1.70272702	1.71667651	1.66594516
60°	0.83633321	1.59780933	1.97246696	2.12540865	2.18161083
65°	0.75555449	1.60082085	2.12918140	2.42924506	2.61664028
70°	0.64657078	1.49185474	2.11066738	2.52495426	2.83060727
75°	0.51142278	1.26145901	1.87342413	2.32614953	2.69091646
80°	0.35430060	0.91678331	1.40991164	1.79817015	2.12769216
85°	0.18131061	0.48288108	0.75841706	0.98302630	1.17913232
90°	0.00000000	0.00000000	0.00000000	0.00000000	0.00000000

表 2-27　角向马蒂厄函数导数 $se_2'(\eta, q)$的数值计算结果

η \ q	1	5	10	15	20
0°	1.67751417	0.73316620	0.24882284	0.09181971	0.03702778
5°	1.66518715	0.75511878	0.27018405	0.10538222	0.04493443
10°	1.62723913	0.81967740	0.33605255	0.14896598	0.07139409
15°	1.56089951	0.92251007	0.45116552	0.23113971	0.12497599
20°	1.46198264	1.05503751	0.62121197	0.36544621	0.22080992
25°	1.32552620	1.20272931	0.84910467	0.56813679	0.38062436
30°	1.14665493	1.34344583	1.12929863	0.85288179	0.63005284
35°	0.92161980	1.44662654	1.44057123	1.22112765	0.99033362
40°	0.64892560	1.47431283	1.73893465	1.64814764	1.46186374
45°	0.33041975	1.38494153	1.95397575	2.06797371	2.00019579
50°	−0.02782038	1.14037971	1.99312734	2.36485608	2.49205909

续表

η \ q	1	5	10	15	20
55°	−0.41498060	0.71570953	1.75788859	2.38237989	2.74810929
60°	−0.81554847	0.10995094	1.17264240	1.95981636	2.53384019
65°	−1.21000800	−0.64534501	0.22045143	0.99510171	1.65077710
70°	−1.57621002	−1.48324402	−1.02676821	−0.48392730	0.05181043
75°	−1.89131914	−2.30717254	−2.39978268	−2.27493454	−2.06220259
80°	−2.13411687	−3.00588437	−3.65719970	−4.01930972	−4.23496800
85°	−2.28734466	−3.47511821	−4.54355856	−5.29630715	−5.87774800
90°	−2.33972733	−3.64051785	−4.86342207	−5.76557377	−6.49075222

表 2-28　角向马蒂厄函数 $ce_m(\eta, q)$ 的零点($q=10$)[69]

n \ m	1	2	3	4	5
1	90.000000	72.759080	58.290940	43.503077	29.810554
2	—	107.240920	90.000000	75.908369	63.264932
3	—	—	121.709060	104.091631	90.000000
4	—	—	—	136.496923	116.735068
5	—	—	—	—	150.189446

n \ m	6	7	8	9	10
1	21.075773	16.300919	13.403658	11.445142	10.020668
2	52.781386	44.565242	38.228141	33.340007	29.520421
3	78.111462	68.246702	60.103461	53.398829	47.873586
4	101.888538	90.000000	80.217913	72.047913	65.169999
5	127.218614	111.753298	99.782087	90.000000	81.797817
6	158.924227	135.434758	119.896539	107.952087	98.202183
7	—	163.699081	141.771859	126.601171	114.830001
8	—	—	166.596342	146.659993	132.126414
9	—	—	—	168.554858	150.479579
10	—	—	—	—	169.979332

表 2-29　角向马蒂厄函数 $se_m(\eta, q)$ 的零点($q=10$)[69]

n \ m	1	2	3	4	5
0	0.000000	0.000000	0.000000	0.000000	0.000000
1	180.000000	90.000000	72.844844	59.259975	47.580737

续表

n \ m	1	2	3	4	5
2	—	180.000000	107.155116	90.000000	76.800453
3	—	—	180.000000	120.740025	103.199547
4	—	—	—	180.000000	132.419263
5	—	—	—	—	180.000000

n \ m	6	7	8	9	10
0	0.000000	0.000000	0.000000	0.000000	0.000000
1	38.143010	31.185986	26.222796	22.613460	19.895737
2	65.830720	56.789405	49.469464	43.587115	38.846449
3	90.000000	79.232964	70.300221	62.855474	56.632492
4	114.169298	100.767036	90.000000	81.066820	73.539826
5	141.856990	123.210595	109.699779	98.933180	90.000000
6	180.000000	148.814014	130.530536	117.144526	106.460174
7	—	180.000000	153.777204	136.412855	123.367508
8	—	—	180.000000	157.386540	141.153551
9	—	—	—	180.000000	160.104263
10	—	—	—	—	180.000000

2.7 角向马蒂厄方程的非周期解

角向马蒂厄方程除了存在周期解外，还存在非周期解，我们把角向马蒂厄方程的非周期解称为非周期角向马蒂厄函数，尽管它用得比较少，但为了全面理解和掌握角向马蒂厄方程的解，本节对它作简单的介绍。

2.7.1 周期解与非周期解的关系

在 2.1.3 节中证明了，当 $q\neq 0$ 时，满足条件(2.1.56)式的角向马蒂厄方程(1.2.15)式的两个基本解，一个是周期解，另一个是非周期解。函数 $\mathrm{ce}_{2n}(\eta, q)$是角向马蒂厄方程的一个基本解，其周期为 π，它是 η 的偶函数。设对应于函数 $\mathrm{ce}_{2n}(\eta, q)$的非周期解为函数 $\mathrm{fe}_{2n}(\eta, q)$，它是 η 的奇函数。将方程(1.2.15)式中的 η 变成 $\eta+\pi$，方程的形式不变，所以，函数 $\mathrm{fe}_{2n}(\pi+\eta, q)$也是方程(1.2.15)式的解，令[10]

$$\mathrm{fe}_{2n}(\pi+\eta,q)=\gamma\mathrm{ce}_{2n}(\eta,q)+\delta\,\mathrm{fe}_{2n}(\eta,q) \tag{2.7.1}$$

其中 γ 和 δ 是常量。同样，又将上式中的 η 用 $\eta+\pi$ 代替，由于函数 $\mathrm{ce}_{2n}(\eta, q)$的周期为 π，得

$$\mathrm{fe}_{2n}(2\pi+\eta,q)=\gamma\mathrm{ce}_{2n}(\eta,q)+\delta\,\mathrm{fe}_{2n}(\pi+\eta,q) \tag{2.7.2}$$

将(2.7.1)式代入(2.7.2)式，有

$$\mathrm{fe}_{2n}(2\pi+\eta,q)=\gamma(1+\delta)\mathrm{ce}_{2n}(\eta,q)+\delta^2\,\mathrm{fe}_{2n}(\eta,q) \tag{2.7.3}$$

考虑到 $\mathrm{fe}_{2n}(\eta, q)$是 η 的奇函数，即有

$$\mathrm{fe}_{2n}(\eta-\pi,q)=-\mathrm{fe}_{2n}(\pi-\eta,q) \tag{2.7.4}$$

将(2.7.3)式中的 η 用 $\eta-\pi$ 代替，则(2.7.3)式变为

$$\mathrm{fe}_{2n}(\pi+\eta,q)=\gamma(1+\delta)\mathrm{ce}_{2n}(\eta,q)-\delta^2\,\mathrm{fe}_{2n}(\pi-\eta,q) \tag{2.7.5}$$

将(2.7.1)式中的 η 用 $-\eta$ 代替，并将它代入(2.7.5)式右边第二项，得

$$\mathrm{fe}_{2n}(\pi+\eta,q)=\gamma(1+\delta-\delta^2)\mathrm{ce}_{2n}(\eta,q)+\delta^3\,\mathrm{fe}_{2n}(\eta,q) \tag{2.7.6}$$

比较(2.7.1)式和(2.7.6)式，有

$$\gamma=\gamma(1+\delta-\delta^2),\delta=\delta^3 \tag{2.7.7}$$

因 $\mathrm{fe}_{2n}(\eta, q)$是非周期函数，故 γ 和 δ 不能为零，令 $\delta=1$，则(2.7.1)式为

$$\mathrm{fe}_{2n}(\pi+\eta,q)-\mathrm{fe}_{2n}(\eta,q)=\gamma\mathrm{ce}_{2n}(\eta,q) \tag{2.7.8}$$

设 $\mathrm{f}_{2n}(\eta, q)$是 η 的周期函数，周期为 π，令

$$\mathrm{fe}_{2n}(\eta,q)=C_{2n}(q)\eta\mathrm{ce}_{2n}(\eta,q)+f_{2n}(\eta,q) \tag{2.7.9}$$

如 $q\to0$ 时，则有 $C_{2n}(q)\to0$，$\mathrm{f}_{2n}(\eta, q)\to\sin2n\eta$，(2.7.9)式中的函数 $\mathrm{fe}_{2n}(\eta, q)$就是满足所需条件、对应于函数 $\mathrm{ce}_{2n}(\eta, q)$的角向马蒂厄方程的非周期解。

2.7.2　非周期角向马蒂厄函数的定义

类似于函数 $\mathrm{fe}_{2n}(\eta, q)$的定义，可以得到对应于函数 $\mathrm{ce}_{2n+1}(\eta, q)$、$\mathrm{se}_{2n+2}(\eta, q)$和 $\mathrm{se}_{2n+1}(\eta, q)$的非周期角向马蒂厄函数的定义如下。

$$\mathrm{fe}_{2n}(\eta,q)=C_{2n}(q)\eta\mathrm{ce}_{2n}(\eta,q)+f_{2n}(\eta,q),(a_{2n}) \tag{2.7.10}$$

$$\mathrm{fe}_{2n+1}(\eta,q)=C_{2n+1}(q)\eta\mathrm{ce}_{2n+1}(\eta,q)+f_{2n+1}(\eta,q),(a_{2n+1}) \tag{2.7.11}$$

$$\mathrm{ge}_{2n+2}(\eta,q)=S_{2n+2}(q)\eta\mathrm{se}_{2n+2}(\eta,q)+g_{2n+2}(\eta,q),(b_{2n+2}) \tag{2.7.12}$$

$$\mathrm{ge}_{2n+1}(\eta,q)=S_{2n+1}(q)\eta\mathrm{se}_{2n+1}(\eta,q)+g_{2n+1}(\eta,q),(b_{2n+1}) \tag{2.7.13}$$

其中，函数 $f_m(\eta, q)$和 $g_m(\eta, q)$的形式如表 2-30 所示。

表 2-30　函数 $f_m(\eta, q)$和 $g_m(\eta, q)$的形式

函数	第一种归一化方法	第二种归一化方法
$f_{2n}(\eta,q)$	$\sin2n\eta+\sum_{k=1}^{\infty}q^kS_k(\eta)$	$C_{2n}(q)\sum_{k=0}^{\infty}f_{2k+2}^{(2n)}\sin(2k+2)\eta$
$f_{2n+1}(\eta,q)$	$\sin(2n+1)\eta+\sum_{k=1}^{\infty}q^k\bar{S}_k(\eta)$	$C_{2n+1}(q)\sum_{k=0}^{\infty}f_{2k+1}^{(2n+1)}\sin(2k+1)\eta$
$g_{2n+2}(\eta,q)$	$\cos(2n+2)\eta+\sum_{k=1}^{\infty}q^k\bar{C}_k(\eta)$	$S_{2n+2}(q)\sum_{k=0}^{\infty}g_{2k}^{(2n+2)}\cos2k\eta$
$g_{2n+1}(\eta,q)$	$\cos(2n+1)\eta+\sum_{k=1}^{\infty}q^kC_k(\eta)$	$S_{2n+1}(q)\sum_{k=0}^{\infty}g_{2k+1}^{(2n+1)}\cos(2k+1)\eta$

2.7.3　非周期角向马蒂厄函数的归一化

和周期角向马蒂厄函数的归一化方法一样，非周期角向马蒂厄函数的归一化也有两种方法。

(1)第一种归一化方法。确定非周期角向马蒂厄函数的关键是确定其中的展开系数。第一种归一化方法是规定函数 $f_m(\eta, q)$或 $g_m(\eta, q)$展开式中 $\sin m\eta$ 或 $\cos m\eta$ 项的系数为零。以函数 $f_{2n}(\eta, q)$为例，令

$$f_{2n}(\eta,q) = \sin 2n\eta + \sum_{k=1}^{\infty} q^k S_k(\eta) \tag{2.7.14}$$

其中 $S_k(\eta)$是 η 的连续的奇函数，$\sin 2n\eta$ 项的系数总是 1，由上式可看出当 $q\to 0$ 时，有 $f_{2n}(\eta, q)\to\sin 2n\eta$。

为确定函数 $f_m(\eta, q)$和 $g_m(\eta, q)$，必须先确定展开式中的 $C_m(q)$和 $S_m(q)$，以函数 $f_1(\eta, q)$为例来说明 $C_m(q)$和 $S_m(q)$的确定方法。设

$$\mathrm{fe}_1(\eta,q) = C_1(q)\eta\,\mathrm{ce}_1(\eta,q) + f_1(\eta,q) \tag{2.7.15}$$

式中函数 $\mathrm{ce}_1(\eta, q)$的周期为 2π，将 $\mathrm{fe}_1(\eta, q)$代入(1.2.15)式，得

$$C_1(q)\eta[\mathrm{ce}''_1 + (a - 2q\cos 2\eta)\mathrm{ce}_1] + f''_1 + 2C_1(q)\,\mathrm{ce}'_1 + (a - 2q\cos 2\eta)f_1 = 0 \tag{2.7.16}$$

由于函数 $\mathrm{ce}_1(\eta, q)$是(1.2.15)式的解，设其特征值为 $a_1(q)$，则上式方括号中的部分应等于零，这样(2.7.16)式变为

$$f''_1 + 2C_1(q)\,\mathrm{ce}'_1 + (a - 2q\cos 2\eta)f_1 = 0 \tag{2.7.17}$$

设 $C_1(0)=0$、$C_1(q) = \sum_{j=1}^{\infty}\alpha_j q^j$，利用 $f_1(\eta,q) = \sin\eta + \sum_{k=1}^{\infty}q^k\overline{S}_k(\eta)$，并将 $q<1$ 时函数 $\mathrm{ce}_1(\eta, q)$的近似表达式(2.3.109)式和特征值 $a_1(q)$的表达式(2.3.122)式代入上式，分别得

$$f''_1 = -\sin\eta + q\overline{S}''_1 + q^2\overline{S}''_2 + q^3\overline{S}''_3 + \cdots \tag{2.7.18}$$

$$2C_1\,\mathrm{ce}'_1 = -2\left[\sin\eta - \frac{3}{8}q\sin 3\eta + \frac{1}{64}q^2\left(-3\sin 3\eta + \frac{5}{3}\sin 5\eta\right) - \cdots\right][\alpha_1 q + \alpha_2 q^2 + \alpha q^3 + \cdots] \tag{2.7.19}$$

$$af_1 = [\sin\eta + q\overline{S}_1 + q^2\overline{S}_2 + q^3\overline{S}_3 + \cdots]\left[1 + q - \frac{1}{8}q^2 - \frac{1}{64}q^3 - \frac{1}{1536}q^4 + \cdots\right] \tag{2.7.20}$$

$$-2qf_1\cos 2\eta = -2q\left[\frac{1}{2}(-\sin\eta + \sin 3\eta) + \cos 2\eta(q\overline{S}_1 + q^2\overline{S}_2 + q^3\overline{S}_3 + \cdots)\right] \tag{2.7.21}$$

将上面四式代入(2.7.17)式，要使其恒成立，q 相同次幂的系数应等于零，得

$$\sin\eta - \sin\eta = 0,(q^0) \tag{2.7.22}$$

$$\overline{S}''_1 + \overline{S}_1 - 2\alpha_1\sin\eta + 2\sin\eta - \sin 3\eta = 0,(q^1) \tag{2.7.23}$$

$$\overline{S}''_2 + \overline{S}_2 - 2\alpha_2\sin\eta + \frac{3}{4}\alpha_1\sin 3\eta - \frac{1}{8}\sin\eta + \overline{S}_1 - 2\overline{S}_1\cos 2\eta = 0,(q^2) \tag{2.7.24}$$

$$\overline{S}''_3 + \overline{S}_3 - 2\alpha_3\sin\eta + \frac{\alpha_1}{32}\left(3\sin 3\eta - \frac{5}{3}\sin 5\eta\right) - \frac{1}{64}\sin\eta - \frac{1}{8}\overline{S}_1 + \overline{S}_2 - 2\overline{S}_2\cos 2\eta = 0,(q^3) \tag{2.7.25}$$

(2.7.23)式中由于 $\sin\eta$ 项的存在，使得解中含有 $-\frac{1}{2}\eta\cos\eta$，这与 $f_1(\eta, q)$是以 2π 周期的函数相矛盾，故要求 $\sin\eta$ 项的系数为零，即 $\alpha_1 = 1$，则有

$$\bar{S}_1'' + \bar{S}_1 - \sin 3\eta = 0 \tag{2.7.26}$$

解得

$$\bar{S}_1 = -\frac{1}{8}\sin 3\eta \tag{2.7.27}$$

将 α_1、$\bar{S}_1$ 的值代入(2.7.24)式，得

$$\bar{S}_2'' + \bar{S}_2 - 2\alpha_2 \sin\eta + \frac{5}{8}\sin 3\eta + \frac{1}{8}\sin 5\eta = 0 \tag{2.7.28}$$

同样，为避免出现非周期项，须 $\alpha_2 = 0$，这样上式变为

$$\bar{S}_2'' + \bar{S}_2 + \frac{5}{8}\sin 3\eta + \frac{1}{8}\sin 5\eta = 0 \tag{2.7.29}$$

解得

$$\bar{S}_2 = \frac{5}{64}\sin 3\eta + \frac{1}{192}\sin 5\eta \tag{2.7.30}$$

将 α_1、$\bar{S}_1$、α_2 和 $\bar{S}_2$ 的值代入(2.7.25)式，得

$$\bar{S}_3'' + \bar{S}_3 - \left(2\alpha_3 + \frac{3}{32}\right)\sin\eta + \frac{35}{192}\sin 3\eta - \frac{1}{8}\sin 5\eta - \frac{1}{192}\sin 7\eta = 0 \tag{2.7.31}$$

同样，为避免出现非周期项，须使 $\sin\eta$ 项的系数为零，故 $\alpha_3 = -3/64$，则上式变为

$$\bar{S}_3'' + \bar{S}_3 + \frac{35}{192}\sin 3\eta - \frac{1}{8}\sin 5\eta - \frac{1}{192}\sin 7\eta = 0 \tag{2.7.32}$$

解得

$$\bar{S}_3 = \frac{35}{1536}\sin 3\eta - \frac{1}{192}\sin 5\eta - \frac{1}{9216}\sin 7\eta \tag{2.7.33}$$

依照上面的方法进行下去，就得到 $C_1(q)$ 和 $f_1(\eta, q)$ 的表达式分别为

$$C_1(q) = \sum_{k=1}^{\infty} \alpha_k q^k = q - \frac{3}{64}q^3 - \frac{3}{256}q^4 + \frac{31}{36864}q^5 + O(q^6) \tag{2.7.34}$$

$$\begin{aligned} f_1(\eta,q) = {} & \sin\eta - \frac{1}{8}q\sin 3\eta + \frac{1}{64}q^2\left(5\sin 3\eta + \frac{1}{3}\sin 5\eta\right) \\ & - \frac{1}{512}q^3\left(-\frac{35}{3}\sin 3\eta + \frac{8}{3}\sin 5\eta + \frac{1}{18}\sin 7\eta\right) + \cdots \end{aligned} \tag{2.7.35}$$

最后得到用第一种归一化方法得到的函数 $\mathrm{fe}_1(\eta, q)$ 的表达式为

$$\begin{aligned} \mathrm{fe}_1(\eta,q) = {} & \left[q - \frac{3}{64}q^3 - \frac{3}{256}q^4 + \frac{31}{36864}q^5 + O(q^6)\right]\eta\,\mathrm{ce}_1(\eta,q) \\ & + \left[\sin\eta - \frac{1}{8}q\sin 3\eta + \frac{1}{64}q^2\left(5\sin 3\eta + \frac{1}{3}\sin 5\eta\right)\right. \\ & - \frac{1}{512}q^3\left(-\frac{35}{3}\sin 3\eta + \frac{8}{3}\sin 5\eta + \frac{1}{18}\sin 7\eta\right) \\ & \left. + \frac{1}{4096}q^4\left(-\frac{17}{3}\sin 3\eta - \frac{343}{54}\sin 5\eta + \frac{61}{108}\sin 7\eta + \frac{1}{180}\sin 9\eta\right) - \cdots\right] \end{aligned} \tag{2.7.36}$$

由函数 $\mathrm{fe}_1(\eta, q)$ 的表达式可以看出，由于(2.7.36)式右边第一项是非周期性的，所以 $\mathrm{fe}_1(\eta, q)$ 是非周期函数，且满足 $\mathrm{fe}_1(2\pi+\eta,q) - \mathrm{fe}_1(\eta,q) = 2\pi C_1(q)\mathrm{ce}_{2n}(\eta,q)$ 。利用(2.7.33)式进行数值计算，可得 $\mathrm{fe}_1(\eta, q)$ 的曲线图。图 2-40、图 2-41 和图 2-42 是函数 $\mathrm{fe}_1(\eta, q)$ 与函数 $\mathrm{ce}_1(\eta, q)$ 的曲线对比图。从中可以看出，当 $q \to 0$ 时，$\mathrm{fe}_1(\eta, q)$ 也趋近

于 $\sin\eta$，这与理论分析的结果相一致。应当注意，在推导(2.7.36)式的过程中，所采用的角向马蒂厄函数 $\mathrm{ce}_1(\eta, q)$和相应的特征值 $a_1(q)$是在 $q<1$ 时得出的结果，因此，(2.7.36)式在 $q<1$ 时近似程度较好。随着 q 的增大，理论分析表明，$\mathrm{fe}_1(\eta, q)$的误差会增大，但为了和相关文献给出的结果相比较[7]，本书还是计算了 $q=1$ 的情况，从数值计算结果绘出的图形来看，$\mathrm{fe}_1(\eta, q)$与文献［7］相符。

利用(2.3.121)式给出的特征值 $a_0(q)$和(2.3.153)式给出的整数阶角向马蒂厄函数 $\mathrm{ce}_0(\eta, q)$的表达式，采用类似于计算非周期角向马蒂厄函数 $\mathrm{fe}_1(\eta, q)$的推导方法，可计算出非周期角向马蒂厄函数 $\mathrm{fe}_0(\eta, q)$的近似表达式为

$$\mathrm{fe}_0(\eta,q) = \eta\mathrm{ce}_0(\eta,q) + f_0(\eta,q) = \eta\mathrm{ce}_0(\eta,q) + \frac{1}{2\sqrt{2}}q\sin2\eta - \frac{3}{64\sqrt{2}}q^2\sin4\eta + \frac{1}{\sqrt{2}}q^3\left[\frac{11}{6912}\sin6\eta - \frac{35}{256}\sin2\eta\right] + O(q^4) \tag{2.7.37}$$

根据(2.7.37)式，通过数值计算，可绘出其曲线。图 2-43 和图 2-44 是在 $q \in \{0.2, 0.5\}, 0 \leqslant \eta \leqslant 2\pi$ 时得到的 $\mathrm{ce}_0(\eta, q)$和 $\mathrm{fe}_0(\eta, q)$的函数曲线。

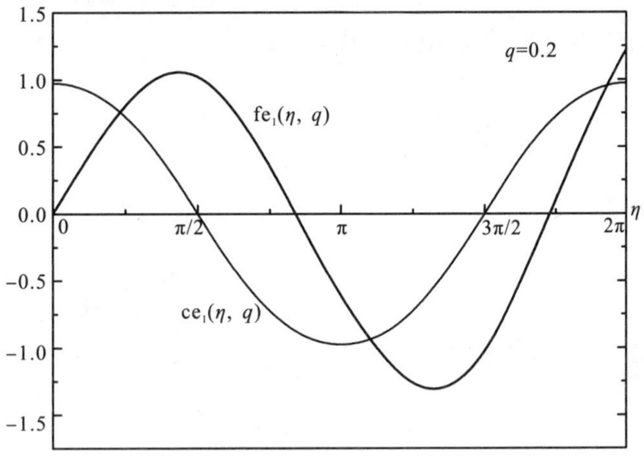

图 2-40　函数 $\mathrm{fe}_1(\eta, q)$与函数 $\mathrm{ce}_1(\eta, q)$对比图($q=0.2$)

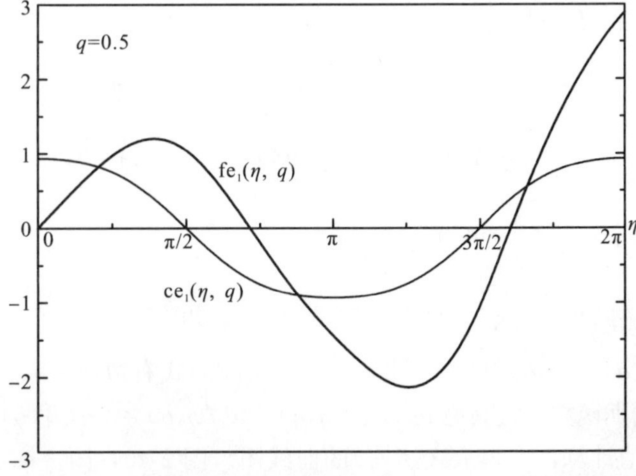

图 2-41　函数 $\mathrm{fe}_1(\eta, q)$与函数 $\mathrm{ce}_1(\eta, q)$对比图($q=0.5$)

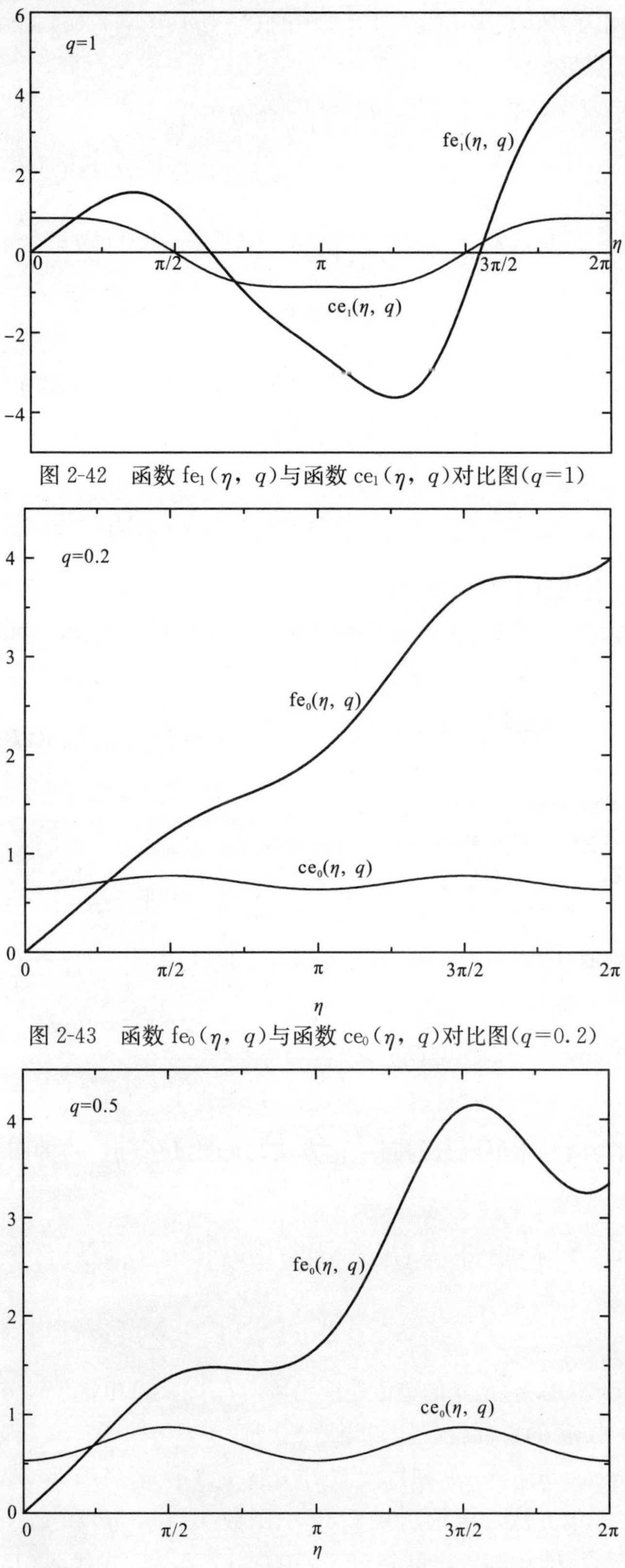

图 2-42　函数 $\mathrm{fe}_1(\eta, q)$ 与函数 $\mathrm{ce}_1(\eta, q)$ 对比图($q=1$)

图 2-43　函数 $\mathrm{fe}_0(\eta, q)$ 与函数 $\mathrm{ce}_0(\eta, q)$ 对比图($q=0.2$)

图 2-44　$\mathrm{fe}_0(\eta, q)$ 函数与 $\mathrm{ce}_0(\eta, q)$ 函数对比图($q=0.5$)

文献［10］给出了(2.7.10)～(2.7.13)式中的$C_{2n}(q)$、$C_{2n+1}(q)$、$S_{2n+2}(q)$和$S_{2n+1}(q)$的部分近似结果，其结果为

$$C_0(q)=1,\mathrm{fe}_0(\eta,q) \tag{2.7.38}$$

$$C_1(q)=q-\frac{3}{64}q^3-\frac{3}{256}q^4+\frac{31}{36864}q^5+O(q^6),\mathrm{fe}_1(\eta,q) \tag{2.7.39}$$

$$C_2(q)=\frac{1}{8}q^2-\frac{17}{1152}q^4+O(q^6),\mathrm{fe}_2(\eta,q) \tag{2.7.40}$$

$$C_3(q)=\frac{1}{192}q^3+O(q^4),\mathrm{fe}_3(\eta,q) \tag{2.7.41}$$

$$S_1(q)=q-\frac{3}{64}q^3+\frac{3}{256}q^4+\frac{31}{36864}q^5+O(q^6),\mathrm{ge}_1(\eta,q) \tag{2.7.42}$$

$$S_2(q)=\frac{1}{8}q^2+\frac{53}{6912}q^4+O(q^6),\mathrm{ge}_2(\eta,q) \tag{2.7.43}$$

$$C_3(q)=\frac{1}{192}q^3+O(q^4),\mathrm{ge}_3(\eta,q) \tag{2.7.44}$$

(2)第二种归一化方法。第二种归一化方法是将函数$f_m(\eta,\ q)$或函数$g_m(\eta,\ q)$展开成$\sin 2n\eta$或$\cos 2n\eta$的级数，然后令其展开系数满足归一化条件。例如，对函数$f_{2n}(\eta,\ q)$，将其展开为$\sin(2k+2)\eta$的级数，其形式为

$$f_{2n}(\eta,q)=C_{2n}(q)\sum_{k=0}^{\infty}f_{2k+2}^{(2n)}\sin(2k+2)\eta=\sum_{k=0}^{\infty}\overline{f}_{2k+2}^{(2n)}\sin(2k+2)\eta \tag{2.7.45}$$

其中，$\overline{f}_{2k+2}^{(2n)}=C_{2n}(q)f_{2k+2}^{(2n)}$，可以证明，当$q\to 0$时，有$\overline{f}_{2n}^{(2n)}\to 1$，$\overline{f}_{2k+2}^{(2n)}\to 0\ (k\neq n-1)$[10]。只要令

$$C_{2n}^2(q)\sum_{k=0}^{\infty}[f_{2k+2}^{(2n)}]^2=\sum_{k=0}^{\infty}[\overline{f}_{2k+2}^{(2n)}]^2=1 \tag{2.7.46}$$

那么，当$q\to 0$时，有$\overline{f}_{2n}^{(2n)}=C_{2n}(q)f_{2n}^{(2n)}\to 1$，同时，由于$\overline{f}_{2k+2}^{(2n)}\to 0\ (k\neq n-1)$，则$f_{2n}(\eta,q)\to\sin 2n\eta$，这样可得

$$C_{2n}(q)=\frac{1}{\left[\sum_{k=0}^{\infty}[f_{2k+2}^{(2n)}]^2\right]^{1/2}} \tag{2.7.47}$$

对其他几个非周期角向马蒂厄函数的归一化方法与函数$\mathrm{fe}_{2n}(\eta,\ q)$的归一化方法相同，结果为

$$\begin{aligned}C_{2n}^2(q)\sum_{k=0}^{\infty}[f_{2k+2}^{(2n)}]^2&=C_{2n+1}^2\sum_{k=0}^{\infty}[f_{2k+1}^{(2n+1)}]^2=S_{2n+1}^2\sum_{k=0}^{\infty}[g_{2k+1}^{(2n+1)}]^2\\&=S_{2n+2}^2\left[2\,(g_0^{(2n+2)})^2+\sum_{k=1}^{\infty}[g_{2k}^{(2n+2)}]^2\right]=1\end{aligned} \tag{2.7.48}$$

其中，$f_m(\eta,\ q)$和$g_m(\eta,\ q)$是q的单值连续函数，$f_m(\eta,\ q)$和$g_m(\eta,\ q)$是周期为π或2π的函数，其奇偶性由m的奇偶性确定；当$q\to 0$时，$C_m(q)\to 0$，$S_m(q)\to 0$，$f_m(\eta,\ q)\to\sin m\eta$，$g_m(\eta,\ q)\to\cos m\eta$；当$\eta\to\infty$时，$f_m(\eta,\ q)$，$g_m(\eta,\ q)$将趋于$\pm\infty$。

应用第二种归一化方法，要求出表2-30中函数$f_m(\eta,\ q)$和$g_m(\eta,\ q)$的展开系数$f_{2k+2}^{(2n)}$、$f_{2k+1}^{(2n+1)}$、$g_{2k}^{(2n+2)}$和$g_{2k+1}^{(2n+1)}$，可将(2.7.10)～(2.7.13)式代入(1.2.15)式，并利用(2.2.6)～(2.2.9)式，即得$f_{2k+2}^{(2n)}$、$f_{2k+1}^{(2n)}$、$g_{2k}^{(2n+1)}$和$g_{2k+1}^{(2n+1)}$的递推关系如下

$$(a-4)f_2^{(2n)}-qf_4^{(2n)}=4A_2^{(2n)} \tag{2.7.49}$$

$$(a-4k^2)f_{2k}^{(2n)}-q(f_{2k+2}^{(2n)}+f_{2k-2}^{(2n)})=4kA_{2k}^{(2n)},(k\geqslant 2) \tag{2.7.50}$$

$$(a-1+q)f_1^{(2n+1)}-qf_3^{(2n+1)}=2A_1^{(2n+1)} \tag{2.7.51}$$

$$[a-(2k+1)^2]f_{2k+1}^{(2n+1)}-q(f_{2k+3}^{(2n+1)}+f_{2k-1}^{(2n+1)})=2(2k+1)A_{2k+1}^{(2n+1)},(k\geqslant 1) \tag{2.7.52}$$

$$ag_0^{(2n+2)}-qg_2^{(2n+2)}=0 \tag{2.7.53}$$

$$(a-4)g_2^{(2n+2)}-q(2g_0^{(2n+2)}+g_4^{(2n+2)})=-4B_2^{(2n+2)} \tag{2.7.54}$$

$$(a-4k^2)g_{2k}^{(2n+2)}-q(g_{2k+2}^{(2n+2)}+g_{2k-2}^{(2n+2)})=-4kB_{2k}^{(2n+2)},(k\geqslant 2) \tag{2.7.55}$$

$$(a-1-q)g_1^{(2n+1)}-qg_3^{(2n+1)}=-2B_1^{(2n+1)} \tag{2.7.56}$$

$$[a-(2k+1)^2]g_{2k+1}^{(2n+1)}-q(g_{2k+3}^{(2n+1)}+g_{2k-1}^{(2n+1)})=-2(2k+1)B_{2k+1}^{(2n+1)},(k\geqslant 1) \tag{2.7.57}$$

至此，当 $q>0$ 时，整数阶角向马蒂厄函数的特征值为 a 时，角向马蒂厄方程的完全解为

$$\Psi(\eta,q)=A\,\mathrm{ce}_m(\eta,q)+B\,\mathrm{fe}_m(\eta,q),(a=a_m(q)) \tag{2.7.58}$$

$$\Psi(\eta,q)=\overline{A}\,\mathrm{se}_m(\eta,q)+\overline{B}\,\mathrm{ge}_m(\eta,q),(a=b_m(q)) \tag{2.7.59}$$

式中 A、B、$\overline{A}$ 和 $\overline{B}$ 是任意常数。

2.8 负参数角向马蒂厄函数

有时，在解决实际工程问题中，尤其是电磁场问题，需要计算负参数角向马蒂厄函数。本节仅介绍负参数角向马蒂厄函数的由来，找到正、负参数马蒂厄函数之间的变换关系，得出正、负参数角向马蒂厄函数展开系数之间的关系。

2.8.1 负参数角向马蒂厄方程的周期解

将角向马蒂厄方程(1.2.15)式中 η 用 $\pm(\pi/2\pm\eta)$ 代替，则其变为

$$\frac{\mathrm{d}^2\psi(\eta)}{\mathrm{d}\eta^2}+(a+2q\cos 2\eta)\psi(\eta)=0 \tag{2.8.1}$$

比较(1.2.15)式与(2.8.1)式，容易发现，如果(2.8.1)式中的参数 $q<0$，则两方程形式完全相同，因此，可认为(2.8.1)式是参数 $q<0$ 时的角向马蒂厄方程，其解称为负参数的角向马蒂厄函数。由于正参数马蒂厄方程与负参数马蒂厄方程之间有联系，所以可以从寻找正参数角向马蒂厄函数与负参数角向马蒂厄函数之间的关系出发，得到负参数角向马蒂厄方程的解，从而得到负参数马蒂厄函数。

首先由(2.2.6)式可得[30]

$$\mathrm{ce}_{2n}\left(\frac{1}{2}\pi+\eta,q\right)=\sum_{k=0}^{\infty}(-1)^k A_{2k}^{(2n)}(q)\cos 2k\eta=\mathrm{ce}_{2n}\left(\frac{1}{2}\pi-\eta,q\right) \tag{2.8.2}$$

函数 $\mathrm{ce}_{2n}(\eta,q)$ 满足 $\mathrm{ce}_{2n}(\pi+\eta,q)=\mathrm{ce}_{2n}(\eta,q)$。因此，函数 $\mathrm{ce}_{2n}(\eta,q)$ 在 $0\leqslant\eta\leqslant\frac{1}{2}\pi$ 区间的值已足以决定变量 η 取实数时函数 $\mathrm{ce}_{2n}(\eta,q)$ 的值。再令 $\eta'=\frac{1}{2}\pi-\eta$，$q'=-q$，$w=$

$\mathrm{ce}_{2n}\left(\frac{1}{2}\pi-\eta,-q\right)=\mathrm{ce}_{2n}(\eta',q')$，函数 w 应当满足方程 $\frac{\mathrm{d}^2w}{\mathrm{d}\eta'^2}+(a_{2n}(q')-2q'\cos2\eta')w=0$。由于 $\mathrm{d}\eta'=-\mathrm{d}\eta$，$q'\cos2\eta'=q\cos2\eta$，因此 w 也应满足 $\frac{\mathrm{d}^2w}{\mathrm{d}\eta^2}+(a_{2n}(q')-2q\cos2\eta)w=0$。由(2.3.165)式知，$a_{2n}(q')=a_{2n}(-q)=a_{2n}(q)$，故也有 $\frac{\mathrm{d}^2w}{\mathrm{d}\eta^2}+(a_{2n}(q)-2q\cos2\eta)w=0$，因此函数 w 也是正参数角向马蒂厄方程的解。函数 w 沿 η' 轴是周期为 π 的函数，故函数 w 沿 η 轴也是周期为 π 的函数。(2.8.2)式表明，函数 w 是 η 的偶函数，它在 $0<\eta<\frac{1}{2}\pi$ 区间内有 n 个零点，函数 w 应是函数 $\mathrm{ce}_{2n}(\eta,q)$的倍数，即有 $w=\lambda\mathrm{ce}_{2n}(\eta,q)$，其中 λ 是一常数。应用归一化条有

$$\pi=\int_0^{2\pi}w^2\mathrm{d}\eta'=\int_{-\frac{3\pi}{2}}^{\frac{\pi}{2}}w^2\mathrm{d}\eta=\int_0^{2\pi}w^2\mathrm{d}\eta=\int_0^{2\pi}\lambda^2[\mathrm{ce}_{2n}(\eta,q)]^2\mathrm{d}\eta=\lambda^2\pi \tag{2.8.3}$$

因此可得 $\lambda=\pm1$，且 λ 与 q 无关。当 $q\to0$ 时，函数 $\mathrm{ce}_{2n}(\eta,q)\to\cos2n\eta$，而函数 $w\to\cos\left[2n\left(\frac{1}{2}\pi-\eta\right)\right]=(-1)^n\cos2n\eta$，因此 $\lambda=(-1)^n$。总结以上推证，可得

$$\begin{aligned}\mathrm{ce}_{2n}(\eta,-q)&=(-1)^n\mathrm{ce}_{2n}\left(\frac{\pi}{2}-\eta,q\right)\\&=(-1)^n\sum_{k=0}^{\infty}(-1)^kA_{2k}^{(2n)}(q)\cos2k\eta\end{aligned} \tag{2.8.4}$$

利用类似的证明方法可得[7,10～11,30,68～69,71]

$$\begin{aligned}\mathrm{ce}_{2n+1}(\eta,-q)&=(-1)^n\mathrm{se}_{2n+1}\left(\frac{\pi}{2}-\eta,q\right)\\&=(-1)^n\sum_{k=0}^{\infty}(-1)^kB_{2k+1}^{(2n+1)}(q)\cos(2k+1)\eta\end{aligned} \tag{2.8.5}$$

$$\begin{aligned}\mathrm{se}_{2n+2}(\eta,-q)&=(-1)^n\mathrm{se}_{2n+2}\left(\frac{\pi}{2}-\eta,q\right)\\&=(-1)^n\sum_{k=0}^{\infty}(-1)^kB_{2k+2}^{(2n+2)}(q)\sin(2k+2)\eta\end{aligned} \tag{2.8.6}$$

$$\begin{aligned}\mathrm{se}_{2n+1}(\eta,-q)&=(-1)^n\mathrm{ce}_{2n+1}\left(\frac{\pi}{2}-\eta,q\right)\\&=(-1)^n\sum_{k=0}^{\infty}(-1)^kA_{2k+1}^{(2n+2)}(q)\sin(2k+1)\eta\end{aligned} \tag{2.8.7}$$

据此，可由正参数角向马蒂厄函数的值推算出相同阶负参数角向马蒂厄函数的值。将(2.8.4)～(2.8.7)式的两端对变量 η 求导，可得出负参数角向马蒂厄函数的导数。又可由正参数角向马蒂厄函数的导数值推算出相同阶负参数角向马蒂厄函数的导数值。

将(2.2.6)式与(2.8.4)式、(2.2.7)式与(2.8.5)式、(2.2.8)式与(2.8.6)式、(2.2.9)式与(2.8.7)式比较，容易得出

$$A_{2k}^{(2n)}(-q)=(-1)^{n-k}A_{2k}^{(2n)}(q) \tag{2.8.8}$$

$$A_{2k+1}^{(2n+1)}(-q)=(-1)^{n-k}B_{2k+1}^{(2n+1)}(q) \tag{2.8.9}$$

$$B_{2k+2}^{(2n+2)}(-q)=(-1)^{n-k}B_{2k+2}^{(2n+2)}(q) \tag{2.8.10}$$

$$B_{2k+1}^{(2n+1)}(-q)=(-1)^{n-k}A_{2k+1}^{(2n+1)}(q) \tag{2.8.11}$$

这就是正参数角向马蒂厄函数与负参数马蒂厄函数展开系数间的关系。由负参数马蒂厄函数展开式可看出，函数 $\mathrm{ce}_{2n}(\eta,\ -q)$、$\mathrm{ce}_{2n+1}(\eta,\ -q)$、$\mathrm{se}_{2n+2}(\eta,\ -q)$和$\mathrm{se}_{2n+1}(\eta,\ -q)$的特征值分别为 a_{2n}、b_{2n+1}、b_{2n+2}和 a_{2n+1}。

2.8.2　负参数非周期角向马蒂厄函数

将(2.7.10)～(2.7.13)式中的 η 用$\frac{\pi}{2}-\eta$ 代替，并利用(2.8.4)～(2.8.7)式可得负参数非周期马蒂厄函数为[10]

$$\begin{aligned}\mathrm{fe}_{2n}(\eta,-q) &= (-1)^{n+1}\mathrm{fe}_{2n}\left(\frac{\pi}{2}-\eta,q\right),(a_{2n})\\ &= -C_{2n}(q)\left[\left(\frac{\pi}{2}-\eta\right)\mathrm{ce}_{2n}(\eta,-q)+(-1)^n\sum_{k=0}^{\infty}(-1)^k f_{2k+2}^{(2n)}\sin(2k+2)\eta\right]\end{aligned} \tag{2.8.12}$$

$$\begin{aligned}\mathrm{fe}_{2n+1}(\eta,-q) &= (-1)^n\mathrm{ge}_{2n+1}\left(\frac{\pi}{2}-\eta,q\right),(b_{2n+1})\\ &= S_{2n+1}(q)\left[\left(\frac{\pi}{2}-\eta\right)\mathrm{ce}_{2n+1}(\eta,-q)+(-1)^n\sum_{k=0}^{\infty}(-1)^k g_{2k+1}^{(2n+1)}\sin(2k+1)\eta\right]\end{aligned} \tag{2.8.13}$$

$$\begin{aligned}\mathrm{ge}_{2n+2}(\eta,-q) &= (-1)^n\mathrm{ge}_{2n+2}\left(\frac{\pi}{2}-\eta,q\right),(b_{2n+2})\\ &= S_{2n+2}(q)\left[\left(\frac{\pi}{2}-\eta\right)\mathrm{se}_{2n+2}(\eta,-q)+(-1)^n\sum_{k=0}^{\infty}(-1)^k g_{2k}^{(2n)}\cos 2k\eta\right]\end{aligned} \tag{2.8.14}$$

$$\begin{aligned}\mathrm{ge}_{2n+1}(\eta,-q) &= (-1)^n\,\mathrm{fe}_{2n+1}\left(\frac{\pi}{2}-\eta,q\right),(a_{2n+1})\\ &= C_{2n+1}(q)\left[\left(\frac{\pi}{2}-\eta\right)\mathrm{se}_{2n+1}(\eta,-q)+(-1)^n\sum_{k=0}^{\infty}(-1)^k g_{2k+1}^{(2n+1)}\cos(2k+1)\eta\right]\end{aligned} \tag{2.8.15}$$

2.9　分数阶角向马蒂厄函数

设 ν 是正的有理数或无理数，它是角向马蒂厄函数的阶，由于当 $q=0$ 时，角向马蒂厄方程的解为 $\cos\nu\eta$ 或 $\sin\nu\eta$，如果设分数阶角向马蒂厄函数为[10]

$$\mathrm{ce}_\nu(\eta,q) = \cos\nu\eta + \sum_{k=1}^{\infty} c_k(\eta)q^k \tag{2.9.1}$$

$$\mathrm{se}_\nu(\eta,q) = \sin\nu\eta + \sum_{k=1}^{\infty} s_k(\eta)q^k \tag{2.9.2}$$

$$a = \nu^2 + \sum_{k=1}^{\infty} a_k q^k \tag{2.9.3}$$

应用 2.3 节中级数展开求整数阶角向马蒂厄方程的解的方法，可得

$$\mathrm{ce}_\nu(\eta,q) = \cos\nu\eta - \frac{1}{4}q\left[\frac{\cos(\nu+2)\eta}{\nu+1} - \frac{\cos(\nu-2)\eta}{\nu-1}\right]$$

$$+\frac{1}{32}q^2\left[\frac{\cos(\nu+4)\eta}{(\nu+1)(\nu+2)}+\frac{\cos(\nu-4)\eta}{(\nu-1)(\nu-2)}\right]$$

$$-\frac{1}{128}q^3\left[\frac{(\nu^2+4\nu+7)\cos(\nu+2)\eta}{(\nu-1)(\nu+1)^3(\nu+2)}-\frac{(\nu^2-4\nu+7)\cos(\nu-4)\eta}{(\nu+1)(\nu-1)^3(\nu-2)}\right.$$

$$\left.+\frac{\cos(\nu+6)\eta}{3(\nu+1)(\nu+2)(\nu+3)}-\frac{\cos(\nu-6)\eta}{3(\nu-1)(\nu-2)(\nu-3)}\right]+\cdots \tag{2.9.4}$$

$$\mathrm{se}_\nu(\eta,q)=\sin\nu\eta-\frac{1}{4}q\left[\frac{\sin(\nu+2)\eta}{\nu+1}-\frac{\sin(\nu-2)\eta}{\nu-1}\right]$$

$$+\frac{1}{32}q^2\left[\frac{\sin(\nu+4)\eta}{(\nu+1)(\nu+2)}+\frac{\sin(\nu-4)\eta}{(\nu-1)(\nu-2)}\right]-\cdots \tag{2.9.5}$$

$$a=\nu^2+\frac{1}{2(\nu^2-1)}q^2+\frac{5\nu^2+7}{32(\nu^2-1)^3(\nu^2-4)}q^4+\frac{9\nu^4+58\nu^2+29}{64(\nu^2-1)^5(\nu^2-4)(\nu^2-9)}q^6+\cdots \tag{2.9.6}$$

上述计算结果表明，函数 $\mathrm{ce}_\nu(\eta, q)$和 $\mathrm{se}_\nu(\eta, q)$有相同的$a(q)$值。由于特征值$a(q)$是q的偶函数，因此，特征值曲线在(a, q)坐标系中关于a轴对称。(2.9.4)～(2.9.6)式是用于计算$\frac{q^2}{2(\nu^2-1)}\ll\nu^2$且$\nu>0$的情况。(2.9.4)式和(2.9.5)式是线性独立的，因此角向马蒂厄方程非整数阶的完全解为

$$\psi(\eta,q)=A\mathrm{ce}_\nu(\eta,q)+B\mathrm{se}_\nu(\eta,q) \tag{2.9.7}$$

令$\nu=m+\beta$，其中m是正整数，$0<\beta<1$。假设$\beta=p/s$，如果β是有理数，则函数$\mathrm{ce}_\nu(\eta, q)$和$\mathrm{se}_\nu(\eta, q)$是η的周期函数，其周期为$2s\pi$或$s\pi$，其中$s\geqslant 2$。其周期由p的奇偶性确定，即当p是奇数时，周期为$2s\pi$，当p是偶数时，周期为$s\pi$。如果β是无理数，则函数$\mathrm{ce}_\nu(\eta, q)$和$\mathrm{se}_\nu(\eta, q)$是非周期函数，当$\eta\to\infty$时，它们既不趋近于零，也不趋近于无穷大，它是一有界函数。

一般地，在(a, q)平面上，特征值为$a(q)$介于曲线$a_m(q)$与$b_m(q)$之间的马蒂厄函数，其阶为$m+\beta$。当$q>0$，可定义函数$\mathrm{ce}_{m+\beta}(\eta, q)$和$\mathrm{se}_{m+\beta}(\eta, q)$为

$$\mathrm{ce}_{2n+\beta}(\eta,q)=\sum_{k=-\infty}^{\infty}A_{2k}^{(2n+\beta)}\cos(2k+\beta)\eta \tag{2.9.8}$$

$$\mathrm{se}_{2n+\beta}(\eta,q)=\sum_{k=-\infty}^{\infty}A_{2k}^{(2n+\beta)}\sin(2k+\beta)\eta \tag{2.9.9}$$

其特征值$a(q)$在(a, q)平面上介于$a_{2n}(q)$与$b_{2n+1}(q)$之间，$a(q)=a_{2n+\beta}(q)$。

也可定义函数$\mathrm{ce}_{2n+1+\beta}(\eta,q)$和$\mathrm{se}_{2n+1+\beta}(\eta,q)$为

$$\mathrm{ce}_{2n+1+\beta}(\eta,q)=\sum_{k=-\infty}^{\infty}A_{2k}^{(2n+1+\beta)}\cos(2k+1+\beta)\eta \tag{2.9.10}$$

$$\mathrm{se}_{2n+1+\beta}(\eta,q)=\sum_{k=-\infty}^{\infty}A_{2k}^{(2n+1+\beta)}\sin(2k+1+\beta)\eta \tag{2.9.11}$$

其特征值$a(q)$值在(a, q)平面上介于$a_{2n+1}(q)$与$b_{2n+2}(q)$之间，$a(q)=a_{2n+1+\beta}(q)$。

当$q<0$，用$\frac{1}{2}\pi-\eta$代替(2.9.8)～(2.9.11)式中的η，可得

$$\mathrm{ce}_{2n+\beta}\left(\frac{1}{2}\pi-\eta,q\right)=\cos\left(\frac{1}{2}\beta\pi\right)\sum_{k=-\infty}^{\infty}(-1)^kA_{2k}^{(2n+\beta)}\cos(2k+\beta)\eta$$

$$+\sin\left(\frac{1}{2}\beta\pi\right)\sum_{k=-\infty}^{\infty}(-1)^k A_{2k}^{(2n+\beta)}\sin(2k+\beta)\eta \quad (2.9.13)$$

$$\mathrm{se}_{2n+\beta}\left(\frac{1}{2}\pi-\eta,q\right)=\sin\left(\frac{1}{2}\beta\pi\right)\sum_{k=-\infty}^{\infty}(-1)^k A_{2k}^{(2n+\beta)}\cos(2k+\beta)\eta$$

$$-\cos\left(\frac{1}{2}\beta\pi\right)\sum_{k=-\infty}^{\infty}(-1)^k A_{2k}^{(2n+\beta)}\sin(2k+\beta)\eta \quad (2.9.13)$$

如果定义

$$\mathrm{ce}_{2n+\beta}(\eta,-q)=(-1)^n\sum_{k=-\infty}^{\infty}(-1)^k A_{2k}^{(2n+\beta)}\cos(2k+\beta)\eta \quad (2.9.14)$$

$$\mathrm{se}_{2n+\beta}(\eta,-q)=(-1)^n\sum_{k=-\infty}^{\infty}(-1)^k A_{2k}^{(2n+\beta)}\sin(2k+\beta)\eta \quad (2.9.15)$$

这样由(2.9.12)～(2.9.15)式可得到函数 $\mathrm{ce}_{2n+\beta}(\eta,\ -q)$、$\mathrm{se}_{2n+\beta}(\eta,\ -q)$与函数 $\mathrm{ce}_{2n+\beta}(\eta,\ q)$、$\mathrm{se}_{2n+\beta}(\eta,\ q)$之间的关系为

$$\mathrm{ce}_{2n+\beta}(\eta,-q)=(-1)^n\left[\cos\left(\frac{1}{2}\beta\pi\right)\mathrm{ce}_{2n+\beta}\left(\frac{1}{2}\pi-\eta,q\right)+\sin\left(\frac{1}{2}\beta\pi\right)\mathrm{se}_{2n+\beta}\left(\frac{1}{2}\pi-\eta,q\right)\right] \quad (2.9.16)$$

$$\mathrm{se}_{2n+\beta}(\eta,-q)=(-1)^n\left[\sin\left(\frac{1}{2}\beta\pi\right)\mathrm{ce}_{2n+\beta}\left(\frac{1}{2}\pi-\eta,q\right)-\cos\left(\frac{1}{2}\beta\pi\right)\mathrm{se}_{2n+\beta}\left(\frac{1}{2}\pi-\eta,q\right)\right] \quad (2.9.17)$$

当 ν 是有理分数时，由于函数 $\mathrm{ce}_\nu(\eta,\ q)$和 $\mathrm{se}_\nu(\eta,\ q)$的周期为 $2s\pi$，由(2.4.4)式，其积分上下限分别取 0 和 $2s\pi$，得

$$\int_0^{2s\pi}\mathrm{ce}_\nu(\eta,q)\mathrm{ce}_\mu(\eta,q)\mathrm{d}\eta=0,(\nu\neq\mu) \quad (2.9.18)$$

$$\int_0^{2s\pi}\mathrm{se}_\nu(\eta,q)\mathrm{se}_\mu(\eta,q)\mathrm{d}\eta=0,(\nu\neq\mu) \quad (2.9.19)$$

$$\int_0^{2s\pi}\mathrm{ce}_\nu(\eta,q)\mathrm{se}_\mu(\eta,q)\mathrm{d}\eta=0,(\nu\neq\mu) \quad (2.9.20)$$

$$\int_0^{2s\pi}\mathrm{ce}_\nu^2(\eta,q)\mathrm{d}\eta=\int_0^{2s\pi}\mathrm{se}_\nu^2(\eta,q)\mathrm{d}\eta=s\pi \quad (2.9.21)$$

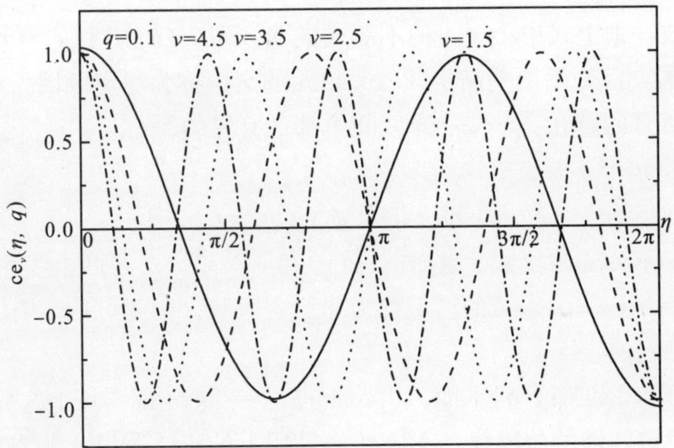

图 2-45　分数阶角向马蒂厄函数 $\mathrm{ce}_\nu(\eta,\ q)$图像($q=0.1$，$\nu\in\{1.5,\ 2.5,\ 3.5,\ 4.5\}$)

图 2-45 和图 2-46 是分别根据(2.9.4)式和(2.9.5)式进行数值计算得到的 $\mathrm{ce}_\nu(\eta,\ q)$和 $\mathrm{se}_\nu(\eta,\ q)$($q=0.1$，$\nu\in\{1.5,\ 2.5,\ 3.5,\ 4.5\}$)的函数曲线示例。由计算结果可以看出，函数 $\mathrm{ce}_\nu(\eta,\ q)$和 $\mathrm{se}_\nu(\eta,\ q)$的周期为 4π。理论分析可知此时 $m\in\{1,2,3,4\}$，$\beta=\dfrac{p}{s}=\dfrac{1}{2}$，即 $s=2$，$p=1$，故周期应为 4π，这与数值计算结果一致。

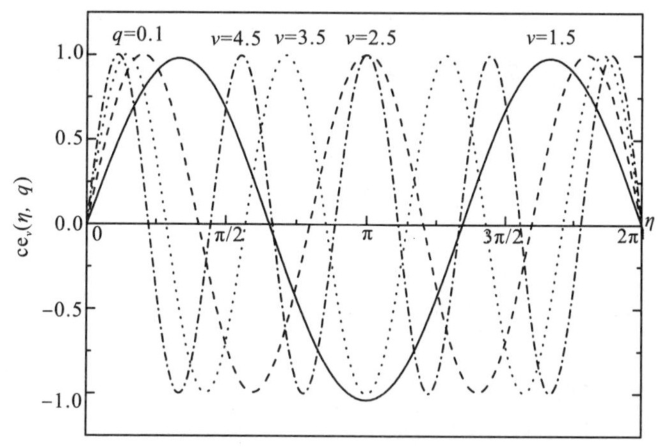

图 2-46 分数阶角向马蒂厄函数 $\mathrm{se}_\nu(\eta,\ q)$图像($q=0.1$，$\nu\in\{1.5,\ 2.5,\ 3.5,\ 4.5\}$)

2.10 马蒂厄方程的稳定解与非稳定解

对于角向马蒂厄方程(1.2.15)式，η 的取值区间为 $-\infty<\eta<\infty$，如果在该区间中角向马蒂厄方程的解为有界函数，则此解为稳定解；如果当 $\eta\to\pm\infty$时，解趋于无穷大，则解为非稳定解。

角向马蒂厄方程的弗洛凯解为 $e^{\mu\eta}u(\eta)$，其中 $u(\eta+\pi)=u(\eta)$，一般情况下，$\mu=\alpha+\mathrm{j}\beta$，由此可知，当特征指数 $\mu=\mathrm{j}\beta$，β 是实数时，解才是稳定的。从(2.1.53)式知，这必须要求

$$|\cosh\mu\pi|=|\psi_1(\pi,a,q)|\leqslant 1 \tag{2.10.1}$$

若 β 不是整数，则上式中小于 1 的不等式成立，而 $e^{\mu\eta}u(\eta)$和 $e^{-\mu\eta}u(-\eta)$是两个线性无关的稳定解。在(a，q)平面上满足(2.10.1)式的区域称为稳定区域。对于在稳定区域中的 a 与 q 的值，所有的解在 $-\infty<\eta<\infty$区间中都是有界的。

如果

$$|\cosh\mu\pi|=|\psi_1(\pi,a,q)|>1 \tag{2.10.2}$$

则 μ 必须是实部 α 不为零的复数。这时 $e^{\mu\eta}u(\eta)$和 $e^{-\mu\eta}u(-\eta)$是两个线性无关的非稳定解。在(a，q)平面上满足(2.10.2)式的区域称为非稳定区域。由此可见，按(2.1.54)式构造的两个基本解是不稳定的。

由以上分析可知，在(a，q)平面，$|\cosh\mu\pi|=|\cos\beta\pi|=|\psi_1(\pi,\ a,\ q)|=\pm1$是稳定区域与非稳定区域的分界线，在这些分界线上的点，若以 q 为参数，a 可以看成 q 的函数，即 $a=a(q)$，$a(q)$称为马蒂厄方程的特征值，对应于每个 $a(q)$，方程有唯一的

以 π(或 2π)为周期的解(除非 $q=0$，$a=1$，4，9，…)。本征值可由 $|\cos\beta\pi|=\pm1$ 求出，也可由连分式方便地求出。在图 2-4 中，阴影区表示不稳定区域，非阴影区表示稳定区域。在 2.1.2 节中已讨论，满足(2.1.56)式，即满足 $|\cos\beta\pi|=|\psi_1(\pi, a, q)|=\pm1$ 的解只有一个是周期解，另一个是非周期解，由此可以判断，这个非周期解是一非稳定解。因此，整数阶角向马蒂厄函数 $\mathrm{ce}_m(\eta, q)$和 $\mathrm{se}_m(\eta, q)$是角向马蒂厄方程的稳定解，函数 $\mathrm{fe}_m(\eta, q)$和 $\mathrm{ge}_m(\eta, q)$是角向马蒂厄方程的非稳定解，分数阶的马蒂厄函数可能是稳定的、也可能是不稳定的[10]。

第 3 章　径向马蒂厄函数

本章将由径向马蒂厄方程方程出发，得出径向马蒂厄方程各种形式的解，然后把这些解表示成三角函数的级数、贝塞尔函数级数或贝塞尔函数的乘积的级数，再由径向马蒂厄函数表达式导出其对应的径向马蒂厄函数的导数表达式，应用得出的各类径向马蒂厄函数，通过数值计算，绘出其函数图像和可视化图形。另外，还由径向马蒂厄函数的贝塞尔函数级数或贝塞尔函数乘积的级数的展开式，得出展开成贝塞尔函数级数或贝塞尔函数乘积的级数的角向马蒂厄函数。

3.1　径向马蒂厄函数的分类概述

对径向马蒂厄函数进行分类的标准至今也没有统一，所以对径向马蒂厄函数的函数符号、函数的名称也没有统一。研究表明，每一类整数阶径向马蒂厄函数都可用贝塞尔函数($\mathrm{J}_m(x)$、$\mathrm{N}_m(x)$，$\mathrm{H}_m(x)$、$\mathrm{I}_m(x)$和$\mathrm{K}_m(x)$)的级数展开，因此，本章按照将整数阶径向马蒂厄函数展开为贝塞尔函数的级数时所用的贝塞尔函数的类型，对整数阶径向马蒂厄函数进行分类。函数符号采用 Gutiérrez−Vega 的符号记法[11]。

当径向马蒂厄方程中的参数 $q>0$ 时，径向马蒂厄函数可用第一类贝塞尔 $\mathrm{J}_m(x)$的级数展开，也可用第二类贝塞尔函数 $\mathrm{N}_m(x)$(也称诺伊曼函数)和第三类贝塞尔函数 $\mathrm{H}_m(x)$(也称汉克尔函数)的级数展开。因此，当径向马蒂厄方程中参数 $q>0$ 时，将整数阶径向马蒂厄函数分为第一类整数阶径向马蒂厄函数(也可称为贝塞尔型径向马蒂厄函数)、第二类整数阶径向马蒂厄函数(也可称为诺伊曼型径向马蒂厄函数)和第三类整数阶径向马蒂厄函数(也可称为马蒂厄−汉克尔函数)。

当径向马蒂厄方程中的参数 $q<0$ 时，径向马蒂厄函数可用第一类变形贝塞尔函数 $\mathrm{I}_m(x)$的级数展开，也可用第二类变形贝塞尔函数 $\mathrm{K}_m(x)$的级数展开。因此，将参数 $q<0$ 时马蒂厄方程的解分为：第一类变形贝塞尔型整数阶径向马蒂厄函数和第二类变形贝塞尔型整数阶径向马蒂厄函数。每一类整数阶径向马蒂厄函数又分奇函数和偶函数两种。

整数阶径向马蒂厄方程还存在另一种解，即 $\mathrm{Fe}_m(\xi, q)$和 $\mathrm{Ge}_m(\xi, q)$函数，它是非周期函数，可由 $\mathrm{j}\xi$ 代替非周期角向马蒂厄函数 $\mathrm{fe}_m(\eta, q)$和 $\mathrm{ge}_m(\eta, q)$中的角向坐标变量 η 得到。与非周期角向马蒂厄函数 $\mathrm{fe}_m(\eta, q)$和 $\mathrm{ge}_m(\eta, q)$一样，函数 $\mathrm{Fe}_m(\xi, q)$和 $\mathrm{Ge}_m(\xi, q)$在实际中用得很少。

因此，整数阶径向马蒂厄函数共有 14 个，图 3-1 给出了整数阶径向马蒂厄函数的分类及整数阶径向马蒂厄函数与贝塞尔函数的对应关系图。

另外，在整数阶径向马蒂厄函数的函数符号的使用上，本书采用文献［11］的记法，从而进一步体现整数阶径向马蒂厄函数与贝塞尔函数之间的对应关系。

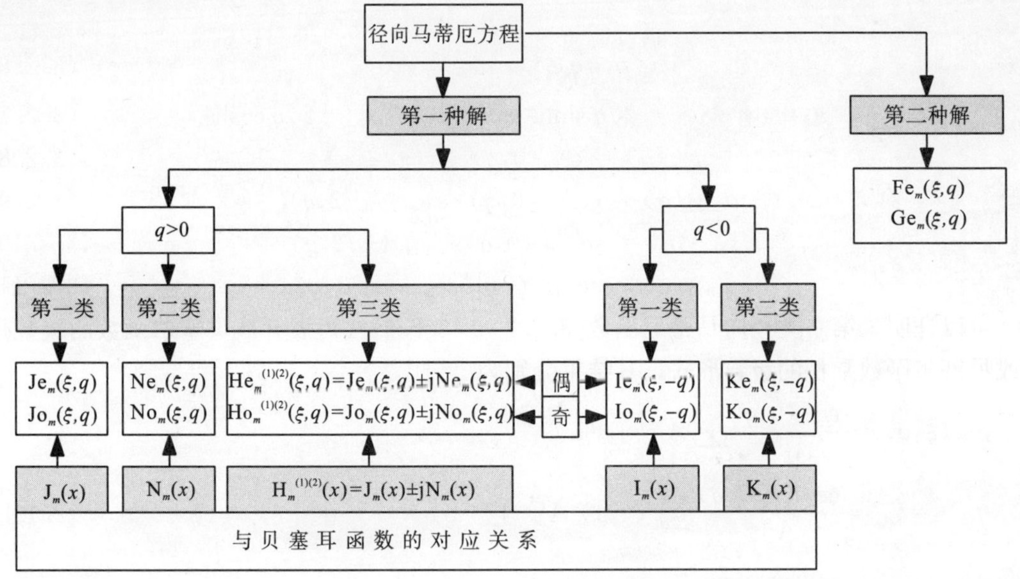

图 3-1　整数阶径向马蒂厄函数分类

3.2　第一类径向马蒂厄函数

3.2.1　函数 $Je_m(\xi, q)$ 和 $Jo_m(\xi, q)$ 的形式

当径向马蒂厄方程中的参数 $q>0$ 时，径向马蒂厄方程的第一类解 $Je_m(\xi, q)$ 和 $Jo_m(\xi, q)$ 函数称为第一类径向马蒂厄函数，也称为径向马蒂厄方程的 J－Bessel 型的解[11]，即贝塞尔函数型的解。也有不少文献称第一类径向马蒂厄函数为第一类变形马蒂厄函数。本书采用文献［11］的命名，原因如下：一是此解是径向马蒂厄方程的解，二是这种形式的解，可以展开成第一类贝塞尔函数的级数或第一类贝塞尔函数乘积的级数。另外，从函数曲线上来看，其形状也与第一类贝塞尔函数相似。

由于用径向坐标变量的虚数 $j\xi$ 代替角向马蒂厄方程(1.2.15)式中角向坐标变量 η，就得到径向马蒂厄方程(1.2.16)式。因此，径向马蒂厄方程的解 $Je_m(\xi, q)$ 和 $Jo_m(\xi, q)$ 的函数形式，可以由角向马蒂厄函数 $ce_m(\eta, q)$ 和 $se_m(\eta, q)$ 中变量 η 取 $j\xi$ 得到。用 $j\xi$ 代替(2.2.6)～(2.2.9)式中的变量 η，并利用公式

$$\cosh jx = \cos x, \qquad \sinh jx = j\sin x \tag{3.2.1}$$

很容易得到径向马蒂厄方程的第一类解 $Je_m(\xi, q)$ 和 $Jo_m(\xi, q)$ 函数，分别为

$$Je_{2n}(\xi,q) = ce_{2n}(j\xi,q) = \sum_{k=0}^{\infty} A_{2k}^{(2n)} \cosh 2k\xi, (a_{2n}) \tag{3.2.2}$$

$$Je_{2n+1}(\xi,q) = ce_{2n+1}(j\xi,q) = \sum_{k=0}^{\infty} A_{2k+1}^{(2n+1)} \cosh(2k+1)\xi, (a_{2n+1}) \tag{3.2.3}$$

$$Jo_{2n+2}(\xi,q) = -jse_{2n+2}(j\xi,q) = \sum_{k=0}^{\infty} B_{2k+2}^{(2n+2)} \sinh(2k+2)\xi, (b_{2n+2}) \tag{3.2.4}$$

$$Jo_{2n+1}(\xi,q) = -jse_{2n+1}(j\xi,q) = \sum_{k=0}^{\infty} B_{2k+1}^{(2n+1)} \sinh(2k+1)\xi, (b_{2n+1}) \tag{3.2.5}$$

令

$$v_1 \equiv \sqrt{q}\,\mathrm{e}^{-\xi}, \quad v_2 \equiv \sqrt{q}\,\mathrm{e}^{\xi} \tag{3.2.6}$$

$$u = v_2 - v_1 = 2\sqrt{q}\sinh\xi, w = v_1 + v_2 = 2\sqrt{q}\cosh\xi \tag{3.2.7}$$

$$p_{2n}(q) = \mathrm{ce}_{2n}(0,q)\mathrm{ce}_{2n}(\pi/2,q) \tag{3.2.8}$$

$$p_{2n+1}(q) = \mathrm{ce}_{2n+1}(0,q)\,\mathrm{ce}'_{2n+1}(\pi/2,q) \tag{3.2.9}$$

$$s_{2n+2}(q) = \mathrm{se}'_{2n+2}(0,q)\mathrm{se}'_{2n+2}(\pi/2,q) \tag{3.2.10}$$

$$s_{2n+1}(q) = \mathrm{se}'_{2n+1}(0,q)\mathrm{se}_{2n+1}(\pi/2,q) \tag{3.2.11}$$

可以证明，第一类径向马蒂厄函数(3.2.2)～(3.2.5)式可展开成贝塞尔函数的级数形式或贝塞尔函数乘积的级数形式，其结果分别为[7,10～11,68～69]

$$\mathrm{Je}_{2n}(\xi,q) = \frac{\mathrm{ce}_{2n}(0,q)}{A_0^{(2n)}}\sum_{k=0}^{\infty}A_{2k}^{(2n)}\mathrm{J}_{2k}(u) \tag{3.2.12a}$$

$$= \frac{\mathrm{ce}_{2n}(\pi/2,q)}{A_0^{(2n)}}\sum_{k=0}^{\infty}(-1)^k A_{2k}^{(2n)}\mathrm{J}_{2k}(w) \tag{3.2.12b}$$

$$= \frac{p_{2n}}{[A_0^{(2n)}]^2}\sum_{k=0}^{\infty}(-1)^k A_{2k}^{(2n)}\mathrm{J}_k(v_1)\mathrm{J}_k(v_2) \tag{3.2.12c}$$

$$\mathrm{Je}_{2n+1}(\xi,q) = \frac{\mathrm{ce}_{2n+1}(0,q)}{\sqrt{q}A_1^{(2n+1)}}\coth\xi\sum_{k=0}^{\infty}(2k+1)A_{2k+1}^{(2n+1)}\mathrm{J}_{2k+1}(u) \tag{3.2.13a}$$

$$= -\frac{\mathrm{ce}'_{2n+1}(\pi/2,q)}{\sqrt{q}A_1^{(2n+1)}}\sum_{k=0}^{\infty}(-1)^k A_{2k+1}^{(2n+1)}\mathrm{J}_{2k+1}(w) \tag{3.2.13b}$$

$$= -\frac{p_{2n+1}}{\sqrt{q}\,[A_1^{(2n+1)}]^2}\sum_{k=0}^{\infty}(-1)^k A_{2k+1}^{(2n+1)}[\mathrm{J}_k(v_1)\mathrm{J}_{k+1}(v_2) + \mathrm{J}_{k+1}(v_1)\mathrm{J}_k(v_2)] \tag{3.2.13c}$$

$$\mathrm{Jo}_{2n+2}(\xi,q) = \frac{\mathrm{se}'_{2n+2}(0,q)}{qB_2^{(2n+2)}}\coth\xi\sum_{k=0}^{\infty}(2k+2)B_{2k+2}^{(2n+2)}\mathrm{J}_{2k+2}(u) \tag{3.2.14a}$$

$$= -\frac{\mathrm{se}'_{2n+2}(\pi/2,q)}{qB_2^{(2n+2)}}\tanh\xi\sum_{k=0}^{\infty}(-1)^k(2k+2)B_{2k+2}^{(2n+2)}\mathrm{J}_{2k+2}(w) \tag{3.2.14b}$$

$$= -\frac{s_{2n+2}}{q\,[B_2^{(2n+2)}]^2}\sum_{k=0}^{\infty}(-1)^k B_{2k+2}^{(2n+2)}[\mathrm{J}_k(v_1)\mathrm{J}_{k+2}(v_2) - \mathrm{J}_{k+2}(v_1)\mathrm{J}_k(v_2)] \tag{3.2.14c}$$

$$\mathrm{Jo}_{2n+1}(\xi,q) = \frac{\mathrm{se}'_{2n+1}(0,q)}{\sqrt{q}B_1^{(2n+1)}}\sum_{k=0}^{\infty}B_{2k+1}^{(2n+1)}\mathrm{J}_{2k+1}(u) \tag{3.2.15a}$$

$$= \frac{\mathrm{se}_{2n+1}(\pi/2,q)}{\sqrt{q}B_1^{(2n+1)}}\tanh\xi\sum_{k=0}^{\infty}(-1)^k(2k+1)B_{2k+1}^{(2n+1)}\mathrm{J}_{2k+1}(w) \tag{3.2.15b}$$

$$= \frac{s_{2n+1}}{\sqrt{q}\,[B_1^{(2n+1)}]^2}\sum_{k=0}^{\infty}(-1)^k B_{2k+1}^{(2n+1)}[\mathrm{J}_k(v_1)\mathrm{J}_{k+1}(v_2) - \mathrm{J}_{k+1}(v_1)\mathrm{J}_k(v_2)] \tag{3.2.15c}$$

(3.2.12)～(3.2.15)式中 $\mathrm{ce}'_m(\eta,\ q)$ 和 $\mathrm{se}'_m(\eta,\ q)$ 分别表示角向马蒂厄函数 $\mathrm{ce}_m(\eta,\ q)$ 和 $\mathrm{se}_m(\eta,\ q)$ 对角向坐标 η 的一阶导数，$\mathrm{J}_m(x)$ 为第一类贝塞尔函数。

以(3.2.12a)式为例，下面证明其成立。设 $w=2\sqrt{q}\cosh\xi$，其中 $q>0$，$\sqrt{q}>0$，将 w

代入(1.2.16)式，可得

$$(w^2-4q)R''(w)+uR'(w)+(w^2-p^2)R(w)=0 \tag{3.2.16}$$

式中 $p^2=a+2q$。设方程(3.2.16)式的解为

$$R(w)=\sum_{k=0}^{\infty}(-1)^k c_{2k}\mathrm{J}_{2k}(w) \tag{3.2.17}$$

将其代入(3.2.16)式，得

$$\sum_{k=0}^{\infty}(-1)^k c_{2k}\left[(w^2-4q)\mathrm{J''}_{2k}+w\mathrm{J'}_{2k}+(w^2-p^2)\mathrm{J}_{2k}\right]=0 \tag{3.2.18}$$

利用贝塞尔方程

$$w^2\mathrm{J''}_{2k}+w\mathrm{J'}_{2k}+w^2\mathrm{J}_{2k}=4k^2\mathrm{J}_{2k} \tag{3.2.19}$$

和贝塞尔函数之间的关系式

$$4\mathrm{J''}_{2k}=\mathrm{J}_{2k-2}-2\mathrm{J}_{2k}+\mathrm{J}_{2k+2} \tag{3.2.20}$$

并将(3.2.19)式与(3.2.20)式代入(3.2.18)式，可得

$$\sum_{k=0}^{\infty}(-1)^k c_{2k}\left[(4k^2-a)\mathrm{J}_{2k}-q(\mathrm{J}_{2k-2}+\mathrm{J}_{2k+2})\right]=0 \tag{3.2.21}$$

上式要恒等于零，同阶次的贝塞尔函数 $\mathrm{J}_{2k}(w)$的系数要分别等于零，则有

$$ac_0-qc_2=0 \tag{3.2.22a}$$

$$(a-4)c_2-q(2c_0+c_4)=0 \tag{3.2.22b}$$

$$\left[a-(2k)^2\right]c_{2k}-q(c_{2k-2}+c_{2k+2})=0,k\in\{2,3,\cdots\} \tag{3.2.22c}$$

(3.2.22)式与(2.3.5)式的形式完全相同，因此其解的形式也应完全相同，故 $c_{2k}=KA_{2k}^{(2n)}$，其中 K 是比例系数。因此，(3.2.16)式的解的形式应为

$$R(u)=K\sum_{k=0}^{\infty}(-1)^k A_{2k}^{(2n)}\mathrm{J}_{2k}(w) \tag{3.2.23}$$

将 $w=2\sqrt{q}\cosh\xi$ 代入(3.2.23)式，函数 $R(w)$应当是(1.2.16)式的解，即 $\mathrm{Je}_{2k}(\xi,q)$函数为

$$\mathrm{Je}_{2k}(\xi,q)=K\sum_{k=0}^{\infty}(-1)^k A_{2k}^{(2n)}\mathrm{J}_{2k}(2\sqrt{q}\cosh\xi) \tag{3.2.24}$$

当 $\xi=\mathrm{j}\,\dfrac{\pi}{2}$时，有 $\mathrm{Je}_{2k}\left(\mathrm{j}\,\dfrac{\pi}{2},\ q\right)=\mathrm{ce}_{2k}\left(\dfrac{\pi}{2},\ q\right)$，$\cosh\left(\mathrm{j}\,\dfrac{\pi}{2}\right)=\cos\dfrac{\pi}{2}=0$，除 $\mathrm{J}_0(1)=1$ 外，$\mathrm{J}_{2k}(0)=0(k\geqslant 1)$，因此将 $\xi=\mathrm{j}\,\dfrac{\pi}{2}$代入(3.2.24)式可以判断出式中系数

$$K=\frac{\mathrm{ce}_{2k}(\pi/2,q)}{A_0^{(2n)}} \tag{3.2.25}$$

所以有

$$\mathrm{Je}_{2k}(\xi,q)=\frac{\mathrm{ce}_{2k}(\pi/2,q)}{A_0^{(2n)}}\sum_{k=0}^{\infty}(-1)^k A_{2k}^{(2n)}\mathrm{J}_{2k}(2\sqrt{q}\cosh\xi) \tag{3.2.26}$$

上式与(3.2.12b)式相同，这样就证明了(3.2.12b)式的正确性。

如果设 $u=2\sqrt{q}\sinh\xi$，解的形式为 $R(u)=K_1\sum\limits_{k=0}^{\infty}A_{2k}^{(2n)}\mathrm{J}_{2k}(2\sqrt{q}\sinh\xi)$，同样的方法可证明 $K_1=\dfrac{\mathrm{ce}_{2k}(0,q)}{A_0^{(2n)}}$，此解即为(3.2.12a)式。(3.2.13)～(3.2.15)式的证明方法与

(3.2.12a)式和(3.2.12b)式的证明方法相同。另外，(3.2.12)～(3.2.15)式中的 a、b 两种形式还可互推，即由一种形式的解可推导出另一形式的解。其证明方法如下[72]。

由于平面波函数

$$\Psi(x,y)=\mathrm{e}^{\mathrm{j}(\kappa_x x+\kappa_y y)} \tag{3.2.27}$$

和圆柱面波函数

$$\Psi(\rho,\varphi)=\mathrm{J}_m(\kappa\rho)\mathrm{e}^{\mathrm{j}m\varphi} \tag{3.2.28}$$

都是亥姆霍兹方程(1.2.9)式的正则解，分别在 $-\infty<x<\infty$，$-\infty<y<\infty$ 区间和 $0\leqslant\rho<\infty$，$0\leqslant\varphi\leqslant2\pi$ 的区间内构成正交完备集。因此，利用附录 B 中的(B-34)～(B-35)式可将函数 $\mathrm{e}^{\mathrm{j}\kappa x}$ 和 $\mathrm{e}^{\mathrm{j}\kappa y}$ 展开为函数 $\mathrm{J}_m(\kappa\rho)\mathrm{e}^{\mathrm{j}m\varphi}$ 的级数，有

$$\begin{aligned}\mathrm{e}^{\mathrm{j}\kappa x}&=\mathrm{e}^{\mathrm{j}\kappa\rho\cos\varphi}=\sum_{m=-\infty}^{\infty}\mathrm{j}^m\mathrm{J}_m(\kappa\rho)\mathrm{e}^{\mathrm{j}m\varphi}=\mathrm{J}_0(\kappa\rho)+2\sum_{m=1}^{\infty}\mathrm{j}^m\mathrm{J}_m(\kappa\rho)\cos m\varphi\\&=\mathrm{J}_0(\kappa\rho)+2\sum_{m=1}^{\infty}(-1)^m\mathrm{J}_{2m}(\kappa\rho)\cos2m\varphi+2\mathrm{j}\sum_{m=1}^{\infty}(-1)^m\mathrm{J}_{2m+1}(\kappa\rho)\cos(2m+1)\varphi\end{aligned} \tag{3.2.29}$$

$$\begin{aligned}\mathrm{e}^{\mathrm{j}\kappa y}&=\mathrm{e}^{\mathrm{j}\kappa\rho\sin\varphi}=\sum_{m=-\infty}^{\infty}\mathrm{J}_m(\kappa\rho)\mathrm{e}^{\mathrm{j}m\varphi}=\mathrm{J}_0(\kappa\rho)+\sum_{m=1}^{\infty}[\mathrm{J}_m(\kappa\rho)\mathrm{e}^{\mathrm{j}m\varphi}+\mathrm{J}_{-m}(\kappa\rho)\mathrm{e}^{-\mathrm{j}m\varphi}]\\&=\mathrm{J}_0(\kappa\rho)+\sum_{m=1}^{\infty}\mathrm{J}_m(\kappa\rho)[\mathrm{e}^{\mathrm{j}m\varphi}+(-1)^m\mathrm{e}^{-\mathrm{j}m\varphi}]\\&=\mathrm{J}_0(\kappa\rho)+2\sum_{m=1}^{\infty}\mathrm{J}_{2m}(\kappa\rho)\cos2m\varphi+2\mathrm{j}\sum_{m=0}^{\infty}\mathrm{J}_{2m+1}(\kappa\rho)\sin(2m+1)\varphi\end{aligned} \tag{3.2.30}$$

将(1.2.1)式代入(3.2.29)式，得到函数 $\mathrm{e}^{\mathrm{j}\kappa x}$ 的贝塞尔函数展开式为

$$\mathrm{e}^{\mathrm{j}\kappa x}=\mathrm{e}^{\mathrm{j}\kappa h\cosh\xi\cos\eta}=\sum_{m=-\infty}^{\infty}\mathrm{j}^m\mathrm{J}_m(\kappa h\cosh\xi)\mathrm{e}^{\mathrm{j}m\eta} \tag{3.2.31}$$

令 $\kappa h=2\sqrt{q}$，将(3.2.31)式右端求和项中 m 取奇数的项和 m 取偶数的项分别合并，得

$$\begin{aligned}\mathrm{e}^{\mathrm{j}2\sqrt{q}\cosh\xi\cos\eta}=&\mathrm{J}_0(2\sqrt{q}\cosh\xi)+2\sum_{k=1}^{\infty}(-1)^k\mathrm{J}_{2k}(2\sqrt{q}\cosh\xi)\cos2k\eta\\&+2\mathrm{j}\sum_{k=1}^{\infty}(-1)^k\mathrm{J}_{2k+1}(2\sqrt{q}\cosh\xi)\cos[2k+1)\eta]\end{aligned} \tag{3.2.32}$$

又由于角向马蒂厄函数在 (ξ,η) 平面内也是一组完备的正交基函数，因此有

$$\cos[(2k+p)\eta]=\sum_{n=0}^{\infty}\overline{A}_{2n+p}^{(2k+p)}\mathrm{ce}_{2n+p}(\eta,q) \tag{3.2.33}$$

$$\sin[(2k+p)\eta]=\sum_{n=0}^{\infty}\overline{B}_{2n+p}^{(2k+p)}\mathrm{se}_{2n+p}(\eta,q) \tag{3.2.34}$$

(3.2.33)式和(3.2.34)式分别是(2.2.10)式和(2.2.11)式的逆变换，除 $\overline{A}_{2n}^{(0)}=2A_0^{(2n)}$ 外，对于其他项，有如下变换关系

$$\overline{A}_{2n+p}^{(2k+p)}=\frac{1}{\pi}\int_0^{2\pi}\mathrm{ce}_{2n+p}(\eta,q)\cos[(2k+p)\eta]\mathrm{d}\eta=A_{2k+p}^{(2n+p)} \tag{3.2.35}$$

$$\overline{B}_{2n+p}^{(2k+p)}=\frac{1}{\pi}\int_0^{2\pi}\mathrm{se}_{2n+p}(\eta,q)\sin[(2k+p)\eta]\mathrm{d}\eta=B_{2k+p}^{(2n+p)} \tag{3.2.36}$$

将(3.2.33)～(3.2.36)式代入(3.2.32)式，得

$$\begin{aligned}e^{j2\sqrt{q}\cosh\xi\cos\eta} &= 2\sum_{k=0}^{\infty}(-1)^k J_{2k}(2\sqrt{q}\cosh\xi)\sum_{n=0}^{\infty}A_{2k}^{(2n)}\mathrm{ce}_{2n}(\eta,q)\\ &\quad +2j\sum_{k=0}^{\infty}(-1)^k J_{2k+1}(2\sqrt{q}\cosh\xi)\sum_{n=0}^{\infty}A_{2k+1}^{(2n+1)}\mathrm{ce}_{2n+1}(\eta,q)\end{aligned}\tag{3.2.37}$$

交换(3.2.37)式中右端对k和对n的求和次序，得

$$\begin{aligned}e^{j2\sqrt{q}\cosh\xi\cos\eta} &= 2\sum_{n=0}^{\infty}\mathrm{ce}_{2n}(\eta,q)\sum_{k=0}^{\infty}(-1)^k A_{2k}^{(2n)}J_{2k}(2\sqrt{q}\cosh\xi)\\ &\quad +2j\sum_{n=0}^{\infty}\mathrm{ce}_{2n+1}(\eta,q)\sum_{k=0}^{\infty}(-1)^k A_{2k+1}^{(2n+1)}J_{2k+1}(2\sqrt{q}\cosh\xi)\end{aligned}\tag{3.2.38}$$

当$\eta=\frac{\pi}{2}$时，由(3.2.38)式可得

$$1 = 2\sum_{n=0}^{\infty}\mathrm{ce}_{2n}(\pi/2,q)\sum_{k=0}^{\infty}(-1)^k A_{2k}^{(2n)}J_{2k}(2\sqrt{q}\cosh\xi)\tag{3.2.39}$$

将(3.2.38)式中对k的求和项与(3.2.12b)式和(3.2.13b)式比较，(3.2.38)式可写为

$$\begin{aligned}e^{j2\sqrt{q}\cosh\xi\cos\eta} &= 2\sum_{n=0}^{\infty}\frac{A_0^{(2n)}}{\mathrm{ce}_{2n}(\pi/2,q)}\mathrm{Je}_{2n}(\xi,q)\mathrm{ce}_{2n}(\eta,q)\\ &\quad -2j\sum_{n=0}^{\infty}\frac{\sqrt{q}A_1^{(2n+1)}}{\mathrm{ce}'_{2n+1}(\pi/2,q)}\mathrm{Je}_{2n+1}(\xi,q)\mathrm{ce}_{2n+1}(\eta,q)\end{aligned}\tag{3.2.40}$$

应用同样的方法，利用公式(3.2.30)式可以得到

$$\begin{aligned}e^{j2\sqrt{q}\sinh\xi\sin\eta} &= \sum_{m=-\infty}^{\infty}J_m(2\sqrt{q}\sinh\xi)e^{jm\eta}\\ &= J_0(2\sqrt{q}\sinh\xi)+2\sum_{k=1}^{\infty}J_{2k}(2\sqrt{q}\sinh\xi)\cos 2k\eta\\ &\quad +2j\sum_{k=0}^{\infty}J_{2k+1}(2\sqrt{q}\sinh\xi)\sin[(2k+1)\eta]\end{aligned}\tag{3.2.41}$$

利用(3.2.33)~(3.2.36)式，可将(3.2.41)式变为

$$\begin{aligned}e^{j2\sqrt{q}\sinh\xi\sin\eta} &= 2\sum_{n=0}^{\infty}\mathrm{ce}_{2n}(\eta,q)\sum_{k=0}^{\infty}A_{2k}^{(2n)}J_{2k}(2\sqrt{q}\sinh\xi)\\ &\quad +2j\sum_{n=0}^{\infty}\mathrm{se}_{2n+1}(\eta,q)\sum_{k=0}^{\infty}B_{2k+1}^{(2n+1)}J_{2k+1}(2\sqrt{q}\sinh\xi)\end{aligned}\tag{3.2.42}$$

将(3.2.42)式右端对k的两个求和项分别与(3.2.12a)式和(3.2.15a)式进行比较，可将(3.2.42)式写为

$$\begin{aligned}e^{j2\sqrt{q}\sinh\xi\sin\eta} &= 2\sum_{n=0}^{\infty}\frac{A_0^{(2n)}}{\mathrm{ce}_{2n}(0,q)}\mathrm{Je}_{2n}(\xi,q)\mathrm{ce}_{2n}(\eta,q)\\ &\quad +2j\sum_{n=0}^{\infty}\frac{\sqrt{q}B_1^{(2n+1)}}{\mathrm{se}'_{2n+1}(0,q)}\mathrm{Jo}_{2n+1}(\xi,q)\mathrm{se}_{2n+1}(\eta,q)\end{aligned}\tag{3.2.43}$$

当(3.2.40)式中的$\eta=\frac{\pi}{2}$时，或(3.2.43)式中的$\eta=0$时，都可以得到

$$1 = 2\sum_{n=0}^{\infty}A_0^{(2n)}\mathrm{Je}_{2n}(\xi,q)\tag{3.2.44}$$

比较(3.2.39)式和(3.2.44)式，可得

$$\mathrm{Je}_{2k}(\xi,q)=\frac{\mathrm{ce}_{2n}(\pi/2,q)}{A_0^{(2n)}}\sum_{k=0}^{\infty}(-1)^k A_{2k}^{(2n)}\mathrm{J}_{2k}(2\sqrt{q}\cosh\xi) \tag{3.2.45}$$

(3.2.45)即(3.2.12b)式。

将(3.2.32)式中的函数对 η 求导，得

$$-\mathrm{j}2\sqrt{q}\cosh\xi\sin\eta\mathrm{e}^{\mathrm{j}2\sqrt{q}\cosh\xi\cos\eta}=-2\sum_{k=1}^{\infty}(-1)^k 2k\mathrm{J}_{2k}(2\sqrt{q}\cosh\xi)\sin 2k\eta$$
$$-2\mathrm{j}\sum_{k=0}^{\infty}(-1)^k(2k+1)\mathrm{J}_{2k+1}(2\sqrt{q}\cosh\xi)\sin[2k+1)\eta] \tag{3.2.46}$$

利用(3.2.34)式和(3.2.36)式，可将(3.2.46)式写为

$$-\mathrm{j}2\sqrt{q}\cosh\xi\sin\eta\mathrm{e}^{\mathrm{j}2\sqrt{q}\cosh\xi\cos\eta}=-2\sum_{n=1}^{\infty}\mathrm{se}_{2n}(\eta,q)\sum_{k=1}^{\infty}(-1)^k 2kB_{2k}^{(2n)}\mathrm{J}_{2k}(2\sqrt{q}\cosh\xi)$$
$$-2\mathrm{j}\sum_{n=0}^{\infty}\mathrm{se}_{2n+1}(\eta,q)\sum_{k=0}^{\infty}(-1)^k(2k+1)B_{2k+1}^{(2n+1)}\mathrm{J}_{2k+1}(2\sqrt{q}\cosh\xi) \tag{3.2.47}$$

则当 $\eta=\pi/2$ 时，利用(2.2.22)式，由(3.2.47)式可得

$$1=\sum_{n=0}^{\infty}\frac{\mathrm{se}_{2n+1}(\pi/2,q)}{\sqrt{q}\cosh\xi}\sum_{k=0}^{\infty}(-1)^k(2k+1)B_{2k+1}^{(2n+1)}\mathrm{J}_{2k+1}(2\sqrt{q}\cosh\xi) \tag{3.2.48}$$

将(3.2.43)式两端函数对 η 求导，得

$$\mathrm{j}2\sqrt{q}\sinh\xi\cos\eta\mathrm{e}^{\mathrm{j}2\sqrt{q}\sinh\xi\sin\eta}=2\sum_{n=0}^{\infty}\frac{A_0^{(2n)}}{\mathrm{ce}_{2n}(0,q)}\mathrm{Je}_{2n}(\xi,q)\,\mathrm{ce}'_{2n}(\eta,q)$$
$$+2\mathrm{j}\sum_{n=0}^{\infty}\frac{\sqrt{q}B_1^{(2n+1)}}{\mathrm{se}'_{2n+1}(0,q)}\mathrm{Jo}_{2n+1}(\xi,q)\,\mathrm{se}'_{2n+1}(\eta,q) \tag{3.2.49}$$

则当 $\eta=0$ 时，利用(2.2.14)式，由(3.2.49)式可得

$$1=\sum_{n=0}^{\infty}\frac{B_1^{(2n+1)}}{\sinh\xi}\mathrm{Jo}_{2n+1}(\xi,q) \tag{3.2.50}$$

比较(3.2.48)式和(3.2.50)式，可得

$$\mathrm{Jo}_{2n+1}(\xi,q)=\frac{\mathrm{se}_{2n+1}(\pi/2,q)}{\sqrt{q}B_1^{(2n+1)}}\tanh\xi\sum_{k=0}^{\infty}(-1)^k(2k+1)B_{2k+1}^{(2n+1)}\mathrm{J}_{2k+1}(2\sqrt{q}\cosh\xi) \tag{3.2.51}$$

(3.2.51)式即(3.2.15b)式。

同样，将(3.2.41)式两端对 η 求一阶导数，可得

$$\mathrm{j}2\sqrt{q}\sinh\xi\cos\eta\mathrm{e}^{\mathrm{j}2\sqrt{q}\sinh\xi\sin\eta}=-2\sum_{k=1}^{\infty}2k\mathrm{J}_{2k}(2\sqrt{q}\sinh\xi)\sin 2k\eta$$
$$+2\mathrm{j}\sum_{k=0}^{\infty}(2k+1)\mathrm{J}_{2k+1}(2\sqrt{q}\sinh\xi)\cos[(2k+1)\eta] \tag{3.2.52}$$

利用(3.2.35)～(3.2.36)式，(3.2.52)式可表示为

$$\mathrm{j}2\sqrt{q}\sinh\xi\cos\eta\mathrm{e}^{\mathrm{j}2\sqrt{q}\sin\xi\sin\eta}=-2\sum_{n=1}^{\infty}\mathrm{se}_{2n}(\eta,q)\sum_{k=1}^{\infty}2kB_{2k}^{(2n)}\mathrm{J}_{2k}(2\sqrt{q}\sinh\xi)$$
$$+2\mathrm{j}\sum_{n=0}^{\infty}\mathrm{ce}_{2n+1}(\eta,q)\sum_{k=0}^{\infty}(2k+1)A_{2k+1}^{(2n+1)}\mathrm{J}_{2k+1}(2\sqrt{q}\sinh\xi) \tag{3.2.53}$$

当 $\eta=0$ 时，由(3.2.53)式可得

$$1=\sum_{n=1}^{\infty}\frac{\mathrm{ce}_{2n+1}(\eta,q)}{\sqrt{q}\sinh\xi}\sum_{k=0}^{\infty}(2k+1)A_{2k+1}^{(2n+1)}\mathrm{J}_{2k+1}(2\sqrt{q}\sinh\xi) \tag{3.2.54}$$

将(3.2.40)式的两端对 η 求导，得

$$\begin{aligned}-\mathrm{j}2\sqrt{q}\cosh\xi\sin\eta \mathrm{e}^{\mathrm{j}2\sqrt{q}\cosh\xi\cos\eta}=&2\sum_{n=0}^{\infty}\frac{A_0^{(2n)}}{\mathrm{ce}_{2n}(\pi/2,q)}\mathrm{Je}_{2n}(\xi,q)\,\mathrm{ce}'_{2n}(\eta,q)\\&-2\mathrm{j}\sum_{n=0}^{\infty}\frac{\sqrt{q}A_1^{(2n+1)}}{\mathrm{ce}'_{2n+1}(\pi/2,q)}\mathrm{Je}_{2n+1}(\xi,q)\,\mathrm{ce}'_{2n+1}(\eta,q)\end{aligned} \tag{3.2.55}$$

当 $\eta=\frac{\pi}{2}$ 时，由(3.2.55)式可得

$$1=\sum_{n=0}^{\infty}\frac{A_1^{(2n+1)}}{\cosh\xi}\mathrm{Je}_{2n+1}(\xi,q) \tag{3.2.56}$$

对比(3.2.54)式和(3.2.56)式，可得

$$\mathrm{Je}_{2n+1}(\xi,q)=\frac{\mathrm{ce}_{2n+1}(0,q)}{\sqrt{q}A_1^{(2n+1)}}\coth\xi\sum_{k=0}^{\infty}(2k+1)A_{2k+1}^{(2n+1)}\mathrm{J}_{2k+1}(2\sqrt{q}\sinh\xi) \tag{3.2.57}$$

(3.2.57)式即(3.2.13a)式。将(3.2.47)式和(3.2.53)式分别对 η 求导，得

$$\begin{aligned}&\left[-\mathrm{j}2\sqrt{q}\cosh\xi\cos\eta+(-\mathrm{j}2\sqrt{q}\cosh\xi\sin\eta)^2\right]\mathrm{e}^{\mathrm{j}2\sqrt{q}\cosh\xi\cos\eta}\\&=-2\sum_{n=1}^{\infty}\mathrm{se}'_{2n}(\eta,q)\sum_{k=1}^{\infty}(-1)^k 2kB_{2k}^{(2n)}\mathrm{J}_{2k}(2\sqrt{q}\cosh\xi)\\&\quad-2\mathrm{j}\sum_{n=0}^{\infty}\mathrm{se}'_{2n+1}(\eta,q)\sum_{k=0}^{\infty}(-1)^k(2k+1)B_{2k+1}^{(2n+1)}\mathrm{J}_{2k+1}(2\sqrt{q}\cosh\xi)\end{aligned} \tag{3.2.58}$$

$$\begin{aligned}&\left[-\mathrm{j}2\sqrt{q}\sinh\xi\sin\eta+(\mathrm{j}2\sqrt{q}\sinh\xi\cos\eta)^2\right]\mathrm{e}^{\mathrm{j}2\sqrt{q}\sin\xi\sin\eta}\\&=-2\sum_{n=1}^{\infty}\mathrm{se}'_{2n}(\eta,q)\sum_{k=1}^{\infty}2kB_{2k}^{(2n)}\mathrm{J}_{2k}(2\sqrt{q}\sinh\xi)\\&\quad+2\mathrm{j}\sum_{n=0}^{\infty}\mathrm{ce}'_{2n+1}(\eta,q)\sum_{k=0}^{\infty}(2k+1)B_{2k+1}^{(2n+1)}\mathrm{J}_{2k+1}(2\sqrt{q}\sinh\xi)\end{aligned} \tag{3.2.59}$$

当 $\eta=\frac{\pi}{2}$ 时，由(3.2.58)式得

$$1=\sum_{n=0}^{\infty}\frac{\mathrm{se}'_{2n+2}(\pi/2,q)}{2q\cosh^2\xi}\sum_{k=0}^{\infty}(-1)^{k+1}(2k+2)B_{2k+2}^{(2n+2)}\mathrm{J}_{2k+2}(2\sqrt{q}\cosh\xi) \tag{3.2.60}$$

当 $\eta=0$ 时，由(3.2.59)式得

$$1=\sum_{n=0}^{\infty}\frac{\mathrm{se}'_{2n+2}(0,q)}{2q\sinh^2\xi}\sum_{k=0}^{\infty}(2k+2)B_{2k+2}^{(2n+2)}\mathrm{J}_{2k+2}(2\sqrt{q}\sinh\xi) \tag{3.2.61}$$

将(3.2.60)式和(3.2.61)式分别与(3.2.14b)式和(3.2.14a)式比较，均可得到

$$1=\sum_{n=0}^{\infty}\frac{B_{2k+2}^{(2n+2)}}{\sinh 2\xi}\mathrm{Jo}_{2n+2}(\xi,q) \tag{3.2.62}$$

这说明了(3.2.14a)式和(3.2.14b)式是相同的。

至此，我们证明了(3.2.12)～(3.2.15)式中 a 式和 b 式成立。

当椭圆趋近于圆时，方程(3.2.12)～(3.2.15)式对于理解径向马蒂厄方程的渐近性是非常有用的。由(1.2.17)式可知，参数 q 在物理上是与空间频率有关的量，将(1.2.17)式代入(3.2.7)式有 $u=k_t h\sinh\xi$。由(2.3.79)～(2.3.82)式知，当 $q\to 0$ 时，马蒂厄函数的

展开系数 $A_0^0 \to 1/\sqrt{2}$，$A_{2k}^{(2k)} \to 1$，$A_{2k+1}^{(2k+1)} \to 1$，$B_{2k+1}^{(2k+1)} \to 1$，$B_{2k+2}^{(2k+2)} \to 1$，而其他展开系数为零，因此，$\mathrm{Je}_{2n}(\xi,q) \to \dfrac{\mathrm{ce}_{2n}(0,q)}{A_0^{(2n)}} \mathrm{J}_{2n}(k_t h \sinh\xi)$，又当 $q \to 0$ 时，有 $h\sinh\xi = h\cosh\xi$，$h\sinh\xi$ 即为椭圆趋于圆时的半径 ρ，由此可得，当椭圆趋近于圆时，有如下渐近关系

$$\mathrm{Je}_{2n}(\xi,q) \to \frac{\mathrm{ce}_{2n}(0,q)}{A_0^{(2n)}} \mathrm{J}_{2n}(k_t \rho) \tag{3.2.63}$$

式中常数项 $\mathrm{ce}_{2n}(0,q)/A_0^{(2n)}$ 在应用上常常是没有意义的。

3.2.2 非周期径向马蒂厄函数 $\mathrm{Fe}_m(\xi, q)$和 $\mathrm{Ge}_m(\xi, q)$

当 $q>0$ 时，径向马蒂厄方程(1.2.16)式除存在周期解 $\mathrm{Je}_m(\xi, q)$和 $\mathrm{Jo}_m(\xi, q)$外，还存在非周期解 $\mathrm{Fe}_m(\xi, q)$和 $\mathrm{Ge}_m(\xi, q)$。类似于已得第一类径向马蒂厄函数 $\mathrm{Je}_m(\xi, q)$和 $\mathrm{Jo}_m(\xi, q)$与角向马蒂厄函数 $\mathrm{ce}_m(\eta, q)$和 $\mathrm{se}_m(\eta, q)$之间的关系，可以定义非周期径向马蒂厄函数 $\mathrm{Fe}_m(\xi, q)$和 $\mathrm{Ge}_m(\xi, q)$与非周期角向马蒂厄函数 $\mathrm{fe}_m(\eta, q)$和 $\mathrm{ge}_m(\eta, q)$之间的关系为[10]

$$\mathrm{Fe}_{2n}(\xi,q) = -\mathrm{j}\,\mathrm{fe}_{2n}(\mathrm{j}\xi,q) = C_{2n}(q)\xi \mathrm{Je}_{2n}(\xi,q) + F_{2n}(\xi,q) \tag{3.2.64}$$

$$\mathrm{Fe}_{2n+1}(\xi,q) = -\mathrm{j}\,\mathrm{fe}_{2n+1}(\mathrm{j}\xi,q) = C_{2n+1}(q)\xi \mathrm{Je}_{2n+1}(\xi,q) + F_{2n+1}(\xi,q) \tag{3.2.65}$$

$$\mathrm{ge}_{2n+2}(\xi,q) = g\mathrm{e}_{2n+2}(\mathrm{j}\xi,q) = -S_{2n+2}(q)\xi\, \mathrm{Jo}_{2n+2}(\xi,q) + G_{2n+2}(\xi,q) \tag{3.2.66}$$

$$\mathrm{ge}_{2n+1}(\xi,q) = g\mathrm{e}_{2n+1}(\mathrm{j}\xi,q) = -S_{2n+1}(q)\xi\, \mathrm{Jo}_{2n+1}(\xi,q) + G_{2n+1}(\xi,q) \tag{3.2.67}$$

用 $\mathrm{j}\xi$ 代替表 2-30 中各式的 η，采用第二种归一化方法，得到用三角函数的级数展开的函数 $F_m(\xi, q)$和 $G_m(\xi, q)$的形式为

$$F_{2n}(\xi,q) = C_{2n}(q)\sum_{k=0}^{\infty} f_{2k+2}^{(2n)} \sinh(2k+2)\eta \tag{3.2.68}$$

$$F_{2n+1}(\xi,q) = C_{2n+1}(q)\sum_{k=0}^{\infty} f_{2k+1}^{(2n+1)} \sinh(2k+1)\eta \tag{3.2.69}$$

$$G_{2n+2}(\xi,q) = S_{2n+2}(q)\sum_{k=0}^{\infty} g_{2k}^{(2n+2)} \cosh 2k\eta \tag{3.2.70}$$

$$G_{2n+1}(\xi,q) = S_{2n+1}(q)\sum_{k=0}^{\infty} g_{2k+1}^{(2n+1)} \cosh(2k+1)\eta \tag{3.2.71}$$

当 $q<0$ 时，有

$$\mathrm{Fe}_{2n}(\xi, -q) = C_{2n}(q)\left[\xi\, \mathrm{Ie}_{2n}(\xi, -q) + (-1)^n \sum_{k=0}^{\infty} (-1)^{k+1} f_{2k+2}^{(2n)} \sinh(2k+2)\xi\right] \tag{3.2.72}$$

$$\mathrm{Fe}_{2n+1}(\xi, -q) = -S_{2n+1}(q)\left[\xi\, \mathrm{Ie}_{2n+1}(\xi, -q) + (-1)^{n+1} \sum_{k=0}^{\infty} (-1)^{k} g_{2k+1}^{(2n+1)} \sinh(2k+1)\xi\right] \tag{3.2.73}$$

$$\mathrm{Ge}_{2n+2}(\xi, -q) = -S_{2n+2}(q)\left[\xi\, \mathrm{Io}_{2n+2}(\xi, -q) + (-1)^n \sum_{k=0}^{\infty} (-1)^{k} g_{2k}^{(2n+2)} \cosh 2k\xi\right] \tag{3.2.74}$$

$$\mathrm{Ge}_{2n+1}(\xi, -q) = C_{2n+1}(q)\left[\xi\, \mathrm{Io}_{2n+1}(\xi, -q) + (-1)^n \sum_{k=0}^{\infty} (-1)^{k} f_{2k+1}^{(2n+1)} \cosh(2k+1)\xi\right] \tag{3.2.75}$$

当 $q\to 0$ 时，有 $\mathrm{Fe}_m(\xi,-q)\to\sinh(m\xi)$，$\mathrm{Ge}_m(\xi,-q)\to\cosh(m\xi)$，它是方程 $y''-m^2y=0$ 的解，这时的径向马蒂厄方程退化为参数 $q=0$ 的形式。

3.2.3　函数 $\mathrm{Je}_m(\xi,q)$ 和 $\mathrm{Jo}_m(\xi,q)$ 的导数

在物理和工程中经常要用到径向马蒂厄函数的导数，本节讨论函数 $\mathrm{Je}_m(\xi,q)$ 和 $\mathrm{Jo}_m(\xi,q)$ 的导数。第一类径向马蒂厄函数对径向坐标变量 ξ 的导数可由前面给出的第一类径向马蒂厄函数求导得到。利用附录 B 中公式(B-8)～(B-11)式，可得到第一类马蒂厄函数对径向坐标变量 ξ 的导数分别为

$$\mathrm{Je}'_{2n}(\xi,q)=\sum_{k=0}^{\infty}2kA_{2k}^{(2n)}\sinh(2k\xi) \tag{3.2.76a}$$

$$=\frac{\mathrm{ce}_{2n}(0,q)}{A_0^{(2n)}}\frac{w}{2}\sum_{k=0}^{\infty}A_{2k}^{(2n)}[\mathrm{J}_{2k-1}(u)-\mathrm{J}_{2k+1}(u)] \tag{3.2.76b}$$

$$=\frac{\mathrm{ce}_{2n}(\pi/2,q)}{A_0^{(2n)}}\frac{u}{2}\sum_{k=0}^{\infty}(-1)^kA_{2k}^{(2n)}[\mathrm{J}_{2k-1}(w)-\mathrm{J}_{2k+1}(w)] \tag{3.2.76c}$$

$$=\frac{p_{2n}}{2[A_0^{(2n)}]^2}\sum_{k=0}^{\infty}(-1)^kA_{2k}^{(2n)}\{v_1[\mathrm{J}_{k+1}(v_1)-\mathrm{J}_{k-1}(v_1)]\mathrm{J}_k(v_2)$$
$$+v_2[\mathrm{J}_{k-1}(v_2)-\mathrm{J}_{k+1}(v_2)\mathrm{J}_k(v_1)\} \tag{3.2.76d}$$

$$\mathrm{Je}'_{2n+1}(\xi,q)=\sum_{k=0}^{\infty}(2k+1)A_{2k+1}^{(2n+1)}\sinh(2k+1)\xi \tag{3.2.77a}$$

$$=\frac{\sqrt{q}\,\mathrm{ce}_{2n+1}(0,q)}{A_1^{(2n+1)}}\frac{2}{u}\sum_{k=0}^{\infty}A_{2k+1}^{(2n+1)}\{[(2k+1)\cosh^2\xi-1]\mathrm{J}_{2k}(u)$$
$$-[(2k+1)\cosh^2\xi+1]\mathrm{J}_{2k+2}(u)\} \tag{3.2.77b}$$

$$=\frac{\mathrm{ce}'_{2n+1}(\pi/2,q)}{\sqrt{q}A_1^{(2n+1)}}\frac{u}{2}\sum_{k=0}^{\infty}(-1)^{k+1}A_{2k+1}^{(2n+1)}[\mathrm{J}_{2k}(w)-\mathrm{J}_{2k+2}(w)] \tag{3.2.77c}$$

$$=\frac{p_{2n+1}}{2\sqrt{q}[A_1^{(2n+1)}]^2}\sum_{k=0}^{\infty}(-1)^{k+1}A_{2k+1}^{(2n+1)}\{(v_2-v_1)$$
$$[\mathrm{J}_k(v_1)\mathrm{J}_k(v_2)-\mathrm{J}_{k+1}(v_1)\mathrm{J}_{k+1}(v_2)]$$
$$+v_1[\mathrm{J}_{k+2}(v_1)\mathrm{J}_k(v_2)-\mathrm{J}_{k-1}(v_1)\mathrm{J}_{k+1}(v_2)]$$
$$+v_2[\mathrm{J}_{k+1}(v_1)\mathrm{J}_{k-1}(v_2)-\mathrm{J}_k(v_1)\mathrm{J}_{k+2}(v_2)]\} \tag{3.2.77d}$$

$$\mathrm{Jo}'_{2n+2}(\xi,q)=\sum_{k=0}^{\infty}(2k+2)B_{2k+2}^{(2n+2)}\cosh(2k+2)\xi \tag{3.2.78a}$$

$$=\frac{\mathrm{se}'_{2n+2}(0,q)}{B_2^{(2n+2)}}\frac{2}{u}\sum_{k=0}^{\infty}B_{2k+2}^{(2n+2)}\{[(2k+2)\cosh^2\xi-1]\mathrm{J}_{2k+1}(u)$$
$$-[(2k+2)\cosh^2\xi+1]\mathrm{J}_{2k+3}(u)\} \tag{3.2.78b}$$

$$=\frac{\mathrm{se}'_{2n+2}(\pi/2,q)}{B_2^{(2n+2)}}\frac{2}{w}\sum_{k=0}^{\infty}(-1)^{k+1}B_{2k+2}^{(2n+2)}$$
$$\times\{[1+(2k+2)\sinh^2\xi]\mathrm{J}_{2k+1}(w)$$
$$+[1-(2k+2)\sinh^2\xi]\mathrm{J}_{2k+3}(w)\} \tag{3.2.78c}$$

$$=\frac{s_{2n+2}}{2q[B_2^{(2n+2)}]^2}\sum_{k=0}^{\infty}(-1)^{k+1}B_{2k+2}^{(2n+2)}\{v_1[\mathrm{J}_{k+1}(v_1)-\mathrm{J}_{k+3}(v_1)]\mathrm{J}_k(v_2)$$

$$+v_1[J_{k+1}(v_1)-J_{k-1}(v_1)]J_{k+2}(v_2)+v_2[J_{k+1}(v_2)-J_{k+3}(v_2)]J_k(v_1)$$
$$+v_2[J_{k+1}(v_2)-J_{k-1}(v_2)]J_{k+2}(v_1)\} \quad (3.2.78d)$$

$$\mathrm{Jo}'_{2n+1}(\xi,q)=\sum_{k=0}^{\infty}(2k+1)B_{2k+1}^{(2n+1)}\cosh(2k+1)\xi \quad (3.2.79a)$$

$$=\frac{\mathrm{se}'_{2n+1}(0,q)}{\sqrt{q}B_1^{(2n+1)}}\frac{w}{2}\sum_{k=0}^{\infty}B_{2k+1}^{(2n+1)}[J_{2k}(u)-J_{2k+2}(u)] \quad (3.2.79b)$$

$$=\frac{\sqrt{q}\,\mathrm{se}_{2n+1}(\pi/2,q)}{B_1^{(2n+1)}}\frac{2}{w}\sum_{k=0}^{\infty}(-1)^k B_{2k+1}^{(2n+1)}\{[1+(2k+1)\sinh^2\xi]J_{2k}(w)$$
$$+[1-(2k+1)\sinh^2\xi]J_{2k+2}(w)\} \quad (3.2.79c)$$

$$=\frac{s_{2n+1}}{2\sqrt{q}\,[B_1^{(2n+1)}]^2}\sum_{k=0}^{\infty}(-1)^k B_{2k+1}^{(2n+1)}\{(v_1+v_2)$$
$$\times[J_k(v_1)J_k(v_2)+J_{k+1}(v_1)J_{k+1}(v_2)]$$
$$-v_1[J_{k+2}(v_1)J_k(v_2)+J_{k-1}(v_1)J_{k+1}(v_2)]$$
$$-v_2[J_{k+1}(v_1)J_{k-1}(v_2)+J_k(v_1)J_{k+2}(v_2)]\} \quad (3.2.79d)$$

3.2.4 函数 $\mathrm{Je}_m(\xi, q)$和 $\mathrm{Jo}_m(\xi, q)$及其导数曲线

应用前面得到的径向马蒂厄函数 $\mathrm{Je}_m(\xi, q)$和 $\mathrm{Jo}_m(\xi, q)$及其一阶导数的解析表达式，编程可计算出函数 $\mathrm{Je}_m(\xi, q)$和 $\mathrm{Jo}_m(\xi, q)$及其一阶导数的数值结果。函数 $\mathrm{Je}_m(\xi, q)$和 $\mathrm{Jo}_m(\xi, q)$的数值计算，是用贝塞尔函数乘积的级数展开式，即用(3.2.12c)式、(3.2.13c)式、(3.2.14c)式和(3.2.15c)式进行计算。它们的导数利用(3.2.76)～(3.2.79)式进行计算。图 3-2～图 3-19 是函数 $\mathrm{Je}_m(\xi, q)$和 $\mathrm{Jo}_m(\xi, q)$及其导数的函数曲线和可视化图。经过对比，函数 $\mathrm{Je}_m(\xi, q)$和 $\mathrm{Jo}_m(\xi, q)$的数值计算结果和相关文献较为一致[42]。

由图 3-2 可以看出，径向马蒂厄函数 $\mathrm{Je}_0(\xi, q)$与第一类贝塞尔函数 $J_0(x)$曲线相似，它在径向坐标 $\xi=0$ 时有最大值，且最大值随着参数 q 值的减小而增大。由(1.2.17)式知，参数 q 正比于横向传播常数 k_t的平方，而 k_t与频率成正比，因此，随着参数 q 的增大，$\mathrm{Je}_m(\xi, q)$图线的振动频率增加。在径向坐标 ξ 很大时，函数 $\mathrm{Je}_m(\xi, q)$和 $\mathrm{Jo}_m(\xi, q)$的渐近曲线分别是余弦函数和正弦函数。由此看出，函数 $\mathrm{Jo}_m(\xi, q)$是奇函数，函数 $\mathrm{Je}_m(\xi, q)$是偶函数。

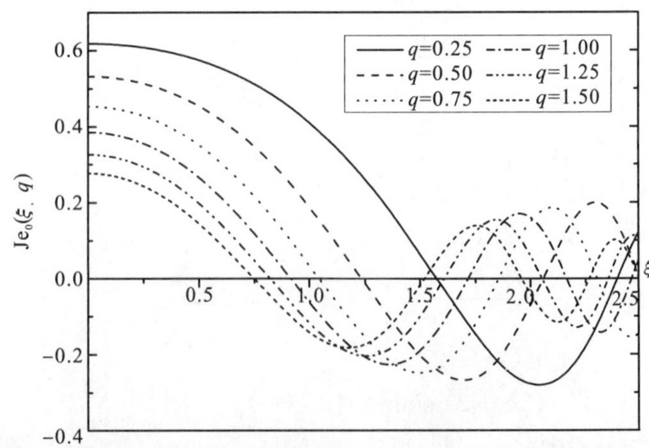

图 3-2 $\mathrm{Je}_0(\xi, q)$函数图像($q\in\{0.25, 0.5, 0.75, 1.0, 1.25, 1.5\}$, $0\leqslant\xi\leqslant0.5$)

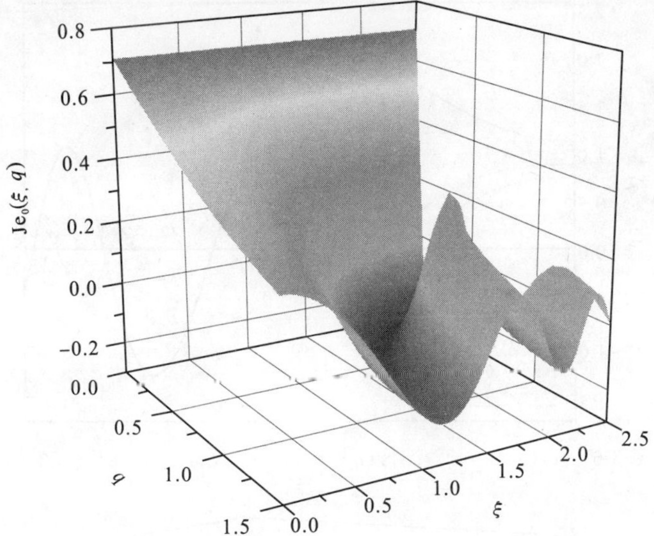

图 3-3　$Je_0(\xi, q)$函数可视化图($0 \leqslant q \leqslant 1.5$，$0 \leqslant \xi \leqslant 2.5$)

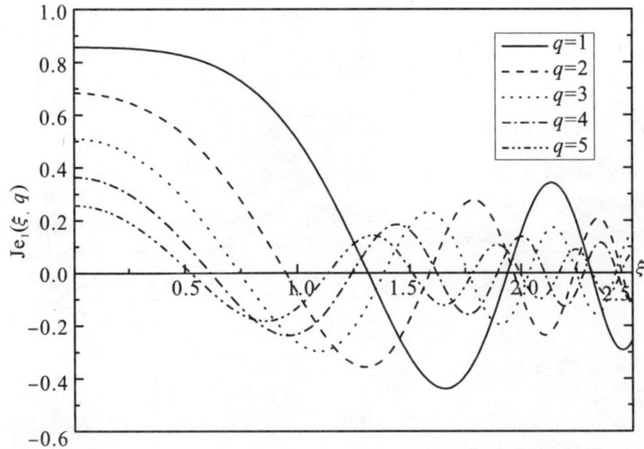

图 3-4　$Je_1(\xi, q)$函数图像($q \in \{1, 2, 3, 4, 5\}$，$0 \leqslant \xi \leqslant 2.5$)

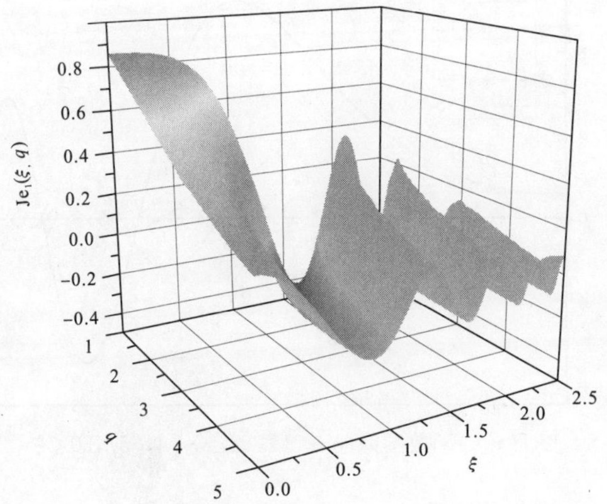

图 3-5　$Je_1(\xi, q)$函数可视化图($1 \leqslant q \leqslant 5$，$0 \leqslant \xi \leqslant 2.5$)

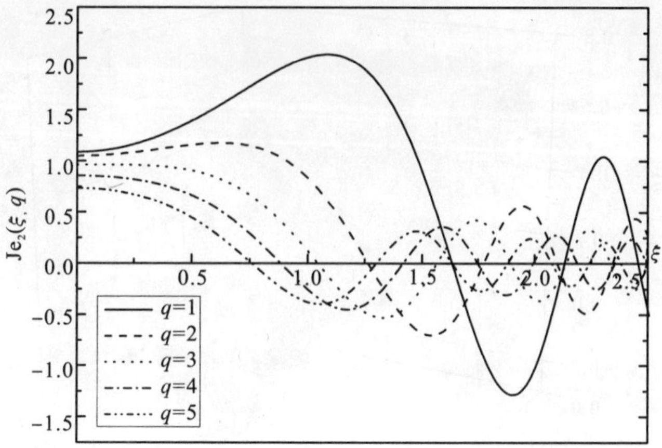

图 3-6　$\mathrm{Je}_2(\xi, q)$函数图像($q\in$ {1，2，3，4，5}，$0\leqslant\xi\leqslant2.5$)

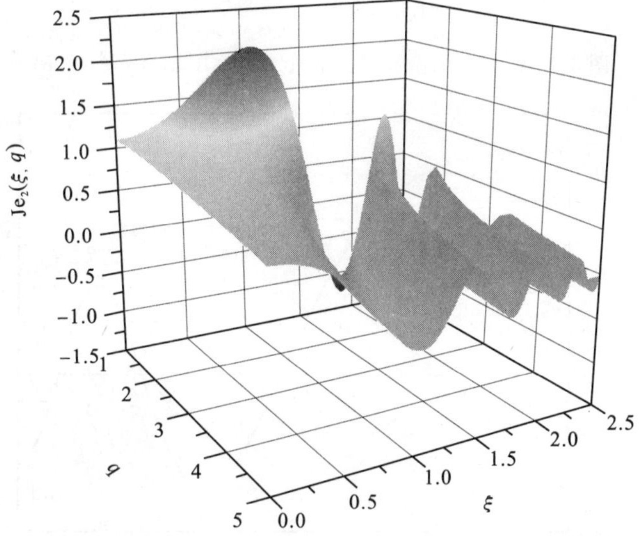

图 3-7　$\mathrm{Je}_2(\xi, q)$函数可视化图($1\leqslant q\leqslant5$，$0\leqslant\xi\leqslant2.5$)

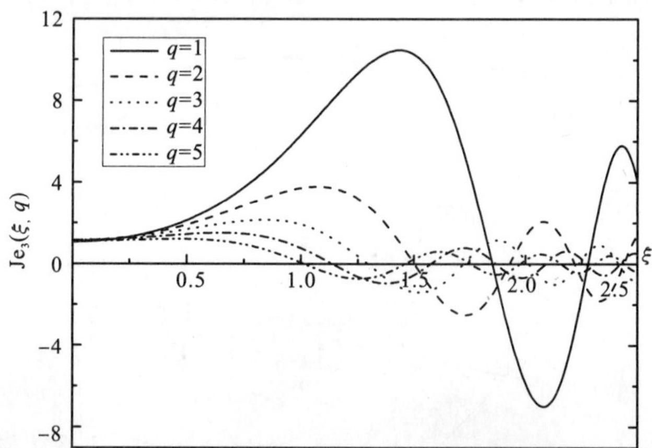

图 3-8　$\mathrm{Je}_3(\xi, q)$函数图像($q\in$ {1，2，3，4，5}，$0\leqslant\xi\leqslant2.5$)

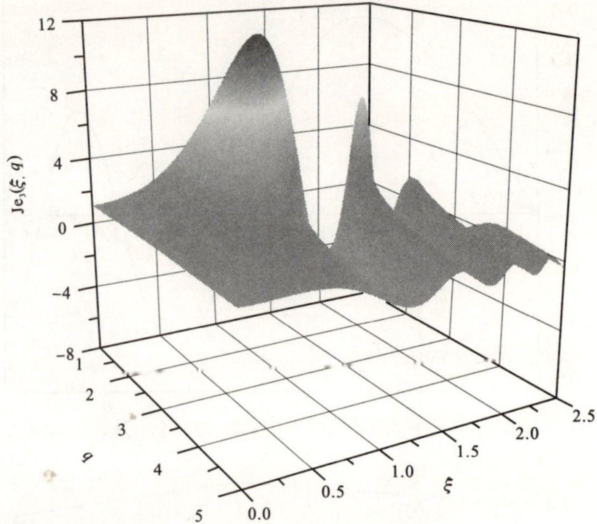

图 3-9　$\mathrm{Je}_3(\xi, q)$函数可视化图($1\leqslant q\leqslant 5$，$0\leqslant\xi\leqslant 2.5$)

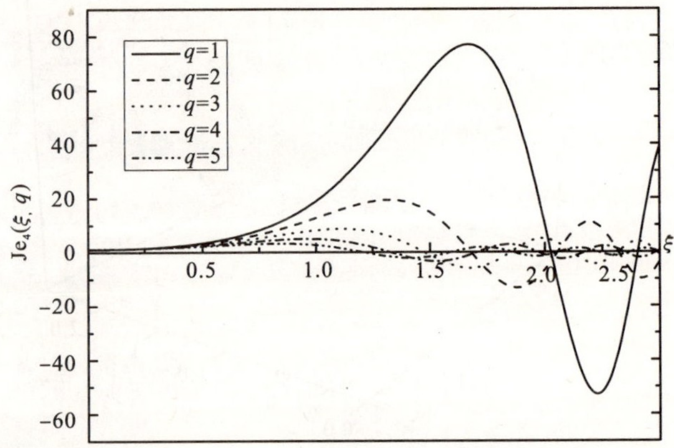

图 3-10　$\mathrm{Je}_4(\xi, q)$函数图像($q\in\{1, 2, 3, 4, 5\}$，$0\leqslant\xi\leqslant 2.5$)

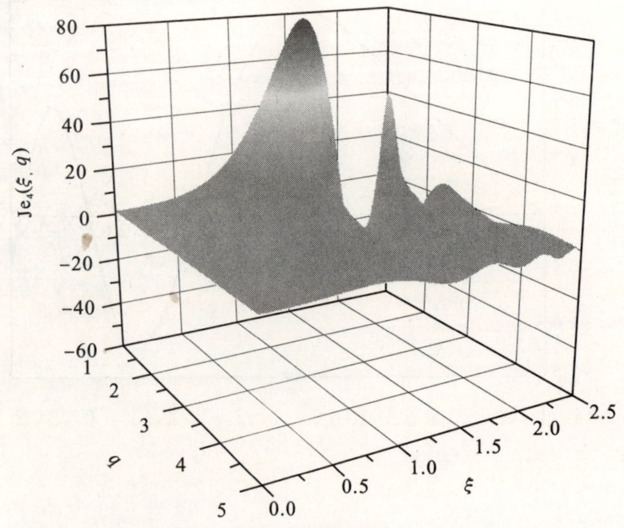

图 3-11　$\mathrm{Je}_4(\xi, q)$函数可视化图($1\leqslant q\leqslant 5$，$0\leqslant\xi\leqslant 2.5$)

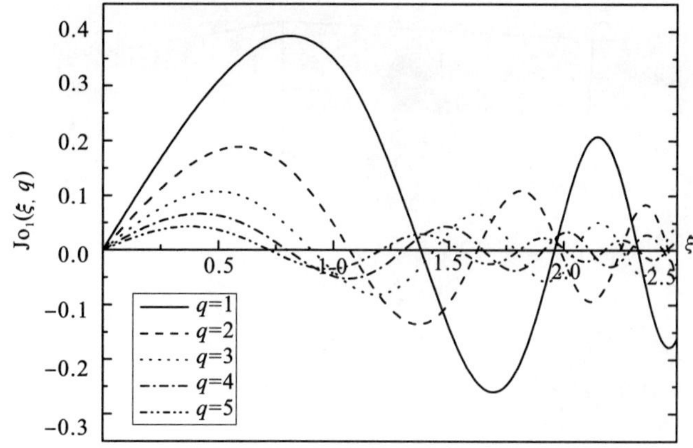

图 3-12 $Jo_1(\xi，q)$函数图像($q\in$｛1，2，3，4，5｝，$0\leqslant\xi\leqslant2.5$)

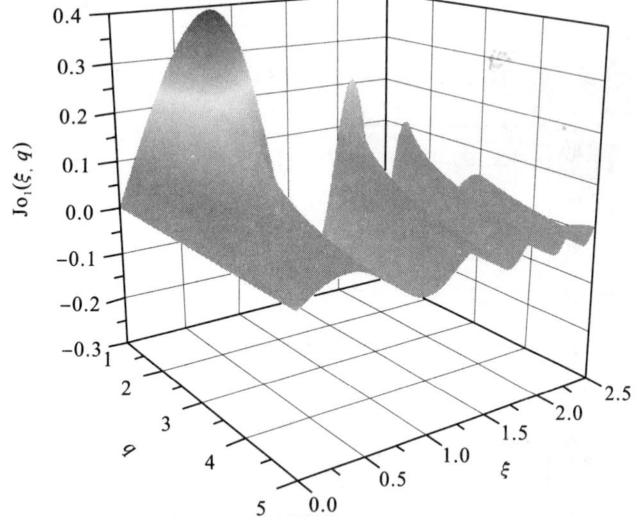

图 3-13 $Jo_1(\xi，q)$函数可视化图($1\leqslant q\leqslant5$，$0\leqslant\xi\leqslant2.5$)

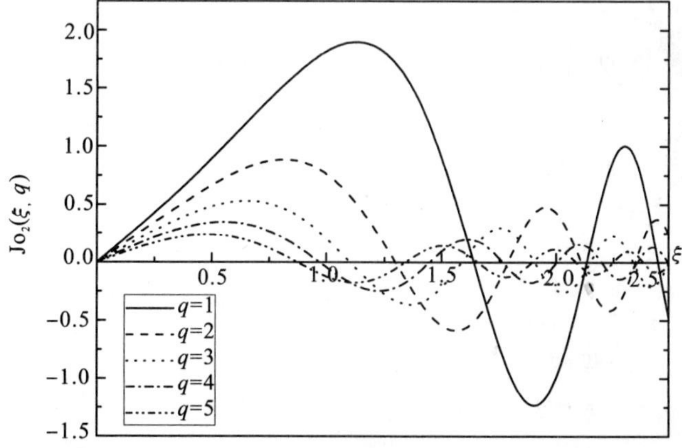

图 3-14 $Jo_2(\xi，q)$函数图像($q\in$｛1，2，3，4，5｝，$0\leqslant\xi\leqslant2.5$)

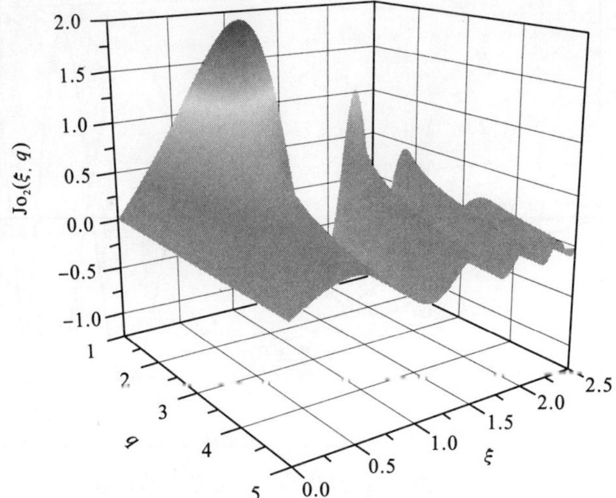

图 3-15　$Jo_2(\xi, q)$函数可视化图($1 \leqslant q \leqslant 5$，$0 \leqslant \xi \leqslant 2.5$)

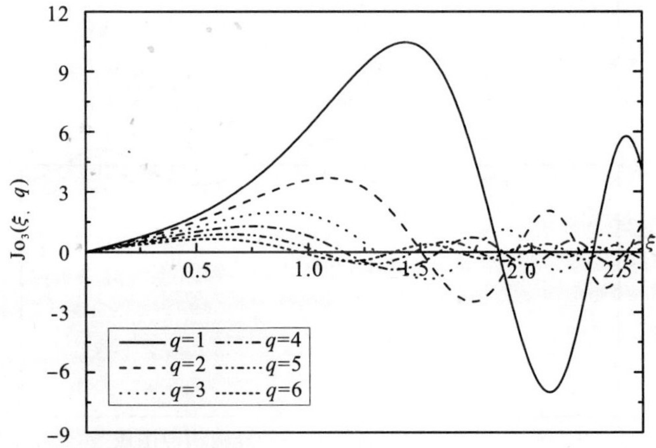

图 3-16　$Jo_3(\xi, q)$函数图像($q \in \{1, 2, 3, 4, 5\}$，$0 \leqslant \xi \leqslant 2.5$)

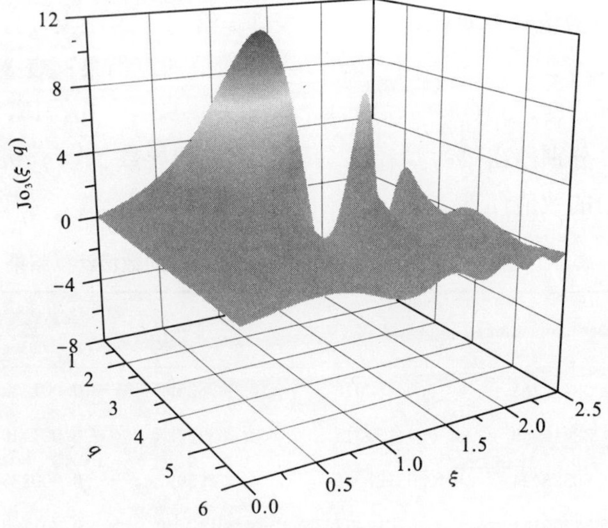

图 3-17　$Jo_3(\xi, q)$函数可视化图($1 \leqslant q \leqslant 5$，$0 \leqslant \xi \leqslant 2.5$)

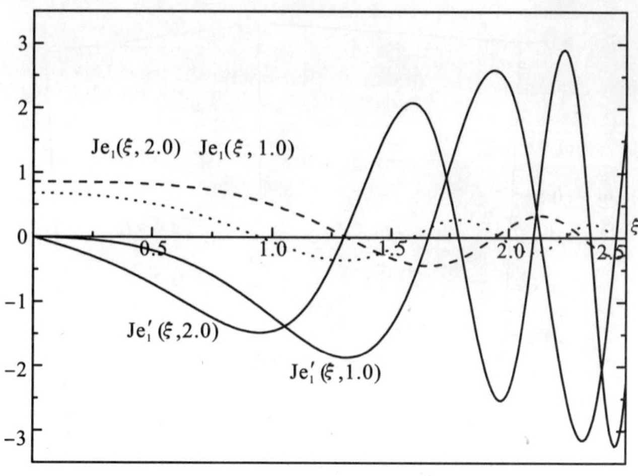

图 3-18 $Je_1(\xi, q)$及其一阶导数函数图像

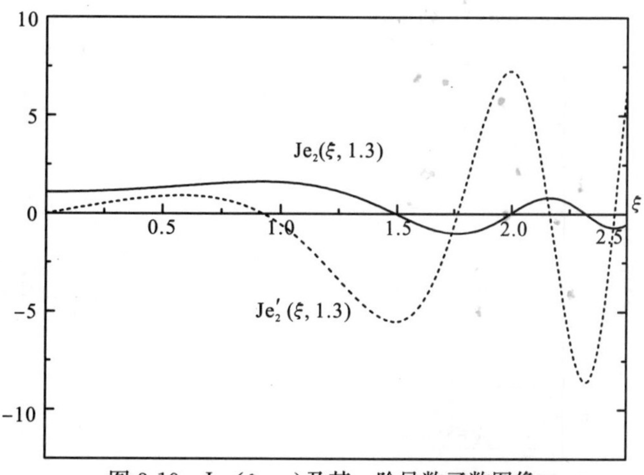

图 3-19 $Je_2(\xi, q)$及其一阶导数函数图像

3.2.5 第一类径向马蒂厄函数及其导数数表

为便于读者进行数值计算对比，表 3-1～表 3-4 给出了第一类径向马蒂厄函数 $Je_m(\xi, q)$ $(m=0, 1, 2, 3, q\in\{1, 5, 10, 15, 20\})$的数值计算结果；表 3-5～表 3-8 给出第一类径向马蒂厄函数 $Jo_m(\xi, q)$ $(m=1, 2, 3, 4, q\in\{1, 5, 10, 15, 20\})$的数值计算结果；表 3-9～表 3-12 分别给出第一类径向马蒂厄函数的导数 $Je_0'(\eta, q)$、$Je_1'(\eta, q)$、$Jo_1'(\eta, q)$和 $Jo_2'(\eta, q)$的数值计算结果。

表 3-1 第一类径向马蒂厄函数 $Je_0(\xi, q)$的数值计算结果

ξ \ q	1	5	10	15	20
0	0.38482783	0.04480018	0.00762652	0.00193251	0.00060374
0.1	0.38010069	0.04130011	0.00636625	0.00144607	0.00040062
0.2	0.36588424	0.03127042	0.00298097	0.00022543	−0.00007396
0.3	0.34209141	0.01612457	−0.00142430	−0.00110825	−0.00049406

续表

ξ \ q	1	5	10	15	20
0.4	0.30863886	−0.00179695	−0.00529087	−0.00182088	−0.00054725
0.5	0.26554640	−0.01932530	−0.00705524	−0.00144753	−0.00016941
0.6	0.21308826	−0.03275150	−0.00576651	−0.00014239	0.00034699
0.7	0.15200495	−0.03843450	−0.00172606	0.00124405	0.00052522
0.8	0.08378032	−0.03382786	0.00319467	0.00160384	0.00014656
0.9	0.01097553	−0.01886943	0.00606515	0.00049712	−0.00039235
1.0	−0.06241514	0.00267077	0.00458008	−0.00108974	−0.00038283
1.1	−0.13067017	0.02282898	−0.00061919	−0.00132033	0.00020831
1.2	−0.18626719	0.03147473	−0.00506504	0.00026128	0.00039913
1.3	−0.22028814	0.02172689	−0.00372985	0.00133638	−0.00020919
1.4	−0.22365825	−0.00267838	0.00234509	−0.00007145	−0.00028856
1.5	−0.18959043	−0.02421047	0.00454193	−0.00119610	0.00035597
1.6	−0.11738485	−0.02175089	−0.00128824	0.00058370	−0.00008377
1.7	−0.01703049	0.00524017	−0.00399821	0.00057502	−0.00017141
1.8	0.08735107	0.02377207	0.0026569	−0.00104593	0.00028348
1.9	0.15912140	0.00395046	0.00153620	0.00090401	−0.00030208
2.0	0.16086956	−0.02133722	−0.00361312	−0.00064265	0.00028243

表 3-2　第一类径向马蒂厄函数 $\mathrm{Je}_1(\xi,\ q)$的数值计算结果

ξ \ q	1	5	10	15	20
0	0.85659847	0.25654288	0.05359875	0.01504007	0.00505181
0.1	0.85596652	0.24612792	0.04769017	0.01225780	0.00373384
0.2	0.85372720	0.21525388	0.03109760	0.00488153	0.00044664
0.3	0.84884081	0.16523206	0.00721868	−0.00437707	−0.00306737
0.4	0.83954755	0.09889035	−0.01840250	−0.01173353	−0.00475096
0.5	0.82334281	0.02144074	−0.03863424	−0.01359841	−0.00337389
0.6	0.79697741	−0.05858494	−0.04621828	−0.00839683	0.00037905
0.7	0.75652559	−0.12880159	−0.03648085	0.00167251	0.00374846
0.8	0.69758642	−0.17365705	−0.01097371	0.01040665	0.00360123
0.9	0.61571102	−0.17745725	0.01974682	0.01072658	−0.00032230
1.0	0.50717340	−0.13069460	0.03785067	0.00118064	−0.00368800
1.1	0.37020963	−0.03926393	0.02822011	−0.00926247	−0.00170706
1.2	0.20680647	0.06729221	−0.00525988	−0.00755617	0.00290262

续表

ξ \ q	1	5	10	15	20
1.3	0.02496895	0.13749588	−0.03209770	0.00513045	0.00172456
1.4	−0.15894279	0.12110887	−0.01908618	0.00811160	−0.00298791
1.5	−0.31881993	0.01487314	0.02014033	−0.00512511	0.00010115
1.6	−0.42021163	−0.10094708	0.02307326	−0.00526367	0.00236793
1.7	−0.42715549	−0.10341272	−0.01856975	0.00786094	−0.00270630
1.8	−0.31679952	0.02623423	−0.01431288	−0.00348237	0.00198509
1.9	−0.10111505	0.10755157	0.02481285	−0.00135227	−0.00138981
2.0	0.15292223	−0.00786793	−0.01206986	0.00385005	0.00137572

表 3-3 第一类径向马蒂厄函数 $Je_2(\xi, q)$的数值计算结果

ξ \ q	1	5	10	15	20
0	1.08596194	0.73529431	0.24588835	0.07879283	0.02864894
0.1	1.09882667	0.72581397	0.23086177	0.06913949	0.02324489
0.2	1.13727799	0.69617566	0.18674830	0.04218213	0.00892352
0.3	1.20080333	0.64300705	0.11699522	0.00404021	−0.00894456
0.4	1.28826156	0.56150451	0.02902922	−0.03505527	−0.02267970
0.5	1.39743113	0.44693747	−0.06385592	−0.06187483	−0.02491666
0.6	1.52434134	0.29722571	−0.14149994	−0.06379130	−0.01284132
0.7	1.66237200	0.11677683	−0.17901044	−0.03565826	0.00754006
0.8	1.80114163	−0.07877511	−0.15482670	0.01196347	0.02147735
0.9	1.92528532	−0.25853379	−0.06588633	0.05034297	0.01511974
1.0	2.01337701	−0.37664900	0.05530778	0.04681607	−0.00745825
1.1	2.03750641	−0.38270713	0.13847663	−0.00193894	−0.01925290
1.2	1.96439137	−0.24746574	0.11236319	−0.04610963	−0.00118174
1.3	1.75934563	−0.00099212	−0.01760954	−0.02434025	0.01746824
1.4	1.39473763	0.24036024	−0.12157370	0.03514696	−0.00141576
1.5	0.86429384	0.30717096	−0.05625201	0.02270740	−0.01446213
1.6	0.20283430	0.11050590	0.09350052	−0.03755083	0.01234776
1.7	−0.49344919	−0.19124223	0.05532958	0.00394507	−0.00209897
1.8	−1.05904161	−0.24062834	−0.09710733	0.02617743	−0.00557418
1.9	−1.28589068	0.06668035	0.01081554	−0.03406234	0.00853741
2.0	−1.00954448	0.23267782	0.06754390	0.03039221	−0.00810006

表 3-4　第一类径向马蒂厄函数 $Je_3(\xi, q)$的数值计算结果

ξ \ q	1	5	10	15	20
0	1.06723551	1.11124826	0.70482793	0.30928968	0.12611832
0.1	1.10519406	1.11967893	0.68880565	0.28862854	0.11083923
0.2	1.22130924	1.14282836	0.63875959	0.22778456	0.06792770
0.3	1.42224791	1.17396668	0.54956356	0.13141013	0.00673359
0.4	1.71889751	1.20098644	0.41562008	0.01103899	−0.05603077
0.5	2.12584122	1.20552827	0.23594078	−0.11079829	−0.09738546
0.6	2.66021600	1.16287170	0.02180536	−0.19909772	−0.09483140
0.7	3.33948432	1.04407252	−0.19459206	−0.21345270	−0.04108662
0.8	4.17745072	0.82247582	−0.35593384	−0.12973401	0.03834521
0.9	5.17766607	0.48677497	−0.39057388	0.02622362	0.08428893
1.0	6.32329456	0.06084878	−0.25026143	0.15876397	0.04597836
1.1	7.56280847	−0.37535858	0.02760332	0.14738607	−0.04452844
1.2	8.79195414	−0.68082733	0.27744438	−0.02066793	−0.06631511
1.3	9.83496775	−0.69316915	0.27655836	−0.15210726	0.02448726
1.4	10.43280677	−0.33667102	−0.01802318	−0.03965411	0.05797338
1.5	10.25359032	0.23258207	−0.27197681	0.13424992	−0.04352299
1.6	8.94906684	0.59215626	−0.08963100	0.00399700	−0.01682183
1.7	6.28469314	0.34661188	0.23802280	−0.11584148	0.05066733
1.8	2.35547594	−0.30277315	0.02542539	0.09955468	−0.05250893
1.9	−2.15817039	−0.47264214	−0.21577105	−0.03213215	0.04483343
2.0	−5.85902898	0.17674743	0.16985995	−0.01679449	−0.04215329

表 3-5　第一类径向马蒂厄函数 $Jo_1(\xi, q)$的数值计算结果

ξ \ q	1	5	10	15	20
0	0.00000000	0.00000000	0.00000000	0.00000000	0.00000000
0.1	0.06840165	0.01700974	0.00415660	0.00127340	0.00044936
0.2	0.13532127	0.03131932	0.00691891	0.00189672	0.00059232
0.3	0.19914399	0.04047398	0.00728402	0.00152238	0.00032009
0.4	0.25799396	0.04256393	0.00499082	0.00030953	−0.00018499
0.5	0.30961936	0.03661362	0.00075081	−0.00107557	−0.00053826
0.6	0.35130590	0.02305062	−0.00377838	−0.00174789	−0.00042543
0.7	0.37984613	0.00415782	−0.00644874	−0.00115758	0.00008598
0.8	0.39160883	−0.01572163	−0.00559661	0.00035022	0.00049304
0.9	0.38277346	−0.03061359	−0.00130892	0.00150169	0.00030313
1.0	0.34981644	−0.03443725	0.00381796	0.00106089	−0.00028431

续表

ξ \ q	1	5	10	15	20
1.1	0.29034677	−0.02384453	0.00568640	−0.00062211	−0.00040762
1.2	0.20436753	−0.00171418	0.00208654	−0.00137395	0.00018217
1.3	0.09594595	0.02099089	−0.00368172	0.00007351	0.00036415
1.4	−0.02494757	0.02878885	−0.00442589	0.00127749	−0.00027923
1.5	−0.14108299	0.01301938	0.00149741	−0.00025056	−0.00014290
1.6	−0.22834947	−0.01467986	0.00437851	−0.00100983	0.00035644
1.7	−0.25972182	−0.02453294	−0.00171947	0.00095245	−0.00030434
1.8	−0.21465314	−0.00114878	−0.00318678	−0.00017640	0.00017479
1.9	−0.09389523	0.02243377	0.00364315	−0.00045230	−0.00009744
2.0	0.06539103	0.00332732	−0.00106170	0.00071723	0.00010808

表 3-6 第一类径向马蒂厄函数 $Jo_2(\xi, q)$ 的数值计算结果

ξ \ q	1	5	10	15	20
0	0.00000000	0.00000000	0.00000000	0.00000000	0.00000000
0.1	0.16828454	0.07234774	0.02395955	0.00860728	0.00337414
0.2	0.33969819	0.13880276	0.04251859	0.01396697	0.00495603
0.3	0.51700942	0.19312121	0.05100725	0.01382937	0.00380411
0.4	0.70220623	0.22858162	0.04642729	0.00787489	0.00043088
0.5	0.89595914	0.23834277	0.02867581	−0.00166530	−0.00317630
0.6	1.09691366	0.21658370	0.00180361	−0.01022689	−0.00446614
0.7	1.30077516	0.16068462	−0.02546422	−0.01262631	−0.00214865
0.8	1.49918928	0.07444299	−0.04128402	−0.00641053	0.00206995
0.9	1.67850439	−0.02837869	−0.03566935	0.00469857	0.00397170
1.0	1.81865774	−0.12215918	−0.00851450	0.01114370	0.00097913
1.1	1.89268290	−0.17276727	0.02408844	0.00536259	−0.00322544
1.2	1.86770825	−0.15030406	0.03505727	−0.00687845	−0.00193075
1.3	1.70876292	−0.05186440	0.01001169	−0.00828776	0.00284582
1.4	1.38703903	0.07623486	−0.02584757	0.00452990	0.00107056
1.5	0.89401620	0.14398050	−0.02298804	0.00722041	−0.00302428
1.6	0.26115785	0.08053777	0.01770350	−0.00659069	0.00164537
1.7	−0.41948587	−0.06637702	0.02054286	−0.00163954	0.00046966
1.8	−0.98631235	−0.12072402	−0.02216718	0.00680910	−0.00170364
1.9	−1.23294496	0.01040075	−0.00318418	−0.00715433	0.00206693
2.0	−0.99146931	0.11204160	0.02061427	0.00576121	−0.00193119

表 3-7　第一类径向马蒂厄函数 $Jo_3(\xi, q)$的数值计算结果

ξ \ q	1	5	10	15	20
0	0.00000000	0.00000000	0.00000000	0.00000000	0.00000000
0.1	0.28177664	0.17782694	0.08362123	0.03690371	0.01648245
0.2	0.58335607	0.35376083	0.15680583	0.06449860	0.02658670
0.3	0.92520331	0.52376714	0.20856781	0.07472734	0.02582802
0.4	1.32893668	0.67953481	0.22765001	0.06269668	0.01359482
0.5	1.81742775	0.80655515	0.20449589	0.02947729	−0.00527947
0.6	2.41419044	0.88305281	0.13560756	−0.01504119	−0.02082239
0.7	3.14158828	0.88107388	0.03006911	−0.05179499	−0.02216079
0.8	4.01719849	0.77178666	−0.08430791	−0.05872914	−0.00612293
0.9	5.04748563	0.53732143	−0.16156124	−0.02592675	0.01502824
1.0	6.21786974	0.18997786	−0.15414491	0.02682373	0.01890117
1.1	7.47856084	−0.20567605	−0.04977862	0.05155794	−0.00174017
1.2	8.72660824	−0.52286721	0.08958039	0.01549248	−0.01838806
1.3	9.78714581	−0.60230181	0.14015504	−0.03967058	−0.00124384
1.4	10.40160368	−0.34718759	0.03118554	−0.02655467	0.01662454
1.5	10.23809155	0.13749370	−0.11304786	0.03539205	−0.00650532
1.6	8.94780217	0.49033086	−0.06721882	0.01299716	−0.00866934
1.7	6.29508049	0.33058941	0.09915207	−0.03787688	0.01421083
1.8	2.37341164	−0.22411663	0.03279812	0.02480754	−0.01247422
1.9	−2.13828865	−0.41517693	−0.10327324	−0.00234075	0.00979354
2.0	−5.84347380	0.12315294	0.06766853	−0.01149457	−0.00933403

表 3-8　第一类径向马蒂厄函数 $Jo_4(\xi, q)$的数值计算结果

ξ \ q	1	5	10	15	20
0	0.00000000	0.00000000	0.00000000	0.00000000	0.00000000
0.1	0.39462523	0.31081325	0.19712376	0.11082397	0.05857826
0.2	0.84503253	0.64145184	0.38791436	0.20646398	0.10242555
0.3	1.41381231	1.00900490	0.56153453	0.27017572	0.11819505
0.4	2.17756018	1.42388251	0.69870018	0.28403695	0.09706949
0.5	3.23470446	1.88356028	0.76967913	0.23337135	0.04051514
0.6	4.71384533	2.36335810	0.73711563	0.11673180	−0.03308316
0.7	6.78176489	2.80494612	0.56803975	−0.04017754	−0.08730433
0.8	9.64894903	3.10631300	0.25870072	−0.17577864	−0.08257202
0.9	13.56823210	3.12233483	−0.13130557	−0.20809439	−0.01163783
1.0	18.81871215	2.69205150	−0.45715568	−0.09234725	0.06770130
1.1	25.66231691	1.71216755	−0.52488222	0.09940059	0.06315697
1.2	34.25510722	0.26293747	−0.22965646	0.17634382	−0.03012722

续表

ξ \ q	1	5	10	15	20
1.3	44.49243097	−1.25797998	0.25027792	0.02211891	−0.06542692
1.4	55.77330460	−2.13301734	0.44526839	−0.15459977	0.03079584
1.5	66.69824641	−1.66658062	0.06315502	−0.03443296	0.04488364
1.6	74.78631406	0.07127875	−0.38674696	0.14399698	−0.05752931
1.7	76.42956774	1.66600177	−0.09859811	−0.05166594	0.02427908
1.8	67.48178350	1.23534335	0.36204098	−0.06910934	0.00838386
1.9	44.98504211	−0.90015123	−0.11515313	0.11788389	−0.02365897
2.0	10.25473586	−1.35319648	−0.18864312	−0.11588071	0.02337962

表 3-9 第一类径向马蒂厄函数导数 $Je_0'(\xi, q)$的数值计算结果

ξ \ q	1	5	10	15	20
0	0.00000000	0.00000000	0.00000000	0.00000000	0.00000000
0.1	−0.05605832	−0.04722925	−0.01723419	−0.00661093	−0.00272642
0.2	−0.11243565	−0.08752168	−0.02859326	−0.00969850	−0.00348638
0.3	−0.16922471	−0.11397961	−0.02951122	−0.00723013	−0.00152455
0.4	−0.22604202	−0.12010647	−0.01818514	0.00012748	0.00200449
0.5	−0.28173469	−0.10081566	0.00293752	0.00860293	0.00440166
0.6	−0.33403358	−0.05435098	0.02627453	0.01250552	0.00318602
0.7	−0.37916394	0.01487140	0.04014253	0.00756508	−0.00133855
0.8	−0.41146418	0.09314273	0.03333919	−0.00448508	−0.00494843
0.9	−0.42313386	0.15593154	0.00366185	−0.01390110	−0.00277897
1.0	−0.40434293	0.17142943	−0.03351838	−0.00922426	0.00364686
1.1	−0.34408911	0.11345652	−0.04713329	0.00788205	0.00485554
1.2	−0.23236141	−0.01503977	−0.01451774	0.01562783	−0.00288642
1.3	−0.06425953	−0.15779999	0.04045253	−0.00224161	−0.00519331
1.4	0.15349635	−0.20939299	0.04672256	−0.01765548	0.00484218
1.5	0.39417411	−0.08566812	−0.02233054	0.00499013	0.00218588
1.6	0.60351276	0.14860061	−0.05725753	0.01633721	−0.00690868
1.7	0.69974568	0.23686678	0.02893189	−0.01811152	0.00674528
1.8	0.59239123	−0.00694683	0.04914478	0.00460457	−0.00444462
1.9	0.23166146	−0.27153509	−0.06641117	0.00922309	0.00286121
2.0	−0.31333046	−0.02647840	0.02420834	−0.01704323	−0.00340846

表 3-10　第一类径向马蒂厄函数导数 $Je_1'(\xi, q)$ 的数值计算结果

ξ \ q	1	5	10	15	20
0	0.00000000	0.00000000	0.00000000	0.00000000	0.00000000
0.1	−0.01320978	−0.20771463	−0.11628535	−0.05399636	−0.02520540
0.2	−0.03330503	−0.40767854	−0.20989152	−0.08890232	−0.03750568
0.3	−0.06735108	−0.58819412	−0.25836544	−0.08975146	−0.02914607
0.4	−0.12268757	−0.73012002	−0.24193895	−0.05107914	−0.00227210
0.5	−0.20683225	−0.80476081	−0.15014288	0.01673564	0.02872642
0.6	−0.32705004	−0.77502483	0.00689831	0.08372197	0.04145084
0.7	−0.48938959	−0.60291139	0.18581914	0.10682210	0.02009926
0.8	−0.69693400	−0.26698518	0.30655399	0.05486267	−0.02390061
0.9	−0.94698817	0.20844559	0.27646802	−0.05195793	−0.04665247
1.0	−1.22700313	0.71857597	0.05734057	−0.12308201	−0.01095492
1.1	−1.50934759	1.06083685	−0.24543775	−0.06034281	0.04607558
1.2	−1.74578633	0.98075936	−0.36948442	0.09447882	0.02837546
1.3	−1.86397344	0.33127245	−0.10170255	0.11799589	−0.04888371
1.4	−1.77057813	−0.67242278	0.34217586	−0.07631716	−0.01845727
1.5	−1.36847519	−1.31317352	0.31694619	−0.12466214	0.06173425
1.6	−0.59698835	−0.77028788	−0.28878228	0.13045687	−0.03816113
1.7	0.49999895	0.77751138	−0.34654104	0.03123906	−0.01032559
1.8	1.69103515	1.47413446	0.43059952	−0.15902176	0.04559574
1.9	2.51143889	−0.18260776	0.05508899	0.18703323	−0.06163743
2.0	2.36125132	−1.68166599	−0.47461039	−0.16756431	0.06357362

表 3-11　第一类径向马蒂厄函数导数 $Jo_1'(\xi, q)$ 的数值计算结果

ξ \ q	1	5	10	15	20
0	0.68644190	0.17467540	0.04402257	0.01392513	0.00507788
0.1	0.67914322	0.16097967	0.03671958	0.01040673	0.00336319
0.2	0.65657937	0.12107167	0.01679494	0.00144367	−0.00070298
0.3	0.61676812	0.05877358	−0.00996973	−0.00866759	−0.00442336
0.4	0.55649331	−0.01868073	−0.03470859	−0.01443091	−0.00498830
0.5	0.47149704	−0.09969365	−0.04725609	−0.01169792	−0.00149357
0.6	0.35687786	−0.16780516	−0.03958105	−0.00072500	0.00365445
0.7	0.20783771	−0.20275275	−0.01082335	0.01197660	0.00565665
0.8	0.02097013	−0.18463310	0.02788158	0.01588939	0.00152323
0.9	−0.20368728	−0.10258616	0.05340144	0.00477174	−0.00500807
1.0	−0.45964835	0.03232899	0.04169797	−0.01310583	−0.00504780
1.1	−0.73002316	0.17513739	−0.00876861	−0.01641779	0.00321754
1.2	−0.98310404	0.24868904	−0.05758385	0.00419056	0.00627815

续表

q / ξ	1	5	10	15	20
1.3	−1.16896578	0.17761546	−0.04394732	0.02004330	−0.00379784
1.4	−1.22017080	−0.03880454	0.03341693	−0.00175571	−0.00536011
1.5	−1.06174239	−0.25737965	0.06597889	−0.02143673	0.00748305
1.6	−0.63699376	−0.24100546	−0.02283406	0.01202021	−0.00208264
1.7	0.04636733	0.07765270	−0.07005003	0.01204895	−0.00416305
1.8	0.85659491	0.32903220	0.05335959	−0.02493255	0.00775203
1.9	1.49747148	0.04911930	0.03123713	0.02402660	−0.00914525
2.0	1.55767968	−0.35979786	−0.08502184	−0.01899639	0.00941577

表 3-12 第一类径向马蒂厄函数导数 $Jo_2'(\xi, q)$的数值计算结果

q / ξ	1	5	10	15	20
0	1.67751417	0.73316620	0.24882284	0.09181971	0.03702778
0.1	1.69345047	0.70403113	0.22125102	0.07474614	0.02732072
0.2	1.73950530	0.61469004	0.14199232	0.02853749	0.00263907
0.3	1.81012076	0.46042422	0.02257485	−0.03193853	−0.02483649
0.4	1.89504988	0.23719898	−0.11457316	−0.08341436	−0.03916648
0.5	1.97790332	−0.05203952	−0.23382542	−0.09950508	−0.02839869
0.6	2.03421771	−0.38805839	−0.28885624	−0.06249709	0.00509780
0.7	2.02929999	−0.72423060	−0.23593512	0.01927072	0.03838146
0.8	1.91642667	−0.97806829	−0.06237446	0.09890691	0.03820488
0.9	1.63653998	−1.03521906	0.17615656	0.10598521	−0.00548557
1.0	1.12144825	−0.78142996	0.33950760	0.00796766	−0.04781222
1.1	0.30367576	−0.17689034	0.26318345	−0.11415921	−0.02252047
1.2	−0.86279161	0.63538488	−0.07353838	−0.09675842	0.04556981
1.3	−2.36647838	1.25621733	−0.38385626	0.07856448	0.02780023
1.4	−4.08557840	1.14511130	−0.23551569	0.12762971	−0.05599166
1.5	−5.72616019	0.07196037	0.30056688	−0.09382824	0.00351889
1.6	−6.77962948	−1.26776762	0.35655576	−0.09901676	0.05247985
1.7	−6.56046263	−1.33818165	−0.33498150	0.16916210	−0.06732738
1.8	−4.41847339	0.46249511	−0.26509797	−0.08563045	0.05510011
1.9	−0.20903506	1.74883322	0.53052755	−0.03172118	−0.04292478
2.0	5.04246646	−0.21182604	−0.29459705	0.10795141	0.04672826

3.3　第二类径向马蒂厄函数

径向马蒂厄方程的第二类解也称为 N－Bessel 型的解[11]，即第二类贝塞尔函数型的径向马蒂厄函数，因为此类解可展开为第二类贝塞尔函数 $N_m(x)$的级数或第二类贝塞尔函数 $N_m(x)$的乘积的级数，故如此命名。本节将给出径向马蒂厄方程的第二类解 $Ne_m(\xi, q)$和 $No_m(\xi, q)$函数的解析式，进而得到其一阶导数的解析式，然后利用这些解析式进行数值计算，绘出其函数图像。

3.3.1　函数 $Ne_m(\xi, q)$和 $No_m(\xi, q)$的形式

由于第一类贝塞尔函数 $J_m(x)$和第二类贝塞尔函数 $N_m(x)$满足相同的微分方程，同时满足相同的递推关系，故径向马蒂厄方程(1.2.16)式的解，同样可用第二类贝塞尔函数展开，因此，参数 $q>0$ 时，径向马蒂厄方程的第二类解为

$$\mathrm{Ne}_{2n}(\xi,q) = \frac{\mathrm{ce}_{2n}(0,q)}{A_0^{(2n)}}\sum_{k=0}^{\infty}A_{2k}^{(2n)}\mathrm{N}_{2k}(u),\ |u|>0 \tag{3.3.1a}$$

$$= \frac{\mathrm{ce}_{2n}(\pi/2,q)}{A_0^{(2n)}}\sum_{k=0}^{\infty}(-1)^k A_{2k}^{(2n)}\mathrm{N}_{2k}(w),\ |w|>0 \tag{3.3.1b}$$

$$= \frac{p_{2n}}{[A_0^{(2n)}]^2}\sum_{k=0}^{\infty}(-1)^k A_{2k}^{(2n)}\mathrm{J}_k(v_1)\mathrm{N}_k(v_2) \tag{3.3.1c}$$

$$\mathrm{Ne}_{2n+1}(\xi,q) = \frac{\mathrm{ce}_{2n+1}(0,q)}{\sqrt{q}A_1^{(2n+1)}}\coth\xi\sum_{k=0}^{\infty}(2k+1)A_{2k+1}^{(2n+1)}\mathrm{N}_{2k+1}(u) \tag{3.3.2a}$$

$$= -\frac{\mathrm{ce}'_{2n+1}(\pi/2,q)}{\sqrt{q}A_1^{(2n+1)}}\sum_{k=0}^{\infty}(-1)^k A_{2k+1}^{(2n+1)}\mathrm{N}_{2k+1}(w) \tag{3.3.2b}$$

$$= -\frac{p_{2n+1}}{\sqrt{q}\,[A_1^{(2n+1)}]^2}\sum_{k=0}^{\infty}(-1)^k A_{2k+1}^{(2n+1)} \times[\mathrm{J}_k(v_1)\mathrm{N}_{k+1}(v_2)+\mathrm{J}_{k+1}(v_1)\mathrm{N}_k(v_2)] \tag{3.3.2c}$$

$$\mathrm{No}_{2n+2}(\xi,q) = \frac{\mathrm{se}'_{2n+2}(0,q)}{qB_2^{(2n+2)}}\coth\xi\sum_{k=0}^{\infty}(2k+2)B_{2k+2}^{(2n+2)}\mathrm{N}_{2k+2}(u) \tag{3.3.3a}$$

$$= -\frac{\mathrm{se}'_{2n+2}(\pi/2,q)}{qB_2^{(2n+2)}}\tanh\xi\sum_{k=0}^{\infty}(-1)^k(2k+2)B_{2k+2}^{(2n+2)}\mathrm{N}_{2k+2}(w) \tag{3.3.3b}$$

$$= -\frac{s_{2n+2}}{q\,[B_2^{(2n+2)}]^2}\sum_{k=0}^{\infty}(-1)^k B_{2k+2}^{(2n+2)} \times[\mathrm{J}_k(v_1)\mathrm{N}_{k+2}(v_2)-\mathrm{J}_{k+2}(v_1)\mathrm{N}_k(v_2)] \tag{3.3.3c}$$

$$\mathrm{No}_{2n+1}(\xi,q) = \frac{\mathrm{se}'_{2n}(0,q)}{\sqrt{q}B_1^{(2n+1)}}\sum_{k=0}^{\infty}B_{2k+1}^{(2n+1)}\mathrm{N}_{2k+1}(u) \tag{3.3.4a}$$

$$= \frac{\mathrm{se}_{2n+1}(\pi/2,q)}{\sqrt{q}B_1^{(2n+1)}}\tanh\xi\sum_{k=0}^{\infty}(-1)^k(2k+1)B_{2k+1}^{(2n+1)}\mathrm{N}_{2k+1}(w) \tag{3.3.4b}$$

$$= \frac{s_{2n+1}}{\sqrt{q}\,[B_1^{(2n+1)}]^2}\sum_{k=0}^{\infty}(-1)^k B_{2k+1}^{(2n+1)}$$

$$\times[J_k(v_1)N_{k+1}(v_2)-J_{k+1}(v_1)N_k(v_2)] \tag{3.3.4c}$$

当径向坐标变量 $\xi=0$ 时，有 $v_1=v_2=\sqrt{q}$，$u=0$，$w=2\sqrt{q}$。利用(2.2.33)式和(2.2.34)式，以及附录B中第一类贝塞尔函数与第二类贝塞尔函数之间关系式(B-72)～(B-73)式，由(3.3.3c)式和(3.3.4c)式可推得

$$\mathrm{No}_{2n+2}(0,q)=-\frac{2s_{2n+2}\,\mathrm{se}'_{2n+2}(\pi/2,q)}{\pi q^2\left[B_2^{(2n+2)}\right]^2} \tag{3.3.5}$$

$$\mathrm{No}_{2n+1}(0,q)=-\frac{2s_{2n+1}\,\mathrm{se}_{2n+1}(\pi/2,q)}{\pi q\left[B_1^{(2n+1)}\right]^2} \tag{3.3.6}$$

当参数 $q<0$ 时，径向马蒂厄方程的第二类解 $\mathrm{Ne}_m(\xi,-q)$ 和 $\mathrm{No}_m(\xi,-q)$ 函数可表示为[10～11]

$$\mathrm{Ne}_{2n}(\xi,-q)=(-1)^n\mathrm{Ne}_{2n}\left(\xi+\mathrm{j}\frac{\pi}{2},q\right),(a_{2n}(q)) \tag{3.3.7a}$$

$$=(-1)^n\frac{\mathrm{ce}_{2n}(\pi/2,q)}{A_0^{(2n)}}\sum_{k=0}^{\infty}(-1)^kA_{2k}^{(2n)}\mathrm{N}_{2k}(\mathrm{j}u) \tag{3.3.7b}$$

$$=(-1)^n\frac{\mathrm{ce}_{2n}(0,q)}{A_0^{(2n)}}\sum_{k=0}^{\infty}A_{2k}^{(2n)}\mathrm{N}_{2k}(\mathrm{j}w) \tag{3.3.7c}$$

$$\mathrm{Ne}_{2n+1}(\xi,-q)=(-1)^{n+1}\mathrm{j}\mathrm{No}_{2n+1}\left(\xi+\mathrm{j}\frac{\pi}{2},q\right),(b_{2n+1}(q)) \tag{3.3.8a}$$

$$=(-1)^{n+1}\mathrm{j}\frac{\mathrm{se}_{2n+1}(\pi/2,q)}{\sqrt{q}B_1^{(2n+1)}}\coth\xi\sum_{k=0}^{\infty}(-1)^k$$

$$\times(2k+1)B_{2k+1}^{(2n+1)}\mathrm{N}_{2k+1}(\mathrm{j}u) \tag{3.3.8b}$$

$$=(-1)^{n+1}\mathrm{j}\frac{\mathrm{se}'_{2n+1}(0,q)}{\sqrt{q}B_1^{(2n+1)}}\sum_{k=0}^{\infty}B_{2k+1}^{(2n+1)}\mathrm{N}_{2k+1}(\mathrm{j}w) \tag{3.3.8c}$$

$$\mathrm{No}_{2n+2}(\xi,-q)=(-1)^{n+1}\mathrm{No}_{2n+2}\left(\xi+\mathrm{j}\frac{\pi}{2},q\right),(b_{2n+2}(q)) \tag{3.3.9a}$$

$$=(-1)^n\frac{\mathrm{se}'_{2n+2}(\pi/2,q)}{qB_2^{(2n+2)}}\coth\xi\sum_{k=0}^{\infty}(-1)^k(2k+2)B_{2k+2}^{(2n+2)}\mathrm{N}_{2k+2}(\mathrm{j}u) \tag{3.3.9b}$$

$$=(-1)^{n+1}\frac{\mathrm{se}'_{2n+2}(0,q)}{qB_2^{(2n+2)}}\tanh\xi\sum_{k=0}^{\infty}(2k+2)B_{2k+2}^{(2n+2)}\mathrm{N}_{2k+2}(\mathrm{j}w) \tag{3.3.9c}$$

$$\mathrm{No}_{2n+1}(\xi,-q)=(-1)^{n+1}\mathrm{j}\mathrm{Ne}_{2n+1}\left(\xi+\mathrm{j}\frac{\pi}{2},q\right),(a_{2n+1}(q)) \tag{3.3.10a}$$

$$=(-1)^n\mathrm{j}\frac{\mathrm{ce}'_{2n+1}(\pi/2,q)}{\sqrt{q}A_1^{(2n+1)}}\sum_{k=0}^{\infty}(-1)^kA_{2k+1}^{(2n+1)}\mathrm{N}_{2k+1}(\mathrm{j}u) \tag{3.3.10b}$$

$$=(-1)^{n+1}\mathrm{j}\frac{\mathrm{ce}_{2n+1}(0,q)}{\sqrt{q}A_1^{(2n+1)}}\tanh\xi\sum_{k=0}^{\infty}(2k+1)A_{2k+1}^{(2n+1)}\mathrm{N}_{2k+1}(\mathrm{j}w) \tag{3.3.10c}$$

另外，有的文献中还定义和应用了另一种形式的径向马蒂厄函数，其函数符号分别为 $\mathrm{Mc}_{2n}^{(j)}(\xi,q)$、$\mathrm{Mc}_{2n+1}^{(j)}(\xi,q)$、$\mathrm{Ms}_{2n+2}^{(j)}(\xi,q)$ 和 $\mathrm{Ms}_{2n+1}^{(j)}(\xi,q)$，它们的定义分别为

$$\mathrm{Mc}_{2n}^{(j)}(\xi,q)=\frac{1}{\mathrm{ce}_{2n}(0,q)}\sum_{k=0}^{\infty}(-1)^{n+k}A_{2k}^{(2n)}Z_{2k}^{(j)}(w) \tag{3.3.11a}$$

$$= \frac{(-1)^n}{\mathrm{ce}_{2n}(\pi/2,q)} \sum_{k=0}^{\infty} A_{2k}^{(2n)} Z_{2k}^{(j)}(u) \tag{3.3.11b}$$

$$= \frac{1}{A_0^{(2n)}} \sum_{k=0}^{\infty} (-1)^{n+k} A_{2k}^{(2n)} \mathrm{J}_k(v_1) Z_k^{(j)}(v_2) \tag{3.3.11c}$$

$$\mathrm{Mc}_{2n+1}^{(j)}(\xi,q) = \frac{1}{\mathrm{ce}_{2n+1}(0,q)} \sum_{k=0}^{\infty} (-1)^{n+k} A_{2k+1}^{(2n+1)} Z_{2k+1}^{(j)}(w) \tag{3.3.12a}$$

$$= \frac{(-1)^{n+1}}{\mathrm{ce}'_{2n+1}(\pi/2,q)} \coth\xi \sum_{k=0}^{\infty} (2k+1) A_{2k+1}^{(2n+1)} Z_{2k+1}^{(j)}(u) \tag{3.3.12b}$$

$$= \frac{1}{A_1^{(2n+1)}} \sum_{k=0}^{\infty} (-1)^{n+k} A_{2k+1}^{(2n+1)} \left[\mathrm{J}_k(v_1) Z_{k+1}^{(j)}(v_2) + \mathrm{J}_{k+1}(v_1) Z_k^{(j)}(v_2)\right] \tag{3.3.12c}$$

$$\mathrm{Ms}_{2n+2}^{(j)}(\xi,q) = \frac{1}{\mathrm{se}'_{2n+2}(0,q)} \tanh\xi \sum_{k=0}^{\infty} (-1)^{n+k} (2k+2) B_{2k+2}^{(2n+2)} Z_{2k+2}^{(j)}(w) \tag{3.3.13a}$$

$$= \frac{(-1)^{n+1}}{\mathrm{se}'_{2n+2}(\pi/2,q)} \coth\xi \sum_{k=0}^{\infty} (2k+2) B_{2k+2}^{(2n+2)} Z_{2k+2}^{(j)}(u) \tag{3.3.13b}$$

$$= \frac{1}{B_2^{(2n+2)}} \sum_{k=0}^{\infty} (-1)^{n+k} B_{2k+2}^{(2n+2)} \left[\mathrm{J}_k(v_1) Z_{k+2}^{(j)}(v_2) - \mathrm{J}_{k+2}(v_1) Z_k^{(j)}(v_2)\right] \tag{3.3.13c}$$

$$\mathrm{Ms}_{2n+1}^{(j)}(\xi,q) = \frac{1}{\mathrm{se}'_{2n+1}(0,q)} \tanh\xi \sum_{k=0}^{\infty} (-1)^{n+k} (2k+1) B_{2k+1}^{(2n+1)} Z_{2k+1}^{(j)}(w) \tag{3.3.14a}$$

$$= \frac{(-1)^{n}}{\mathrm{se}'_{2n+1}(\pi/2,q)} \sum_{k=0}^{\infty} B_{2k+1}^{(2n+1)} Z_{2k+1}^{(j)}(u) \tag{3.3.14b}$$

$$= \frac{1}{B_1^{(2n+1)}} \sum_{k=0}^{\infty} (-1)^{n+k} B_{2k+1}^{(2n+1)} \left[\mathrm{J}_k(v_1) Z_{k+1}^{(j)}(v_2) - \mathrm{J}_{k+1}(v_1) Z_k^{(j)}(v_2)\right] \tag{3.3.14c}$$

在(3.3.11)～(3.3.14)式中，$j=1$, 2, 3, 4；v_1、v_2、u 和 w 仍由(3.2.6)式和(3.2.7)式确定。当 $j=1$ 时，$Z_k^{(1)}(x)=\mathrm{J}_k(x)$，函数 $\mathrm{Mc}_{2n}^{(1)}(\xi, q)$、$\mathrm{Mc}_{2n+1}^{(1)}(\xi, q)$、$\mathrm{Ms}_{2n+2}^{(1)}(\xi, q)$和 $\mathrm{Ms}_{2n+1}^{(1)}(\xi, q)$也称为第一类变形马蒂厄函数，它们分别和本书中的第一类径向马蒂厄函数 $\mathrm{Je}_{2n}(\xi, q)$、$\mathrm{Je}_{2n+1}(\zeta, q)$、$\mathrm{Jo}_{2n+2}(\xi, q)$和 $\mathrm{Jo}_{2n+1}(\xi, q)$相对应；当 $j=2$ 时，$Z_k^{(2)}(x)=\mathrm{N}_k(x)$，函数 $\mathrm{Mc}_{2n}^{(2)}(\xi, q)$、$\mathrm{Mc}_{2n+1}^{(2)}(\xi, q)$、$\mathrm{Ms}_{2n+2}^{(2)}(\xi, q)$和 $\mathrm{Ms}_{2n+1}^{(2)}(\xi, q)$也称为第二类变形马蒂厄函数，它们分别和本书中的第二类径向马蒂厄函数 $\mathrm{Ne}_{2n}(\xi, q)$、$\mathrm{Ne}_{2n+1}(\xi, q)$、$\mathrm{No}_{2n+2}(\xi, q)$和 $\mathrm{No}_{2n+1}(\xi, q)$相对应；当 $j=3$ 时，$Z_k^{(3)}(x)=\mathrm{H}_k^{(1)}(x)$，函数 $\mathrm{Mc}_{2n}^{(3)}(\xi, q)$、$\mathrm{Mc}_{2n+1}^{(3)}(\xi, q)$、$\mathrm{Ms}_{2n+2}^{(3)}(\xi, q)$和 $\mathrm{Ms}_{2n+1}^{(3)}(\xi, q)$称为第三类变形马蒂厄函数；当 $j=4$ 时，$Z_k^{(4)}(x)=\mathrm{H}_k^{(2)}(x)$时，函数 $\mathrm{Mc}_{2n}^{(4)}(\xi, q)$、$\mathrm{Mc}_{2n+1}^{(4)}(\xi, q)$、$\mathrm{Ms}_{2n+2}^{(4)}(\xi, q)$和 $\mathrm{Ms}_{2n+1}^{(4)}(\xi, q)$称为第四类变形马蒂厄函数。第三类变形马蒂厄函数和第四类变形马蒂厄函数也称为马蒂厄-汉克尔函数，它们和第一类变形马蒂厄函数和第二类变形马蒂厄函数之间的关系为

$$\mathrm{M}_m^{(3)}(\xi,q) = \mathrm{M}_m^{(1)}(\xi,q) + \mathrm{j}\mathrm{M}_m^{(2)}(\xi,q) \tag{3.3.15}$$

$$\mathrm{M}_m^{(4)}(\xi,q) = \mathrm{M}_m^{(1)}(\xi,q) - \mathrm{j}\mathrm{M}_m^{(2)}(\xi,q) \tag{3.3.16}$$

式中，函数 M_m 可为 Mc_m 或 Ms_m。函数 $\mathrm{M}_m^{(1)}$、$\mathrm{M}_m^{(2)}$、$\mathrm{M}_m^{(3)}$ 和 $\mathrm{M}_m^{(4)}$ 中的任意两个的线性组合

均可构成径向马蒂厄方程的全解。

函数 $\mathrm{Mc}_{2n}^{(1)}(\xi, q)$、$\mathrm{Mc}_{2n+1}^{(1)}(\xi, q)$、$\mathrm{Ms}_{2n+2}^{(1)}(\xi, q)$和 $\mathrm{Ms}_{2n+1}^{(1)}(\xi, q)$与函数 $\mathrm{Je}_{2n}(\xi, q)$、$\mathrm{Je}_{2n+1}(\xi, q)$、$\mathrm{Jo}_{2n+2}(\xi, q)$和 $\mathrm{Jo}_{2n+1}(\xi, q)$之间的关系为[68~69]

$$\mathrm{Je}_{2n}(\xi,q) = \frac{p_{2n}}{(-1)^n A_0^{(2n)}}\mathrm{Mc}_{2n}^{(1)}(\xi,q) \tag{3.3.17}$$

$$\mathrm{Je}_{2n+1}(\xi,q) = \frac{p_{2n+1}}{(-1)^{n+1}\sqrt{q}A_1^{(2n+1)}}\mathrm{Mc}_{2n+1}^{(1)}(\xi,q) \tag{3.3.18}$$

$$\mathrm{Jo}_{2n+2}(\xi,q) = \frac{s_{2n+2}}{(-1)^{n+1} q B_2^{(2n+2)}}\mathrm{Mc}_{2n+2}^{(1)}(\xi,q) \tag{3.3.19}$$

$$\mathrm{Jo}_{2n+1}(\xi,q) = \frac{s_{2n+1}}{(-1)^{n}\sqrt{q} B_2^{(2n+1)}}\mathrm{Mc}_{2n+1}^{(1)}(\xi,q) \tag{3.3.20}$$

式中 p_{2n}、p_{2n+1}、s_{2n+2}和 s_{2n+2}仍由(3.2.8)~(3.2.11)式确定。

将函数 $\mathrm{Mc}_{2n}^{(j)}(\xi, q)$、$\mathrm{Mc}_{2n+1}^{(j)}(\xi, q)$、$\mathrm{Ms}_{2n+2}^{(j)}(\xi, q)$和 $\mathrm{Ms}_{2n+1}^{(j)}(\xi, q)$对 ξ 求导，可得函数 $\mathrm{Mc}_{2n}^{(j)}(\xi, q)$、$\mathrm{Mc}_{2n+1}^{(j)}(\xi, q)$、$\mathrm{Ms}_{2n+2}^{(j)}(\xi, q)$和 $\mathrm{Ms}_{2n+1}^{(j)}(\xi, q)$的一阶导数分别为[68~69]

$$\frac{\mathrm{d}}{\mathrm{d}\xi}\mathrm{Mc}_{2n}^{(j)}(\xi,q) = \frac{u}{\mathrm{ce}_{2n}(0,q)}\sum_{k=0}^{\infty}(-1)^{n+k}A_{2k}^{(2n)}\frac{\mathrm{d}}{\mathrm{d}w}Z_{2k}^{(j)}(w) \tag{3.3.21a}$$

$$\begin{aligned} &= \frac{\sqrt{q}}{A_0^{(2n)}}\sum_{k=0}^{\infty}(-1)^{n+k}A_{2k}^{(2n)} \\ &\times\left[\mathrm{e}^{\xi}\mathrm{J}_k(v_1)\frac{\mathrm{d}}{\mathrm{d}v_2}Z_k^{(j)}(v_2) - \mathrm{e}^{-\xi}Z_k^{(j)}(v_2)\frac{\mathrm{d}}{\mathrm{d}v_1}\mathrm{J}_k(v_1)\right] \end{aligned} \tag{3.3.21b}$$

$$\frac{\mathrm{d}}{\mathrm{d}\xi}\mathrm{Mc}_{2n+1}^{(j)}(\xi,q) = \frac{u}{\mathrm{ce}_{2n+1}(0,q)}\sum_{k=0}^{\infty}(-1)^{n+k}A_{2k+1}^{(2n+1)}\frac{\mathrm{d}}{\mathrm{d}w}Z_{2k+1}^{(j)}(w) \tag{3.3.22a}$$

$$\begin{aligned} &= \frac{\sqrt{q}}{A_1^{(2n+1)}}\sum_{k=0}^{\infty}(-1)^{n+k}A_{2k+1}^{(2n+1)} \\ &\times\left\{\mathrm{e}^{\xi}\left[\mathrm{J}_k(v_1)\frac{\mathrm{d}}{\mathrm{d}v_2}Z_{k+1}^{(j)}(v_2) + \mathrm{J}_{k+1}(v_1)\frac{\mathrm{d}}{\mathrm{d}v_2}Z_k^{(j)}(v_2)\right]\right. \\ &\left. - \mathrm{e}^{-\xi}\left[Z_{k+1}^{(j)}(v_2)\frac{\mathrm{d}}{\mathrm{d}v_1}\mathrm{J}_k(v_1) + Z_k^{(j)}(v_2)\frac{\mathrm{d}}{\mathrm{d}v_1}\mathrm{J}_{k+1}(v_1)\right]\right\} \end{aligned} \tag{3.3.22b}$$

$$\begin{aligned} \frac{\mathrm{d}}{\mathrm{d}\xi}\mathrm{Ms}_{2n+2}^{(j)}(\xi,q) &= \frac{u\tanh\xi}{\mathrm{se}'_{2n+2}(0,q)}\sum_{k=0}^{\infty}(-1)^{n+k}(2k+2)B_{2k+2}^{(2n+2)}\frac{\mathrm{d}}{\mathrm{d}w}Z_{2k+2}^{(j)}(w) \\ &+ \frac{1}{\mathrm{se}'_{2n+2}(0,q)\cosh^2\xi}\sum_{k=0}^{\infty}(-1)^{n+k}(2k+2)B_{2k+2}^{(2n+2)}Z_{2k+2}^{(j)}(w) \end{aligned} \tag{3.3.23a}$$

$$\begin{aligned} &= \frac{\sqrt{q}}{B_2^{(2n+2)}}\sum_{k=0}^{\infty}(-1)^{n+k}B_{2k+2}^{(2n+2)} \\ &\times\left\{\mathrm{e}^{\xi}\left[\mathrm{J}_k(v_1)\frac{\mathrm{d}}{\mathrm{d}v_2}Z_{k+2}^{(j)}(v_2) - \mathrm{J}_{k+2}(v_1)\frac{\mathrm{d}}{\mathrm{d}v_2}Z_k^{(j)}(v_2)\right]\right. \\ &\left. - \mathrm{e}^{-\xi}\left[Z_{k+2}^{(j)}(v_2)\frac{\mathrm{d}}{\mathrm{d}v_1}\mathrm{J}_k(v_1) - Z_k^{(j)}(v_2)\frac{\mathrm{d}}{\mathrm{d}v_1}\mathrm{J}_{k+2}(v_1)\right]\right\} \end{aligned} \tag{3.3.23b}$$

$$\frac{\mathrm{d}}{\mathrm{d}\xi}\mathrm{Ms}_{2n+1}^{(j)}(\xi,q) = \frac{u\tanh\xi}{\mathrm{se}'_{2n+2}(0,q)}\sum_{k=0}^{\infty}(-1)^{n+k}(2k+1)B_{2k+1}^{(2n+1)}\frac{\mathrm{d}}{\mathrm{d}w}Z_{2k+1}^{(j)}(w)$$

$$+\frac{1}{\mathrm{se}'_{2n+2}(0,q)\cosh^2\xi}\sum_{k=0}^{\infty}(-1)^{n+k}(2k+1)B_{2k+1}^{(2n+1)}Z_{2k+1}^{(j)}(w)\tag{3.3.24a}$$

$$=\frac{\sqrt{q}}{B_1^{(2n+1)}}\sum_{k=0}^{\infty}(-1)^{n+k}B_{2k+1}^{(2n+1)}$$
$$\times\left\{\mathrm{e}^{\xi}\left[\mathrm{J}_k(v_1)\frac{\mathrm{d}}{\mathrm{d}v_2}Z_{k+1}^{(j)}(v_2)-\mathrm{J}_{k+1}(v_1)\frac{\mathrm{d}}{\mathrm{d}v_2}Z_k^{(j)}(v_2)\right]\right.$$
$$\left.-\mathrm{e}^{-\xi}\left[Z_{k+1}^{(j)}(v_2)\frac{\mathrm{d}}{\mathrm{d}v_1}\mathrm{J}_k(v_1)-Z_k^{(j)}(v_2)\frac{\mathrm{d}}{\mathrm{d}v_1}\mathrm{J}_{k+1}(v_1)\right]\right\}\tag{3.3.24b}$$

第一类变形马蒂厄函数和第二类变形马蒂厄函数满足朗斯基关系

$$\mathrm{Mc}_m^{(1)}(\xi,q)\frac{\mathrm{d}}{\mathrm{d}\xi}\mathrm{Mc}_m^{(2)}(\xi,q)-\mathrm{Mc}_m^{(2)}(\xi,q)\frac{\mathrm{d}}{\mathrm{d}\xi}\mathrm{Mc}_m^{(1)}(\xi,q)=\frac{2}{\pi}\tag{3.3.25}$$

$$\mathrm{Ms}_m^{(1)}(\xi,q)\frac{\mathrm{d}}{\mathrm{d}\xi}\mathrm{Ms}_m^{(2)}(\xi,q)-\mathrm{Ms}_m^{(2)}(\xi,q)\frac{\mathrm{d}}{\mathrm{d}\xi}\mathrm{Ms}_m^{(1)}(\xi,q)=\frac{2}{\pi}\tag{3.3.26}$$

这一关系可用来检验数值计算的结果的正确性。

3.3.2　函数 $\mathrm{Ne}_m(\xi,\ q)$和 $\mathrm{No}_m(\xi,\ q)$的导数

利用附录B中贝塞尔函数的递推关系(B-8)～(B-11)式，由(3.3.1)～(3.3.4)式，可得第二类径向马蒂厄函数的导数分别为

$$\mathrm{Ne}'_{2n}(\xi,q)=\frac{\sqrt{q}\,\mathrm{ce}_{2n}(0,q)}{A_0^{(2n)}}\cosh\xi\sum_{k=0}^{\infty}A_{2k}^{(2n)}[\mathrm{N}_{2k-1}(u)-\mathrm{N}_{2k+1}(u)]\tag{3.3.27a}$$

$$=\frac{\sqrt{q}\,\mathrm{ce}_{2n}(\pi/2,q)}{A_0^{(2n)}}\sinh\xi\sum_{k=0}^{\infty}(-1)^kA_{2k}^{(2n)}[\mathrm{N}_{2k-1}(w)-\mathrm{N}_{2k+1}(w)]\tag{3.3.27b}$$

$$=\frac{p_{2n}}{[A_0^{(2n)}]^2}\sum_{k=0}^{\infty}(-1)^kA_{2k}^{(2n)}[v_1\mathrm{J}_{k+1}(v_1)\mathrm{N}_k(v_2)-v_2\mathrm{J}_k(v_1)\mathrm{N}_{k+1}(v_2)]\tag{3.3.27c}$$

$$\mathrm{Ne}'_{2n+1}(\xi,q)=\frac{\sqrt{q}\,\mathrm{ce}_{2n+1}(0,q)}{A_1^{(2n+1)}}\frac{2}{u}\sum_{k=0}^{\infty}A_{2k+1}^{(2n+1)}\{[(2k+1)\cosh^2\xi-1]\mathrm{N}_{2k}(u)$$
$$-[(2k+1)\cosh^2\xi+1]\mathrm{N}_{2k+2}(u)\}\tag{3.3.28a}$$

$$=-\frac{\mathrm{ce}'_{2n+1}(\pi/2,q)}{\sqrt{q}A_1^{(2n+1)}}\frac{u}{2}\sum_{k=0}^{\infty}(-1)^kA_{2k+1}^{(2n+1)}[\mathrm{N}_{2k}(w)-\mathrm{N}_{2k+2}(w)]\tag{3.3.28b}$$

$$=-\frac{p_{2n+1}}{\sqrt{q}\,[A_1^{(2n+1)}]^2}\sum_{k=0}^{\infty}(-1)^kA_{2k+1}^{(2n+1)}\{(v_2-v_1)[\mathrm{J}_k(v_1)\mathrm{N}_k(v_2)$$
$$-\mathrm{J}_{k+1}(v_1)\mathrm{N}_{k+1}(v_2)]+(2k+1)$$
$$\times[\mathrm{J}_{k+1}(v_1)\mathrm{N}_k(v_2)-\mathrm{J}_k(v_1)\mathrm{N}_{k+1}(v_2)]\}\tag{3.3.28c}$$

$$\mathrm{No}'_{2n+2}(\xi,q)=\frac{\mathrm{se}'_{2n+2}(0,q)}{B_2^{(2n+2)}}\frac{2}{u}\sum_{k=0}^{\infty}B_{2k+2}^{(2n+2)}\{[(2k+2)\cosh^2\xi-1]\mathrm{N}_{2k+1}(u)$$
$$-[(2k+2)\cosh^2\xi+1]\mathrm{N}_{2k+3}(u)\}\tag{3.3.29a}$$

$$= \frac{\mathrm{se}'_{2n+2}(\pi/2,q)}{B_2^{(2n+2)}} \frac{2}{w} \sum_{k=0}^{\infty} (-1)^{k+1} B_{2k+2}^{(2n+2)} \{[1+(2k+2)\sinh^2\xi]\mathrm{N}_{2k+1}(w)$$

$$+[1-(2k+2)\sinh^2\xi]\mathrm{N}_{2k+3}(w)\} \tag{3.3.29b}$$

$$= \frac{s_{2n+2}}{q[B_2^{(2n+2)}]^2} \sum_{k=0}^{\infty} (-1)^{k+1} B_{2k+2}^{(2n+2)} (4k+4)$$

$$\times \{\mathrm{J}_k(v_1)\mathrm{N}_k(v_2) + \cosh(2\xi)\mathrm{J}_{k+1}(v_1)\mathrm{N}_{k+1}(v_2)$$

$$-(k+1)[\mathrm{J}_{k+1}(v_1)\mathrm{N}_k(v_2)/v_1 + \mathrm{J}_k(v_1)\mathrm{N}_{k+1}(v_2)/v_2]\} \tag{3.3.29c}$$

$$\mathrm{No}'_{2n+1}(\xi,q) = \frac{\mathrm{se}'_{2n}(0,q)}{\sqrt{q}B_1^{(2n+1)}} \frac{w}{2} \sum_{k=0}^{\infty} B_{2k+1}^{(2n+1)} [\mathrm{N}_{2k}(u) - \mathrm{N}_{2k+2}(u)] \tag{3.3.30a}$$

$$= \frac{\sqrt{q}\,\mathrm{se}_{2n+1}(\pi/2,q)}{B_1^{(2n+1)}} \frac{2}{w} \sum_{k=0}^{\infty} (-1)^k B_{2k+1}^{(2n+1)} \{[1+(2k+1)\sinh^2\xi]\mathrm{N}_{2k}(w)$$

$$+[1-(2k+1)\sinh^2\xi]\mathrm{N}_{2k+2}(w)\} \tag{3.3.30b}$$

$$= \frac{s_{2n+1}}{\sqrt{q}[B_1^{(2n+1)}]^2} \sum_{k=0}^{\infty} (-1)^k B_{2k+1}^{(2n+1)}$$

$$\times \{(v_1+v_2)[\mathrm{J}_k(v_1)\mathrm{N}_k(v_2) + \mathrm{J}_{k+1}(v_1)\mathrm{N}_{k+1}(v_2)]$$

$$-(2k+1)[\mathrm{J}_{k+1}(v_1)\mathrm{N}_k(v_2) + \mathrm{J}_k(v_1)\mathrm{N}_{k+1}(v_2)]\} \tag{3.3.30c}$$

3.3.3　函数 $\mathrm{Ne}_m(\xi,\ q)$和 $\mathrm{No}_m(\xi,\ q)$及其导数曲线

参数 $q>0$ 时的第二类整数阶径向马蒂厄函数 $\mathrm{Ne}_m(\xi,\ q)$和 $\mathrm{No}_m(\xi,\ q)$的数值计算，同第一类整数阶径向马蒂厄函数 $\mathrm{Je}_m(\xi,\ q)$和 $\mathrm{Jo}_m(\xi,\ q)$一样，仍用贝塞尔函数乘积的级数展开的解析表达式，即(3.3.1c)式、(3.3.2c)式、(3.3.3c)式和(3.3.4c)式进行编程计算，它们的导数利用(3.3.27)～(3.3.30)式进行编程计算。

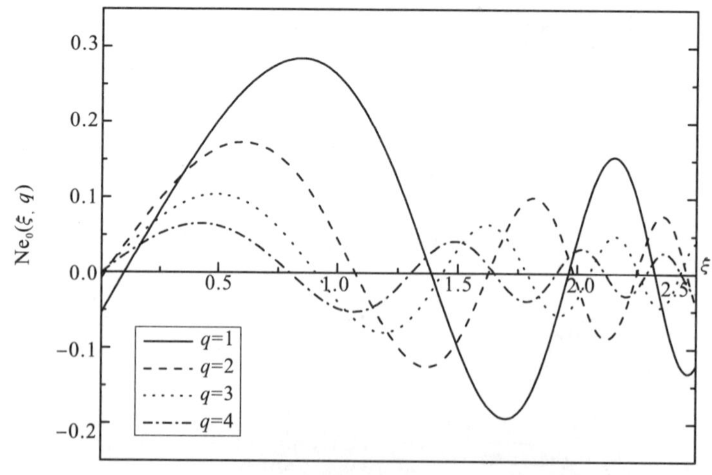

图 3-20　$\mathrm{Ne}_0(\xi,\ q)$函数图像($q\in\{1,\ 2,\ 3,\ 4\}$，$0\leqslant\xi\leqslant2.5$)

图 3-20～图 3-33 绘出了部分第二类整数阶径向马蒂厄函数 $\mathrm{Ne}_m(\xi,\ q)$和 $\mathrm{No}_m(\xi,\ q)$的函数图像和可视化图。图 3-34 是函数 $\mathrm{Ne}_m(\xi,\ q)$及其导数的一个数值计算示例。由图可以看出，与函数 $\mathrm{Je}_m(\xi,\ q)$和 $\mathrm{Jo}_m(\xi,\ q)$一样，随着参数 q 的增大，函数 $\mathrm{Ne}_m(\xi,\ q)$和 $\mathrm{No}_m(\xi,\ q)$图线的振动频率增加，振幅最大值越来越小。值得注意的是，当径向坐标变量

$\xi=0$ 时，函数 $Ne_m(\xi, q)$ 和 $No_m(\xi, q)$ 的值不会趋于无穷大，这点与第二类贝塞尔函数 $N_m(x)$ 的性质不同。第二类贝塞尔函数在 $x\to 0$ 时，有 $N_m(x)\to -\infty$。$Ne_m(\xi, q)$ 是偶函数，$No_m(\xi, q)$ 是奇函数。

图 3-35～图 3-40 是采用文献［68］、文献［69］和文献［70］提供的程序进行数值计算后绘出的一些 $Mc_{2n}^{(j)}(\xi, q)$、$Mc_{2n+1}^{(j)}(\xi, q)$、$Ms_{2n+2}^{(j)}(\xi, q)$ 和 $Ms_{2n+1}^{(j)}(\xi, q)$ 函数图像，读者可与相对应的 $Je_m(\xi, q)$、$Jo_m(\xi, q)$、$Ne_m(\xi, q)$ 和 $No_m(\xi, q)$ 函数图像进行对比。

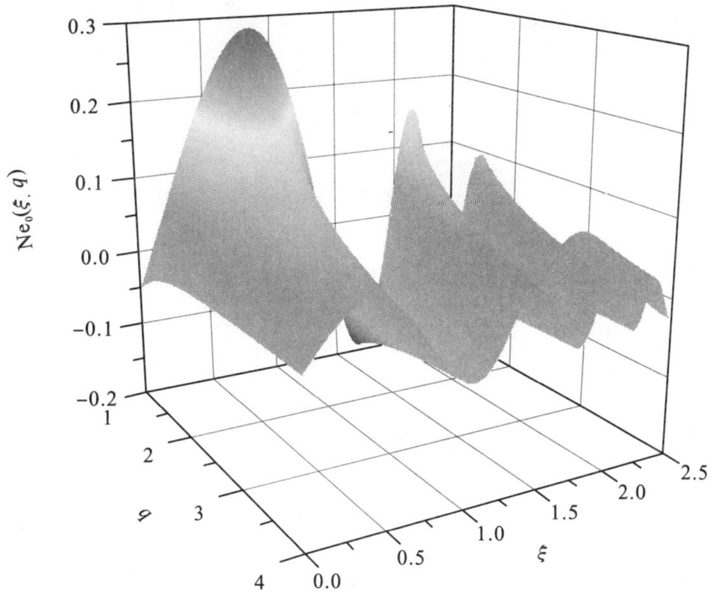

图 3-21　$Ne_0(\xi, q)$ 函数可视化图（$1\leqslant q\leqslant 4$，$0\leqslant\xi\leqslant 2.5$）

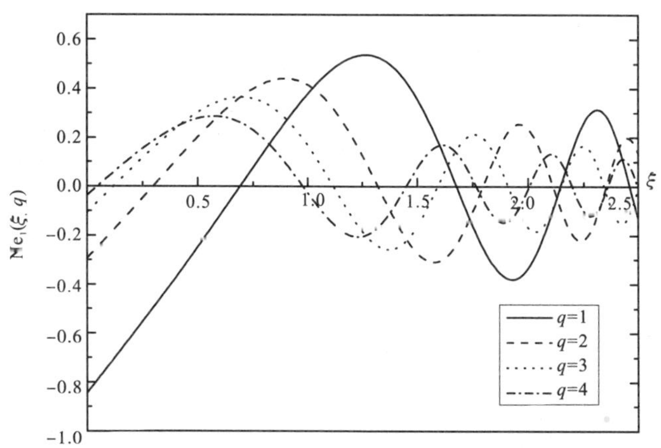

图 3-22　$Ne_1(\xi, q)$ 函数图像（$q\in\{1, 2, 3, 4\}$，$0\leqslant\xi\leqslant 2.5$）

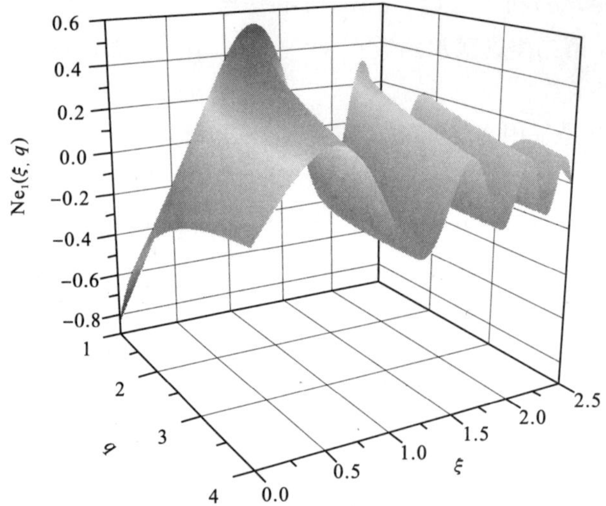

图 3-23　$\mathrm{Ne}_1(\xi,\ q)$函数可视化图($1\leqslant q\leqslant 4$，$0\leqslant\xi\leqslant 2.5$)

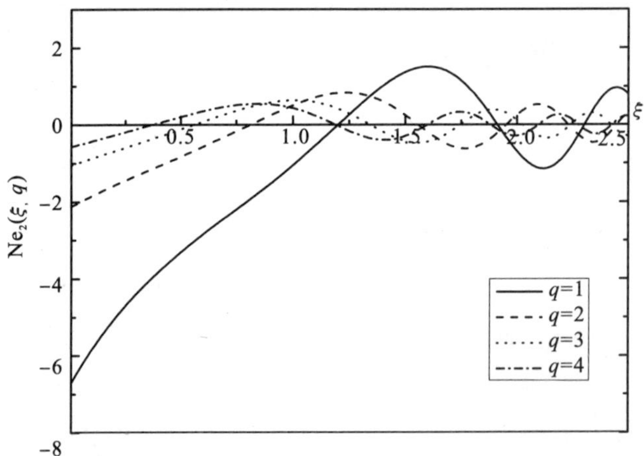

图 3-24　$\mathrm{Ne}_2(\xi,\ q)$函数图像($q\in\{1,\ 2,\ 3,\ 4\}$，$0\leqslant\xi\leqslant 2.5$)

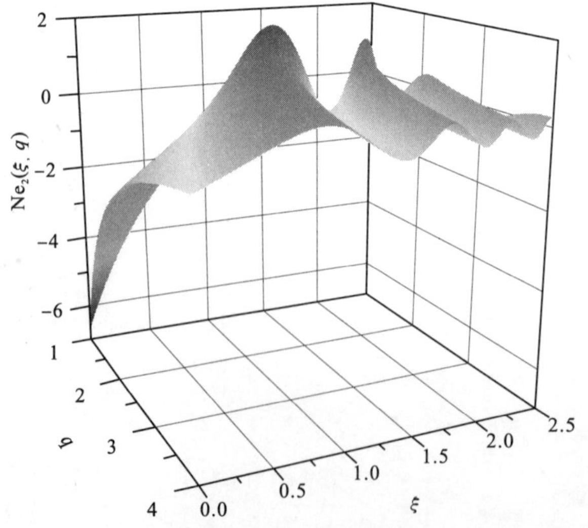

图 3-25　$\mathrm{Ne}_2(\xi,\ q)$函数可视化图($1\leqslant q\leqslant 4$，$0\leqslant\xi\leqslant 2.5$)

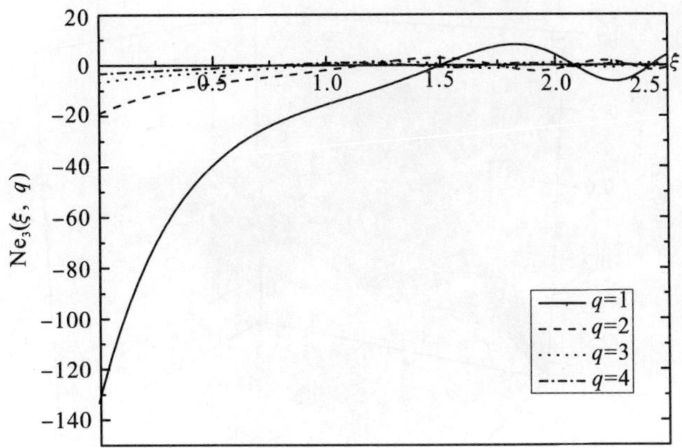

图 3-26　$\mathrm{Ne}_3(\xi, q)$函数图像($q \in \{1, 2, 3, 4\}$, $0 \leqslant \xi \leqslant 2.5$)

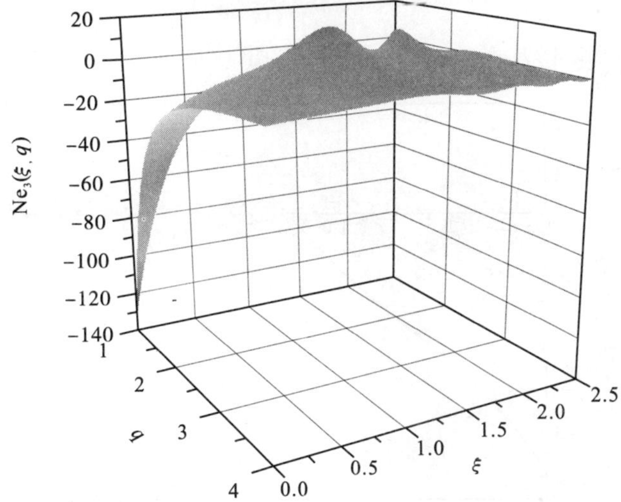

图 3-27　$\mathrm{Ne}_3(\xi, q)$函数可视化图($1 \leqslant q \leqslant 4$, $0 \leqslant \xi \leqslant 2.5$)

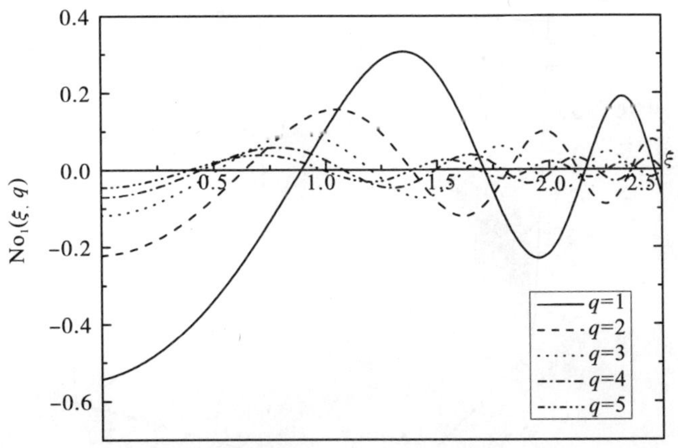

图 3-28　$\mathrm{No}_1(\xi, q)$函数图像($q \in \{1, 2, 3, 4, 5\}$, $0 \leqslant \xi \leqslant 2.5$)

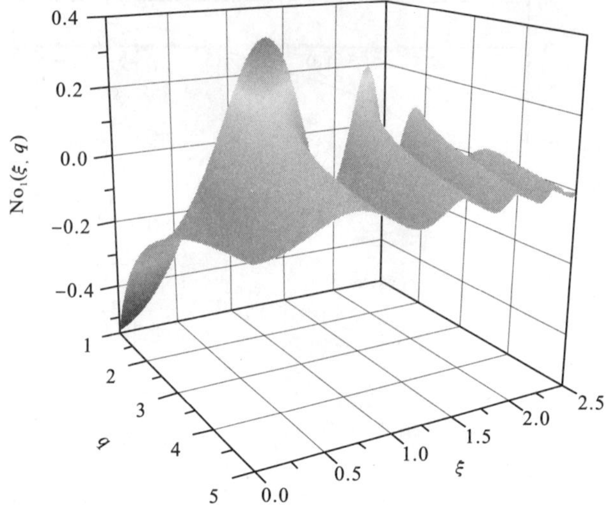

图 3-29 $No_1(\xi, q)$函数可视化图($1\leqslant q\leqslant 5$，$0\leqslant\xi\leqslant 2.5$)

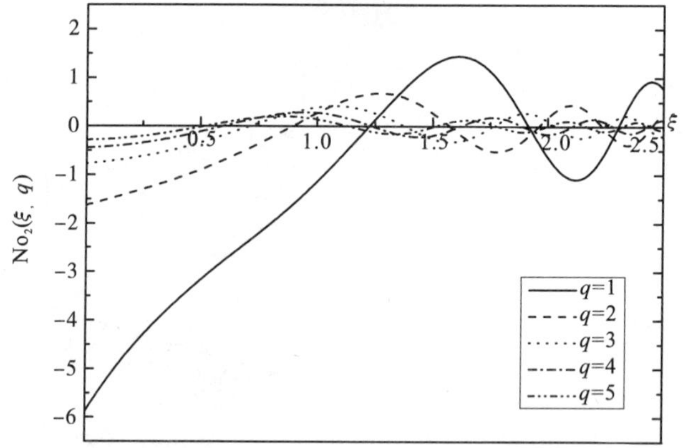

图 3-30 $No_2(\xi, q)$函数图像($q\in\{1, 2, 3, 4, 5\}$，$0\leqslant\xi\leqslant 2.5$)

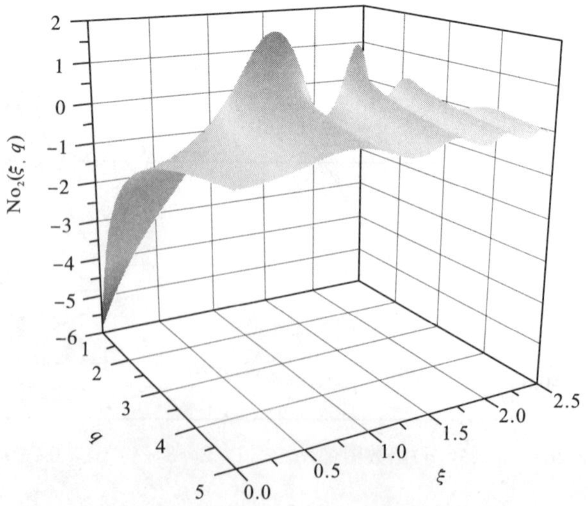

图 3-31 $No_2(\xi, q)$函数可视化图($1\leqslant q\leqslant 5$，$0\leqslant\xi\leqslant 2.5$)

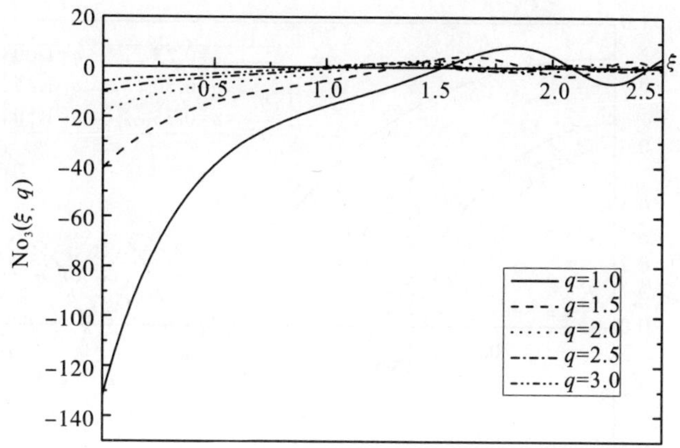

图 3-32　$No_3(\xi, q)$函数图像($q\in\{1, 2, 3, 4, 5\}$, $0\leqslant\xi\leqslant2.5$)

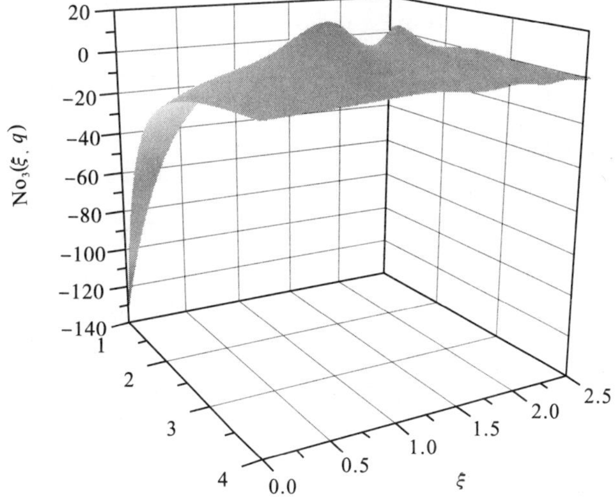

图 3-33　$No_3(\xi, q)$函数可视化图($1\leqslant q\leqslant5$, $0\leqslant\xi\leqslant2.5$)

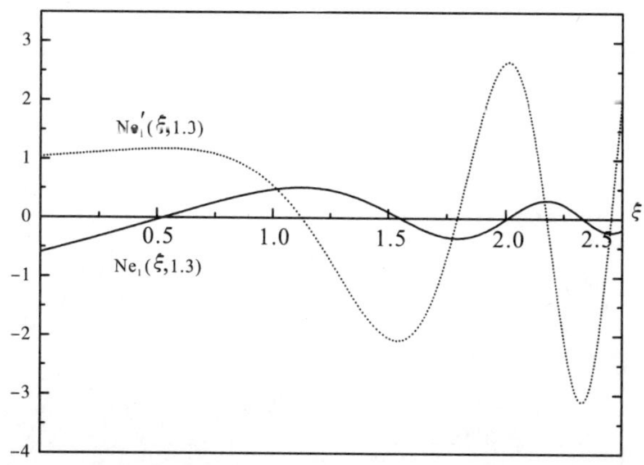

图 3-34　$Ne_1(\xi, q)$及其一阶导数函数图像($q=1.3$, $0\leqslant\xi\leqslant2.5$)

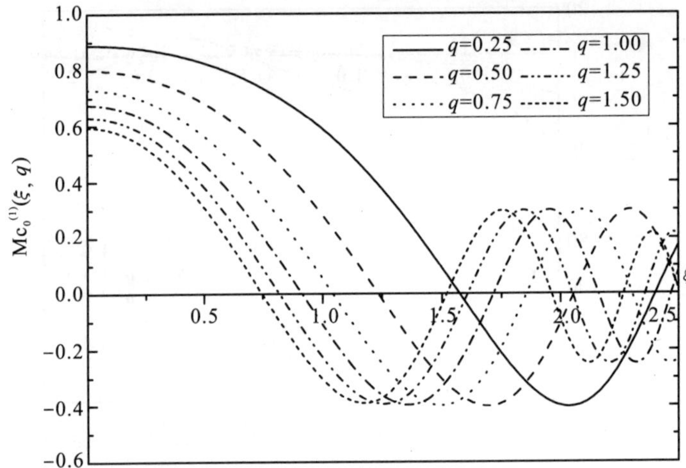

图 3-35 $\mathrm{Mc}_0^{(1)}(\xi, q)$函数图像($q\in$ {0.25, 0.5, 0.75, 1, 1.25, 1.5}, $0\leqslant\xi\leqslant2.5$)

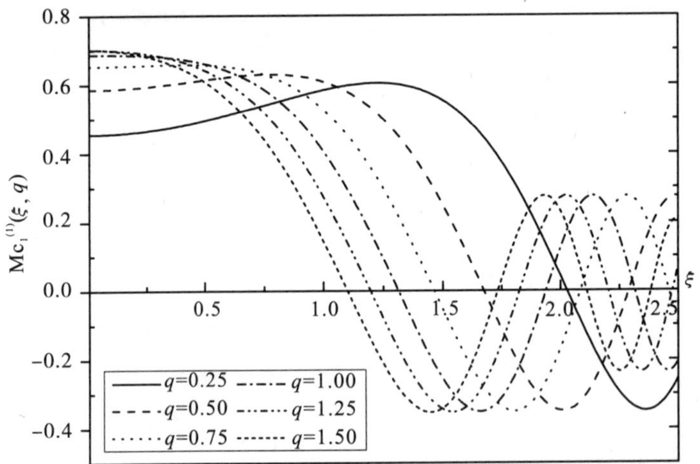

图 3-36 $\mathrm{Mc}_1^{(1)}(\xi, q)$函数图像($q\in$ {0.25, 0.5, 0.75, 1, 1.25, 1.5}, $0\leqslant\xi\leqslant2.5$)

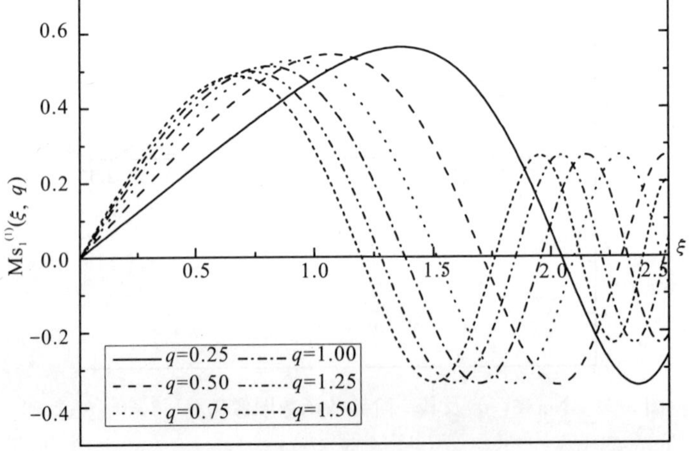

图 3-37 $\mathrm{Ms}_1^{(1)}(\xi, q)$函数图像($q\in$ {0.25, 0.5, 0.75, 1, 1.25, 1.5}, $0\leqslant\xi\leqslant2.5$)

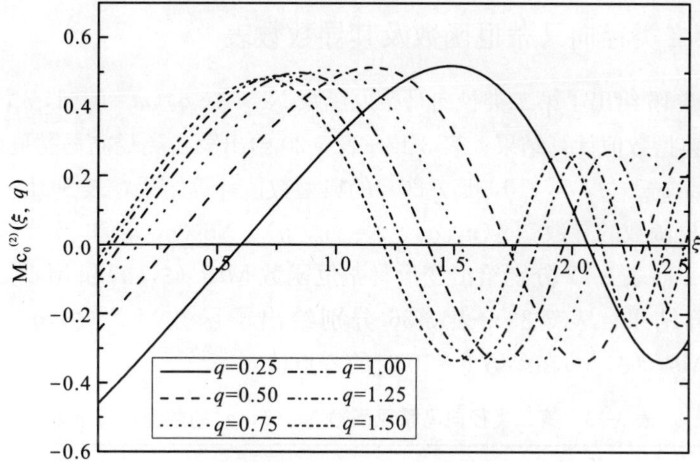

图 3-38　$\mathrm{Mc}_0^{(2)}(\xi, q)$函数图像($q\in$ {0.25，0.5，0.75，1，1.25，1.5}，$0\leqslant\xi\leqslant2.5$)

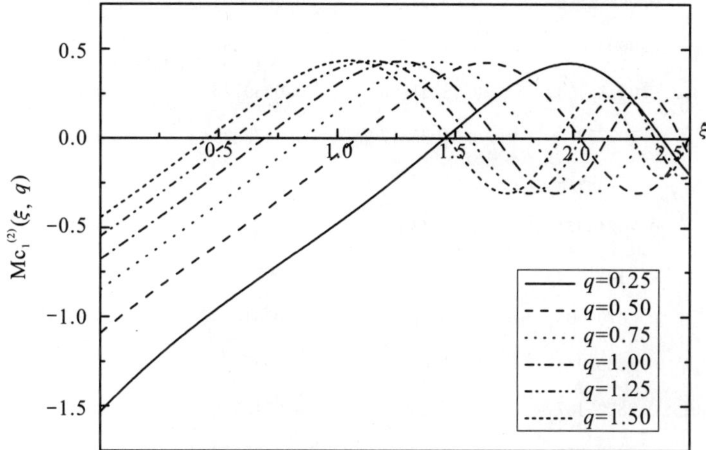

图 3-39　$\mathrm{Mc}_1^{(2)}(\xi, q)$函数图像($q\in$ {0.25，0.5，0.75，1，1.25，1.5}，$0\leqslant\xi\leqslant2.5$)

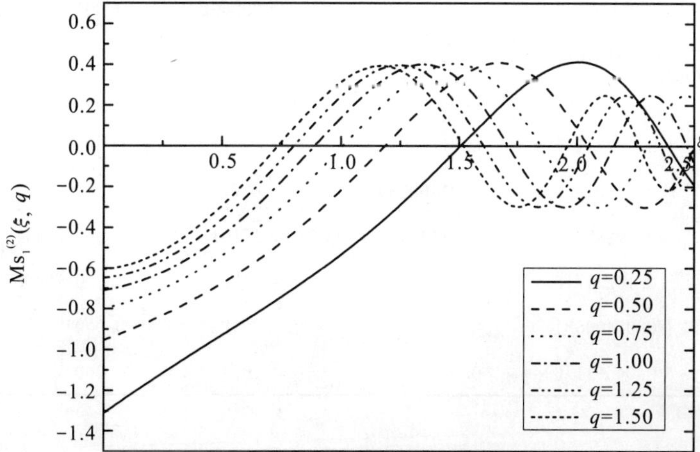

图 3-40　$\mathrm{Ms}_1^{(2)}(\xi, q)$函数图像($q\in$ {0.25，0.5，0.75，1，1.25，1.5}，$0\leqslant\xi\leqslant2.5$)

3.3.4 第二类径向马蒂厄函数及其导数数表

表 3-13～表 3-16 给出了第二类径向马蒂厄函数 $\mathrm{Ne}_m(\xi, q)$($m=0$，1，2，3，$q\in$ {1，5，10，15，20})的典型数值计算结果；表 3-17～表 3-20 给出第二类径向马蒂厄函数 $\mathrm{No}_m(\xi, q)$($m=1$，2，3，4，$q\in$ {1，5，10，15，20})的典型数值计算结果；表 3-21～表 3-24分别给出第二类径向马蒂厄函数的导数 $\mathrm{Ne}_0'(\eta, q)$、$\mathrm{Ne}_1'(\eta, q)$、$\mathrm{No}_1'(\eta, q)$和 $\mathrm{No}_2'(\eta, q)$的典型数值计算结果；表 3-25～表 3-32 分别给出变形马蒂厄函数 $\mathrm{Mc}_m^{(j)}(\xi, q)$和 $\mathrm{Ms}_m^{(j)}(\xi, q)$及其导数的典型数值计算结果；表 3-33～表 3-36 分别给出了函数 $\mathrm{Mc}_m^{(1)}(\xi, q)$，$\mathrm{Ms}_m^{(1)}(\xi, q)$，$\mathrm{Mc}_m^{(2)}(\xi, q)$和 $\mathrm{Ms}_m^{(2)}(\xi, q)$在参数 $q=10$ 时的零点值[68]。

表 3-13 第二类径向马蒂厄函数 $\mathrm{Ne}_0(\xi, q)$的数值计算结果

ξ \ q	1	5	10	15	20
0	−0.05382386	−0.00008339	−0.00000042	−0.00000001	0.00000000
0.1	0.00054080	0.01685522	0.00415561	0.00127338	0.00044936
0.2	0.05488463	0.03111650	0.00691768	0.00189670	0.00059232
0.3	0.10777642	0.04025317	0.00728294	0.00152237	0.00032008
0.4	0.15759915	0.04235971	0.00499025	0.00030954	−0.00018499
0.5	0.20245971	0.03646041	0.00075095	−0.00107555	−0.00053826
0.6	0.24011845	0.02297667	−0.00377759	−0.00174787	−0.00042542
0.7	0.26796006	0.00417786	−0.00644767	−0.00115757	0.00008598
0.8	0.28303971	−0.01561395	−0.00559582	0.00035022	0.00049304
0.9	0.28225487	−0.03045057	−0.00130887	0.00150168	0.00030313
1.0	0.26270959	−0.03427475	0.00381726	0.00106088	−0.00028431
1.1	0.22234768	−0.02374719	0.00568553	−0.00062210	−0.00040762
1.2	0.16091557	−0.00172662	0.00208632	−0.00137394	0.00018217
1.3	0.08124633	0.02087810	−0.00368108	0.00007350	0.00036415
1.4	−0.00931185	0.02865350	−0.00442524	0.00127748	−0.00027923
1.5	−0.09781187	0.01296944	0.00149711	−0.00025056	−0.00014290
1.6	−0.16591829	−0.01460056	0.00437784	−0.00100982	0.00035643
1.7	−0.19282665	−0.02441876	−0.00171915	0.00095244	−0.00030434
1.8	−0.16231713	−0.00115203	−0.00318631	−0.00017640	0.00017479
1.9	−0.07400581	0.02232623	0.00364257	−0.00045230	−0.00009744
2.0	0.04501176	0.00331797	−0.00106150	0.00071722	0.00010808

表 3-14　第二类径向马蒂厄函数 $Ne_1(\xi, q)$的数值计算结果

ξ \ q	1	5	10	15	20
0	−0.84484910	−0.01311748	−0.00013033	−0.00000300	−0.00000012
0.1	−0.72895619	0.05411075	0.02372849	0.00860110	0.00337388
0.2	−0.61170993	0.11679407	0.04223483	0.01395979	0.00495575
0.3	−0.49259876	0.16897840	0.05073092	0.01382379	0.00380396
0.4	−0.37097968	0.20425168	0.04622073	0.00787301	0.00043094
0.5	−0.24637634	0.21606764	0.02858988	−0.00166276	−0.00317607
0.6	−0.11882664	0.19878885	0.00186052	−0.01022127	−0.00446591
0.7	0.01069848	0.14969579	−0.02528745	−0.01262082	0.00214858
0.8	0.13979638	0.07196777	−0.04106200	−0.00640869	0.00206980
0.9	0.26407379	−0.02200039	−0.03551039	0.00469550	0.00397149
1.0	0.37660189	−0.10876673	−0.00850848	0.01113863	0.00097911
1.1	0.46755271	−0.15680773	0.02394229	0.00536089	−0.00322525
1.2	0.52432313	−0.13814674	0.03488536	−0.00687487	−0.00193067
1.3	0.53262757	−0.04931621	0.00998478	−0.00828439	0.00284566
1.4	0.47919134	0.06793187	−0.02570545	0.00452743	0.00107052
1.5	0.35664668	0.13116998	−0.02288494	0.00721746	−0.00302412
1.6	0.17071404	0.07457644	0.01760245	−0.00658752	0.00164527
1.7	−0.05170840	−0.05954640	0.02044920	−0.00163914	0.00046965
1.8	−0.25768322	−0.11039241	−0.02205003	0.00680621	−0.00170356
1.9	−0.37430540	0.00862401	−0.00317822	−0.00715110	0.00206683
2.0	−0.33498782	0.10230335	0.02051568	0.00575854	−0.00193109

表 3-15　第二类径向马蒂厄函数 $Ne_2(\xi, q)$的数值计算结果

ξ \ q	1	5	10	15	20
0	−6.70992390	−0.31004748	−0.01059153	−0.00038033	−0.00001925
0.1	−5.80798171	−0.17896226	0.06858093	0.03626394	0.01644597
0.2	−5.04141091	−0.04299351	0.13899923	0.06374659	0.02654606
0.3	−4.38624691	0.09424395	0.19004784	0.07404121	0.02579819
0.4	−3.81888104	0.22701938	0.21080570	0.06225270	0.01358743
0.5	−3.31636560	0.34593349	0.19188688	0.02940154	−0.00526180
0.6	−2.85654954	0.43682709	0.12953758	−0.01473362	−0.02078988
0.7	−2.41827596	0.48097096	0.03181340	−0.05124946	−0.02213425
0.8	−1.98189032	0.45786645	−0.07552238	−0.05823907	−0.00612177

续表

ξ \ q	1	5	10	15	20
0.9	−1.53034617	0.35225236	−0.14933673	−0.02580130	0.01500413
1.0	−1.05122788	0.16613455	−0.14447712	0.02650279	0.01887838
1.1	−0.53998772	−0.06648030	−0.04835443	0.05111034	−0.00173331
1.2	−0.00452036	−0.27103539	0.08203344	0.01542654	−0.01836378
1.3	0.52928934	−0.34716503	0.13082862	−0.03929150	−0.00124563
1.4	1.01242018	−0.22422240	0.03034621	−0.02636658	0.01660312
1.5	1.37105593	0.05163846	−0.10484094	0.03505866	−0.00649453
1.6	1.51376203	0.27390424	−0.06346494	0.01292193	−0.00865984
1.7	1.35459740	0.20481840	0.09200208	−0.03755114	0.01419261
1.8	0.85763639	−0.11334200	0.03125984	0.02457034	−0.01245732
1.9	0.09821252	−0.24360829	−0.09634965	−0.00229499	0.00977988
2.0	−0.68780914	0.05844216	0.06269947	−0.01141525	−0.00932110

表 3-16　第二类径向马蒂厄函数 $Ne_3(\xi, q)$的数值计算结果

ξ \ q	1	5	10	15	20
0	−133.22062771	−1.98587469	−0.23461172	−0.01931286	−0.00142593
0.1	−103.02962351	−1.65329019	−0.08032265	0.08413100	0.05631971
0.2	−80.12914123	−1.34267093	0.07772829	0.17563928	0.09984556
0.3	−62.80220182	−1.04190079	0.23056328	0.23917578	0.11590324
0.4	−49.71266815	−0.73817365	0.36381249	0.25749633	0.09566880
0.5	−39.82578371	−0.42158131	0.45553287	0.21615893	0.04042224
0.6	−32.33990530	−0.08973399	0.47726034	0.11272731	−0.03188446
0.7	−26.62952908	0.24632817	0.40153853	−0.03020614	−0.08545935
0.8	−22.19874442	0.55581171	0.21894069	−0.15650696	−0.08124006
0.9	−18.64420097	0.78451917	−0.03704267	−0.19008191	−0.01180496
1.0	−15.62730794	0.86018085	−0.27135206	−0.08754786	0.06626981
1.1	−12.85658890	0.71573344	−0.34687145	0.08763728	0.06216311
1.2	−10.08275638	0.33676810	−0.17594378	0.16099836	−0.02935448
1.3	−7.11074391	−0.17730144	0.14134713	0.02258425	−0.06430393
1.4	−3.83355530	−0.58527726	0.29339087	−0.14028104	0.03007525
1.5	−0.29002847	−0.59423798	0.05967197	−0.03312653	0.04417111
1.6	3.26153510	−0.11813445	−0.24827871	0.13116395	−0.05644197
1.7	6.28431836	0.45492051	−0.07770568	−0.04584519	0.02373428

续表

ξ \ q	1	5	10	15	20
1.8	7.98491817	0.44970362	0.23626352	−0.06393809	0.00832651
1.9	7.51841487	−0.20256941	−0.06591028	0.10770912	−0.02330147
2.0	4.46628527	−0.45487544	−0.13062589	−0.10547371	0.02301629

表 3-17　第二类径向马蒂厄函数 $No_1(\xi, q)$的数值计算结果

ξ \ q	1	5	10	15	20
0	−0.54303282	−0.04502080	−0.00762772	−0.00193253	−0.00060374
0.1	−0.52418726	−0.04147386	−0.00636704	−0.00144608	−0.00040062
0.2	−0.49405764	−0.03137388	−0.00298110	−0.00022543	0.00007396
0.3	−0.45269667	−0.01614390	0.00142484	0.00110827	0.00049407
0.4	−0.40011105	0.00186337	0.00529191	0.00182090	0.00054725
0.5	−0.33640671	0.01946486	0.00705638	0.00144755	0.00016941
0.6	−0.26199789	0.03293665	0.00576729	0.00014239	−0.00034699
0.7	−0.17789144	0.03862477	0.00172612	−0.00124407	−0.00052522
0.8	−0.08605202	0.03397612	−0.00319533	−0.00160386	−0.00014656
0.9	0.01016326	0.01893368	−0.00606613	−0.00049713	0.00039235
1.0	0.10554776	−0.00271084	−0.00458071	0.00108975	0.00038283
1.1	0.19267643	−0.02295561	0.00061941	0.00132034	−0.00020831
1.2	0.26183417	−0.03162653	0.00506587	−0.00026129	−0.00039914
1.3	0.30158000	−0.02181827	0.00373037	−0.00133640	0.00020919
1.4	0.30040879	0.00270672	−0.00234553	0.00007145	0.00028856
1.5	0.24998832	0.02433235	−0.00454261	0.00119611	−0.00035597
1.6	0.15014781	0.02184803	0.00128850	−0.00058370	0.00008377
1.7	0.01485830	−0.00527502	0.00399881	−0.00057503	0.00017141
1.8	−0.12341156	−0.02388565	−0.00265735	0.00104594	−0.00028348
1.9	−0.21611987	−0.00396182	−0.00153640	−0.00090402	0.00030208
2.0	−0.21448181	0.02143969	0.00361367	0.00064265	−0.00028243

表 3-18　第二类径向马蒂厄函数 $No_2(\xi, q)$的数值计算结果

ξ \ q	1	5	10	15	20
0	−5.88653225	−0.28399186	−0.05387889	−0.01504692	−0.00505209
0.1	−5.18511061	−0.26873193	−0.04788528	−0.01226179	−0.00373397
0.2	−4.58089322	−0.23177588	−0.03117187	−0.00488137	−0.00044657
0.3	−4.05700519	−0.17475805	−0.00716001	0.00438122	0.00306761
0.4	−3.59580988	−0.10090249	0.01857738	0.01173997	0.00475123
0.5	−3.17926395	−0.01596985	0.03887787	0.01360433	0.00337402

续表

ξ \ q	1	5	10	15	20
0.6	−2.78913902	0.07073621	0.04645761	0.00839939	−0.00037913
0.7	−2.40731431	0.14581492	0.03663397	−0.00167464	−0.00374869
0.8	−2.01637419	0.19255025	0.01098074	−0.01041196	−0.00360140
0.9	−1.60079096	0.19423229	−0.01988541	−0.01073096	0.00032236
1.0	−1.14901345	0.14104035	−0.03805075	−0.00118025	0.00368821
1.1	−0.65676821	0.03999637	−0.02834154	0.00926700	0.00170712
1.2	−0.13171591	−0.07624614	0.00531455	0.00755907	−0.00290279
1.3	0.40086652	−0.15155009	0.03226685	−0.00513324	−0.00172464
1.4	0.89270090	−0.13178356	0.01916531	−0.00811496	0.00298808
1.5	1.27043776	−0.01457666	−0.02025541	0.00512775	−0.00010117
1.6	1.44218567	0.11153334	−0.02317975	0.00526571	−0.00236804
1.7	1.31973729	0.11269603	0.01867313	−0.00786450	0.00270645
1.8	0.86214637	−0.02982792	0.01437498	0.00348417	−0.00198521
1.9	0.13650958	−0.11778441	−0.02493874	0.00135263	0.00138989
2.0	−0.63169405	0.00943958	0.01213793	−0.00385158	−0.00137580

表 3-19 第二类径向马蒂厄函数 $No_3(\xi, q)$的数值计算结果

ξ \ q	1	5	10	15	20
0	−132.05325497	−1.58168603	−0.26571005	−0.07951800	−0.02868749
0.1	−102.19295954	−1.43336849	−0.24594846	−0.06961082	−0.02326593
0.2	−79.53230478	−1.27085686	−0.19585082	−0.04230777	−0.00892042
0.3	−62.37902213	−1.08814208	−0.11938787	−0.00380352	0.00896986
0.4	−49.41525257	−0.87698726	−0.02467381	0.03558016	0.02271631
0.5	−39.61965134	−0.62995710	0.07403784	0.06251972	0.02494747
0.6	−32.20034616	−0.34482937	0.15534027	0.06432094	0.01285020
0.7	−26.53889964	−0.03065151	0.19301987	0.03584787	−0.00755784
0.8	−22.14446458	0.28525002	0.16469829	−0.01220140	−0.02150758
0.9	−18.61726657	0.55203673	0.06794073	−0.05084164	−0.01513524
1.0	−15.62117522	0.69781187	−0.06181004	−0.04718068	0.00747301
1.1	−12.86632304	0.64867482	−0.14935459	0.00204173	0.01927770
1.2	−10.10436748	0.37173712	−0.11944160	0.04653918	0.00117932
1.3	−7.14066385	−0.06484612	0.02052788	0.02450046	−0.01749131
1.4	−3.86824128	−0.45555015	0.13077618	−0.03548860	0.00142055

续表

ξ \ q	1	5	10	15	20
1.5	−0.32571531	−0.52442044	0.05927744	−0.02286742	0.01447996
1.6	3.22887195	−0.15289823	−0.10088786	0.03789351	−0.01236512
1.7	6.25869650	0.35753028	−0.05858403	−0.00401421	0.00210357
1.8	7.96969124	0.40393066	0.10439884	−0.02638649	0.00557996
1.9	7.51523113	−0.14089515	−0.01225883	0.03435914	−0.00854748
2.0	4.47391006	−0.39765679	−0.07206035	−0.03066626	0.00810970

表 3-20　第二类径向马蒂厄函数 $No_4(\xi, q)$的数值计算结果

ξ \ q	1	5	10	15	20
0	−6100.38797425	−12.76069857	−1.24102061	−0.34345063	−0.12861389
0.1	−4208.11022463	−10.13074621	−1.11873051	−0.31363951	−0.11241813
0.2	−2911.48136546	−8.15553498	−0.96217064	−0.24155579	−0.06830379
0.3	−2023.46878567	−6.65810555	−0.76475363	−0.13288121	−0.00587480
0.4	−1415.21506647	−5.48126807	−0.51953971	−0.00059074	0.05784046
0.5	−998.29199986	−4.48509394	−0.22717890	0.13064231	0.09952054
0.6	−712.18381577	−3.54501909	0.09326939	0.22303564	0.09642815
0.7	−515.54003504	−2.55599099	0.39314400	0.23362913	0.04137834
0.8	−380.10186089	−1.44804439	0.59057568	0.13793802	−0.03948116
0.9	−286.50039936	−0.21701523	0.58928467	−0.03384467	−0.08592415
1.0	−221.35213333	1.03285856	0.33524235	−0.17644212	−0.04656296
1.1	−175.24832274	2.05457432	−0.09579910	−0.15993590	0.04559390
1.2	−141.36466271	2.47993979	−0.44765864	0.02582174	0.06745246
1.3	−114.51979886	1.96714537	−0.40394283	0.16736286	−0.02514080
1.4	−90.59808479	0.51061998	0.06072655	0.04129879	−0.05896914
1.5	−66.32898726	−1.21994701	0.42072632	−0.14781513	0.04444326
1.6	−39.47386608	−1.04748120	0.11370822	−0.00268813	0.01700664
1.7	−9.47224129	−0.78499074	−0.36929986	0.12658717	−0.05156011
1.8	21.53846054	1.22911230	−0.02095379	−0.10992302	0.05349959
1.9	47.80746257	1.38352838	0.32439314	0.03628954	−0.04570488
2.0	60.31697218	−0.78548628	−0.26693737	0.01751610	0.04297061

表 3-21　第二类径向马蒂厄函数导数 $Ne_0'(\xi, q)$的数值计算结果

ξ \ q	1	5	10	15	20
0	0.53924962	0.17388090	0.04401589	0.01392499	0.00507788
0.1	0.54582142	0.16036787	0.03671529	0.01040665	0.00336319
0.2	0.53868627	0.12073009	0.01679439	0.00144369	−0.00070298

续表

ξ \ q	1	5	10	15	20
0.3	0.51646979	0.05876269	−0.00996623	−0.00866747	−0.00442336
0.4	0.47684193	−0.01833798	−0.03470204	−0.01443076	−0.00498829
0.5	0.41664214	−0.09902624	−0.04724876	−0.01169782	−0.00149357
0.6	0.33216728	−0.16690981	−0.03957600	−0.00072503	0.00365445
0.7	0.21972984	−0.20180391	−0.01082327	0.01197646	0.00565665
0.8	0.07663357	−0.18387360	0.02787601	0.01588924	0.00152323
0.9	−0.09726091	−0.10228022	0.05339300	0.00477172	−0.00500806
1.0	−0.29723199	0.03199544	0.04169248	−0.01310567	−0.00504779
1.1	−0.51064637	0.17419976	−0.00876598	−0.01641763	0.00321754
1.2	−0.71352308	0.24752418	−0.05757456	0.00419049	0.00627815
1.3	−0.86781784	0.17689659	−0.04394139	0.02004309	−0.00379784
1.4	−0.92176726	−0.03847518	0.03341082	−0.00175567	−0.00536010
1.5	−0.81722659	−0.25610871	0.06596906	−0.02143651	0.00748304
1.6	−0.50906404	−0.23995055	−0.02282958	0.01202007	−0.00208263
1.7	−0.00011708	0.07716402	−0.07003960	0.01204884	−0.00416304
1.8	0.61313068	0.32748038	0.05335066	−0.02493229	0.00775202
1.9	1.10864860	0.04900112	0.03123310	0.02402634	−0.00914524
2.0	1.17409981	−0.35808763	−0.08500893	−0.01899618	0.00941576

表 3-22 第二类径向马蒂厄函数导数 $Ne_1'(\xi, q)$的数值计算结果

ξ \ q	1	5	10	15	20
0	1.15299019	0.67616217	0.24763468	0.09178013	0.03702583
0.1	1.16509112	0.65910846	0.22045704	0.07472394	0.02731982
0.2	1.18073155	0.58465919	0.14175292	0.02854048	0.00263968
0.3	1.20261264	0.44829369	0.02296721	−0.03191043	−0.02483464
0.4	1.23062026	0.24609426	−0.11358857	−0.08337069	−0.03916437
0.5	1.26145293	−0.01950391	−0.23244517	−0.09946400	−0.02839763
0.6	1.28800625	−0.33111407	−0.28745643	−0.06248002	0.00509694
0.7	1.29858648	−0.64604242	−0.23502787	0.01925044	0.03837916
0.8	1.27614408	−0.88824647	−0.06243918	0.09885804	0.03820313
0.9	1.19792379	−0.95165851	0.17498620	0.10594344	−0.00548478
1.0	1.03624901	−0.72923770	0.33777550	0.00797437	−0.04780957
1.1	0.76159574	−0.18126499	0.26210271	−0.11410442	−0.02251967

续表

ξ \ q	1	5	10	15	20
1.2	0.34957067	0.56434287	−0.07287442	−0.09672220	0.04556714
1.3	−0.20641670	1.14277963	−0.38187879	0.07852254	0.02779909
1.4	−0.87581146	1.05513046	−0.23457418	0.12757761	−0.05598854
1.5	−1.56698952	0.08173428	0.29888368	−0.09378048	0.00351834
1.6	−2.10783156	−1.14930770	0.35494041	−0.09897895	0.05247724
1.7	−2.25162853	−1.22969967	−0.33314520	0.16908599	−0.06732372
1.8	−1.74210567	0.40905836	−0.26397027	−0.08558660	0.05509696
1.9	−0.47079528	1.59820806	0.52786445	−0.03171348	−0.04292223
2.0	1.28600784	−0.18105523	−0.29295740	0.10790876	0.04672552

表 3-23　第二类径向马蒂厄函数导数 $No_1'(\xi, q)$ 的数值计算结果

ξ \ q	1	5	10	15	20
0	0.13154394	0.00032670	0.00000244	0.00000005	0.00000000
0.1	0.24505624	0.06981748	0.02453851	0.00931504	0.00382402
0.2	0.35746352	0.12980926	0.04129617	0.01401648	0.00508803
0.3	0.46976863	0.17085523	0.04414961	0.01136688	0.00275026
0.4	0.58180181	0.18394018	0.03047944	0.00204657	−0.00181576
0.5	0.69164185	0.16178416	0.00311023	−0.00927645	−0.00522559
0.6	0.79491757	0.10138933	−0.02845577	−0.01533708	−0.00422562
0.7	0.88401040	0.00787653	−0.04917391	−0.01037599	0.00110213
0.8	0.94726147	−0.10119248	−0.04408049	0.00407276	0.00576525
0.9	0.96843273	−0.19343345	−0.00905465	0.01634062	0.00363159
1.0	0.92690219	−0.22581326	0.03792227	0.01190381	−0.00398616
1.1	0.79939661	−0.16119598	0.05809659	−0.00841269	−0.00587679
1.2	0.56442550	0.00066718	0.02112571	−0.01878946	0.00307351
1.3	0.21078303	0.19002357	−0.04667718	0.00169936	0.00623717
1.4	−0.24893980	0.26951381	−0.05816038	0.02096712	−0.00544012
1.5	−0.76080957	0.12299944	0.02409202	−0.00506866	−0.00281329
1.6	−1.21356647	−0.17701340	0.06997146	−0.01970090	0.00811165
1.7	−1.43788231	−0.30385302	−0.03237928	0.02097990	−0.00772876
1.8	−1.24408508	−0.00424787	−0.06087563	−0.00472081	0.00496699
1.9	−0.52321227	0.34186965	0.07899748	−0.01147486	−0.00311101
2.0	0.59131238	0.04510272	−0.02689163	0.02049920	0.00376039

表 3-24 第二类径向马蒂厄函数导数 $No_2'(\xi, q)$的数值计算结果

ξ \ q	1	5	10	15	20
0	7.55337136	0.04123108	0.00060814	0.00001833	0.00000085
0.1	6.50097339	0.26286354	0.11734915	0.05403357	0.02520731
0.2	5.61160838	0.47364265	0.21120486	0.08894567	0.03750770
0.3	4.89560125	0.66150368	0.25966238	0.08978527	0.02914715
0.4	4.35840936	0.80618582	0.24291383	0.05108915	0.00227156
0.5	4.00293316	0.87707420	0.15049843	−0.01675621	−0.02872838
0.6	3.82985957	0.83461244	−0.00735738	−0.08376613	−0.04145296
0.7	3.83584997	0.63857760	−0.18704912	−0.10686670	−0.02009983
0.8	4.00917220	0.26712977	−0.30814301	−0.05487676	0.02390233
0.9	4.32229009	−0.25160631	−0.27764328	0.05199044	0.04665490
1.0	4.72116438	−0.80223252	−0.05728823	0.12313681	0.01095504
1.1	5.11194807	−1.16421508	0.24689338	0.06036081	−0.04607824
1.2	5.34793624	−1.06296252	0.37126331	−0.09452708	−0.02837662
1.3	5.22372014	−0.34384614	0.10192746	−0.11804313	0.04888652
1.4	4.48981003	0.75170839	−0.34403887	0.07635800	0.01845789
1.5	2.90823716	1.43883577	−0.31834785	0.12471250	−0.06173754
1.6	0.37240615	0.82960921	0.29041860	−0.13051910	0.03816346
1.7	−2.90034586	−0.86483948	0.34810862	−0.03124588	0.01032582
1.8	−6.14954328	−1.61043308	−0.43287079	0.15908894	−0.04559794
1.9	−7.98592499	0.21420959	−0.05515126	−0.18711713	0.06164057
2.0	−6.74700181	1.84051002	0.47687851	0.16764185	−0.06357687

表 3-25 变形马蒂厄函数 $Mc_m^{(1)}(\xi, q)$的数值计算结果($q=5$)

ξ \ q	0	1	2	3	4
0	0.40499905	0.49146728	0.60558225	0.45166099	0.15045264
0.1	0.37335797	0.47151502	0.59777433	0.45508760	0.15579726
0.2	0.28268838	0.41236863	0.57336446	0.46449656	0.17188628
0.3	0.14576806	0.31654026	0.52957524	0.47715257	0.19874406
0.4	−0.01624462	0.18944737	0.46245042	0.48813461	0.23591741
0.5	−0.17470309	0.04107471	0.36809396	0.48998061	0.28166918
0.6	−0.29607753	−0.11223302	0.24479261	0.47264307	0.33178312
0.7	−0.34745250	−0.24674927	0.09617642	0.42435777	0.37810045
0.8	−0.30580793	−0.33268028	−0.06487852	0.33429096	0.40727697

续表

ξ \ q	0	1	2	3	4
0.9	−0.17058191	−0.33996045	−0.21292627	0.19784712	0.40091500
1.0	0.02414406	−0.25037576	−0.31020497	0.02473167	0.33907569
1.1	0.20637673	−0.07521915	−0.31519440	−0.15256251	0.20956366
1.2	0.28453537	0.12891381	−0.20381072	−0.27671868	0.02363696
1.3	0.19641374	0.26340519	−0.00081710	−0.28173494	−0.16760236
1.4	−0.02421284	0.23201208	0.19795869	−0.13683816	−0.27373353
1.5	−0.21886561	0.02849294	0.25298344	0.09453176	−0.20896666
1.6	−0.19663064	−0.19338751	0.09101174	0.24067879	0.01420521
1.7	0.04737180	−0.19811100	−0.15750550	0.14087857	0.21422966
1.8	0.21490238	0.05025774	−0.19817949	−0.12306055	0.15482355
1.9	0.03571261	0.20603992	0.05491738	−0.19210291	−0.11738860
2.0	−0.19289103	−0.01507284	0.19163151	0.07183806	−0.17107170

表 3-26　变形马蒂厄函数导数 $Mc_m^{(1)\prime}(\xi, q)$的数值计算结果($q=5$)

ξ \ q	0	1	2	3	4
0	0.00000000	0.00000000	0.00000000	0.00000000	0.00000000
0.1	−0.62573956	−0.39792546	−0.15783042	0.06710216	0.10700722
0.2	−1.16634611	−0.78100263	−0.33509318	0.11657541	0.21488677
0.3	−1.53667104	−1.12682201	−0.54748477	0.12841010	0.32164673
0.4	−1.65543396	−1.39871394	−0.80185369	0.07881548	0.41912624
0.5	−1.45696156	−1.54170564	−1.08866237	−0.05876472	0.48913631
0.6	−0.91411674	−1.48473950	−1.37199348	−0.30801035	0.49977809
0.7	−0.07284334	−1.15501635	−1.57949419	−0.67662771	0.40435497
0.8	0.90890485	−0.51147193	−1.59927154	−1.13375720	0.14799172
0.9	1.73968629	0.39932579	−1.29744841	1.58051672	−0.30997549
1.0	2.03208182	1.37659864	−0.57538146	−1.82827769	−0.94986387
1.1	1.45157476	2.03227859	0.52139379	−1.61969829	−1.62476068
1.2	−0.00450812	1.87887161	1.66975758	−0.74593255	−2.00924980
1.3	−1.70880850	0.63462906	2.22698073	0.70815529	−1.65793570
1.4	−2.42518408	−1.28818151	1.49677479	2.08903268	−0.30457348
1.5	−1.10785136	−2.51568789	−0.54669147	2.23292062	1.59550129
1.6	1.59171785	−1.47566477	−2.47514364	0.37574978	2.54938650
1.7	2.73421753	1.48950305	−1.93373969	−2.25430998	0.98981235
1.8	0.03931021	2.82404585	1.34127223	−2.33120860	−2.14008681
1.9	−3.07582744	−0.34982744	2.92355052	1.30090148	−2.44784064
2.0	−0.40678731	−3.22162054	−0.88321790	2.95427454	1.73139127

表 3-27 变形马蒂厄函数 $Ms_m^{(1)}(\xi, q)$的数值计算结果($q=5$)

ξ \ q	1	2	3	4	5
0	0.00000000	0.00000000	0.00000000	0.00000000	0.00000000
0.1	0.15304367	0.12650593	0.08454355	0.03959421	0.01275632
0.2	0.28179283	0.24270795	0.16818710	0.08171396	0.02747704
0.3	0.36416107	0.33768819	0.24901252	0.12853620	0.04625357
0.4	0.38296521	0.39969362	0.32306852	0.18138707	0.07135350
0.5	0.32942778	0.41676178	0.38345730	0.23994500	0.10508140
0.6	0.20739587	0.37871427	0.41982627	0.30106600	0.14928236
0.7	0.03740962	0.28097017	0.41888544	0.35731949	0.20426190
0.8	−0.14145394	0.13016964	0.36692745	0.39571033	0.26691657
0.9	−0.27544308	−0.04962245	0.25545659	0.39775134	0.32813574
1.0	−0.30984611	−0.21360530	0.09032042	0.34293795	0.37031708
1.1	−0.21453902	−0.30209766	−0.09778375	0.21811144	0.36737583
1.2	−0.01542318	−0.26281892	−0.24858467	0.03349536	0.29159122
1.3	0.18886368	−0.09068914	−0.28634995	−0.16025290	0.13196771
1.4	0.25902516	0.13330287	−0.16506201	−0.27172310	−0.07744556
1.5	0.11714070	0.25176164	0.06536808	−0.21230416	−0.23925494
1.6	−0.13208077	0.14082686	0.23311604	0.00908013	−0.22872951
1.7	−0.22073292	−0.11606564	0.15717080	0.21223042	−0.01695485
1.8	−0.01033608	−0.21109581	−0.10655088	0.15736924	0.20211073
1.9	0.20184584	0.01818656	−0.19738591	−0.11466943	0.13589294
2.0	0.02993723	0.19591387	0.05855011	−0.17238245	−0.14382185

表 3-28 变形马蒂厄函数导数 $Ms_m^{(1)'}(\xi, q)$的数值计算结果($q=5$)

ξ \ q	1	2	3	4	5
0	1.57162642	1.28200091	0.84659736	0.39162778	0.12433656
0.1	1.44840032	1.23105587	0.84294305	0.40452007	0.13404094
0.2	1.08933161	1.07483569	0.82690215	0.44158328	0.16384844
0.3	0.52881006	0.80508932	0.78317974	0.49720222	0.21548071
0.4	−0.16807821	0.41476176	0.68654314	0.55947633	0.29043588
0.5	−0.89698481	−0.09099534	0.50391576	0.60669628	0.38737150
0.6	−1.50981206	−0.67855175	0.20092306	0.60357896	0.49746799
0.7	−1.82424989	−1.26637630	−0.24350690	0.49987005	0.59740014
0.8	−1.66121997	−1.71023221	−0.81137369	0.23662248	0.64097673

续表

ξ \ q	1	2	3	4	5
0.9	−0.92300988	−1.81016499	−1.41021135	−0.23149921	0.55417538
1.0	0.29087721	−1.36639405	−1.84246776	−0.88947900	0.24497124
1.1	1.57578310	−0.30930720	−1.81718750	−1.59327189	−0.35304032
1.2	2.23755753	1.11102230	−1.06499058	−2.01542275	−1.18612288
1.3	1.59807936	2.19659849	0.39884884	−1.70038711	−1.95380590
1.4	−0.34914038	2.00232054	1.95094270	−0.36403914	−2.06738361
1.5	−2.31575053	0.12582857	2.35355413	1.55449848	−0.93894664
1.6	−2.16842528	−2.21679512	0.65100424	2.55747443	1.22601015
1.7	0.69867328	−2.33991979	−2.10235214	1.03806369	2.67154213
1.8	2.96043803	0.80871044	−2.47884626	−2.10880788	1.12679325
1.9	0.44194653	3.05797756	1.08415790	−2.47608577	−2.37938435
2.0	−3.23724933	−0.37039511	3.04241053	1.69500469	−2.13353786

表 3-29　变形马蒂厄函数 $Mc_m^{(2)}(\xi, q)$的数值计算结果(q=5)

ξ \ q	0	1	2	3	4
0	−0.00075384	−0.02512957	−0.25535252	−0.80714830	−1.71039764
0.1	0.15237322	0.10366167	−0.14739183	−0.67197108	−1.34304098
0.2	0.28129692	0.22374607	−0.03540909	−0.54572152	−1.06858268
0.3	0.36389350	0.32371725	0.07761853	−0.42347508	−0.86158320
0.4	0.38293692	0.39129138	0.18697127	−0.30002679	−0.69998831
0.5	0.32960648	0.41392759	0.28490793	−0.17134950	−0.56465025
0.6	0.20771185	0.38082606	0.35976715	−0.03647191	−0.43894601
0.7	0.03776833	0.28677694	0.39612367	0.10011879	−0.30918582
0.8	−0.14115200	0.13787093	0.37709498	0.22590674	−0.16647578
0.9	−0.27527686	−0.04214684	0.29011210	0.31886368	−0.01046942
1.0	−0.30984790	−0.20836786	0.13682703	0.34961597	0.14544620
1.1	−0.21467747	−0.30040150	−0.05475262	0.29090608	0.27010464
1.2	−0.01560884	−0.26465207	−0.22322249	0.13687762	0.31765459
1.3	0.18874058	−0.09447662	−0.28592222	−0.07206323	0.24648596
1.4	0.25903108	0.13013922	−0.18466769	−0.23788286	0.05822577
1.5	0.11724530	0.25128647	0.04252900	−0.24152489	−0.16042842
1.6	−0.13199082	0.14286844	0.22558524	−0.04801513	−0.24810422
1.7	−0.22074854	−0.11407492	0.16868672	0.18490004	−0.09611665
1.8	−0.01041448	−0.21148222	−0.09334752	0.18277966	0.15929920
1.9	0.20183185	0.01652129	−0.20063376	−0.08233327	0.17458310
2.0	0.02999482	0.19598575	0.04813247	−0.18488172	−0.10245563

表 3-30 变形马蒂厄函数导数 $Mc_m^{(2)\prime}(\xi, q)$ 的数值计算结果($q=5$)

ξ \ q	0	1	2	3	4
0	1.57190436	1.29534518	1.05125236	1.40950797	4.23136319
0.1	1.44974491	1.26267485	1.10389934	1.29981362	3.16375714
0.2	1.09141456	1.12005003	1.13101729	1.23359806	2.36781836
0.3	0.53122178	0.85881034	1.12188933	1.22024136	1.80883068
0.4	−0.16577752	0.47145053	1.05242885	1.25574587	1.45490026
0.5	−0.89520912	−0.03736425	0.88686928	1.31982586	1.27961759
0.6	−1.50888484	−0.63432567	0.58425616	1.37070347	1.25758107
0.7	−1.82433170	−1.23764383	0.11379858	1.34055900	1.35307682
0.8	−1.66223958	−1.70164175	−0.51700472	1.13821917	1.50262052
0.9	−0.92462557	−1.82312221	−1.22208635	0.67046918	1.59601172
1.0	0.28924268	−1.39702364	−1.79846262	−0.10412997	1.47007199
1.1	1.57478690	−0.34725506	−1.92919701	−1.08440590	0.94369590
1.2	2.23764849	1.08112942	−1.29479123	−1.93163072	−0.06886054
1.3	1.59916649	2.18925896	0.15114675	−2.07850614	−1.36013537
1.4	−0.34782029	2.02134667	1.81964141	−1.02072921	−2.26090583
1.5	−2.31525365	0.15658094	2.42454419	1.02943032	−1.82161125
1.6	−2.16918193	−2.20176498	0.85993184	2.57013965	0.28906443
1.7	0.69757207	−2.35577442	−1.97087434	1.56019298	2.52757876
1.8	2.96046220	0.78364599	−2.58056641	−1.71072080	1.90995267
1.9	0.44297608	3.06173755	0.91149376	−2.75639924	−1.78269576
2.0	−3.23715544	−0.34685321	3.10026424	1.25878126	−2.68442409

表 3-31 变形马蒂厄函数 $Ms_m^{(2)}(\xi, q)$ 的数值计算结果($q=5$)

ξ \ q	1	2	3	4	5
0	−0.40507067	−0.49658293	−0.75197468	−1.62557356	−5.12013353
0.1	−0.37315741	−0.46989971	−0.68146066	−1.29054637	−3.50736243
0.2	−0.28228373	−0.40527903	−0.60419841	−1.03892604	−2.43811506
0.3	−0.14525333	−0.30557871	−0.51733104	−0.84816990	−1.73197886
0.4	0.01676552	−0.17643624	−0.41694255	−0.69825366	−1.26559271
0.5	0.17513338	−0.02792459	−0.29949799	−0.57135196	−0.95492079
0.6	0.29634461	0.12368803	−0.16394085	−0.45159670	−0.74182570
0.7	0.34752290	0.25496929	−0.01457252	−0.32560532	−0.58445952
0.8	0.30569712	0.33668982	0.13561528	−0.18446503	−0.45104574

续表

q \ ξ	1	2	3	4	5
0.9	0.17035414	0.33963101	0.26245262	−0.02764537	−0.31709911
1.0	−0.02439051	0.24662057	0.33175791	0.13157489	−0.16665184
1.1	−0.20654102	0.06993691	0.30839688	0.26173032	0.00204341
1.2	−0.28455686	−0.13332260	0.17673349	0.31591723	0.16780442
1.3	−0.19630797	−0.26499770	−0.03082953	0.25059283	0.28144914
1.4	0.02435343	−0.23043431	−0.21658039	0.06504741	0.27856523
1.5	0.21892812	−0.02548848	−0.24932311	−0.15540792	0.12569287
1.6	0.19657569	0.19502514	−0.07269180	−0.24808783	−0.10946355
1.7	−0.04746154	0.19705821	0.16997919	−0.09999924	−0.23799475
1.8	−0.21490898	−0.05215655	0.19203914	0.15657548	−0.09888600
1.9	−0.03564617	−0.20595565	−0.06698522	0.17624640	0.16343829
2.0	0.19290174	0.01650587	−0.18905638	−0.10006237	0.14050696

表 3-32　变形马蒂厄函数导数 $Ms_m^{(2)\prime}(\xi, q)$的数值计算结果($q=5$)

q \ ξ	1	2	3	4	5
0	0.00293944	0.07209591	0.67612053	3.84847929	19.63185629
0.1	0.62817661	0.45963834	0.73556466	2.89355067	13.05154020
0.2	1.16794731	0.82820282	0.81460952	2.17646301	8.63042111
0.3	1.53725481	1.15669315	0.92949777	1.67196340	5.69494909
0.4	1.65498545	1.40968168	1.08450901	1.35601382	3.77061032
0.5	1.45563859	1.53363580	1.26662870	1.20853806	2.53813411
0.6	0.91224147	1.45938795	1.43792877	1.20918838	1.79247716
0.7	0.07086835	1.11660504	1.52826578	1.32615052	1.40732839
0.8	−0.91047035	0.46709819	1.43512049	1.49849814	1.30194222
0.9	−1.74040034	−0.43905417	1.04325404	1.61663730	1.40457499
1.0	−2.03173480	−1.40276902	0.28085024	1.51510404	1.60887764
1.1	−1.45034652	−2.03572506	−0.77931984	1.00688078	1.73092053
1.2	0.00600289	−1.85867669	−1.80381304	−0.00259744	1.50067312
1.3	1.70972024	−0.60124303	−2.18028136	−1.31364211	0.65715162
1.4	2.42492660	1.31442346	−1.29699039	−2.25575215	−0.78401640
1.5	1.10667657	2.51592175	0.76221185	−1.86071906	−2.16756599
1.6	−1.59266239	1.45063939	2.52791311	0.23584256	−2.19655238
1.7	−2.73389063	−1.51224240	1.77681635	2.51054579	−0.04758305
1.8	−0.03821980	−2.81597364	−1.50711348	1.94721768	2.59855431
1.9	3.07594189	0.37456294	−2.85733271	−1.74605012	1.82303254
2.0	0.40580770	3.21828193	1.04923201	−2.70917138	−2.34208400

表 3-33 变形马蒂厄函数 $Mc_m^{(1)}(\xi, q)$ 的零点($q=10$)

m \ n	1	2	3	4	5
0	0.26814449	0.73430933	1.08938245	1.36296979	1.58209576
1	0.32775101	0.83499274	1.18587125	1.44817141	1.65670380
2	0.43095070	0.95452593	1.28809895	1.53473234	1.73115479
3	0.60978298	1.09086351	1.39497575	1.62254400	1.80570451
4	0.82374438	1.23018272	1.50118430	1.70907651	1.87896293
5	1.00102716	1.35218405	1.59675600	1.78828370	1.94682884
6	1.13685906	1.45376823	1.67946591	1.85848166	2.00797869
7	1.25004462	1.54233473	1.75333366	1.92218393	2.06412032
8	1.34949954	1.62209100	1.82086463	1.98105292	2.11643251
9	1.43877626	1.69495075	1.88327220	2.03592364	2.16552090

表 3-34 变形马蒂厄函数 $Ms_m^{(1)}(\xi, q)$ 的零点($q=10$)

m \ n	1	2	3	4	5
1	0.51582831	0.92414404	1.23440106	1.47808435	1.67683240
2	0.60624083	1.02467786	1.32530093	1.55774298	1.74678921
3	0.72564813	1.13452311	1.41848163	1.63736682	1.81594530
4	0.86678034	1.24750098	1.51090883	1.71538508	1.88341145
5	1.00912077	1.35571300	1.59882120	1.78965959	1.94781763
6	1.13763632	1.45412609	1.67968187	1.85862857	2.00808589
7	1.25009257	1.54235766	1.75334783	1.92219373	2.06412756
8	1.34950169	1.62209206	1.82086529	1.98105339	2.11643286
9	1.43877633	1.69495079	1.88327222	2.03592366	2.16552091
10	1.51995208	1.76212802	1.94136134	2.08736668	2.21180823

表 3-35 变形马蒂厄函数 $Mc_m^{(2)}(\xi, q)$ 的零点($q=10$)

m \ n	1	2	3	4	5
0	0.00000960	0.51583388	0.92414694	1.23440273	1.47808541
1	0.00052631	0.60646887	1.02478331	1.32535980	1.55778023
2	0.01320154	0.72903383	1.13596872	1.41928809	1.63788319
3	0.15081808	0.86612465	1.25585251	1.51569415	1.71851727
4	0.47076955	1.05329011	1.37612824	1.61098875	1.79783471
5	0.72281809	1.19654238	1.48309183	1.69754727	1.87090865

续表

m \ n	1	2	3	4	5
6	0.89444378	1.31212160	1.57413779	1.77344473	1.93625220
7	1.03014140	1.41180360	1.65459234	1.84181913	1.99592010
8	1.14670334	1.49927130	1.72764481	1.90469037	2.05130281
9	1.24982869	1.57922294	1.79479910	1.96305819	2.10310759

表 3-36　变形马蒂厄函数 $Ms_m^{(2)}(\xi, q)$的零点($q=10$)

m \ n	1	2	3	4	5
1	0.26813695	0.73430536	1.08938028	1.36296848	1.58209489
2	0.32739289	0.83484183	1.18579397	1.44812516	1.65667317
3	0.42465622	0.95241658	1.28704322	1.53409532	1.73072748
4	0.57110781	1.07882216	1.38879221	1.61871976	1.80308876
5	0.74001330	1.20158195	1.48573315	1.69921318	1.87206630
6	0.89600603	1.31262132	1.57441025	1.77362091	1.93637682
7	1.03023452	1.41111187	1.65461003	1.84183079	1.99592847
8	1.14670740	1.49927274	1.72764564	1.90469128	2.05130321
9	1.24982883	1.57922299	1.79479913	1.96305821	2.10310760
10	1.34257075	1.65248709	1.85703338	2.01759481	2.15182328

3.4　第一类变形贝塞尔型径向马蒂厄函数

当参数 $q<0$ 时，径向马蒂厄方程的第一类解也称为 I−Bessel 型的解[11]，即第一类变形贝塞尔型的解。因此类解可展开为第一类变形贝塞尔函数 $\mathrm{I}_m(x)$的级数或第一类变形贝塞尔函数 $\mathrm{I}_m(x)$的乘积的级数，故如此命名。本节将给出径向马蒂厄方程的第一类变形贝塞尔函数型的解 $\mathrm{Ie}_m(\xi, -q)$和 $\mathrm{Io}_m(\xi, -q)$函数的解析式，然后得到其导数的解析式，最后利用这些解析式进行数值计算，绘出其函数图像。

3.4.1　函数 $\mathrm{Ie}_m(\xi, -q)$和 $\mathrm{Io}_m(\xi, -q)$的形式

当参数 $q<0$，径向马蒂厄方程(1.2.16)式变为

$$\frac{\mathrm{d}^2 R(\xi)}{\mathrm{d}\xi^2} - (a + 2q\cosh 2\xi)R(\xi) = 0 \tag{3.4.1}$$

它是利用 $\cosh[2(\xi+\mathrm{j}\pi/2)] = \cosh 2\xi$，用 $\xi+\mathrm{j}\pi/2$ 代替(1.2.16)式中的径向坐标变量 ξ 得到的。又因为 $\cosh 2\xi=\cos(2\mathrm{j}\xi)$，或者将参数 $q<0$ 时的角向马蒂厄方程(2.8.1)式中角向坐标变量 η 用 $\mathrm{j}\xi$(径向坐标变量取虚数)代替，也可导出(3.4.1)式。因此，参数 $q<0$ 时径向马蒂厄方程的解是参数 $q>0$ 时径向马蒂厄方程(1.2.16)式的解(变量 ξ 取 $\xi+\mathrm{j}\pi/2$)，

或是参数 $q<0$ 时的角向马蒂厄方程的解(变量 η 取 $\mathrm{j}\xi$)。由此可得参数 $q<0$ 时径向马蒂厄方程的解为

$$\mathrm{Ie}_{2n}(\xi,-q)=\mathrm{ce}_{2n}(\mathrm{j}\xi,-q)=(-1)^n\mathrm{Je}(\xi+\mathrm{j}\pi/2,q),(a_{2n}) \tag{3.4.2a}$$

$$=(-1)^n\sum_{k=0}^{\infty}(-1)^k A_{2k}^{(2n)}\cosh 2k\xi \tag{3.4.2b}$$

$$=(-1)^n\frac{\mathrm{ce}_{2n}(\pi/2,q)}{A_0^{(2n)}}\sum_{k=0}^{\infty}A_{2k}^{(2n)}\mathrm{I}_{2k}(u) \tag{3.4.2c}$$

$$=(-1)^n\frac{\mathrm{ce}_{2n}(0,q)}{A_0^{(2n)}}\sum_{k=0}^{\infty}(-1)^k A_{2k}^{(2n)}\mathrm{I}_{2k}(w) \tag{3.4.2d}$$

$$=(-1)^n\frac{p_{2n}}{[A_0^{(2n)}]^2}\sum_{k=0}^{\infty}(-1)^k A_{2k}^{(2n)}\mathrm{I}_k(v_1)\mathrm{I}_k(v_2) \tag{3.4.2e}$$

$$\mathrm{Ie}_{2n+1}(\xi,-q)=\mathrm{ce}_{2n+1}(\mathrm{j}\xi,-q)=\mathrm{j}(-1)^{n+1}\mathrm{Jo}_{2n+1}(\xi+\mathrm{j}\pi/2,q),(b_{2n+1}) \tag{3.4.3a}$$

$$=(-1)^n\sum_{k=0}^{\infty}(-1)^k B_{2k+1}^{(2n+1)}\cosh(2k+1)\xi \tag{3.4.3b}$$

$$=(-1)^n\frac{\mathrm{se}_{2n+1}(\pi/2,q)}{\sqrt{q}B_1^{(2n+1)}}\coth\xi\sum_{k=0}^{\infty}(2k+1)B_{2k+1}^{(2n+1)}\mathrm{I}_{2k+1}(u) \tag{3.4.3c}$$

$$=(-1)^n\frac{\mathrm{se}'_{2n+1}(0,q)}{\sqrt{q}B_1^{(2n+1)}}\sum_{k=0}^{\infty}(-1)^k B_{2k+1}^{(2n+1)}\mathrm{I}_{2k+1}(w) \tag{3.4.3d}$$

$$=(-1)^n\frac{s_{2n+1}}{\sqrt{q}\,[B_1^{(2n+1)}]^2}\sum_{k=0}^{\infty}(-1)^k B_{2k+1}^{(2n+1)}[\mathrm{I}_k(v_1)\mathrm{I}_{k+1}(v_2)+\mathrm{I}_{k+1}(v_1)\mathrm{I}_k(v_2)] \tag{3.4.3e}$$

$$\mathrm{Io}_{2n+2}(\xi,-q)=-\mathrm{j}\,\mathrm{se}_{2n+2}(\mathrm{j}\xi,-q)=(-1)^{n+1}\mathrm{Jo}_{2n+2}(\xi+\mathrm{j}\pi/2,q),(b_{2n+2}) \tag{3.4.4a}$$

$$=(-1)^n\sum_{k=0}^{\infty}(-1)^k B_{2k+2}^{(2n+2)}\sinh(2k+2)\xi \tag{3.4.4b}$$

$$=(-1)^{n+1}\frac{\mathrm{se}'_{2n+2}(\pi/2,q)}{qB_2^{(2n+2)}}\coth\xi\sum_{k=0}^{\infty}(2k+2)B_{2k+2}^{(2n+2)}\mathrm{I}_{2k+2}(u) \tag{3.4.4c}$$

$$=(-1)^n\frac{\mathrm{se}'_{2n+2}(0,q)}{qB_2^{(2n+2)}}\tanh\xi\sum_{k=0}^{\infty}(-1)^k(2k+2)B_{2k+2}^{(2n+2)}\mathrm{I}_{2k+2}(w) \tag{3.4.4d}$$

$$=(-1)^{n+1}\frac{s_{2n+2}}{q\,[B_2^{(2n+2)}]^2}\sum_{k=0}^{\infty}(-1)^k B_{2k+2}^{(2n+2)}[\mathrm{I}_k(v_1)\mathrm{I}_{k+2}(v_2)-\mathrm{I}_{k+2}(v_1)\mathrm{I}_k(v_2)] \tag{3.4.4e}$$

$$\mathrm{Io}_{2n+1}(\xi,-q)=-\mathrm{j}\,\mathrm{se}_{2n+1}(\mathrm{j}\xi,-q)=\mathrm{j}(-1)^{n+1}\mathrm{Je}_{2n+1}(\xi+\mathrm{j}\pi/2,q),(a_{2n+1}) \tag{3.4.5a}$$

$$=(-1)^n\sum_{k=0}^{\infty}(-1)^k A_{2k+1}^{(2n+1)}\sinh(2k+1)\xi \tag{3.4.5b}$$

$$=(-1)^{n+1}\frac{\mathrm{ce}'_{2n+1}(\pi/2,q)}{\sqrt{q}A_1^{(2n+1)}}\sum_{k=0}^{\infty}A_{2k+1}^{(2n+1)}\mathrm{I}_{2k+1}(u) \tag{3.4.5c}$$

$$=(-1)^n\frac{\mathrm{ce}_{2n+1}(0,q)}{\sqrt{q}A_1^{(2n+1)}}\tanh\xi\sum_{k=0}^{\infty}(-1)^k(2k+1)A_{2k+1}^{(2n+1)}\mathrm{I}_{2k+1}(w) \tag{3.4.5d}$$

$$= (-1)^{n+1} \frac{p_{2n+1}}{\sqrt{q}\,[A_1^{(2n+1)}]^2} \sum_{k=0}^{\infty} (-1)^k A_{2k+1}^{(2n+1)} [\mathrm{I}_k(v_1)\mathrm{I}_{k+1}(v_2) - \mathrm{I}_{k+1}(v_1)\mathrm{I}_k(v_2)] \tag{3.4.5e}$$

可以看出 $\mathrm{Ie}_m(\xi,\ -q)$是偶函数，函数 $\mathrm{Io}_m(\xi,\ -q)$是奇函数。当参数 $q<0$ 时，有的文献也把第一类变形贝塞尔型径向马蒂厄函数定义为[19,68~69]

$$\mathrm{Mc}_{2n}^{(1)}(\xi, -q) = (-1)^n \frac{1}{A_0^{(2n)}} \sum_{k=0}^{\infty} (-1)^k A_{2k}^{(2n)} \mathrm{I}_k(v_1)\mathrm{I}_k(v_2) \tag{3.4.6}$$

$$\mathrm{Mc}_{2n+1}^{(1)}(\xi, -q) = (-1)^n \frac{\mathrm{j}}{B_1^{(2n+1)}} \sum_{k=0}^{\infty} (-1)^k B_{2k+1}^{(2n+1)} [\mathrm{I}_k(v_1)\mathrm{I}_{k+1}(v_2) + \mathrm{I}_{k+1}(v_1)\mathrm{I}_k(v_2)] \tag{3.4.7}$$

$$\mathrm{Ms}_{2n+2}^{(1)}(\xi, -q) = (-1)^n \frac{1}{B_2^{(2n+2)}} \sum_{k=0}^{\infty} (-1)^k B_{2k+2}^{(2n+2)} [\mathrm{I}_k(v_1)\mathrm{I}_{k+2}(v_2) - \mathrm{I}_{k+2}(v_1)\mathrm{I}_k(v_2)] \tag{3.4.8}$$

$$\mathrm{Ms}_{2n+1}^{(1)}(\xi, -q) = (-1)^n \frac{\mathrm{j}}{A_1^{(2n+1)}} \sum_{k=0}^{\infty} (-1)^k A_{2k+1}^{(2n+1)} [\mathrm{I}_k(v_1)\mathrm{I}_{k+1}(v_2) - \mathrm{I}_{k+1}(v_1)\mathrm{I}_k(v_2)] \tag{3.4.9}$$

第三类变形马蒂厄函数的定义为

$$\mathrm{Mc}_{2n}^{(3)}(\xi, -q) = \frac{2\mathrm{j}}{\pi} (-1)^{n+1} \frac{1}{A_0^{(2n)}} \sum_{k=0}^{\infty} A_{2k}^{(2n)} \mathrm{I}_k(v_1)\mathrm{K}_k(v_2) \tag{3.4.10}$$

$$\mathrm{Mc}_{2n+1}^{(3)}(\xi, -q) = \frac{2}{\pi} (-1)^{n+1} \frac{1}{B_1^{(2n+1)}} \sum_{k=0}^{\infty} B_{2k+1}^{(2n+1)} [\mathrm{I}_k(v_1)\mathrm{K}_{k+1}(v_2) - \mathrm{I}_{k+1}(v_1)\mathrm{K}_k(v_2)] \tag{3.4.11}$$

$$\mathrm{Ms}_{2n+2}^{(3)}(\xi, -q) = \frac{2\mathrm{j}}{\pi} (-1)^n \frac{1}{B_2^{(2n+2)}} \sum_{k=0}^{\infty} B_{2k+2}^{(2n+2)} [\mathrm{I}_k(v_1)\mathrm{K}_{k+2}(v_2) - \mathrm{I}_{k+2}(v_1)\mathrm{K}_k(v_2)] \tag{3.4.12}$$

$$\mathrm{Ms}_{2n+1}^{(3)}(\xi, -q) = \frac{2}{\pi} (-1)^{n+1} \frac{1}{A_1^{(2n+1)}} \sum_{k=0}^{\infty} A_{2k+1}^{(2n+1)} [\mathrm{I}_k(v_1)\mathrm{K}_{k+1}(v_2) + \mathrm{I}_{k+1}(v_1)\mathrm{K}_k(v_2)] \tag{3.4.13}$$

第二类变形马蒂厄函数与第一类变形马蒂厄函数和第三变形马蒂厄函数之间关系为

$$\mathrm{Mc}_{2n}^{(2)}(\xi, -q) = -\mathrm{j}[\mathrm{Mc}_{2n}^{(3)}(\xi, -q) - \mathrm{Mc}_{2n}^{(1)}(\xi, -q)] \tag{3.4.14}$$

$$\mathrm{Mc}_{2n+1}^{(2)}(\xi, -q) = -\mathrm{j}[\mathrm{Mc}_{2n+1}^{(3)}(\xi, -q) - \mathrm{Mc}_{2n+1}^{(1)}(\xi, -q)] \tag{3.4.15}$$

$$\mathrm{Ms}_{2n+2}^{(2)}(\xi, -q) = -\mathrm{j}[\mathrm{Ms}_{2n+2}^{(3)}(\xi, -q) - \mathrm{Ms}_{2n+2}^{(1)}(\xi, -q)] \tag{3.4.16}$$

$$\mathrm{Ms}_{2n+1}^{(2)}(\xi, -q) = -\mathrm{j}[\mathrm{Ms}_{2n+1}^{(3)}(\xi, -q) - \mathrm{Ms}_{2n+1}^{(1)}(\xi, -q)] \tag{3.4.17}$$

3.4.2　函数 $\mathrm{Ie}_m(\xi,\ q)$和 $\mathrm{Io}_m(\xi,\ q)$的导数

由函数 $Ie_m(\xi,\ -q)$和 $\mathrm{Io}_m(\xi,\ -q)$的表达式以及附录 B 中第一类变形贝塞尔函数的关系式(B-89)~(B-92)式可得其导数分别为

$$\mathrm{Ie}'_{2n}(\xi, -q) = (-1)^n \sum_{k=0}^{\infty} 2(-1)^k k A_{2k}^{(2n)} \sinh 2k\xi \tag{3.4.18a}$$

$$= (-1)^n \frac{ce_{2n}(\pi/2,q)}{A_0^{(2n)}} \frac{w}{2} \sum_{k=0}^{\infty} A_{2k}^{(2n)} [I_{2k-1}(u) + I_{2k+1}(u)] \tag{3.4.18b}$$

$$= (-1)^n \frac{ce_{2n}(0,q)}{A_0^{(2n)}} \frac{u}{2} \sum_{k=0}^{\infty} (-1)^k A_{2k}^{(2n)} [I_{2k-1}(w) + I_{2k+1}(w)] \tag{3.4.18c}$$

$$= (-1)^n \frac{p_{2n}}{[A_0^{(2n)}]^2} \sum_{k=0}^{\infty} (-1)^k A_{2k}^{(2n)} \times [v_2 I_k(v_1) I_{k+1}(v_2) - v_1 I_{k+1}(v_1) I_k(v_2)] \tag{3.4.18d}$$

$$\mathrm{Ie}'_{2n+1}(\xi, -q) = (-1)^n \sum_{k=0}^{\infty} (-1)^k (2k+1) B_{2k+1}^{(2n+1)} \sinh(2k+1)\xi \tag{3.4.19a}$$

$$= (-1)^n \frac{\sqrt{q}\, se_{2n+1}(\pi/2,q)}{B_1^{(2n+1)}} \times \frac{2}{u} \sum_{k=0}^{\infty} B_{2k+1}^{(2n+1)} \{[(2k+1)\cosh^2\xi - 1] I_{2k}(u) + [(2k+1)\cosh^2\xi + 1] I_{2k+2}(u)\} \tag{3.4.19b}$$

$$= (-1)^n \frac{se'_{2n+1}(0,q)}{\sqrt{q} B_1^{(2n+1)}} \frac{u}{2} \sum_{k=0}^{\infty} (-1)^k B_{2k+1}^{(2n+1)} [I_{2k}(w) + I_{2k+2}(w)] \tag{3.4.19c}$$

$$= (-1)^n \frac{s_{2n+1}}{\sqrt{q}\, [B_1^{(2n+1)}]^2} \sum_{k=0}^{\infty} (-1)^k B_{2k+1}^{(2n+1)} \times [I_k(v_1) I_{k+1}(v_2) - I_{k+1}(v_1) I_k(v_2) + (v_2 - v_1) I_{k+1}(v_1) I_{k+1}(v_2) - v_1 I_{k+2}(v_1) I_k(v_2) + v_2 I_k(v_1) I_{k+2}(v_2)] \tag{3.4.19d}$$

$$\mathrm{Io}'_{2n+2}(\xi, -q) = (-1)^n \sum_{k=0}^{\infty} (-1)^k (2k+2) B_{2k+2}^{(2n+2)} \cosh(2k+2)\xi \tag{3.4.20a}$$

$$= (-1)^{n+1} \frac{se'_{2n+2}(\pi/2,q)}{B_2^{(2n+2)}} \times \frac{2}{u} \sum_{k=0}^{\infty} B_{2k+2}^{(2n+2)} \{[(2k+2)\cosh^2\xi - 1] I_{2k+1}(u) + [(2k+2)\cosh^2\xi + 1] I_{2k+3}(u)\} \tag{3.4.20b}$$

$$= (-1)^n \frac{se'_{2n+2}(0,q)}{B_2^{(2n+2)}} \times \frac{2}{w} \sum_{k=0}^{\infty} (-1)^k B_{2k+2}^{(2n+2)} \{[(2k+2)\sinh^2\xi + 1] I_{2k+1}(w) + [(2k+2)\sinh^2\xi - 1] I_{2k+3}(w)\} \tag{3.4.20c}$$

$$= (-1)^{n+1} \frac{s_{2n+2}}{q\, [B_2^{(2n+2)}]^2} \sum_{k=0}^{\infty} (-1)^k B_{2k+2}^{(2n+2)} \times \{2[I_k(v_1) I_{k+2}(v_2) + I_{k+2}(v_1) I_k(v_2)] + v_1 [I_{k+3}(v_1) I_k(v_2) - I_{k+1}(v_1) I_{k+2}(v_2)] + v_2 [I_k(v_1) I_{k+3}(v_2) - I_{k+2}(v_1) I_{k+1}(v_2)]\} \tag{3.4.20d}$$

$$\mathrm{Io}'_{2n+1}(\xi, -q) = (-1)^n \sum_{k=0}^{\infty} (-1)^k (2k+1) A_{2k+1}^{(2n+1)} \cosh(2k+1)\xi \tag{3.4.21a}$$

$$= (-1)^{n+1} \frac{\mathrm{ce}'_{2n+1}(\pi/2,q)}{\sqrt{q}A_1^{(2n+1)}} \frac{w}{2} \sum_{k=0}^{\infty} A_{2k+1}^{(2n+1)} [\mathrm{I}_{2k}(u) + \mathrm{I}_{2k+2}(u)] \tag{3.4.21b}$$

$$\begin{aligned} = (-1)^{n} \frac{\sqrt{q}\,\mathrm{ce}_{2n+1}(0,q)}{A_1^{(2n+1)}} & \\ \times \frac{2}{w} \sum_{k=0}^{\infty} (-1)^k A_{2k+1}^{(2n+1)} \{ & [(2k+1)\sinh^2\xi + 1]\mathrm{I}_{2k}(w) \\ & + [(2k+1)\sinh^2\xi - 1]\mathrm{I}_{2k+2}(w)\} \end{aligned} \tag{3.4.21c}$$

$$\begin{aligned} = (-1)^{n+1} \frac{p_{2n+1}}{\sqrt{q}\,[A_1^{(2n+1)}]^2} \sum_{k=0}^{\infty} (-1)^k A_{2k+1}^{(2n+1)} & \\ \times [\mathrm{I}_k(v_1)\mathrm{I}_{k+1}(v_2) + \mathrm{I}_{k+1}(v_1)\mathrm{I}_k(v_2) - (v_1+v_2)\mathrm{I}_{k+1}(v_1)\mathrm{I}_{k+1}(v_2) & \\ + v_1\mathrm{I}_{k+2}(v_1)\mathrm{I}_k(v_2) + v_2\mathrm{I}_k(v_1)\mathrm{I}_{k+2}(v_2)] & \end{aligned} \tag{3.4.21d}$$

3.4.3　函数 $\mathrm{Ie}_m(\xi, q)$ 和 $\mathrm{Io}_m(\xi, q)$ 曲线

参数 $q<0$ 时的第一类变形贝塞尔型马蒂厄函数 $\mathrm{Ie}_m(\xi, -q)$ 和 $\mathrm{Io}_m(\xi, -q)$ 的数值计算程序，采用(3.4.2b)式、(3.4.3b)式、(3.4.4b)式和(3.4.5b)式进行编写。图 3-41～图 3-48绘出了部分第一类变形贝塞尔型马蒂厄函数 $\mathrm{Ie}_m(\xi, -q)$ 和 $\mathrm{Io}_m(\xi, -q)$ 的曲线图。函数 $\mathrm{Ie}_m(\xi, -q)$ 和 $\mathrm{Io}_m(\xi, -q)$ 的导数可用(3.4.18)～(3.4.21)式编程计算。

由所绘函数图像可看出：当函数 $\mathrm{Ie}_m(\xi, -q)$ 和 $\mathrm{Io}_m(\xi, -q)$ 的阶次 m 一定时，随着参数 q 的增大，函数曲线变得越来越陡；当参数 q 一定时，随着阶次 m 的增大，$\mathrm{Ie}_m(\xi, -q)$ 和 $\mathrm{Io}_m(\xi, -q)$ 的函数曲线也变得越来越陡；函数 $\mathrm{Ie}_m(\xi, -q)$ 和 $\mathrm{Io}_m(\xi, -q)$ 的曲线形状与第一类变形贝塞尔函数 $\mathrm{I}_m(x)$ 的形状相似，函数值随径向变量 ξ 的增大而增大。计算结果还表明，$\mathrm{Ie}_m(\xi, -q)$ 是偶函数，$\mathrm{Io}_m(\xi, -q)$ 是奇函数。

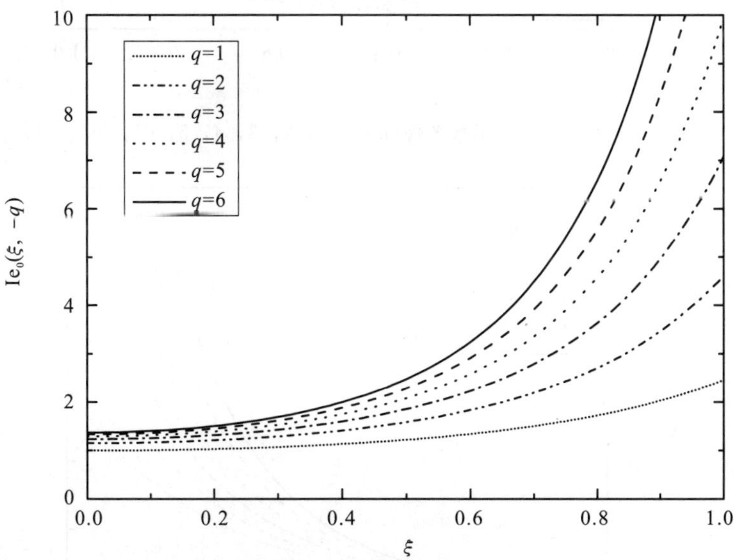

图 3-41　$\mathrm{Ie}_0(\xi, -q)$ 函数图像($q\in\{1, 2, 3, 4, 5, 6\}$, $0\leqslant\xi\leqslant1$)

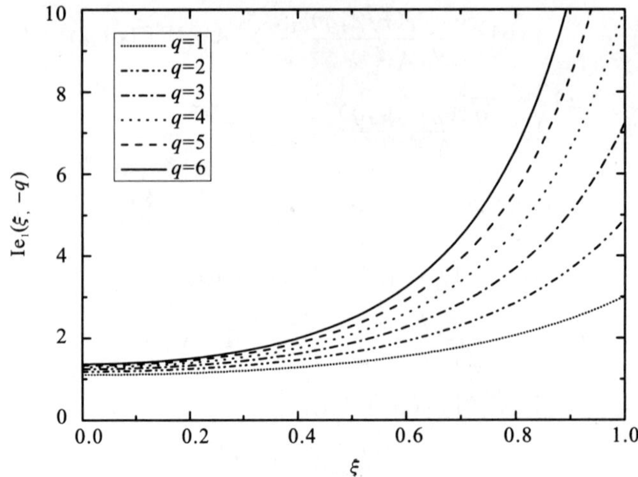

图 3-42 $Ie_1(\xi, -q)$函数图像($q\in$ {1, 2, 3, 4, 5, 6}, $0\leqslant\xi\leqslant1$)

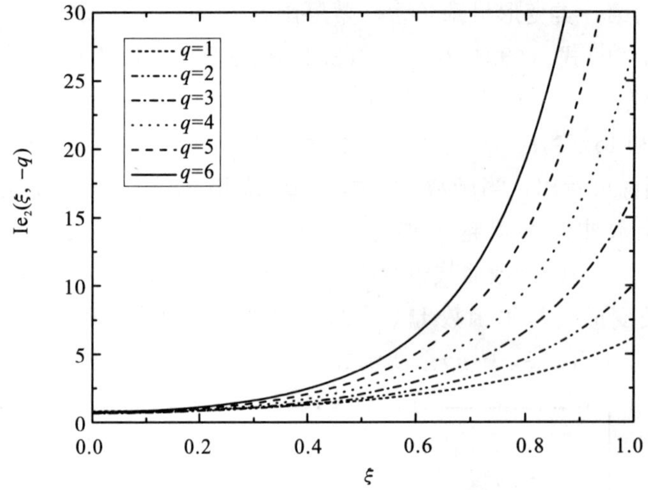

图 3-43 $Ie_2(\xi, -q)$函数图像($q\in$ {1, 2, 3, 4, 5, 6}, $0\leqslant\xi\leqslant1$)

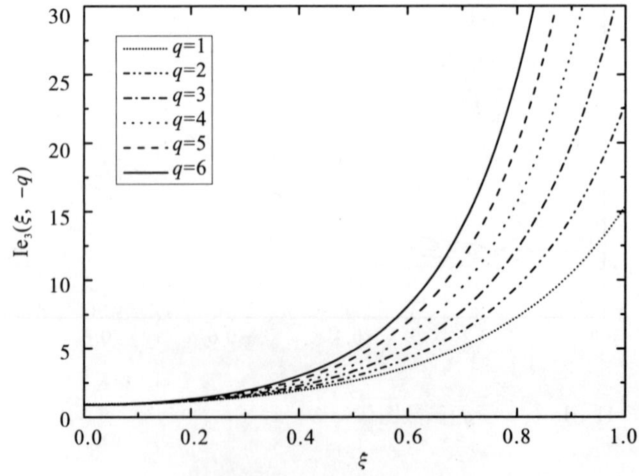

图 3-44 $Ie_3(\xi, -q)$函数图像($q\in$ {1, 2, 3, 4, 5, 6}, $0\leqslant\xi\leqslant1$)

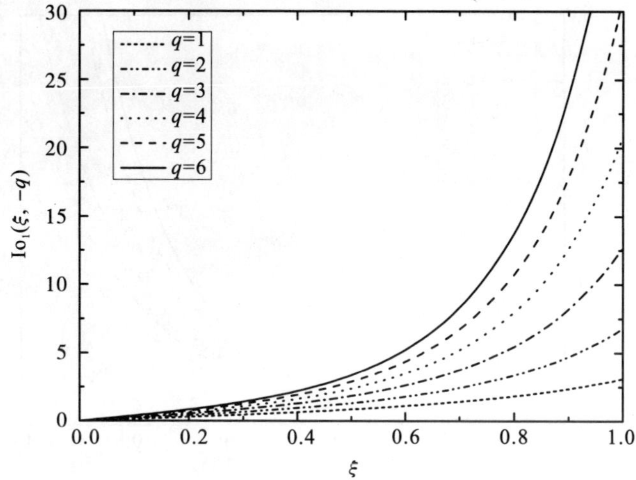

图 3-45 $Io_1(\xi, -q)$函数图像($q\in\{1, 2, 3, 4, 5, 6\}$, $0\leqslant\xi\leqslant1$)

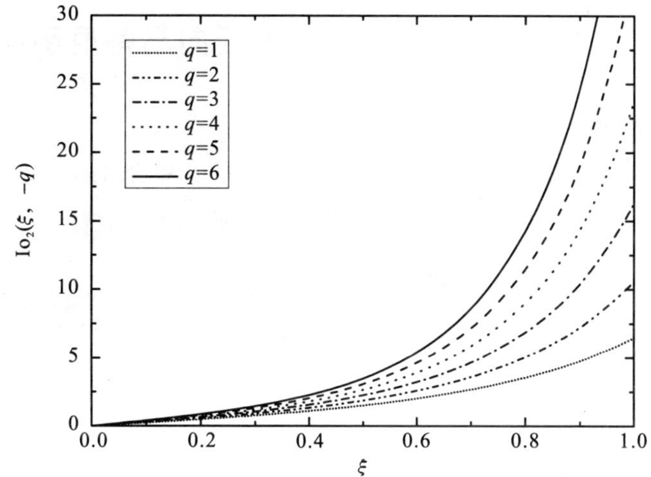

图 3-46 $Io_2(\xi, -q)$函数图像($q\in\{1, 2, 3, 4, 5, 6\}$, $0\leqslant\xi\leqslant1$)

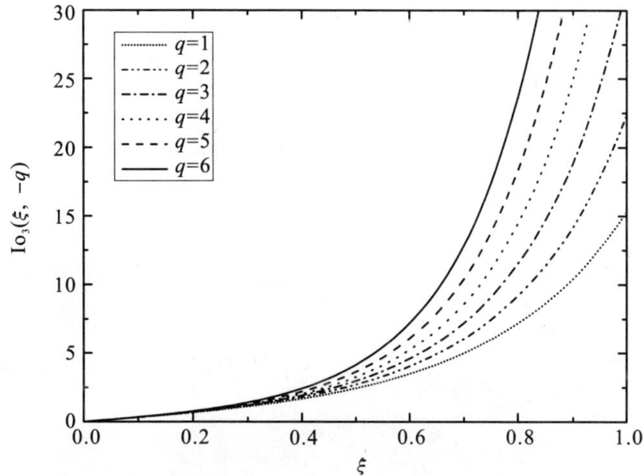

图 3-47 $Io_3(\xi, -q)$函数图像($q\in\{1, 2, 3, 4, 5, 6\}$, $0\leqslant\xi\leqslant1$)

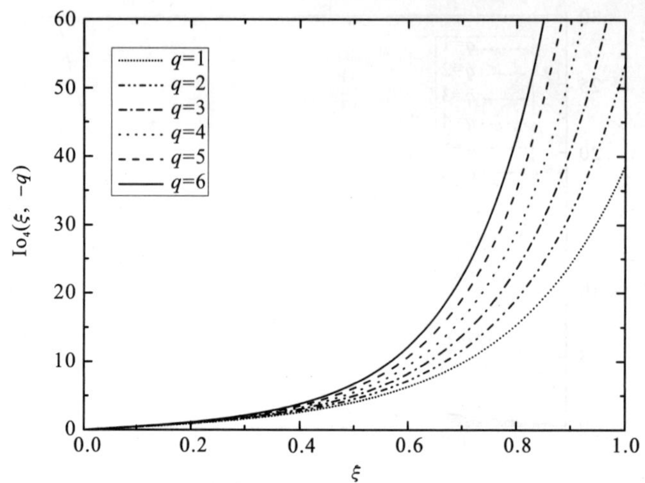

图 3-48　$\mathrm{Io}_4(\xi, -q)$函数图像($q \in \{1, 2, 3, 4, 5, 6\}$，$0 \leqslant \xi \leqslant 1$)

3.5　第二类变形贝塞尔型径向马蒂厄函数

第二类变形贝塞尔型径向马蒂厄函数有两个，分别是 $\mathrm{Ke}_m(\xi, -q)$和 $\mathrm{Ko}_m(\xi, -q)$。这种形式的径向马蒂厄函数也称为 K−Bessel 型[11]。本节将给出第二类变形贝塞尔型径向马蒂厄函数的解析式，通过数值计算，绘出其函数图像。

3.5.1　函数 $\mathrm{Ke}_m(\xi, -q)$和 $\mathrm{Ko}_m(\xi, -q)$的形式

参数 $q<0$ 时，第二类变形贝塞尔型径向马蒂厄函数 $\mathrm{Ke}_m(\xi, -q)$和 $\mathrm{Ko}_m(\xi, -q)$的计算方法与参数 $q<0$ 时第一类变形贝塞尔型径向马蒂厄函数 $\mathrm{Ie}_m(\xi, -q)$和 $\mathrm{Io}_m(\xi, -q)$类似，其形式为[10~11]

$$\mathrm{Ke}_{2n}(\xi, -q) = (-1)^n \mathrm{Ke}_{2n}(\xi + \mathrm{j}\pi/2, q) \tag{3.5.1a}$$

$$= (-1)^n \frac{\mathrm{ce}_{2n}(\pi/2, q)}{\pi A_0^{(2n)}} \sum_{k=0}^{\infty} A_{2k}^{(2n)} \mathrm{K}_{2k}(u) \tag{3.5.1b}$$

$$= (-1)^n \frac{\mathrm{ce}_{2n}(0, q)}{\pi A_0^{(2n)}} \sum_{k=0}^{\infty} (-1)^k A_{2k}^{(2n)} \mathrm{K}_{2k}(w) \tag{3.5.1c}$$

$$= (-1)^n \frac{p_{2n}}{\pi [A_0^{(2n)}]^2} \sum_{k=0}^{\infty} A_{2k}^{(2n)} \mathrm{I}_k(v_1) \mathrm{K}_k(v_2) \tag{3.5.1d}$$

$$\mathrm{Ke}_{2n+1}(\xi, -q) = (-1)^n \mathrm{Ko}_{2n+1}(\xi + \mathrm{j}\pi/2, q) \tag{3.5.2a}$$

$$= (-1)^n \frac{\mathrm{se}_{2n+1}(\pi/2, q)}{\pi \sqrt{q} B_1^{(2n+1)}} \coth\xi \sum_{k=0}^{\infty} (2k+1) B_{2k+1}^{(2n+1)} \mathrm{K}_{2k+1}(u) \tag{3.5.2b}$$

$$= (-1)^n \frac{\mathrm{se}'_{2n+1}(0, q)}{\pi \sqrt{q} B_1^{(2n+1)}} \sum_{k=0}^{\infty} (-1)^k B_{2k+1}^{(2n+1)} \mathrm{K}_{2k+1}(w) \tag{3.5.2c}$$

$$= (-1)^n \frac{s_{2n+1}}{\pi \sqrt{q} [B_1^{(2n+1)}]^2} \sum_{k=0}^{\infty} B_{2k+1}^{(2n+1)} \times [\mathrm{I}_k(v_1) \mathrm{K}_{k+1}(v_2) - \mathrm{I}_{k+1}(v_1) \mathrm{K}_k(v_2)] \tag{3.5.2d}$$

$$\mathrm{Ko}_{2n+2}(\xi, -q) = (-1)^{n+1}\,\mathrm{Ko}_{2n+2}(\xi + \mathrm{j}\pi/2, q) \tag{3.5.3a}$$

$$= (-1)^{n+1}\frac{\mathrm{se}'_{2n+2}(\pi/2,q)}{\pi q B_2^{(2n+2)}}\coth\xi\sum_{k=0}^{\infty}(2k+2)B_{2k+2}^{(2n+2)}\mathrm{K}_{2k+2}(u) \tag{3.5.3b}$$

$$= (-1)^{n}\frac{\mathrm{se}'_{2n+2}(0,q)}{\pi q B_2^{(2n+2)}}\tanh\xi\sum_{k=0}^{\infty}(-1)^k(2k+2)B_{2k+2}^{(2n+2)}\mathrm{K}_{2k+2}(w) \tag{3.5.3c}$$

$$= (-1)^{n}\frac{s_{2n+2}}{\pi q\,[B_2^{(2n+2)}]^2}\sum_{k=0}^{\infty}B_{2k+2}^{(2n+2)}[\mathrm{I}_k(v_1)\mathrm{K}_{k+2}(v_2) - \mathrm{I}_{k+2}(v_1)\mathrm{K}_k(v_2)] \tag{3.5.3d}$$

$$\mathrm{Ko}_{2n+1}(\xi, -q) = (-1)^{n}\,\mathrm{Ke}_{2n+1}(\xi + \mathrm{j}\pi/2, q) \tag{3.5.4a}$$

$$= (-1)^{n+1}\frac{\mathrm{ce}'_{2n+1}(\pi/2,q)}{\pi\sqrt{q}A_1^{(2n+1)}}\sum_{k=0}^{\infty}A_{2k+1}^{(2n+1)}\mathrm{K}_{2k+1}(u) \tag{3.5.4b}$$

$$= (-1)^{n}\frac{\mathrm{ce}_{2n+1}(0,q)}{\pi\sqrt{q}A_1^{(2n+1)}}\tanh\xi\sum_{k=0}^{\infty}(-1)^k(2k+1)A_{2k+1}^{(2n+1)}\mathrm{K}_{2k+1}(w) \tag{3.5.4c}$$

$$= (-1)^{n+1}\frac{p_{2n+1}}{\pi\sqrt{q}\,[A_1^{(2n+1)}]^2}\sum_{k=0}^{\infty}A_{2k+1}^{(2n+1)} \times[\mathrm{I}_k(v_1)\mathrm{K}_{k+1}(v_2) + \mathrm{I}_{k+1}(v_1)\mathrm{K}_k(v_2)] \tag{3.5.4d}$$

当变量 $\xi=0$ 时，有

$$\mathrm{Ko}_{2n+2}(0, -q) = (-1)^{n}\frac{s_{2n+2}}{\pi q^2\,[B_2^{(2n+2)}]^2}\,\mathrm{se}'_{2n+2}(0,q) \tag{3.5.5}$$

$$\mathrm{Ko}_{2n+1}(0, -q) = (-1)^{n}\frac{p_{2n+1}}{\pi q\,[A_1^{(2n+1)}]^2}\mathrm{ce}_{2n+1}(0,q) \tag{3.5.6}$$

参数 $q>0$ 时的第二类径向马蒂厄函数 $\mathrm{Ne}_m(\xi, q)$和 $\mathrm{No}_m(\xi, q)$与参数 $q<0$ 时第二类变形贝塞尔型径向马蒂厄函数 $\mathrm{Ke}_m(\xi, -q)$和 $\mathrm{Ko}_m(\xi, -q)$的一个最重要的不同点是：前者是非周期振动函数，后者是单调减小的函数。当 $\mathrm{Re}(\xi)$增大时，其值以指数形式趋于零。

参数 $q>0$ 时的第二类变形贝塞尔型径向马蒂厄函数 $\mathrm{Ke}_m(\xi, q)$和 $\mathrm{Ko}_m(\xi, q)$，可由下列恒等式得到

$$\mathrm{Ke}_{2n}(\xi,q) = (-1)^{n}\,\mathrm{Ke}_{2n}(\xi - \mathrm{j}\pi/2, -q) \tag{3.5.7a}$$

$$= \frac{\mathrm{ce}_{2n}(\pi/2,q)}{\pi A_0^{(2n)}}\sum_{k=0}^{\infty}A_{2k}^{(2n)}\mathrm{K}_{2k}(-\mathrm{j}w) \tag{3.5.7b}$$

$$= \frac{\mathrm{ce}_{2n}(0,q)}{\pi A_0^{(2n)}}\sum_{k=0}^{\infty}(-1)^k A_{2k}^{(2n)}\mathrm{K}_{2k}(-\mathrm{j}u) \tag{3.5.7c}$$

$$= \frac{p_{2n}}{\pi\,[A_0^{(2n)}]^2}\sum_{k=0}^{\infty}A_{2k}^{(2n)}\mathrm{I}_k(\mathrm{j}v_1)\mathrm{K}_k(-\mathrm{j}v_2) \tag{3.5.7d}$$

$$\mathrm{Ke}_{2n+1}(\xi,q) = (-1)^{n}\,\mathrm{Ko}_{2n+1}(\xi - \mathrm{j}\pi/2, -q) \tag{3.5.8a}$$

$$= \frac{\mathrm{se}_{2n+1}(\pi/2,q)}{\pi\sqrt{q}B_1^{(2n+1)}}\tanh\xi\sum_{k=0}^{\infty}(2k+1)B_{2k+1}^{(2n+1)}\mathrm{K}_{2k+1}(-\mathrm{j}w) \tag{3.5.8b}$$

$$= \frac{\mathrm{se}'_{2n+1}(0,q)}{\pi\sqrt{q}B_1^{(2n+1)}}\sum_{k=0}^{\infty}(-1)^k B_{2k+1}^{(2n+1)}\mathrm{K}_{2k+1}(-\mathrm{j}u) \tag{3.5.8c}$$

$$= \frac{s_{2n+1}}{\pi\sqrt{q}\left[B_1^{(2n+1)}\right]^2}\sum_{k=0}^{\infty}B_{2k+1}^{(2n+1)}\left[\mathrm{I}_k(\mathrm{j}v_1)\mathrm{K}_{k+1}(-\mathrm{j}v_2)-\mathrm{I}_{k+1}(\mathrm{j}v_1)\mathrm{K}_k(-\mathrm{j}v_2)\right] \tag{3.5.8d}$$

$$\mathrm{Ko}_{2n+2}(\xi,q) = (-1)^{n+1}\,\mathrm{Ko}_{2n+2}(\xi-\mathrm{j}\pi/2,-q) \tag{3.5.9a}$$

$$= \frac{\mathrm{se}'_{2n+2}(\pi/2,q)}{\pi qB_2^{(2n+2)}}\tanh\xi\sum_{k=0}^{\infty}(2k+2)B_{2k+2}^{(2n+2)}\mathrm{K}_{2k+2}(-\mathrm{j}w) \tag{3.5.9b}$$

$$=-\frac{\mathrm{se}'_{2n+2}(0,q)}{\pi qB_2^{(2n+2)}}\coth\xi\sum_{k=0}^{\infty}(-1)^k(2k+2)B_{2k+2}^{(2n+2)}\mathrm{K}_{2k+2}(-\mathrm{j}u) \tag{3.5.9c}$$

$$=-\frac{s_{2n+2}}{\pi q\left[B_2^{(2n+2)}\right]^2}\sum_{k=0}^{\infty}B_{2k+2}^{(2n+2)}\left[\mathrm{I}_k(\mathrm{j}v_1)\mathrm{K}_{k+2}(-\mathrm{j}v_2)-\mathrm{I}_{k+2}(\mathrm{j}v_1)\mathrm{K}_k(-\mathrm{j}v_2)\right] \tag{3.5.9d}$$

$$\mathrm{Ko}_{2n+1}(\xi,q) = (-1)^n\,\mathrm{Ke}_{2n+1}(\xi-\mathrm{j}\pi/2,-q) \tag{3.5.10a}$$

$$=-\frac{\mathrm{ce}'_{2n+1}(\pi/2,q)}{\pi\sqrt{q}A_1^{(2n+1)}}\sum_{k=0}^{\infty}A_{2k+1}^{(2n+1)}\mathrm{K}_{2k+1}(-\mathrm{j}w) \tag{3.5.10b}$$

$$=-\frac{\mathrm{ce}_{2n+1}(0,q)}{\pi\sqrt{q}A_1^{(2n+1)}}\coth\xi\sum_{k=0}^{\infty}(-1)^k(2k+1)A_{2k+1}^{(2n+1)}\mathrm{K}_{2k+1}(-\mathrm{j}u) \tag{3.5.10c}$$

$$=-\frac{p_{2n+1}}{\pi\sqrt{q}\left[A_1^{(2n+1)}\right]^2}\sum_{k=0}^{\infty}A_{2k+1}^{(2n+1)}\left[\mathrm{I}_k(\mathrm{j}v_1)\mathrm{K}_{k+1}(-\mathrm{j}v_2)+\mathrm{I}_{k+1}(\mathrm{j}v_1)\mathrm{K}_k(-\mathrm{j}v_2)\right] \tag{3.5.10d}$$

由上面的讨论，可得参数 $q>0$ 时，整数阶径向马蒂厄方程的完全解为

$$R(\xi,q)=\begin{cases}\sum_{m=0}^{\infty}A_m\mathrm{Je}_m(\xi,q)+B_m\mathrm{Ne}_m(\xi,q),(a\in a_m(q))\\ \sum_{m=0}^{\infty}C_{m+1}\,\mathrm{Jo}_{m+1}(\xi,q)+D_{m+1}\mathrm{No}_{m+1}(\xi,q),(a\in b_{m+1}(q))\end{cases} \tag{3.5.11}$$

其中，A_m、B_m、C_{m+1}和 D_{m+1}是任意常数。

参数 $q<0$ 时，整数阶径向马蒂厄方程的完全解为

$$R(\xi,-q)=\begin{cases}\sum_{m=0}^{\infty}A_m\,\mathrm{Ie}_m(\xi,-q)+B_m\,\mathrm{Ke}_m(\xi,-q),(a\in a_m(q))\\ \sum_{m=0}^{\infty}C_{m+1}\,\mathrm{Io}_{m+1}(\xi,-q)+D_{m+1}\,\mathrm{Ko}_{m+1}(\xi,-q),(a\in b_{m+1}(q))\end{cases} \tag{3.5.12}$$

3.5.2 函数 $\mathrm{Ke}_m(\xi, q)$和 $\mathrm{Ko}_m(\xi, q)$的导数

由(3.5.1)～(3.5.4)式，再利用附录 B 中第一类变形贝塞尔函数关系式(B-89)～(B-92)式以及附录 B 中第二类变形贝塞尔函数关系式(B-98)～(B-101)式，可求得函数 $\mathrm{Ke}_m(\xi, -q)$和 $\mathrm{Ko}_m(\xi, -q)$的导数分别为

$$\mathrm{Ke}'_{2n}(\xi,-q)=(-1)^{n+1}\frac{\mathrm{ce}_{2n}(\pi/2,q)}{\pi A_0^{(2n)}}\frac{w}{2}\sum_{k=0}^{\infty}A_{2k}^{(2n)}\left[\mathrm{K}_{2k-1}(u)+\mathrm{K}_{2k+1}(u)\right] \tag{3.5.13a}$$

$$= (-1)^{n+1} \frac{\mathrm{ce}_{2n}(0,q)}{\pi A_0^{(2n)}} \frac{u}{2} \sum_{k=0}^{\infty} (-1)^k A_{2k}^{(2n)} [\mathrm{K}_{2k-1}(w) + \mathrm{K}_{2k+1}(w)] \tag{3.5.13b}$$

$$= (-1)^{n+1} \frac{p_{2n}}{\pi [A_0^{(2n)}]^2} \sum_{k=0}^{\infty} A_{2k}^{(2n)} [v_2 \mathrm{I}_k(v_1) \mathrm{K}_{k+1}(v_2) + v_1 \mathrm{I}_{k+1}(v_1) \mathrm{K}_k(v_2)] \tag{3.5.13c}$$

$$\mathrm{Ke}'_{2n+1}(\xi, -q) = (-1)^{n+1} \frac{\sqrt{q}\, \mathrm{se}_{2n+1}(\pi/2,q)}{\pi B_1^{(2n+1)}} \frac{2}{u} \sum_{k=0}^{\infty} B_{2k+1}^{(2n+1)} \{[(2k+1)\cosh^2\xi - 1]\mathrm{K}_{2k}(u) + [(2k+1)\cosh^2\xi + 1]\mathrm{K}_{2k+2}(u)\} \tag{3.5.14a}$$

$$= (-1)^{n+1} \frac{\mathrm{se}'_{2n+1}(0,q)}{\pi B_1^{(2n+1)}} \sinh\xi \sum_{k=0}^{\infty} (-1)^k B_{2k+1}^{(2n+1)} [\mathrm{K}_{2k}(w) + \mathrm{K}_{2k+2}(w)] \tag{3.5.14b}$$

$$= (-1)^{n+1} \frac{s_{2n+1}}{\pi \sqrt{q}\, [B_1^{(2n+1)}]^2} \sum_{k=0}^{\infty} B_{2k+1}^{(2n+1)} \{(v_2 - v_1)[\mathrm{I}_k(v_1)\mathrm{K}_k(v_2) - \mathrm{I}_{k+1}(v_1)\mathrm{K}_{k+1}(v_2)] + (2k+1)[\mathrm{I}_{k+1}(v_1)\mathrm{K}_k(v_2) + \mathrm{I}_k(v_1)\mathrm{K}_{k+1}(v_2)]\} \tag{3.5.14c}$$

$$\mathrm{Ko}'_{2n+2}(\xi, -q) = (-1)^n \frac{\mathrm{se}'_{2n+2}(\pi/2,q)}{\pi B_2^{(2n+2)}} \frac{2}{u} \sum_{k=0}^{\infty} B_{2k+2}^{(2n+2)} \{[(2k+2)\cosh^2\xi - 1]\mathrm{K}_{2k+1}(u) + [(2k+2)\cosh^2\xi + 1]\mathrm{K}_{2k+3}(u)\} \tag{3.5.15a}$$

$$= (-1)^{n+1} \frac{\mathrm{se}'_{2n+2}(0,q)}{\pi B_2^{(2n+2)}} \frac{2}{w} \sum_{k=0}^{\infty} (-1)^k B_{2k+2}^{(2n+2)} \times \{[(2k+2)\sinh^2\xi + 1]\mathrm{K}_{2k+1}(w) + [(2k+2)\sinh^2\xi - 1]\mathrm{K}_{2k+3}(w)\} \tag{3.5.15b}$$

$$= (-1)^{n+1} \frac{s_{2n+2}}{\pi q\, [B_2^{(2n+2)}]^2} \sum_{k=0}^{\infty} B_{2k+2}^{(2n+2)} (4k+4) \times \left\{\mathrm{I}_k(v_1)\mathrm{K}_k(v_2) + \mathrm{I}_{k+1}(v_1)\mathrm{K}_{k+1}(v_2)\cosh 2\xi + (k+1)\left[\frac{1}{v_2}\mathrm{I}_k(v_1)\mathrm{K}_{k+1}(v_2) - \frac{1}{v_1}\mathrm{I}_{k+1}(v_1)\mathrm{K}_k(v_2)\right]\right\} \tag{3.5.15c}$$

$$\mathrm{Ko}'_{2n+1}(\xi, -q) = (-1)^n \frac{\mathrm{ce}'_{2n+1}(\pi/2,q)}{\pi A_1^{(2n+1)}} \cosh\xi \sum_{k=0}^{\infty} A_{2k+1}^{(2n+1)} [\mathrm{K}_{2k}(u) + \mathrm{K}_{2k+2}(u)] \tag{3.5.16a}$$

$$= (-1)^{n+1} \frac{\sqrt{q}\, \mathrm{ce}_{2n+1}(0,q)}{\pi A_1^{(2n+1)}} \frac{2}{w} \sum_{k=0}^{\infty} (-1)^k A_{2k+1}^{(2n+1)} \times [(2k+1)\sinh^2\xi + 1]\mathrm{K}_{2k}(w) + [(2k+1)\sinh^2\xi - 1]\mathrm{K}_{2k+2}(w) \tag{3.5.16b}$$

$$= (-1)^n \frac{p_{2n+1}}{\pi \sqrt{q}[A_1^{(2n+1)}]^2} \sum_{k=0}^{\infty} A_{2k+1}^{(2n+1)} \times \{(v_1 + v_2)[\mathrm{I}_k(v_1)\mathrm{K}_k(v_2) + \mathrm{I}_{k+1}(v_1)\mathrm{K}_{k+1}(v_2)] + (2k+1)[\mathrm{I}_k(v_1)\mathrm{K}_{k+1}(v_2) - \mathrm{I}_{k+1}(v_1)\mathrm{N}_k(v_2)]\} \tag{3.5.16c}$$

当变量 $\xi=0$ 时，有

$$\mathrm{Ke}'_{2n}(0,-q)=(-1)^{n+1}\frac{p_{2n}}{\pi\left[A_0^{(2n)}\right]^2}\mathrm{ce}_{2n}(0,q) \tag{3.5.17}$$

$$\mathrm{Ke}'_{2n+1}(0,-q)=(-1)^{n+1}\frac{s_{2n+1}}{\pi q\left[B_1^{(2n+1)}\right]^2}\mathrm{se}'_{2n+1}(0,q) \tag{3.5.18}$$

3.5.3 径向马蒂厄函数之间的恒等关系

第二类变形贝塞尔函数 $\mathrm{K}_m(x)$ 与第一类汉克尔函数之间，以及第一类贝塞尔函数 $\mathrm{J}_m(x)$ 和第二类贝塞尔函数 $\mathrm{N}_m(x)$ 与第二类变形贝塞尔函数 $\mathrm{K}_m(x)$ 之间存在如下关系式。

$$\mathrm{K}_m(x)=\frac{1}{2}\pi\mathrm{e}^{\mathrm{j}\frac{1}{2}\pi(m+1)}\mathrm{H}_m^{(1)}(\mathrm{j}x) \tag{3.5.19}$$

$$\mathrm{N}_m(x)=\mathrm{j}\mathrm{J}_m(x)-\frac{2}{\pi}\mathrm{e}^{-\mathrm{j}\frac{1}{2}m\pi}\mathrm{K}_m(-\mathrm{j}x) \tag{3.5.20}$$

令 $m=2k$，$x=w$，将(3.5.20)式代入(3.3.1b)式得

$$\mathrm{Ne}_{2n}(\xi,q)=\mathrm{j}\frac{\mathrm{ce}_{2n}(\pi/2,q)}{A_0^{(2n)}}\sum_{k=0}^{\infty}(-1)^k A_{2k}^{(2n)}\mathrm{J}_{2k}(w)$$

$$-\frac{2\mathrm{ce}_{2n}(\pi/2,q)}{\pi A_0^{(2n)}}\sum_{k=0}^{\infty}A_{2k}^{(2n)}\mathrm{K}_{2k}(-\mathrm{j}w),(k>0,\ |\cosh\xi|>1) \tag{3.5.21a}$$

$$=\mathrm{j}\mathrm{Je}_{2n}(\xi,q)-2\,\mathrm{Ke}_{2n}(\xi,q) \tag{3.5.21b}$$

在(3.5.21b)式中应用了函数 $\mathrm{Ke}_{2n}(\xi,q)$ 的另一个形式的定义：(3.5.7b)式。当变量 ξ 是实数时，$\mathrm{Je}_{2n}(\xi,q)$ 和 $\mathrm{Ne}_{2n}(\xi,q)$ 是实数，所以 $\mathrm{Ke}_{2n}(\xi,q)$ 是复数。利用同样的方法可得如下关系式。

$$\mathrm{Ne}_{2n+1}(\xi,q)=\mathrm{j}[\mathrm{Je}_{2n+1}(\xi,q)+2\,\mathrm{Ke}_{2n+1}(\xi,q)] \tag{3.5.22}$$

$$\mathrm{No}_{2n+2}(\xi,q)=\mathrm{j}\mathrm{Jo}_{2n+2}(\xi,q)-2\,\mathrm{Ko}_{2n+2}(\xi,q) \tag{3.5.23}$$

$$\mathrm{No}_{2n+1}(\xi,q)=\mathrm{j}[\mathrm{Jo}_{2n+1}(\xi,q)+2\,\mathrm{Ko}_{2n+1}(\xi,q)] \tag{3.5.24}$$

$$\mathrm{Ne}_{2n}(\xi,-q)=\mathrm{j}\mathrm{Ie}_{2n}(\xi,-q)-2\,\mathrm{Ke}_{2n}(\xi,-q) \tag{3.5.25}$$

$$\mathrm{Ne}_{2n+1}(\xi,-q)=\mathrm{j}\mathrm{Ie}_{2n+1}(\xi,-q)+2\,\mathrm{Ke}_{2n+1}(\xi,-q) \tag{3.5.26}$$

$$\mathrm{No}_{2n+2}(\xi,-q)=\mathrm{j}\mathrm{Io}_{2n+2}(\xi,-q)-2\,\mathrm{Ko}_{2n+2}(\xi,-q) \tag{3.5.27}$$

$$\mathrm{No}_{2n+1}(\xi,-q)=\mathrm{j}\mathrm{Jo}_{2n+1}(\xi,-q)+2\,\mathrm{Ko}_{2n+1}(\xi,-q) \tag{3.5.28}$$

3.5.4 函数 $\mathrm{Ke}_m(\xi,q)$ 和 $\mathrm{Ko}_m(\xi,q)$ 曲线

参数 $q<0$ 时的第二类变形贝塞尔型径向马蒂厄函数 $\mathrm{Ke}_m(\xi,-q)$ 和 $\mathrm{Ko}_m(\xi,-q)$ 的数值计算程序，采用(3.5.1d)式、(3.5.2d)式、(3.5.3d)式和(3.5.4d)式进行编写。图 3-49～图 3-57 给出了部分第二类变形贝塞尔函数型径向马蒂厄函数 $\mathrm{Ke}_m(\xi,-q)$ 和 $\mathrm{Ko}_m(\xi,-q)$ 的函数图像。由图像可看出，当函数 $\mathrm{Ke}_m(\xi,-q)$ 和 $\mathrm{Ko}_m(\xi,-q)$ 的阶数 m 一定时，随着参数 q 的减小，函数的衰减速度越快，当 $q\to 0$ 时，$\mathrm{Ke}_m(0,-q)$ 和 $\mathrm{Ko}_m(0,-q)$ 趋于无穷大；当参数 q 一定时，随着函数阶数 m 的增大，函数 $\mathrm{Ke}_m(\xi,-q)$ 和 $\mathrm{Ko}_m(\xi,-q)$ 的值的衰减速度越快；函数 $\mathrm{Ke}_m(\xi,-q)$ 和 $\mathrm{Ko}_m(\xi,-q)$ 的曲线形状与第一类变形贝塞尔函数 $\mathrm{K}_m(x)$ 的形状很相似。

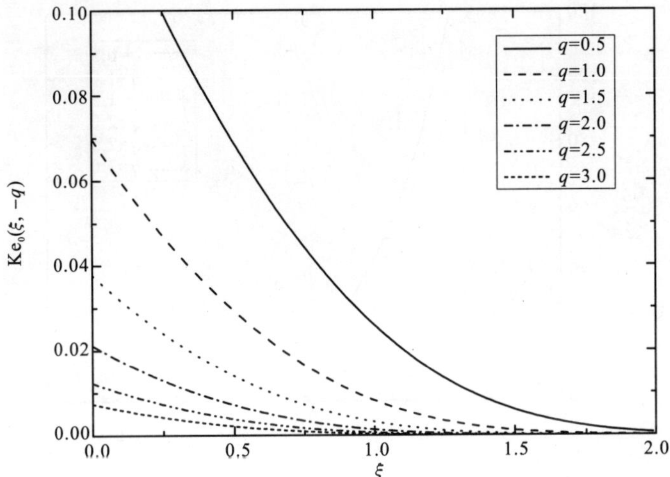

图 3-49　$\mathrm{Ke}_0(\xi,\ -q)$函数图像($q\in$ {0.5，1，1.5，2，2.5，3}，$0\leqslant\xi\leqslant2$)

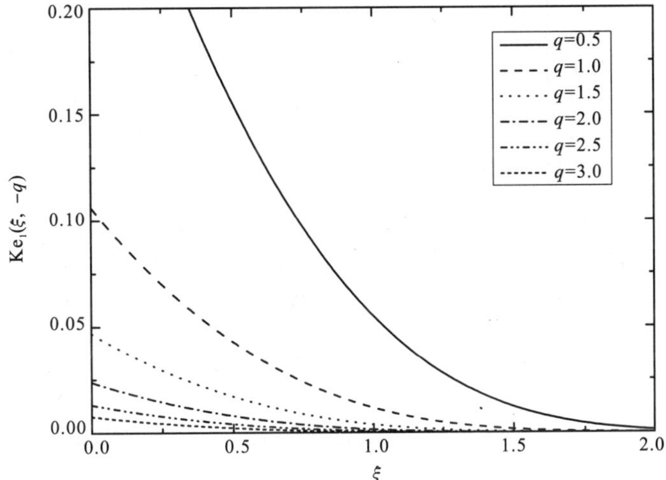

图 3-50　$\mathrm{Ke}_1(\xi,\ -q)$函数图像($q\in$ {0.5，1，1.5，2，2.5，3}，$0\leqslant\xi\leqslant2$)

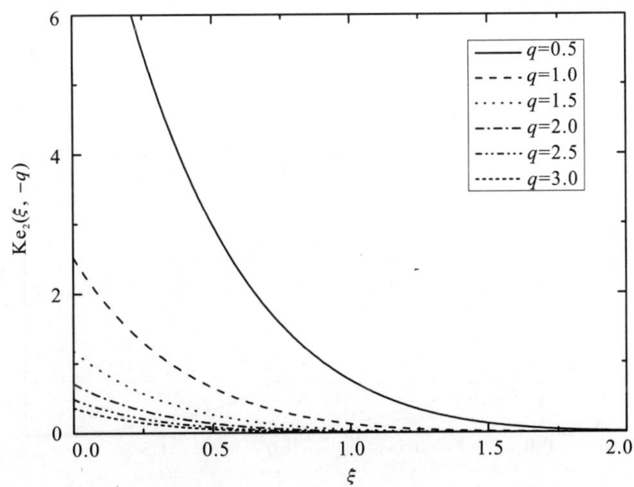

图 3-51　$\mathrm{Ke}_2(\xi,\ -q)$函数图像($q\in$ {0.5，1，1.5，2，2.5，3}，$0\leqslant\xi\leqslant2$)

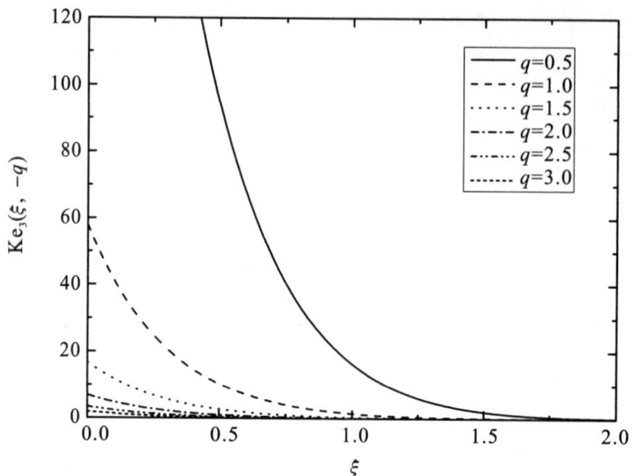

图 3-52 $\mathrm{Ke}_3(\xi,\ -q)$函数图像($q\in$ {0.5, 1, 1.5, 2, 2.5, 3}, $0\leqslant\xi\leqslant2$)

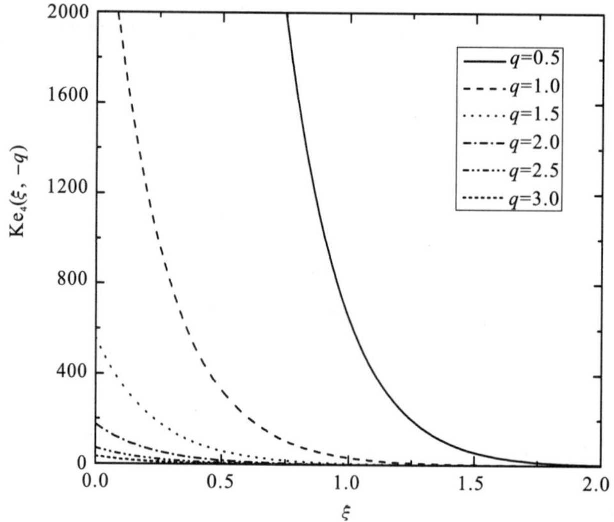

图 3-53 $\mathrm{Ke}_4(\xi,\ -q)$函数图像($q\in$ {0.5, 1, 1.5, 2, 2.5, 3}, $0\leqslant\xi\leqslant2$)

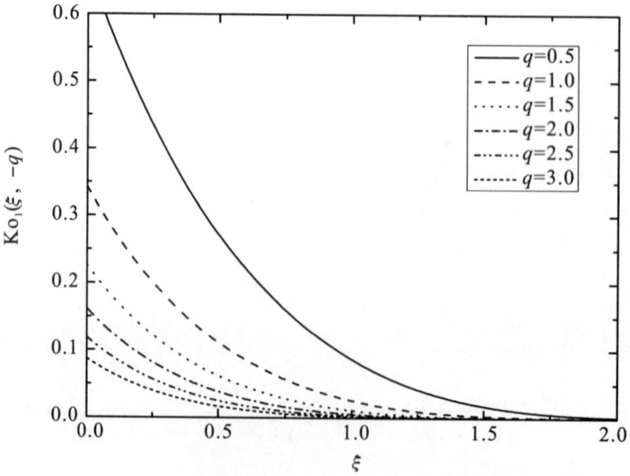

图 3-54 $\mathrm{Ko}_1(\xi,\ -q)$函数图像($q\in$ {0.5, 1, 1.5, 2, 2.5, 3}, $0\leqslant\xi\leqslant2$)

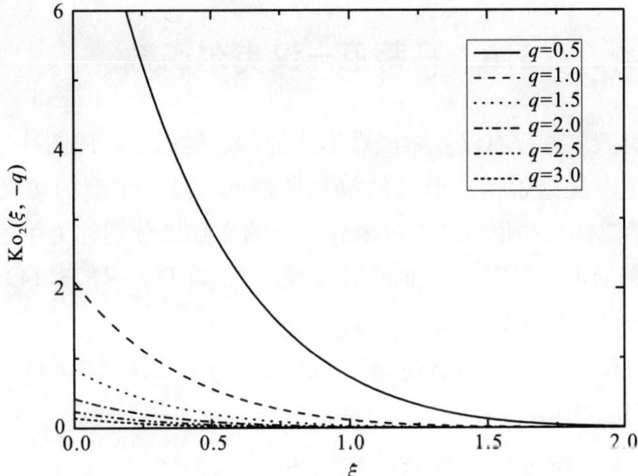

图 3-55　$Ko_2(\xi,\ -q)$函数图像($q\in$ {0.5，1，1.5，2，2.5，3}，$0\leqslant\xi\leqslant2$)

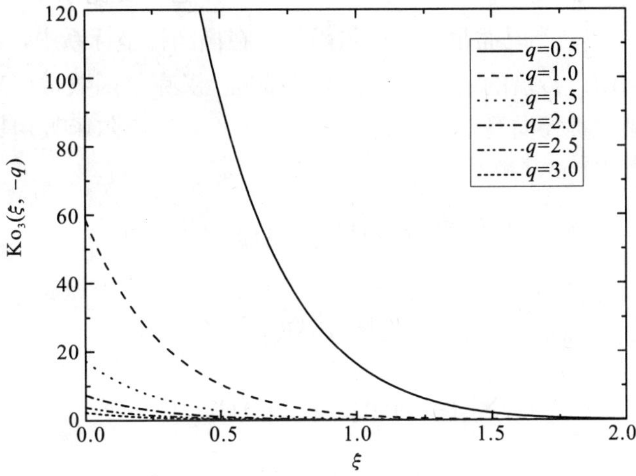

图 3-56　$Ko_3(\xi,\ -q)$函数图像($q\in$ {0.5，1，1.5，2，2.5，3}，$0\leqslant\xi\leqslant2$)

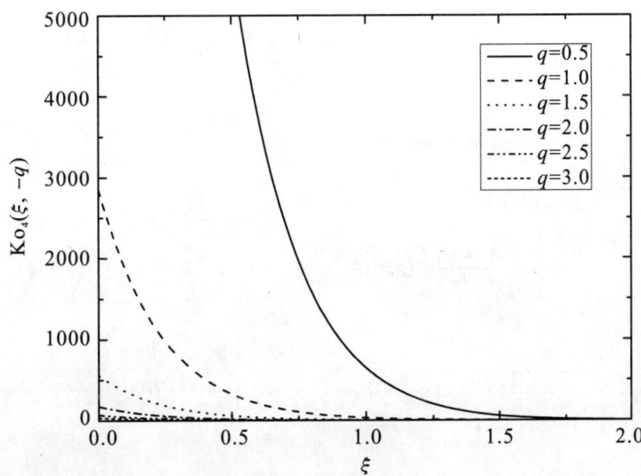

图 3-57　$Ko_4(\xi,\ -q)$函数图像($q\in$ {0.5，1，1.5，2，2.5，3}，$0\leqslant\xi\leqslant2$)

3.6 马蒂厄-汉克尔函数

圆柱坐标系中贝塞尔方程有汉克尔函数形式的解，类似地，椭圆柱坐标系中径向马蒂厄方程也存在马蒂厄-汉克尔函数形式的解。马蒂厄-汉克尔型的解又分为第一类马蒂厄-汉克尔函数和第二类马蒂厄-汉克尔函数，有的文献也分别称为第三类变形马蒂厄函数和第四类变形马蒂厄函数[68~69]，它的一种定义见(3.3.11)~(3.3.14)式($j=3$，4)，另一种形式的马蒂厄-汉克尔函数定义为[11]

$$\mathrm{He}_m^{(1)}(\xi,q)=\mathrm{Je}_m(\xi,q)+\mathrm{j}\mathrm{Ne}_m(\xi,q),(a\in a_m(q)) \tag{3.6.1}$$

$$\mathrm{Ho}_m^{(1)}(\xi,q)=\mathrm{Jo}_m(\xi,q)+\mathrm{j}\mathrm{No}_m(\xi,q),(a\in b_{m+1}(q)) \tag{3.6.2}$$

$$\mathrm{He}_m^{(2)}(\xi,q)=\mathrm{Je}_m(\xi,q)-\mathrm{j}\mathrm{Ne}_m(\xi,q),(a\in a_m(q)) \tag{3.6.3}$$

$$\mathrm{Ho}_m^{(2)}(\xi,q)=\mathrm{Jo}_m(\xi,q)-\mathrm{j}\mathrm{No}_m(\xi,q),(a\in b_{m+1}(q)) \tag{3.6.4}$$

式中$\mathrm{He}_m^{(1)}(\xi, q)$和$\mathrm{Ho}_m^{(1)}(\xi, q)$分别称为第一类马蒂厄-汉克尔函数，$\mathrm{He}_m^{(2)}(\xi, q)$和$\mathrm{Ho}_m^{(2)}(\xi, q)$分别称为第二类马蒂厄-汉克尔函数。在椭圆柱坐标系中，第一类马蒂厄-汉克尔函数常用来表示向内传播的波，而第二类马蒂厄-汉克尔函数常用来表示向外传播的波。利用第一类和第二类径向马蒂厄函数，可将马蒂厄-汉克尔函数用贝塞尔函数的级数展开为[10]

$$\mathrm{He}_{2n}^{(1),(2)}(\xi,q)=\frac{\mathrm{ce}_{2n}(\pi/2,q)}{A_0^{(2n)}}\sum_{k=0}^{\infty}(-1)^k A_{2k}^{(2n)}\mathrm{H}_{2k}^{(1),(2)}(w) \tag{3.6.5a}$$

$$=\frac{\mathrm{ce}_{2n}(0,q)}{A_0^{(2n)}}\sum_{k=0}^{\infty}A_{2k}^{(2n)}\mathrm{H}_{2k}^{(1),(2)}(u) \tag{3.6.5b}$$

$$=\frac{p_{2n}}{[A_0^{(2n)}]^2}\sum_{k=0}^{\infty}(-1)^k A_{2k}^{(2n)}\mathrm{J}_k(v_1)\mathrm{H}_k^{(1),(2)}(v_2) \tag{3.6.5c}$$

$$\mathrm{He}_{2n+1}^{(1),(2)}(\xi,q)=-\frac{\mathrm{ce}'_{2n+1}(\pi/2,q)}{\sqrt{q}A_1^{(2n+1)}}\sum_{k=0}^{\infty}(-1)^k A_{2k+1}^{(2n+1)}\mathrm{H}_{2k+1}^{(1),(2)}(w) \tag{3.6.6a}$$

$$=\frac{\mathrm{ce}_{2n+1}(0,q)}{\sqrt{q}A_1^{(2n+1)}}\coth\xi\sum_{k=0}^{\infty}(2k+1)A_{2k+1}^{(2n+1)}\mathrm{H}_{2k+1}^{(1),(2)}(u) \tag{3.6.6b}$$

$$=-\frac{p_{2n+1}}{\sqrt{q}\,[A_1^{(2n+1)}]^2}\sum_{k=0}^{\infty}(-1)^k A_{2k+1}^{(2n+1)}[\mathrm{J}_k(v_1)\mathrm{H}_{k+1}^{(1),(2)}(v_2)+\mathrm{J}_{k+1}(v_1)\mathrm{H}_k^{(1),(2)}(v_2)] \tag{3.6.6c}$$

$$\mathrm{Ho}_{2n+2}^{(1),(2)}(\xi,q)=-\frac{\mathrm{se}'_{2n+2}(\pi/2,q)}{qB_2^{(2n+2)}}\tanh\xi\sum_{k=0}^{\infty}(-1)^k(2k+2)B_{2k+2}^{(2n+2)}\mathrm{H}_{2k+2}^{(1),(2)}(w) \tag{3.6.7a}$$

$$=\frac{\mathrm{se}'_{2n+2}(0,q)}{qB_2^{(2n+2)}}\coth\xi\sum_{k=0}^{\infty}(2k+2)B_{2k+2}^{(2n+2)}\mathrm{H}_{2k+2}^{(1),(2)}(u) \tag{3.6.7b}$$

$$=-\frac{s_{2n+2}}{q\,[B_2^{(2n+2)}]^2}\sum_{k=0}^{\infty}(-1)^k B_{2k+2}^{(2n+2)}\times[\mathrm{J}_k(v_1)\mathrm{H}_{k+2}^{(1),(2)}(v_2)-\mathrm{J}_{k+2}(v_1)\mathrm{H}_k^{(1),(2)}(v_2)] \tag{3.6.7c}$$

$$\mathrm{Ho}_{2n+1}^{(1),(2)}(\xi,q)=\frac{\mathrm{se}_{2n+1}(\pi/2,q)}{\sqrt{q}B_1^{(2n+1)}}\tanh\xi\sum_{k=0}^{\infty}(-1)^k(2k+1)B_{2k+1}^{(2n+1)}\mathrm{H}_{2k+1}^{(1),(2)}(w)\tag{3.6.8a}$$

$$=\frac{\mathrm{se}'_{2n+1}(0,q)}{\sqrt{q}B_1^{(2n+1)}}\sum_{k=0}^{\infty}B_{2k+1}^{(2n+1)}\mathrm{H}_{2k+1}^{(1),(2)}(u)\tag{3.6.8b}$$

$$=\frac{s_{2n+1}}{\sqrt{q}\left[B_1^{(2n+1)}\right]^2}\sum_{k=0}^{\infty}(-1)^kB_{2k+1}^{(2n+1)}\times\left[\mathrm{J}_k(v_1)\mathrm{H}_{k+1}^{(1),(2)}(v_2)-\mathrm{J}_{k+1}(v_1)\mathrm{H}_k^{(1),(2)}(v_2)\right]\tag{3.6.8c}$$

当参数 $q<0$ 时，其表达式可由下面关系获得

$$\mathrm{He}_{2n}^{(1),(2)}(\xi,-q)=(-1)^n\mathrm{He}_{2n}^{(1),(2)}(\mathrm{j}\pi/2+\xi,q)\tag{3.6.9a}$$

$$=\mathrm{Je}_{2n}(\xi,-q)\pm\mathrm{jNe}_{2n}(\xi,-q)\tag{3.6.9b}$$

$$\mathrm{He}_{2n+1}^{(1),(2)}(\xi,-q)=(-1)^{n+1}\mathrm{jHo}_{2n+1}^{(1),(2)}(\mathrm{j}\pi/2+\xi,q)\tag{3.6.10a}$$

$$=\mathrm{Je}_{2n+1}(\xi,-q)\pm\mathrm{jNe}_{2n+1}(\xi,-q)\tag{3.6.10b}$$

$$\mathrm{Ho}_{2n+2}^{(1),(2)}(\xi,-q)=(-1)^{n+1}\mathrm{Ho}_{2n+2}^{(1),(2)}(\mathrm{j}\pi/2+\xi,q)\tag{3.6.11a}$$

$$=\mathrm{Je}_{2n+2}(\xi,-q)\pm\mathrm{jNo}_{2n+2}(\xi,-q)\tag{3.6.11b}$$

$$\mathrm{Ho}_{2n+1}^{(1),(2)}(\xi,-q)=(-1)^{n+1}\mathrm{jHe}_{2n+1}^{(1),(2)}(\mathrm{j}\pi/2+\xi,q)\tag{3.6.12a}$$

$$=\mathrm{Je}_{2n+1}(\xi,-q)\pm\mathrm{jNo}_{2n+1}(\xi,-q)\tag{3.6.12b}$$

利用(3.5.21b)式和(3.5.22)～(3.5.28)式，并将它们代入(3.6.1)～(3.6.2)式可得

$$\mathrm{He}_{2n}^{(1)}(\xi,\pm q)=-2\,\mathrm{jKe}_{2n}(\xi,\pm q)\tag{3.6.13}$$

$$\mathrm{He}_{2n+1}^{(1)}(\xi,q)=-2\,\mathrm{Ke}_{2n+1}(\xi,q)\tag{3.6.14}$$

$$\mathrm{He}_{2n+1}^{(1)}(\xi,-q)=2\,\mathrm{jKe}_{2n+1}(\xi,-q)\tag{3.6.15}$$

$$\mathrm{Ho}_{2n+1}^{(1)}(\xi,q)=-2\,\mathrm{Ko}_{2n+1}(\xi,q)\tag{3.6.16}$$

$$\mathrm{Ho}_{2n+1}^{(1)}(\xi,-q)=2\,\mathrm{jKo}_{2n+1}(\xi,-q)\tag{3.6.17}$$

$$\mathrm{Ho}_{2n+2}^{(1)}(\xi,\pm q)=-2\,\mathrm{jKo}_{2n+2}(\xi,\pm q)\tag{3.6.18}$$

3.7　用贝塞尔函数级数展开的角向马蒂厄函数

角向马蒂厄函数 $\mathrm{ce}_m(\eta,q)$和 $\mathrm{se}_m(\eta,q)$除了可分别展开为余弦函数和正弦函数的级数外，还可以展开为贝塞尔函数的级数。将此内容放在本章讨论，是因为要利用径向马蒂厄方程的解，即径向马蒂厄函数的贝塞尔函数的级数展开形式，以便于导出用贝塞尔函数的级数形式展开的角向马蒂厄函数。

当参数 $q>0$ 时，如果将径向马蒂厄方程(1.2.16)式中的径向坐标变量 ξ 用角向坐标变量的虚数 $\mathrm{j}\eta$ 替换，则径向马蒂厄方程(1.2.16)式变为角向马蒂厄方程(1.2.15)式。因此，角向马蒂厄方程(1.2.15)式的解可由径向马蒂厄方程(1.2.16)式的解得到，即将径向马蒂厄方程(1.2.16)式的解，也就是 $\mathrm{Je}_m(\xi,q)$和 $\mathrm{Jo}_m(\xi,q)$函数中的变量 ξ 用 $\mathrm{j}\eta$ 替换，即可得到角向马蒂厄方程的解。对于角向马蒂厄函数 $\mathrm{ce}_{2n}(\eta,q)$，由(3.2.12)式可得

$$\mathrm{ce}_{2n}(\xi,q)=\mathrm{Je}_{2n}(\mathrm{j}\eta,q)$$

$$=\frac{\mathrm{ce}_{2n}(0,q)}{A_0^{(2n)}}\sum_{k=0}^{\infty}A_{2k}^{(2n)}\mathrm{J}_{2k}(\mathrm{j}2\sqrt{q}\sin\eta)\tag{3.7.1a}$$

$$= \frac{\mathrm{ce}_{2n}(0,q)}{A_0^{(2n)}} \sum_{k=0}^{\infty} (-1)^k A_{2k}^{(2n)} \mathrm{I}_{2k}(2\sqrt{q}\sin\eta) \tag{3.7.1b}$$

$$= \frac{\mathrm{ce}_{2n}(\pi/2,q)}{A_0^{(2n)}} \sum_{k=0}^{\infty} (-1)^k A_{2k}^{(2n)} \mathrm{J}_{2k}(2\sqrt{q}\cos\eta) \tag{3.7.1c}$$

$$= \frac{p_{2n}}{[A_0^{(2n)}]^2} \sum_{k=0}^{\infty} (-1)^k A_{2k}^{(2n)} \mathrm{J}_k(v_1')\mathrm{J}_k(v_2') \tag{3.7.1d}$$

其中，$v_1' = \sqrt{q}\,\mathrm{e}^{-\mathrm{j}\eta}$，$v_2' = \sqrt{q}\,\mathrm{e}^{\mathrm{j}\eta}$。(3.7.1d)式右端是 η 的偶函数。如果 η 为实数，v_1'、v_2' 是共轭的，因此(3.7.1d)式右端是实数；当 η 是复数时，v_1'、v_2' 不共轭，因此，此时(3.7.1d)式右端为复数。

同样，由(3.2.14)～(3.2.15)式可得

$$\mathrm{ce}_{2n+1}(\eta,q) = \mathrm{Je}_{2n+1}(\mathrm{j}\eta,q)$$

$$= -\mathrm{j}\frac{\mathrm{ce}_{2n+1}(0,q)}{\sqrt{q}A_1^{(2n+1)}}\cot\eta \sum_{k=0}^{\infty} (2k+1) A_{2k+1}^{(2n+1)} \mathrm{J}_{2k+1}(\mathrm{j}2\sqrt{q}\sin\eta) \tag{3.7.2a}$$

$$= \frac{\mathrm{ce}_{2n+1}(0,q)}{\sqrt{q}A_1^{(2n+1)}}\cot\eta \sum_{k=0}^{\infty} (-1)^k (2k+1) A_{2k+1}^{(2n+1)} \mathrm{I}_{2k+1}(2\sqrt{q}\sin\eta) \tag{3.7.2b}$$

$$= \frac{\mathrm{ce}'_{2n+1}(\pi/2,q)}{\sqrt{q}A_1^{(2n+1)}} \sum_{k=0}^{\infty} (-1)^{k+1} A_{2k+1}^{(2n+1)} \mathrm{J}_{2k+1}(2\sqrt{q}\cos\eta) \tag{3.7.2c}$$

$$= \frac{p_{2n+1}}{\sqrt{q}\,[A_1^{(2n+1)}]^2} \sum_{k=0}^{\infty} (-1)^{k+1} A_{2k+1}^{(2n+1)} [\mathrm{J}_k(v_1')\mathrm{J}_{k+1}(v_2') + \mathrm{J}_{k+1}(v_1')\mathrm{J}_k(v_2')] \tag{3.7.2d}$$

$$\mathrm{se}_{2n+2}(\eta,q) = -\mathrm{j}\mathrm{Jo}_{2n+2}(\mathrm{j}\eta,q)$$

$$= \frac{\mathrm{se}'_{2n+2}(0,q)}{qB_2^{(2n+2)}}\cot\eta \sum_{k=0}^{\infty} (-1)^k (2k+2) B_{2k+2}^{(2n+2)} \mathrm{I}_{2k+2}(2\sqrt{q}\sin\eta) \tag{3.7.3a}$$

$$= \frac{\mathrm{se}'_{2n+2}(\pi/2,q)}{qB_2^{(2n+2)}}\tan\eta \sum_{k=0}^{\infty} (-1)^{k+1} (2k+2) B_{2k+2}^{(2n+2)} \mathrm{J}_{2k+2}(2\sqrt{q}\cos\eta) \tag{3.7.3b}$$

$$= \mathrm{j}\frac{s_{2n+2}}{q\,[B_2^{(2n+2)}]^2} \sum_{k=0}^{\infty} (-1)^k B_{2k+2}^{(2n+2)} [\mathrm{J}_k(v_1')\mathrm{J}_{k+2}(v_2') - \mathrm{J}_{k+2}(v_1')\mathrm{J}_k(v_2')] \tag{3.7.3c}$$

$$\mathrm{se}_{2n+1}(\eta,q) = -\mathrm{j}\mathrm{Jo}_{2n+1}(\mathrm{j}\eta,q)$$

$$= \frac{\mathrm{se}'_{2n+1}(0,q)}{\sqrt{q}B_1^{(2n+1)}} \sum_{k=0}^{\infty} (-1)^k B_{2k+1}^{(2n+1)} \mathrm{I}_{2k+1}(2\sqrt{q}\sin\eta) \tag{3.7.4a}$$

$$= \frac{\mathrm{se}_{2n+1}(\pi/2,q)}{\sqrt{q}B_1^{(2n+1)}}\tan\eta \sum_{k=0}^{\infty} (-1)^k (2k+1) B_{2k+1}^{(2n+1)} \mathrm{J}_{2k+1}(2\sqrt{q}\cos\eta) \tag{3.7.4b}$$

$$= \mathrm{j}\frac{s_{2n+1}}{\sqrt{q}\,[B_1^{(2n+1)}]^2} \sum_{k=0}^{\infty} (-1)^{k+1} B_{2k+1}^{(2n+1)} [\mathrm{J}_k(v_1')\mathrm{J}_{k+1}(v_2') - \mathrm{J}_{k+1}(v_1')\mathrm{J}_k(v_2')] \tag{3.7.4c}$$

(3.7.2d)式右端是 η 的偶函数，当 η 为实数时，将(3.7.2d)式右端方括号中两乘积项

中第一项中的 j 变为 －j，即是第二项，因此，(3.7.2d)式右端方括号中两项是互相共轭的，可写成如下形式

$$(x+\mathrm{j}y)+(x-\mathrm{j}y)=2x \tag{3.7.5}$$

又 $\mathrm{e}^{\pm\mathrm{j}\eta}=\cos\eta\pm\mathrm{j}\sin\eta$。因此，如 η 是实数，利用(3.7.5)式，(3.7.2d)式右端方括号中两项和的结果只有实部，故得

$$\mathrm{ce}_{2n+1}(\eta,q)=2\frac{p_{2n+1}}{\sqrt{q}\,[A_1^{(2n+1)}]^2}\sum_{k=0}^{\infty}(-1)^{k+1}A_{2k+1}^{(2n+1)}\mathrm{Re}[\mathrm{J}_k(v_1')\mathrm{J}_{k+1}(v_2')] \tag{3.7.6}$$

同样的原因，当 η 为实数时，(3.7.3c)式和(3.7.4c)式右端方括号中两项和的结果只有虚部，故有

$$\mathrm{se}_{2n+2}(\xi,q)=-\frac{2s_{2n+2}}{q\,[B_2^{(2n+2)}]^2}\sum_{k=0}^{\infty}(-1)^kB_{2k+2}^{(2n+2)}\mathrm{Im}[\mathrm{J}_k(v_1')\mathrm{J}_{k+2}(v_2')] \tag{3.7.7}$$

$$\mathrm{se}_{2n+1}(\xi,q)=\frac{2s_{2n+1}}{\sqrt{q}\,[B_1^{(2n+1)}]^2}\sum_{k=0}^{\infty}(-1)^kB_{2k+1}^{(2n+1)}\mathrm{Im}[\mathrm{J}_k(v_1')\mathrm{J}_{k+1}(v_2')] \tag{3.7.8}$$

在第 2 章中，通过将(1.2.15)式中的 η 用 $\pm(\frac{1}{2}\pi\pm\eta)$ 代替，得到了参数 $q<0$ 时的角向马蒂厄方程(2.8.1)式，找出了参数 $q<0$ 的角向马蒂厄函数与参数 $q>0$ 的角向马蒂厄函数之间的关系式：(2.8.4)～(2.8.7)式。由(2.8.4)～(2.8.7)式与(3.7.1)～(3.7.4)式，可得参数 $q<0$ 时的角向马蒂厄函数用贝塞尔函数的级数展开的形式为

$$\mathrm{ce}_{2n}(\eta,-q)=(-1)^n\mathrm{ce}_{2n}\left(\frac{1}{2}\pi-\eta,q\right)$$

$$=(-1)^n\frac{\mathrm{ce}_{2n}(0,q)}{A_0^{(2n)}}\sum_{k=0}^{\infty}A_{2k}^{(2n)}\mathrm{J}_{2k}(\mathrm{j}2\sqrt{q}\cos\eta) \tag{3.7.9a}$$

$$=(-1)^n\frac{\mathrm{ce}_{2n}(0,q)}{A_0^{(2n)}}\sum_{k=0}^{\infty}(-1)^kA_{2k}^{(2n)}\mathrm{I}_{2k}(2\sqrt{q}\cos\eta) \tag{3.7.9b}$$

$$=(-1)^n\frac{\mathrm{ce}_{2n}(\pi/2,q)}{A_0^{(2n)}}\sum_{k=0}^{\infty}(-1)^kA_{2k}^{(2n)}\mathrm{J}_{2k}(2\sqrt{q}\sin\eta) \tag{3.7.9c}$$

$$=(-1)^n\frac{p_{2n}}{[A_0^{(2n)}]^2}\sum_{k=0}^{\infty}(-1)^kA_{2k}^{(2n)}\mathrm{I}_k(v_1')\mathrm{I}_k(v_2') \tag{3.7.9d}$$

$$\mathrm{ce}_{2n+1}(\eta,-q)=(-1)^n\mathrm{se}_{2n+1}\left(\frac{1}{2}\pi-\eta,q\right)$$

$$=-\mathrm{j}(-1)^n\frac{\mathrm{ce}_{2n+1}(0,q)}{\sqrt{q}A_1^{(2n+1)}}\tan\eta\sum_{k=0}^{\infty}(2k+1)A_{2k+1}^{(2n+1)}\mathrm{J}_{2k+1}(\mathrm{j}2\sqrt{q}\cos\eta) \tag{3.7.10a}$$

$$=(-1)^n\frac{\mathrm{ce}_{2n+1}(0,q)}{\sqrt{q}A_1^{(2n+1)}}\tan\eta\sum_{k=0}^{\infty}(-1)^k(2k+1)A_{2k+1}^{(2n+1)}\mathrm{I}_{2k+1}(2\sqrt{q}\cos\eta) \tag{3.7.10b}$$

$$=(-1)^{n+1}\frac{\mathrm{ce}'_{2n+1}(\pi/2,q)}{\sqrt{q}A_1^{(2n+1)}}\sum_{k=0}^{\infty}(-1)^kA_{2k+1}^{(2n+1)}\mathrm{J}_{2k+1}(2\sqrt{q}\sin\eta) \tag{3.7.10c}$$

$$=(-1)^{n+1}\frac{s_{2n+1}}{\sqrt{q}\,[B_1^{(2n+1)}]^2}\sum_{k=0}^{\infty}(-1)^kB_{2k+1}^{(2n+1)}[\mathrm{I}_k(v_1')\mathrm{I}_{k+1}(v_2')-\mathrm{I}_{k+1}(v_1')\mathrm{I}_k(v_2')] \tag{3.7.10d}$$

$$\mathrm{se}_{2n+2}(\eta,-q)=(-1)^n\mathrm{se}_{2n+2}\left(\frac{1}{2}\pi-\eta,q\right)$$

$$=(-1)^n\frac{\mathrm{se}'_{2n+2}(0,q)}{qB_2^{(2n+2)}}\tan\eta\sum_{k=0}^{\infty}(-1)^k(2k+2)B_{2k+2}^{(2n+2)}\mathrm{I}_{2k+2}(2\sqrt{q}\cos\eta)\tag{3.7.11a}$$

$$=(-1)^{n+1}\frac{\mathrm{se}'_{2n+2}(\pi/2,q)}{qB_2^{(2n+2)}}\cot\eta\sum_{k=0}^{\infty}(-1)^k(2k+2)B_{2k+2}^{(2n+2)}\mathrm{J}_{2k+2}(2\sqrt{q}\sin\eta)\tag{3.7.11b}$$

$$=\mathrm{j}(-1)^n\frac{s_{2n+2}}{q\left[B_2^{(2n+2)}\right]^2}\sum_{k=0}^{\infty}(-1)^kB_{2k+2}^{(2n+2)}[\mathrm{I}_k(v_1')\mathrm{I}_{k+2}(v_2')-\mathrm{I}_{k+2}(v_1')\mathrm{I}_k(v_2')]\tag{3.7.11c}$$

$$\mathrm{se}_{2n+1}(\eta,-q)=(-1)^n\mathrm{ce}_{2n+1}\left(\frac{1}{2}\pi-\eta,q\right)$$

$$=(-1)^n\frac{\mathrm{se}'_{2n+1}(0,q)}{\sqrt{q}B_1^{(2n+1)}}\sum_{k=0}^{\infty}(-1)^kB_{2k+1}^{(2n+1)}\mathrm{I}_{2k+1}(2\sqrt{q}\cos\eta)\tag{3.7.12a}$$

$$=(-1)^n\frac{\mathrm{se}_{2n+1}(\pi/2,q)}{\sqrt{q}B_1^{(2n+1)}}\cot\eta\sum_{k=0}^{\infty}(-1)^k(2k+1)B_{2k+1}^{(2n+1)}\mathrm{J}_{2k+1}(2\sqrt{q}\sin\eta)\tag{3.7.12b}$$

$$=\mathrm{j}(-1)^{n+1}\frac{p_{2n+1}}{\sqrt{q}\left[A_1^{(2n+1)}\right]^2}\sum_{k=0}^{\infty}(-1)^kA_{2k+1}^{(2n+1)}[\mathrm{I}_k(v_1')\mathrm{I}_{k+1}(v_2')-\mathrm{I}_{k+1}(v_1')\mathrm{I}_k(v_2')]\tag{3.7.12c}$$

如果 η 是实数，则有

$$\mathrm{ce}_{2n+1}(\eta,-q)=(-1)^{n+1}\frac{2s_{2n+1}}{\sqrt{q}\left[B_1^{(2n+1)}\right]^2}\sum_{k=0}^{\infty}(-1)^kB_{2k+1}^{(2n+1)}\mathrm{Re}[\mathrm{I}_k(v_1')\mathrm{I}_{k+1}(v_2')]\tag{3.7.13}$$

$$\mathrm{se}_{2n+2}(\eta,-q)=(-1)^{n+1}\frac{2s_{2n+2}}{q\left[B_2^{(2n+2)}\right]^2}\sum_{k=0}^{\infty}(-1)^kB_{2k+2}^{(2n+2)}\mathrm{Im}[\mathrm{I}_k(v_1')\mathrm{I}_{k+2}(v_2')]\tag{3.7.14}$$

$$\mathrm{se}_{2n+1}(\eta,-q)=(-1)^n\frac{2p_{2n+1}}{\sqrt{q}\left[A_1^{(2n+1)}\right]^2}\sum_{k=0}^{\infty}(-1)^kA_{2k+1}^{(2n+1)}\mathrm{Im}[\mathrm{I}_k(v_1')\mathrm{I}_{k+1}(v_2')]\tag{3.7.15}$$

3.8 马蒂厄函数的收敛性

由 2.3.2 节可知，对于函数 $\mathrm{ce}_{2n}(\eta,q)$，当 $k\to+\infty$时，即 $\left|\dfrac{A_{2k+2}^{(2n)}}{A_{2k}^{(2n)}}\right|\to0$，当角向变量 η 为实数时，$|\cos2k\eta|\leqslant1$，因此，函数 $\mathrm{ce}_{2n}(\eta,q)$是绝对一致收敛的，同时，函数 $\mathrm{ce}_{2n}(\eta,q)$是 η 的连续函数。同样的方法可以证明，函数 $\mathrm{ce}_{2n+1}(\eta,q)$和 $\mathrm{se}_m(\eta,q)$也有相同的特性，所以对角向马蒂厄函数的微分和积分可逐项进行。当参数 $q<0$ 时，上述结论也成立。

下面讨论角向马蒂厄函数导数的收敛性，以函数 $\mathrm{ce}_{2n}(\eta,\ q)$为例，对其求 p 次导数得

$$\frac{\mathrm{d}^p}{\mathrm{d}\eta^p}[\mathrm{ce}_{2n}(\eta,q)]=\begin{cases}\sum\limits_{k=1}^{\infty}(-1)^{p/2}(2k)^pA_{2k}^{(2n)}\cos2k\eta,(p\ 为偶数)\\ \sum\limits_{k=1}^{\infty}(-1)^{(p+1)/2}(2k)^pA_{2k}^{(2n)}\sin2k\eta,(p\ 为奇数)\end{cases}\tag{3.8.1}$$

第 $k+1$ 项与第 k 项之比为

$$\left|\frac{u_{k+1}}{u_k}\right|=\left(\frac{k+1}{k}\right)^p|G_{2k+2}|=\left(1+\frac{1}{k}\right)^p|G_{2k+2}|\tag{3.8.2}$$

由于当 $k\to\infty$时，$|G_{2k+2}|\to0$，得 $|u_{k+1}/u_k|\to0$，所以 $\mathrm{ce}_{2n}(\xi,\ q)$的导数是绝对一致收敛的。同样，函数 $\mathrm{ce}_{2n+1}(\eta,\ q)$和 $\mathrm{se}_m(\eta,\ q)$的导数也是绝对一致收敛的。

关于径向马蒂厄函数 $\mathrm{Je}_m(\xi,\ q)$和 $\mathrm{Ne}_m(\xi,\ q)$及其导数的收敛性，以函数 $\mathrm{Je}_{2n}(\xi,\ q)$为例进行讨论。由(3.2.2)式，有

$$\left|\frac{u_{k+1}}{u_k}\right|=\frac{\cosh(2k+2)\xi}{\cosh2k\xi}|G_{2k+2}|\sim\frac{q}{4(k+1)^2}\frac{\cosh(2k+2)\xi}{\cosh2k\xi}\tag{3.8.3}$$

上述内容已证明了当角向变量 η 是实数时，函数 $\mathrm{ce}_{2n}(\eta,\ q)$是绝对一致收敛的。函数 $\mathrm{Je}_{2n}(\xi,\ q)$是径向马蒂厄方程的解，径向马蒂厄方程可用径向变量 $\mathrm{j}\xi$ 替换角向马蒂厄方程中角向变量 η 得到，因此当径向变量 ξ 为纯虚数时，即 $\mathrm{Re}(\xi)=0$ 时，函数 $\mathrm{Je}_{2n}(\xi,\ q)$是绝对一致收敛的；当 $\mathrm{Re}(\xi)\neq0$，$\xi\to+\infty$时，由(3.8.3)式，有

$$|u_{k+1}/u_k|\sim q\mathrm{e}^{2|\xi|}/[4(k+1)^2]\to0\tag{3.8.4}$$

因此，如果 $\mathrm{Re}(\xi)$是有限值，则函数 $\mathrm{Je}_{2n}(\xi,\ q)$是绝对收敛的，进一步可证明，它也是一致收敛的[10]。总之，在 ξ 平面的有限区域内，函数 $\mathrm{Je}_{2n}(\xi,\ q)$是绝对一致收敛的。由类似的讨论可知，函数 $\mathrm{Je}_{2n+1}(\xi,\ q)$、$\mathrm{Ne}_{2n+1}(\xi,\ q)$和 $\mathrm{Ne}_{2n+2}(\xi,\ q)$以及它们的导数都具有相同的收敛性。

当马蒂厄函数展开为贝塞尔函数或变形贝塞尔函数的级数时，为讨论马蒂厄函数的收敛性，先回顾一下贝塞尔函数的一些相关渐近性结论。

当 u 一定，$m\to\infty$时，有

$$\mathrm{J}_m(u)\approx\mathrm{I}_m(u)\approx\frac{u^m}{2^m\Gamma(1+m)}=\frac{1}{m!}\left(\frac{u}{2}\right)^m\tag{3.8.5}$$

$$\mathrm{N}_m(u)\approx-\frac{2}{\pi}\mathrm{K}_m(u)\approx-\frac{2^m\Gamma(m)}{\pi u^m}=-\frac{1}{\pi}(m-1)!\left(\frac{2}{u}\right)^m\tag{3.8.6}$$

由上两式可知，$m\to\infty$时，有

$$|\mathrm{N}_m(u)|\gg|\mathrm{J}_m(u)|,\ |K_m(u)|\gg|\mathrm{I}_m(u)|\tag{3.8.7}$$

在了解了贝塞尔函数和变形贝塞尔函数的渐近性后，再来分析一下马蒂厄函数展开成贝塞尔函数或变形贝塞尔函数的级数时的收敛性，设 $k\gg|\sqrt{q}\cosh\xi|$，即 k 很大时，有

$$\mathrm{J}_{2k}(2\sqrt{q}\cosh\xi)\approx(\sqrt{q}\cosh\xi)^{2k}/(2k)!\tag{3.8.8}$$

又由 2.3.2 节的讨论知，当 k 足够大时，有

$$|A_{2k+2}^{(2n)}/A_{2k}^{(2n)}|\approx|q|/[4(k+1)^2]\tag{3.8.9}$$

当 $k\to+\infty$，且 ξ 为有限值时，(3.2.12b)式中函数 $\mathrm{Je}_{2n}(\xi,\ q)$的第 $k+1$ 项与第 k 项之比为

$$\left|\frac{A_{2k+2}^{(2n)}\mathrm{J}_{2k+2}(2\sqrt{q}\cosh\xi)}{A_{2k}^{(2n)}\mathrm{J}_{2k}(2\sqrt{q}\cosh\xi)}\right| \to \frac{|q^2||\cosh\xi|^2}{16(k+1)^4} \to 0 \tag{3.8.10}$$

因此$\mathrm{Je}_{2n}(\xi,q)$中展开级数是绝对收敛的，可以证明，在ξ平面的任一闭区间内，$\mathrm{Je}_{2n}(\xi,q)$是一致收敛的，这一结论适用于可以展开为贝塞尔函数$\mathrm{J}_m(x)$或变形贝塞尔函数$\mathrm{I}_m(x)$的级数的其他马蒂厄函数[10]。

当马蒂厄函数展开为$\mathrm{N}_m(x)$或$\mathrm{K}_m(x)$的级数时，由(3.8.6)式，有

$$\mathrm{N}_{2k}(2\sqrt{q}\cosh\xi) \approx -\frac{(2k-1)!}{\pi(\sqrt{q}\cosh\xi)^{2k}} \tag{3.8.11}$$

利用(3.8.9)式，当$k\to+\infty$时，有

$$\left|\frac{A_{2k+2}^{(2n)}\mathrm{N}_{2k+2}(2\sqrt{q}\cosh\xi)}{A_{2k}^{(2n)}\mathrm{N}_{2k}(2\sqrt{q}\cosh\xi)}\right| \approx \frac{2k(2k+1)|q|}{4(k+1)^2|q||\cosh\xi|^2} \to \frac{1}{|\cosh\xi|^2} \tag{3.8.12}$$

当$|\cosh\xi|>1$时，其级数是绝对一致收敛的，当径向变量$\xi\to 0$时，级数的收敛性变为非一致。在原点处，收敛速度很慢。如果$|\cosh\xi|<1$，径向变量ξ为虚数，级数是发散的。

当函数$\mathrm{N}_m(x)$的自变量为$2\sqrt{q}\sinh\xi$时，(3.8.11)式就应当趋于$1/|\sinh\xi|^2$，因此，当$|\sinh\xi|>1$时，级数是一致收敛的；当$|\sinh\xi|=1$时，级数是非一致收敛的；当$|\sinh\xi|<1$时，级数是发散的。由于整数阶贝塞尔函数$\mathrm{N}_m(x)$和$\mathrm{K}_m(x)$的展开式中包含对数项，因此当函数的自变量为$2\sqrt{q}\sinh\xi$时，应附加$\mathrm{Re}(\xi)>0$这一条件。尽管函数$\mathrm{Je}_{2n}(\xi,q)$是连续的，但是它在径向变量$\xi=0$时的导数不能通过(3.2.12a)式和(3.2.12b)式的展开式逐项求导得到。以上结论对于前面所有用函数$\mathrm{N}_m(x)$或$\mathrm{K}_m(x)$级数展开的马蒂厄函数都适用。

前面提到的马蒂厄函数，除了用函数$\cosh x$、$\sinh x$、$\mathrm{J}_m(x)$、$\mathrm{I}_m(x)$、$\mathrm{N}_m(x)$和$\mathrm{K}_m(x)$展开外，还可用贝塞尔函数的乘积来展开。研究表明，所有以贝塞尔函数的乘积的级数展开的马蒂厄函数，在有限ξ平面上都是绝对一致收敛的[10]。下面以

$$\sum_{k=0}^{\infty}(-1)^k A_{2k}^{(2n)}\mathrm{J}_k(v_1)\mathrm{N}_k(v_2) \tag{3.8.13}$$

为例来说明。由(3.8.5)式和(3.8.6)式，有

$$\mathrm{J}_k(v_1)\mathrm{N}_k(v_2) \sim k^{-1}\mathrm{e}^{-2k\xi} \quad (k \gg |v_1| \text{或} |v_2|) \tag{3.8.14}$$

当$k\to+\infty$时，利用(2.3.22)式和(3.8.9)式，可得到(3.8.13)式中第$k+1$项与第k项的比值为

$$\left|\frac{A_{2k+2}^{(2n)}\mathrm{J}_{k+1}(v_1)\mathrm{N}_{k+1}(v_2)}{A_{2k}^{(2n)}\mathrm{J}_k(v_1)\mathrm{N}_k(v_2)}\right| \approx \frac{|q\mathrm{e}^{-2\xi}|}{4(k+1)^2} \to 0 \tag{3.8.15}$$

上式在径向坐标变量ξ满足$\mathrm{Re}(\xi)$为有限值的条件下，径向变量ξ为实数和复数都是成立的。因此(3.8.13)式是绝对收敛的，可以证明，它还是一致收敛的。同样可证，当$\mathrm{Re}(\mathrm{j}\xi)$为有限值时，下列级数

$$\sum_{k=0}^{\infty}(-1)^k A_{2k}^{(2n)}\mathrm{J}_k(\sqrt{q}\,\mathrm{e}^{\mathrm{j}\xi})\mathrm{N}_k(\sqrt{q}\,\mathrm{e}^{-\mathrm{j}\xi}) \tag{3.8.16}$$

是绝对一致收敛的。因此，用贝塞尔函数乘积的级数展开的马蒂厄函数是连续函数。

应用贝塞尔函数的乘积的级数展开马蒂厄函数有诸多优点。第一，其收敛速度大于以

$2\sqrt{q}\cosh\xi$ 和 $2\sqrt{q}\sinh\xi$ 为变量展开的级数，且其收敛速度随径向坐标变量 ξ 的增加而增加；第二，用贝塞尔函数的乘积的级数展开函数 $\mathrm{Ne}_m(\xi, q)$、$\mathrm{No}_m(\xi, q)$、$\mathrm{Ke}_m(\xi, -q)$ 和 $\mathrm{Ko}_m(\xi, -q)$，在包括原点的 ξ 平面上的任何有限区域内是一致收敛的，而其他展开形式则要受到区间的限制；第三，它适宜于作数值计算。其特点可用表 3-37 说明[10]。

表 3-37 中第二列和第四列是用函数 $\mathrm{K}_{2k}(x)$ 级数展开的。计算表明，当径向坐标变量 $\xi=0$ 时，它不是一致收敛的，且收敛速度很慢。而第三列和第五列是用 $\mathrm{I}_k(x)\mathrm{K}_k(x)$ 级数展开的，其收敛速度较快。

表 3-37　$\mathrm{Ke}_0(\xi, -4)$的数值计算

k	$\xi=0$，$2\sqrt{q}\cosh\xi=4$		$\xi=\ln 2$，$2\sqrt{q}\cosh\xi=5$	
	$\dfrac{\mathrm{ce}_0(0,4)}{A_0^{(2n)}}(-1)^k\times \mathrm{K}_{2k}(2\sqrt{q}\cosh\xi)$	$\dfrac{\mathrm{ce}_0(0,4)\mathrm{ce}_0(\pi/2,4)}{[A_0^{(2n)}]^2}\times \mathrm{I}_k(\sqrt{q}\,\mathrm{e}^{-\xi})\mathrm{K}_k(\sqrt{q}\,\mathrm{e}^{\xi})$	$\dfrac{\mathrm{ce}_0(0,4)}{A_0^{(2n)}}(-1)^k\times \mathrm{K}_{2k}(2\sqrt{q}\cosh\xi)$	$\dfrac{\mathrm{ce}_0(0,4)\mathrm{ce}_0(\pi/2,4)}{[A_0^{(2n)}]^2}\times \mathrm{I}_k(\sqrt{q}\,\mathrm{e}^{-\xi})\mathrm{K}_k(\sqrt{q}\,\mathrm{e}^{\xi})$
0	0.000780079	0.0418915	0.00025801	0.0022797
1	0.001301687	−0.0384139	0.00039706	−0.00121818
2	0.00093656	0.0060735	0.00022965	0.00008215
3	0.0006735	−0.000478	0.00012127	−0.00000023
4	0.0005025	0.000227	0.00006306	—
5	0.000399	−0.0000007	0.000033	—
6	—	—	0.000017	—
	+0.0046（总和）	+0.0090951（总和）	0.00111905（总和）	+0.00114137（总和）

3.9　径向马蒂厄函数的渐近式

将大自变量时的贝塞尔函数和变形贝塞尔函数的渐近式，代入到相应的径向马蒂厄函数展开式中，就得到这些径向马蒂厄函数在大自变量时的渐近式。

3.9.1　贝塞尔函数型的径向马蒂厄函数的渐近式

为表述方便，将第一类贝塞尔型径向马蒂厄函数、第二类贝塞尔型径向马蒂厄函数和第三类贝塞尔型径向马蒂厄函数(马蒂厄－汉克尔函数)统称为贝塞尔型径向马蒂厄函数。将贝塞尔函数在大自变量时的渐近式，代入到贝塞尔型径向马蒂厄函数的贝塞尔函数的级数展开式中，就得到它们在大自变量时的渐近式。

当 ξ 很大时，由(3.2.6)式和(3.2.7)式知 u 与 w 近似相等，即

$$u \approx w \approx v = \sqrt{q}\,\mathrm{e}^{\xi} \tag{3.9.1}$$

利用附录 B 中(B-20)式，函数 $\mathrm{J}_{2k}(w)$的渐近展开中的主要项为

$$\lim_{w\to\infty}\mathrm{J}_{2k}(w) = \sqrt{\frac{2}{\pi v}}\cos\left(v-\frac{1}{4}-k\pi\right) = (-1)^k\sqrt{\frac{2}{\pi v}}\sin\left(v+\frac{1}{4}\pi\right) \tag{3.9.2}$$

将(3.9.2)式代入(3.2.12b)式，得

$$\mathrm{Je}_{2n}(\xi,q) \approx \frac{\mathrm{ce}_{2n}(\pi/2,q)}{A_0^{(2n)}}\sum_{k=0}^{\infty}A_{2k}^{(2n)}\sqrt{\frac{2}{\pi v}}\sin\left(v+\frac{1}{4}\pi\right) \tag{3.9.3}$$

再利用(2.2.28)式和(3.2.8)式，上式可改写为

$$\mathrm{Je}_{2n}(\xi,q)\approx\frac{p_{2n}}{A_0^{(2n)}}\sqrt{\frac{2}{\pi v}}\sin\left(v+\frac{1}{4}\pi\right),(a_{2n}(q))\tag{3.9.4}$$

又

$$\lim_{w\to\infty}\mathrm{J}_{2k+1}(w)\approx\sqrt{\frac{2}{\pi v}}\cos\left[v-\frac{1}{4}\pi-\frac{1}{2}(2k+1)\pi\right]=(-1)^{k+1}\sqrt{\frac{2}{\pi v}}\cos\left(v+\frac{1}{4}\pi\right)\tag{3.9.5}$$

将(3.9.5)式代入(3.2.13b)式，再利用(2.2.30)式和(3.2.9)式，可得

$$\mathrm{Je}_{2n+1}(\xi,q)\approx\frac{p_{2n+1}}{\sqrt{q}A_1^{(2n+1)}}\sqrt{\frac{2}{\pi v}}\cos\left(v+\frac{1}{4}\pi\right),(a_{2n+1}(q))\tag{3.9.6}$$

同理，由(3.2.14b)式和(3.2.15b)式，考虑到当ξ很大时，有 $\tanh\xi\approx\coth\xi\approx1$，再利用(3.2.10)式和(3.2.11)式，从而可得

$$\mathrm{Jo}_{2n+2}(\xi,q)\approx\frac{s_{2n+2}}{qB_2^{(2n+2)}}\sqrt{\frac{2}{\pi v}}\sin\left(v+\frac{1}{4}\pi\right),(b_{2n+2}(q))\tag{3.9.7}$$

$$\mathrm{Jo}_{2n+1}(\xi,q)\approx-\frac{s_{2n+1}}{\sqrt{q}B_1^{(2n+1)}}\sqrt{\frac{2}{\pi v}}\cos\left(v+\frac{1}{4}\pi\right),(b_{2n+1}(q))\tag{3.9.8}$$

由(3.9.4)式和(3.9.6)～(3.9.8)式可以看出，随着ξ的增加，第一类径向马蒂厄函数的振幅减小，当$\xi\to+\infty$时，所有第一类径向马蒂厄函数都趋于零。

应用同样的方法，利用附录 B 中(B-21)式，可分别得到贝塞尔函数 $\mathrm{N}_{2k}(w)$、$\mathrm{N}_{2k+1}(w)$和 $\mathrm{N}_{2k+2}(w)$的渐近式，然后将这些渐近式代入(3.3.1b)式、(3.3.2b)式、(3.3.3b)式和(3.3.4b)式可得

$$\mathrm{Ne}_{2n}(\xi,q)\approx-\frac{p_{2n}}{A_0^{(2n)}}\sqrt{\frac{2}{\pi v}}\cos\left(v+\frac{1}{4}\pi\right),(a_{2n})\tag{3.9.9}$$

$$\mathrm{Ne}_{2n+1}(\xi,q)\approx\frac{p_{2n+1}}{\sqrt{q}A_1^{(2n+1)}}\sqrt{\frac{2}{\pi v}}\sin\left(v+\frac{1}{4}\pi\right),(a_{2n+1})\tag{3.9.10}$$

$$\mathrm{No}_{2n+2}(\xi,q)\approx-\frac{s_{2n+2}}{qB_2^{(2n+2)}}\sqrt{\frac{2}{\pi v}}\cos\left(v+\frac{1}{4}\pi\right),(b_{2n+2})\tag{3.9.11}$$

$$\mathrm{No}_{2n+1}(\xi,q)\approx-\frac{s_{2n+1}}{\sqrt{q}B_1^{(2n+1)}}\sqrt{\frac{2}{\pi v}}\sin\left(v+\frac{1}{4}\pi\right),(b_{2n+1})\tag{3.9.12}$$

当变量ξ很大时，利用附录 B 中汉克尔函数大自变量时的渐近公式(B-22)～(B-23)式，可计算得到马蒂厄－汉克尔函数 $\mathrm{He}_m^{(1),(2)}(\xi,q)$和 $\mathrm{Ho}_m^{(1),(2)}(\xi,q)$的渐近表达式为

$$\mathrm{He}_{2n}^{(1),(2)}(\xi,q)\approx\frac{p_{2n}}{A_0^{(2n)}}\sqrt{\frac{2}{\pi v}}\mathrm{e}^{\left[\pm\mathrm{j}\left(v-\frac{1}{4}\pi\right)\right]}\tag{3.9.13}$$

$$\mathrm{He}_{2n+1}^{(1),(2)}(\xi,q)\approx-\frac{p_{2n+1}}{\sqrt{q}A_1^{(2n+1)}}\sqrt{\frac{2}{\pi v}}\mathrm{e}^{\left[\pm\mathrm{j}\left(v-\frac{3}{4}\pi\right)\right]}\tag{3.9.14}$$

$$\mathrm{Ho}_{2n+2}^{(1),(2)}(\xi,q)\approx\frac{s_{2n+1}}{\sqrt{q}B_2^{(2n+2)}}\sqrt{\frac{2}{\pi v}}\mathrm{e}^{\left[\pm\mathrm{j}\left(v-\frac{3}{4}\pi\right)\right]}\tag{3.9.15}$$

$$\mathrm{Ho}_{2n+1}^{(1),(2)}(\xi,q)\approx-\frac{s_{2n+1}}{\sqrt{q}B_1^{(2n+1)}}\sqrt{\frac{2}{\pi v}}\mathrm{e}^{\left[\pm\mathrm{j}\left(v-\frac{3}{4}\pi\right)\right]}\tag{3.9.16}$$

3.9.2　变形贝塞尔函数型的径向马蒂厄函数的渐近式

下面讨论函数 $\mathrm{Ie}_m(\xi, -q)$、$\mathrm{Io}_m(\xi, -q)$、$\mathrm{Ke}_m(\xi, -q)$和 $\mathrm{Ko}_m(\xi, -q)$在变量 ξ 很大时的渐近表示式。采用 $q>0$ 时求径向马蒂厄函数的渐近式相同的方法，利用附录 B 中大自变量时变形贝塞尔函数的渐近公式(B-120)～(B-121)式和函数 $\mathrm{Ie}_m(\xi, -q)$、$\mathrm{Io}_m(\xi, -q)$、$\mathrm{Ke}_m(\xi, -q)$，$\mathrm{Ko}_m(\xi, -q)$的变形贝塞尔函数展开式，可得到 $q<0$ 且 ξ 很大时，函数 $\mathrm{Ie}_m(\xi, -q)$、$\mathrm{Io}_m(\xi, -q)$、$\mathrm{Ke}_m(\xi, -q)$和 $\mathrm{Ko}_m(\xi, -q)$的渐近式分别为

$$\left.\begin{aligned}&\mathrm{Ie}_{2n}(\xi,-q)\\&\mathrm{Ke}_{2n}(\xi,-q)\end{aligned}\right\}\approx(-1)^n\frac{p_{2n}\mathrm{e}^{\pm v}}{A_0^{(2n)}\sqrt{2\pi v}} \tag{3.9.17}$$

$$\left.\begin{aligned}&\mathrm{Ie}_{2n+1}(\xi,-q)\\&\mathrm{Ke}_{2n+1}(\xi,-q)\end{aligned}\right\}\approx(-1)^n\frac{s_{2n+1}\mathrm{e}^{\pm v}}{\sqrt{q}B_1^{(2n+1)}\sqrt{2\pi v}} \tag{3.9.18}$$

$$\left.\begin{aligned}&\mathrm{Io}_{2n+2}(\xi,-q)\\&\mathrm{Ko}_{2n+2}(\xi,-q)\end{aligned}\right\}\approx(-1)^{n+1}\frac{s_{2n+2}\mathrm{e}^{\pm v}}{qB_2^{(2n+2)}\sqrt{2\pi v}} \tag{3.9.19}$$

$$\left.\begin{aligned}&\mathrm{Io}_{2n+1}(\xi,-q)\\&\mathrm{Ko}_{2n+1}(\xi,-q)\end{aligned}\right\}\approx(-1)^{n+1}\frac{p_{2n+1}\mathrm{e}^{\pm v}}{\sqrt{q}A_1^{(2n+1)}\sqrt{2\pi v}} \tag{3.9.20}$$

第 4 章　马蒂厄函数的积分表示及其相互关系

本章将讨论马蒂厄函数及其乘积的积分表示方法，得到并证明用贝塞尔函数的级数展开马蒂厄函数的关系式，得出马蒂厄函数之间、其他函数与马蒂厄函数之间的一些关系式。另外，本章还要讨论将其他函数展开成马蒂厄函数级数的方法，给出并证明一些其他函数用马蒂厄函数的级数展开的具体形式。

4.1　角向马蒂厄函数的核

如果

$$y(\eta)=\lambda\int_a^b \chi(u,\eta)y(u)\mathrm{d}u \tag{4.1.1}$$

则称该方程为关于未知函数 $y(u)$的齐次线性积分方程，其中 λ 是常数，函数 $\chi(u,\ \eta)$是一已知函数，称为积分的“核”。如果 $\chi(u,\ \eta)=\chi(\eta,\ u)$(例如函数 $e^{u\eta}=e^{-\eta u}$)，则方程(4.1.1)式存在连续的解，此时 λ 为一系列的分离值，称为核的特征值。

定理 4.1　若 $\phi(u)$、$\phi'(u)$和 $\phi''(u)$是周期为 π 或 2π 的连续函数，它们满足方程 $\phi''(u)+(a-2q\cos 2u)\phi=0$，且 $\chi(u,\ \eta)$、$\chi'_{u,\eta}$和 $\chi''_{u,\eta}$是 u，η 的连续函数 $\chi'_{u,\eta}$表示对 u 或对 η 的一阶导数，$\chi''_{u,\eta}$表示对 u 或对 η 的二阶导数，它们满足如下关系

$$[\phi\chi'_u-\phi'\chi]\Big|_{u=0}^{u=2\pi}=0 \tag{4.1.2}$$

$$\frac{\partial^2\chi}{\partial u^2}-\frac{\partial^2\chi}{\partial\eta^2}-2q(\cos 2u-\cos 2\eta)\chi=0 \tag{4.1.3}$$

则函数

$$y(\eta)=\lambda\int_0^{2\pi}\chi(u,\eta)\phi(u)\mathrm{d}u \tag{4.1.4}$$

满足角向马蒂厄方程。

证明：将(4.1.4)式代入角向马蒂厄方程，有

$$\begin{aligned}\frac{\mathrm{d}^2 y}{\mathrm{d}\eta^2}+(a-2q\cos 2\eta)y&=\lambda\int_0^{2\pi}\left[\frac{\partial^2\chi}{\partial\eta^2}-(2q\cos 2\eta)\chi\right]\phi\mathrm{d}u+\lambda\int_0^{2\pi}\chi\phi\mathrm{d}u\\&=\lambda\int_0^{2\pi}\phi\frac{\partial^2\chi}{\partial u^2}\mathrm{d}u+\lambda\int_0^{2\pi}(a-2q\cos 2u)\chi\phi\mathrm{d}u\end{aligned} \tag{4.1.5}$$

利用(4.1.3)式，则有

$$\int_0^{2\pi}\phi\frac{\partial^2\chi}{\partial u^2}\mathrm{d}u=\int\phi\mathrm{d}(\chi'_u)=[\phi\chi'_u]\Big|_0^{2\pi}-\int_0^{2\pi}\phi'\mathrm{d}\chi \tag{4.1.6a}$$

$$=[\phi\chi'_u-\phi'_u\chi]\Big|_0^{2\pi}+\int_0^{2\pi}\phi''\chi\mathrm{d}u=0 \tag{4.1.6b}$$

由(4.1.2)式，上式则变为

$$\int_0^{2\pi}\phi\frac{\partial^2\chi}{\partial u^2}\mathrm{d}u=\int_0^{2\pi}\chi\frac{\partial^2\phi}{\partial u^2}\mathrm{d}u \tag{4.1.7}$$

将(4.1.7)式代入(4.1.5)式，得

$$\frac{\mathrm{d}^2y}{\mathrm{d}\eta^2}+(a-2q\cos2\eta)y=\lambda\int_0^{2\pi}\left[\frac{\partial^2\phi}{\partial u^2}+(a-2q\cos2u)\phi\right]\chi\mathrm{d}u=0 \tag{4.1.8}$$

因此，函数 $y(\eta)$满足角向马蒂厄方程。

假设函数 $\chi(u,\eta)$是 u、η 的周期函数(周期为 π 或 2π)，函数 $y(u)$与函数 $\phi(u)$有相同的周期，且 $\phi(u)=\lambda y(u)$，这样就得到角向周期马蒂厄函数 $\mathrm{ce}_m(\eta,q)$和 $\mathrm{se}_m(\eta,q)$的齐次线性积分方程为

$$y(\eta)=\lambda\int_0^{2\pi}\chi(u,\eta)y(u)\mathrm{d}u \tag{4.1.9}$$

如果 $[\phi\chi'_u-\phi'_u\chi]\Big|_0^{\pi}=0$，则上式的积分上限为 π。

将(4.1.1)式中的 η 换成 $\mathrm{j}\xi$，定理 4.1 对径向马蒂厄函数 $\mathrm{Je}_m(\xi,q)$和 $\mathrm{Jo}_m(\xi,q)$也是成立的。这时，$y(\xi)$满足径向马蒂厄方程 $\dfrac{\mathrm{d}^2y}{\mathrm{d}\xi^2}-(a-2q\cosh2\xi)y=0$。

下面讨论函数 $\mathrm{ce}_m(\eta,q)$和 $\mathrm{se}_m(\eta,q)$的核。波动方程的表达式

$$\frac{\partial^2\chi}{\partial x^2}+\frac{\partial^2\chi}{\partial y^2}+k_1^2\chi=0 \tag{4.1.10}$$

其中，$k_1h=2\sqrt{q}$。(4.1.10)式的简单解为 $\chi=\mathrm{e}^{\mathrm{j}k_1x}$、$\mathrm{e}^{\mathrm{j}k_1y}$、$y\mathrm{e}^{\mathrm{j}k_1x}$ 和 $x\mathrm{e}^{\mathrm{j}k_1y}$。这些函数的实部和虚部也都是(4.1.10)式的解，分别为：$\cos k_1x$、$\sin k_1x$、$\cos k_1y$、$\sin k_1y$、$y\cos k_1x$、$y\sin k_1x$、$x\cos k_1x$ 和 $x\sin k_1y$。

在变形椭圆坐标系中，$x=h\cos u\cos\eta$，$y=\mathrm{j}h\sin u\sin\eta$，将其代入(4.1.10)式，得

$$\frac{\partial^2\chi}{\partial u^2}-\frac{\partial^2\chi}{\partial\eta^2}-2q(\cos2u-\cos2\eta)\chi=0 \tag{4.1.11}$$

上式即(4.1.3)式。因此，(4.1.3)式是在变形椭圆坐标系中的波动方程。将 x 与 y 的值代入(4.1.10)式的八个解中，就得到了(4.1.11)式八个主要的解。例如，将 $x=h\cos u\cos\eta$ 代入 $\chi(x)=\cos k_1x$，则有

$$\chi(u,\eta)=\cos k_1x=\cos(k_1h\cos u\cos\eta)=\cos(2\sqrt{q}\cos u\cos\eta) \tag{4.1.12}$$

同理可得其他核，其值如表 4-1 所示，表中省略虚数单位 j，它们是 $\chi(u,\eta)$的八个主要核，这些核对(4.1.9)式中积分上限取 π 的情况仍然适用。

表 4-1　$\mathrm{ce}_m(\eta,q)$和 $\mathrm{ce}_m(\eta,q)$的八个核

核 $\chi(u,\eta)$	核的特征值	核 $\chi(u,\eta)$	核的特征值	马蒂厄函数 $y(\eta)$
$\cos(2\sqrt{q}\cos u\cos\eta)$	λ_{2n}	$\cosh(2\sqrt{q}\sin u\sin\eta)$	λ'_{2n}	$\mathrm{ce}_{2n}(\eta,q)$
$\sin(2\sqrt{q}\cos u\cos\eta)$	λ_{2n+1}	$\cos u\cos\eta\times\cosh(2\sqrt{q}\sin u\sin\eta)$	λ'_{2n+1}	$\mathrm{ce}_{2n+1}(\eta,q)$
$\sinh(2\sqrt{q}\sin u\sin\eta)$	μ_{2n+1}	$\sin u\sin\eta\times\cos(2\sqrt{q}\cos u\cos\eta)$	μ'_{2n+1}	$\mathrm{se}_{2n+1}(\eta,q)$

续表

核 $\chi(u,\eta)$	核的特征值	核 $\chi(u,\eta)$	核的特征值	马蒂厄函数 $y(\eta)$
$\sin u\sin\eta$ $\times\sin(2\sqrt{q}\cos u\cos\eta)$	μ_{2n+2}	$\cos u\cos\eta$ $\times\sinh(2\sqrt{q}\sin u\sin\eta)$	μ'_{2n+2}	$\mathrm{se}_{2n+2}(\eta,q)$

表 4-1 中的每个核对于 u 和 η 是对称的周期函数，第一行与第四行的式子周期为 π，第二行与第三行的式子周期为 2π，在将核代入函数 $y(\eta)$时要注意核的奇偶性。由于函数 $\mathrm{ce}_m(\eta,q)$和 $\mathrm{se}_m(\eta,q)$满足对称核的齐次线性积分方程，由此得出它们是正交的[10]。

4.2 角向马蒂厄函数的贝塞尔函数级数展开

将表 4-1 中第一列的第一个核 $\chi(u,\eta)=\cos(2\sqrt{q}\cos u\cos\eta)$ 及 $\mathrm{ce}_{2n}(\eta,q)$代入(4.1.9)式，积分限取 0 到 π，得

$$\mathrm{ce}_{2n}(\eta,q)=\lambda_{2n}\int_0^{\pi}\cos(2\sqrt{q}\cos u\cos\eta)\mathrm{ce}_{2n}(u,q)\mathrm{d}u,(a_{2n}(q)) \tag{4.2.1}$$

将函数 $\cos(2\sqrt{q}\cos u\cos\eta)$的贝塞尔函数展开式及角向马蒂厄函数代入上式，则有

$$\mathrm{ce}_{2n}(\eta,q)=\lambda_{2n}\int_0^{\pi}\Big[\mathrm{J}_0(2\sqrt{q}\cos\eta)+2\sum_{k=1}^{\infty}(-1)^k\mathrm{J}_{2k}(2\sqrt{q}\cos\eta)\cos 2ku\Big]\times\sum_{s=0}^{\infty}A_{2s}^{(2n)}\cos 2su\,\mathrm{d}u \tag{4.2.2}$$

考虑到余弦函数的正交性，对 k 的求和项只剩下 $k=s$ 项，其余项为零，而

$$2(-1)^k\lambda_{2n}\mathrm{J}_{2k}(2\sqrt{q}\cos\eta)A_{2k}^{(2n)}\int_0^{\pi}\cos^2 2ku\,\mathrm{d}u=(-1)^k\lambda_{2n}\pi A_{2k}^{(2n)}\mathrm{J}_{2k}(2\sqrt{q}\cos\eta) \tag{4.2.3}$$

因此，用贝塞尔函数展开的角向马蒂厄函数形式为

$$\mathrm{ce}_{2n}(\eta,q)=\lambda_{2n}\pi\sum_{k=0}^{\infty}(-1)^kA_{2k}^{(2n)}\mathrm{J}_{2k}(2\sqrt{q}\cos\eta) \tag{4.2.4}$$

令 $\eta=\frac{\pi}{2}$，代入上式，并注意到 $\cos\frac{\pi}{2}=0$，除 $\mathrm{J}_0(0)=1$ 外，其他阶贝塞尔函数 $\mathrm{J}_m(0)=0$ $(m>0)$，因此有

$$\lambda_{2n}=\frac{\mathrm{ce}_{2n}(\pi/2,q)}{\pi A_0^{(2n)}}=\frac{1}{\pi A_0^{(2n)}}\sum_{k=0}^{\infty}(-1)^kA_{2k}^{(2n)} \tag{4.2.5}$$

所以特征值 λ_{2n}是参数 q 的函数。将上式代入(4.2.4)式，得

$$\mathrm{ce}_{2n}(\eta,q)=\frac{\mathrm{ce}_{2n}(\pi/2,q)}{A_0^{(2n)}}\sum_{k=0}^{\infty}(-1)^kA_{2k}^{(2n)}\mathrm{J}_{2k}(2\sqrt{q}\cos\eta) \tag{4.2.6}$$

(4.2.6)式即(3.7.1c)式，也即证明了(3.7.1c)式成立。

类似于求 $\mathrm{ce}_{2n}(\eta,q)$，将表 4-1 中第一列的第二个核，即 $\chi(u,\eta)=\sin(2\sqrt{q}\cos u\cos\eta)$ 代入(4.1.9)式，得

$$\mathrm{ce}_{2n+1}(\eta,q)=\lambda_{2n+1}\pi\sum_{k=0}^{\infty}(-1)^kA_{2k+1}^{(2n+1)}\mathrm{J}_{2k+1}(2\sqrt{q}\cos\eta),(a_{2n+1}(q)) \tag{4.2.7}$$

由 3.8 节的内容可知，$\mathrm{ce}_{2n}(\eta,q)$在 η 平面且 q 为大于 0 的实数时是绝对一致收敛的，其

导数可逐项求导，函数 $ce_{2n}(\eta,q)$的导数为

$$ce'_{2n+1}(\eta,q)=-\lambda_{2n+1}\pi\sqrt{q}\sin\eta\sum_{k=0}^{\infty}(-1)^k A_{2k+1}^{(2n+1)}\left[J_{2k}(2\sqrt{q}\cos\eta)-J_{2k+2}(2\sqrt{q}\cos\eta)\right] \tag{4.2.8}$$

由于当 $m\neq0$ 时，有 $J_m(0)=0$，当 $\eta=\frac{\pi}{2}$时，上式非零的项只有 $J_0(0)=1$ 的项，则有

$$ce'_{2n+1}(\pi/2,q)=-\pi\sqrt{q}\lambda_{2n+1}A_1^{(2n+1)} \tag{4.2.9}$$

所以特征值

$$\lambda_{2n+1}=-\frac{ce'_{2n+1}(\pi/2,q)}{\pi\sqrt{q}A_1^{(2n+1)}}=\frac{1}{\pi\sqrt{q}A_1^{(2n+1)}}\sum_{k=0}^{\infty}(-1)^k(2k+1)A_{2k+1}^{(2n+1)} \tag{4.2.10}$$

将(4.2.10)式代入(4.2.7)式，得

$$ce_{2n+1}(\eta,q)=-\frac{ce'_{2n+1}(\pi/2,q)}{\sqrt{q}A_1^{(2n+1)}}\sum_{k=0}^{\infty}(-1)^k A_{2k+1}^{(2n+1)}J_{2k+1}(2\sqrt{q}\cos\eta),(a_{2n+1}(q)) \tag{4.2.11}$$

(4.2.11)式即(3.7.2c)式，也即证明了(3.7.2c)式成立。

同样，将表 4-1 中第三列的第一个核，即 $\chi(u,\eta)=\cosh(2\sqrt{q}\sin u\sin\eta)$，和第一列的第三个核，即 $\chi(u,\eta)=\sinh(2\sqrt{q}\sin u\sin\eta)$，分别代入(4.1.9)式，可得

$$ce_{2n}(\eta,q)=\lambda'_{2n}\pi\sum_{k=0}^{\infty}(-1)^k A_{2k}^{(2n)}I_{2k}(2\sqrt{q}\sin\eta),(a_{2n}(q)) \tag{4.2.12}$$

$$se_{2n+1}(\eta,q)=\mu_{2n+1}\pi\sum_{k=0}^{\infty}(-1)^k B_{2k+1}^{(2n+1)}I_{2k+1}(2\sqrt{q}\sin\eta),(b_{2n+1}(q)) \tag{4.2.13}$$

其中

$$\lambda'_{2n}=\frac{ce_{2n}(0,q)}{\pi A_0^{(2n)}}=\frac{1}{\pi A_0^{(2n)}}\sum_{k=0}^{\infty}A_{2k}^{(2n)} \tag{4.2.14}$$

$$\mu_{2n+1}=\frac{se'_{2n+1}(0,q)}{\pi\sqrt{q}B_1^{(2n+1)}}=\frac{1}{\pi\sqrt{q}B_1^{(2n+1)}}\sum_{k=0}^{\infty}(2k+1)B_{2k+1}^{(2n+1)} \tag{4.2.15}$$

将(4.2.14)式和(4.2.15)式分别代入(4.2.12)式和(4.2.13)式，即可分别得到(3.7.1b)式和(3.7.4a)式，也即证明了(3.7.1b)式和(3.7.4a)式成立。

利用表 4-1 中第一列的第四个核，即 $\chi(u,\eta)=\sin u\sin\eta\sin(2\sqrt{q}\cos u\cos\eta)$，可得

$$se_{2n+2}(\eta,q)=\mu_{2n+2}\int_0^{\pi}\sin u\sin\eta\sin(2\sqrt{q}\cos u\cos\eta)se_{2n+2}(u,q)\mathrm{d}u,(b_{2n+2}(q)) \tag{4.2.16a}$$

$$=\mu_{2n+2}\int_0^{\pi}\sin u\sin\eta\sum_{k=0}^{\infty}(-1)^k J_{2k+1}(2\sqrt{q}\cos\eta)\cos(2k+1)u\times\sum_{s=0}^{\infty}B_{2s+2}^{(2n+2)}\sin(2s+2)u\,\mathrm{d}u \tag{4.2.16b}$$

$$=\mu_{2n+2}\int_0^{\pi}\sin\eta\sum_{k=0}^{\infty}(-1)^k J_{2k+1}(2\sqrt{q}\cos\eta)\cos(2k+1)u\times\sum_{s=0}^{\infty}B_{2s+2}^{(2n+2)}\left[\cos(2s+1)u-\cos(2s+3)u\right]\mathrm{d}u \tag{4.2.16c}$$

$$=\mu_{2n+2}\frac{1}{2}\pi\sin\eta\sum_{k=0}^{\infty}(-1)^k B_{2k+2}^{(2n+2)}[J_{2k+1}(2\sqrt{q}\cos\eta)+J_{2k+3}(2\sqrt{q}\cos\eta)]$$

(4.2.16d)

由于 $\left(\frac{2k+2}{u}\right)J_{2k+2}(u)=\frac{1}{2}[J_{2k+1}(u)+J_{2k+3}(u)]$，因此，可把(4.2.16d)式可改写为

$$\mathrm{se}_{2n+2}(\eta,q)=\mu_{2n+2}\frac{\pi\tan\eta}{2\sqrt{q}}\sum_{k=0}^{\infty}(-1)^k(2k+2)B_{2k+2}^{(2n+2)}J_{2k+2}(2\sqrt{q}\cos\eta)\quad(4.2.17)$$

由 3.8 节的内容知，(4.2.17)式及其一阶导数的级数在 η 取有限值，且参数 q 为大于零的实数时，是绝对一致收敛的。因此，求(4.2.17)式的导数可逐项对 η 求导，结果为

$$\mathrm{se}'_{2n+2}(\eta,q)=\mu_{2n+2}\frac{\pi}{2\sqrt{q}}\Big[\sum_{k=0}^{\infty}(-1)^k(2k+2)B_{2k+2}^{(2n+2)}\{[\sec^2\eta J_{2k+2}(2\sqrt{q}\cos\eta)$$
$$-\sqrt{q}\tan\eta\sin\eta[J_{2k+1}(2\sqrt{q}\cos\eta)-J_{2k+3}(2\sqrt{q}\cos\eta)]]\}\Big]\quad(4.2.18)$$

当 $\eta\to\frac{1}{2}\pi$ 时，除 $-\sqrt{q}\tan\eta\sin\eta J_1(2\sqrt{q}\cos\eta)\to -q$，$\sec^2\eta J_2(2\sqrt{q}\cos\eta)\to\frac{1}{2}q$ 外，其他项为零，因此

$$\mathrm{se}'_{2n+2}(\pi/2,q)=-\mu_{2n+2}\frac{\pi}{2}\sqrt{q}B_2^{(2n+2)}\quad(4.2.19)$$

故

$$\mu_{2n+2}=-\frac{2\,\mathrm{se}'_{2n+2}(\pi/2,q)}{\pi\sqrt{q}B_2^{(2n+2)}}=\frac{2}{\pi\sqrt{q}B_2^{(2n+2)}}\sum_{k=0}^{\infty}(-1)^k(2k+2)B_{2k+2}^{(2n+2)}\quad(4.2.20)$$

将(4.2.20)式代入(4.2.17)式，即得(3.7.3b)式，由此(3.7.3b)式得证。

利用同样的方法和表 4-1 中的其他核，可计算得到

$$\mathrm{ce}_{2n+1}(\eta,q)=\lambda'_{2n+1}\frac{\pi\cot\eta}{2\sqrt{q}}\sum_{k=0}^{\infty}(-1)^k(2k+1)A_{2k+1}^{(2n+1)}I_{2k+1}(2\sqrt{q}\sin\eta),(a_{2n+1}(q))$$

(4.2.21)

$$\mathrm{se}_{2n+1}(\eta,q)=\mu'_{2n+1}\frac{\pi\tan\eta}{2\sqrt{q}}\sum_{k=0}^{\infty}(-1)^k(2k+1)B_{2k+1}^{(2n+1)}J_{2k+1}(2\sqrt{q}\cos\eta),(b_{2n+1}(q))$$

(4.2.22)

$$\mathrm{se}_{2n+2}(\eta,q)=\mu'_{2n+2}\frac{\pi\cot\eta}{2\sqrt{q}}\sum_{k=0}^{\infty}(-1)^k(2k+2)B_{2k+2}^{(2n+2)}I_{2k+2}(2\sqrt{q}\sin\eta),(b_{2n+2}(q))$$

(4.2.23)

其中

$$\lambda'_{2n+1}=\frac{2\mathrm{ce}_{2n+1}(0,q)}{\pi A_1^{(2n+1)}}=\frac{2}{\pi A_1^{(2n+1)}}\sum_{k=0}^{\infty}A_{2k+1}^{(2n+1)}\quad(4.2.24)$$

$$\mu'_{2n+1}=\frac{2\mathrm{se}_{2n+1}(\pi/2,q)}{\pi B_1^{(2n+1)}}=\frac{2}{\pi B_1^{(2n+1)}}\sum_{k=0}^{\infty}(-1)^k B_{2k+1}^{(2n+1)}\quad(4.2.25)$$

$$\mu'_{2n+2}=\frac{2\,\mathrm{se}'_{2n+2}(0,q)}{\pi\sqrt{q}B_2^{(2n+2)}}=\frac{2}{\pi\sqrt{q}B_2^{(2n+2)}}\sum_{k=0}^{\infty}(2k+2)B_{2k+2}^{(2n+2)}\quad(4.2.26)$$

将(4.2.24)～(4.2.26)式分别代入(4.2.21)～(4.2.23)式，则可分别得到(3.7.2b)式、(3.7.4b)式和(3.7.3a)式，这样就证明了用贝塞尔函数的级数展开的角向马蒂厄函数

(3.7.2b)式、(3.7.4b)式和(3.7.3a)式成立。

表 4-2　核的特征值

核的特征值	核的特征值	对应函数
$\lambda_{2n}=\dfrac{ce_{2n}(\pi/2,q)}{\pi A_0^{(2n)}}=\dfrac{1}{\pi A_0^{(2n)}}\sum_{k=0}^{\infty}(-1)^k A_{2k}^{(2n)}$	$\lambda'_{2n}=\dfrac{ce_{2n}(0,q)}{\pi A_0^{(2n)}}=\dfrac{1}{\pi A_0^{(2n)}}\sum_{k=0}^{\infty}A_{2k}^{(2n)}$	$ce_{2n}(\eta,q)$
$\lambda_{2n+1}=-\dfrac{ce'_{2n+1}(\pi/2,q)}{\pi\sqrt{q}A_1^{(2n+1)}}=\dfrac{\sum_{k=0}^{\infty}(-1)^k(2k+1)A_{2k+1}^{(2n+1)}}{\pi\sqrt{q}A_1^{(2n+1)}}$	$\lambda'_{2n+1}=\dfrac{2ce_{2n+1}(0,q)}{\pi A_1^{(2n+1)}}=\dfrac{2}{\pi A_1^{(2n+1)}}\sum_{k=0}^{\infty}A_{2k+1}^{(2n+1)}$	$ce_{2n+1}(\eta,q)$
$\mu_{2n+1}=\dfrac{se'_{2n+1}(0,q)}{\pi\sqrt{q}B_1^{(2n+1)}}=\dfrac{\sum_{k=0}^{\infty}(2k+1)B_{2k+1}^{(2n+1)}}{\pi\sqrt{q}B_1^{(2n+1)}}$	$\mu'_{2n+1}=\dfrac{2se_{2n+1}(\pi/2,q)}{\pi B_1^{(2n+1)}}=\dfrac{2}{\pi B_1^{(2n+1)}}\sum_{k=0}^{\infty}(-1)^k B_{2k+1}^{(2n+1)}$	$se_{2n+1}(\eta,q)$
$\mu_{2n+2}=-\dfrac{2se'_{2n+2}(\pi/2,q)}{\pi\sqrt{q}B_2^{(2n+2)}}=\dfrac{2\sum_{k=0}^{\infty}(-1)^k(2k+2)B_{2k+2}^{(2n+2)}}{\pi\sqrt{q}B_2^{(2n+2)}}$	$\mu'_{2n+2}=\dfrac{2se'_{2n+2}(0,q)}{\pi\sqrt{q}B_2^{(2n+2)}}=\dfrac{2\sum_{k=0}^{\infty}(2k+2)B_{2k+2}^{(2n+2)}}{\pi\sqrt{q}B_2^{(2n+2)}}$	$se_{2n+2}(\eta,q)$

表 4-2 列出了所有角向马蒂厄函数核对应的特征值。由 3.8 节可知，当参数 q 为大于零的实数时，所有函数在 η 平面的封闭矩形区域内是绝对一致收敛的，在任一闭区域 $0\leqslant q\leqslant q_0$ 内是绝对收敛的，表中所有求和项是绝对一致收敛的，系数 $A_m^{(r)}$ 和 $B_m^{(r)}$ 是参数 q 的连续函数。$A_0^{(2n)}$、$A_1^{(2n+1)}$、$B_1^{(2n+1)}$ 和 $B_2^{(2n+2)}$ 在 $q>0$ 时没有零点，但当参数 $q\to+\infty$时，它们单调地趋于零。当参数 $q\to0$ 时，λ_0、$\lambda'_0\to1/\pi$，λ'_1、$\mu'_1\to2/\pi$；当 $n>0$ 时，λ_{2n}、λ'_{2n}、λ'_{2n+1}和μ'_{2n+1}在η平面、区域$0<q\leqslant q_0$ 内是连续的；当$n\geqslant0$ 时，λ_{2n+1}、μ_{2n+1}、μ_{2n+2}和 μ'_{2n+2}在 η 平面、区域 $0<q\leqslant q_0$ 内也是连续的。当参数 $q\to0$ 时，有

$$A_0^{(2n)}\approx\frac{q^n}{2^{2n-1}(2n)!},B_2^{(2n+2)}\approx\frac{(n+1)q^n}{2^{2n}(2n+1)!}\tag{4.2.27}$$

$$A_1^{(2n+1)}\approx B_1^{(2n+1)}\approx\frac{q^n}{2^{2n}(2n)!}\tag{4.2.28}$$

可见，当参数 $q=0$ 时，系数的倒数为无穷大。表 4-3 列出了特征值的特性。

表 4-3　特征值的特性

特征值	特征值的特性($q\to0$)	特征值	特征值的特性($q\to0$)
λ_{2n}	$\to\infty$，$n>0$	λ'_{2n}	$\to\infty$，$n>0$
λ_{2n+1}	$\to\infty$	λ'_{2n+1}	$\to\infty$，$n>0$
μ_{2n+1}	$\to\infty$	μ'_{2n+1}	$\to\infty$，$n>0$
μ_{2n+2}	$\to\infty$	μ'_{2n+2}	$\to\infty$

4.3 角向马蒂厄函数的积分关系

定理 4.2 如果 $y(u)$ 是周期为 π 或 2π 的马蒂厄函数，函数 $\chi(u,\eta)$ 是积分方程的核，有 $\zeta'_u(u,\eta)=\chi(u,\eta)$，使 $\zeta_u(u,\eta)=\int\chi(u,\eta)\mathrm{d}u$，$[y(u)\zeta(u,\eta)]\big|_{u=0}^{u=\pi}=0$，则

$$y(\eta)=-\lambda\int_0^{\pi}\left[\int_u\chi(u,\eta)\mathrm{d}u\right]y'(u)\mathrm{d}u \tag{4.3.1}$$

证明：将 $\chi(u,\eta)$ 与 $\zeta'_u(u,\eta)$ 关系式 $\zeta'_u(u,\eta)=\chi(u,\eta)$ 代入(4.1.9)式，得

$$\frac{y(\eta)}{\lambda}=\int_0^{\pi}\zeta'_u(u,\eta)y(u)\mathrm{d}u=\int_0^{\pi}y(u)\mathrm{d}[\zeta_u(u,\eta)]_u \tag{4.3.2a}$$

$$=[y(u)\zeta(u,\eta)]\big|_{u=0}^{u=\pi}-\int_0^{\pi}\zeta(u,\eta)y'(u)\mathrm{d}u \tag{4.3.2b}$$

所以

$$y(\eta)=-\lambda\int_0^{\pi}\left[\int_u\chi(u,\eta)\mathrm{d}u\right]y'(u)\mathrm{d}u \tag{4.3.3}$$

下面以表 4-1 中第一列的第四个核，即

$$\chi(u,\eta)=\sin u\sin\eta\sin(2\sqrt{q}\cos u\cos\eta) \tag{4.3.4}$$

为例说明(4.3.1)式的应用。上式对应的马蒂厄函数为 $y(u)=\mathrm{se}_{2n+2}(u,q)$，则

$$\zeta_u(u,\eta)=\int_u\chi(u,\eta)\mathrm{d}u=-\frac{\tan\eta}{2\sqrt{q}}\int_u\sin(2\sqrt{q}\cos u\cos\eta)\mathrm{d}(2\sqrt{q}\cos u\cos\eta) \tag{4.3.5a}$$

$$=\frac{\tan\eta}{2\sqrt{q}}\cos(2\sqrt{q}\cos u\cos\eta) \tag{4.3.5b}$$

$$\mathrm{se}_{2n+2}(\eta,q)=-\frac{\lambda\tan\eta}{2\sqrt{q}}\int_0^{\pi}\cos(2\sqrt{q}\cos u\cos\eta)\,\mathrm{se}'_{2n+2}(u,q)\mathrm{d}u \tag{4.3.6}$$

利用附录 B 中(B-37)式，(4.3.6)式可写为

$$\mathrm{se}_{2n+2}(\eta,q)=-\frac{\lambda\tan\eta}{2\sqrt{q}}\int_0^{\pi}\left[\mathrm{J}_0(2\sqrt{q}\cos\eta)+2\sum_{k=0}^{\infty}(-1)^{k+1}\mathrm{J}_{2k+2}(2\sqrt{q}\cos\eta)\cos(2k+2)u\right]$$

$$\times\sum_{s=0}^{\infty}(2s+2)B_{2s+2}^{(2n+2)}\cos(2s+2)u\mathrm{d}u \tag{4.3.7a}$$

$$=\frac{\pi\lambda\tan\eta}{2\sqrt{q}}\sum_{k=0}^{\infty}(-1)^k(2k+2)B_{2k+2}^{(2n+2)}\mathrm{J}_{2k+2}(2\sqrt{q}\cos\eta) \tag{4.3.7b}$$

上式与(4.2.17)式比较，得 $\lambda=\mu_{2n+2}$，由(4.2.16a)式和(4.3.6)式，得

$$2\sqrt{q}\int_0^{\pi}\sin u\cos\eta\sin(2\sqrt{q}\cos u\cos\eta)\mathrm{se}_{2n+2}(u,q)\mathrm{d}u=-\int_0^{\pi}\cos(2\sqrt{q}\cos u\cos\eta)\,\mathrm{se}'_{2n+2}(u,q)\mathrm{d}u \tag{4.3.8}$$

利用类似的分析方法，由表 4-1 第三列的后三项，可得下列积分关系

$$\mathrm{ce}_{2n+1}(\eta,q)=-\frac{\lambda'_{2n+1}\cot\eta}{2\sqrt{q}}\int_0^{\pi}\sinh(2\sqrt{q}\sin u\sin\eta)\,\mathrm{ce}'_{2n+1}(u,q)\mathrm{d}u \tag{4.3.9}$$

$$\mathrm{se}_{2n+1}(\eta,q)=-\frac{\mu'_{2n+1}\tan\eta}{2\sqrt{q}}\int_0^{\pi}\sin(2\sqrt{q}\cos u\cos\eta)\,\mathrm{se}'_{2n+1}(u,q)\mathrm{d}u \tag{4.3.10}$$

$$\mathrm{se}_{2n+2}(\eta,q)=-\frac{\mu'_{2n+2}\cot\eta}{2\sqrt{q}}\int_0^{\pi}\cosh(2\sqrt{q}\sin u\sin\eta)\,\mathrm{se}'_{2n+2}(u,q)\mathrm{d}u \tag{4.3.11}$$

由此可得

$$2\sqrt{q}\int_0^{\pi}\cos u\sin\eta\cosh(2\sqrt{q}\sin u\sin\eta)\mathrm{ce}_{2n+1}(u,q)\mathrm{d}u$$
$$=-\int_0^{\pi}\sinh(2\sqrt{q}\sin u\sin\eta)\,\mathrm{ce}'_{2n+1}(u,q)\mathrm{d}u \tag{4.3.12}$$

$$2\sqrt{q}\int_0^{\pi}\sin u\cos\eta\cos(2\sqrt{q}\cos u\cos\eta)\mathrm{se}_{2n+1}(u,q)\mathrm{d}u$$
$$=-\int_0^{\pi}\sin(2\sqrt{q}\cos u\cos\eta)\,\mathrm{se}'_{2n+1}(u,q)\mathrm{d}u \tag{4.3.13}$$

$$2\sqrt{q}\int_0^{\pi}\cos u\sin\eta\sinh(2\sqrt{q}\sin u\sin\eta)\mathrm{se}_{2n+2}(u,q)\mathrm{d}u$$
$$=-\int_0^{\pi}\cosh(2\sqrt{q}\sin u\sin\eta)\,\mathrm{se}'_{2n+2}(u,q)\mathrm{d}u \tag{4.3.14}$$

对于其他几个核，由于不能找到函数 $\zeta_u(u,\ \eta)$，因此得不到相应的积分关系。对于负参数时的角向马蒂厄函数 $\mathrm{ce}_m(\eta,\ -q)$和 $\mathrm{se}_m(\eta,\ -q)$的积分关系，可借助于 2.8.1 节的讨论得到。

4.4　径向马蒂厄函数的积分关系

4.4.1　贝塞尔型径向马蒂厄函数的积分关系

由函数 $\mathrm{Je}_m(\xi,\ q)$、$\mathrm{Jo}_m(\xi,\ q)$的定义(3.2.2)～(3.2.5)式以及(4.2.1)式、(4.2.15)式、(4.3.6)式和(4.3.9)～(4.3.11)式，可得

$$\mathrm{Je}_{2n}(\xi,q)=\frac{\mathrm{ce}_{2n}(\pi/2,q)}{\pi A_0^{(2n)}}\int_0^{\pi}\cos(2\sqrt{q}\cos u\cosh\xi)\mathrm{ce}_{2n}(u,q)\mathrm{d}u \tag{4.4.1a}$$

$$=\frac{\mathrm{ce}_{2n}(0,q)}{\pi A_0^{(2n)}}\int_0^{\pi}\cos(2\sqrt{q}\sin u\sinh\xi)\mathrm{ce}_{2n}(u,q)\mathrm{d}u \tag{4.4.1b}$$

$$\mathrm{Je}_{2n+1}(\xi,q)=-\frac{\mathrm{ce}'_{2n+1}(\pi/2,q)}{\pi\sqrt{q}A_1^{(2n+1)}}\int_0^{\pi}\sin(2\sqrt{q}\cos u\cosh\xi)\mathrm{ce}_{2n+1}(u,q)\mathrm{d}u \tag{4.4.2a}$$

$$=\frac{2\mathrm{ce}_{2n+1}(0,q)}{\pi A_1^{(2n+1)}}\int_0^{\pi}\cos u\cosh\xi\cos(2\sqrt{q}\sin u\sinh\xi)\mathrm{ce}_{2n+1}(u,q)\mathrm{d}u \tag{4.4.2b}$$

$$\mathrm{Jo}_{2n+2}(\xi,q)=-\frac{2\,\mathrm{se}'_{2n+2}(\pi/2,q)}{\pi\sqrt{q}B_2^{(2n+2)}}\int_0^{\pi}\sin u\sinh\xi\sin(2\sqrt{q}\cos u\cosh\xi)\mathrm{se}_{2n+2}(u,q)\mathrm{d}u \tag{4.4.3a}$$

$$=\frac{2\,\mathrm{se}'_{2n+2}(0,q)}{\pi\sqrt{q}B_2^{(2n+2)}}\int_0^{\pi}\cos u\cosh\xi\sin(2\sqrt{q}\sin u\sinh\xi)\mathrm{se}_{2n+2}(u,q)\mathrm{d}u \tag{4.4.3b}$$

$$\mathrm{Jo}_{2n+1}(\xi,q)=\frac{2\mathrm{se}_{2n+1}(\pi/2,q)}{\pi B_1^{(2n+1)}}\int_0^{\pi}\sin u\sinh\xi\cos(2\sqrt{q}\cos u\cosh\xi)\mathrm{se}_{2n+1}(u,q)\mathrm{d}u \tag{4.4.4a}$$

$$=\frac{\mathrm{se}'_{2n+1}(0,q)}{\pi\sqrt{q}B_1^{(2n+1)}}\int_0^{\pi}\sin(2\sqrt{q}\sin u\sinh\xi)\mathrm{se}_{2n+1}(u,q)\mathrm{d}u \tag{4.4.4b}$$

另外，由附录B中(B-119)式可得

$$\mathrm{K}_{2k}(\xi)=\int_0^\infty \mathrm{e}^{-\xi\cosh u}\cosh 2ku\,\mathrm{d}u \tag{4.4.5}$$

上式在 $\mathrm{Re}(\xi)\geqslant x$、且 $x>0$ 时是一致收敛的，在此条件下，将(4.4.5)式中的 ξ 用 $-\mathrm{j}2\sqrt{q}\cosh\xi$ 代替，并在等式两边同乘以 $A_{2k}^{(2n)}$，然后求和，可得

$$\sum_{k=0}^{\infty}A_{2k}^{(2n)}\mathrm{K}_{2k}(-\mathrm{j}2\sqrt{q}\cosh\xi)=\int_0^\infty\sum_{k=0}^{\infty}\mathrm{e}^{\mathrm{j}2\sqrt{q}\cosh\xi\cosh u}A_{2k}^{(2n)}\cosh 2ku\,\mathrm{d}u \tag{4.4.6a}$$

$$=\int_0^\infty \mathrm{e}^{\mathrm{j}2\sqrt{q}\cosh\xi\cosh u}\mathrm{Je}_{2n}(u,q)\mathrm{d}u \tag{4.4.6b}$$

上式在 η 和$\sqrt{q}$为实数时，其实部和虚部是绝对一致收敛的，这时上式可不需要满足条件 $\mathrm{Re}(\xi)\geqslant x\,(x>0)$。将上式与(3.5.7b)式对照，可得

$$\mathrm{Ke}_{2n}(\xi,q)=\frac{\mathrm{ce}_{2n}(\pi/2,q)}{\pi A_0^{(2n)}}\int_0^\infty \mathrm{e}^{\mathrm{j}2\sqrt{q}\cosh\xi\cosh u}\mathrm{Je}_{2n}(u,q)\mathrm{d}u \tag{4.4.7}$$

应用(3.5.21b)式，使等式中的虚部与虚部相等，实部与实部相，可分别得

$$\mathrm{Je}_{2n}(\xi,q)=\frac{2\mathrm{ce}_{2n}(\pi/2,q)}{\pi A_0^{(2n)}}\int_0^\infty \sin(2\sqrt{q}\cosh\xi\cosh u)\mathrm{Je}_{2n}(u,q)\mathrm{d}u \tag{4.4.8}$$

$$\mathrm{Ne}_{2n}(\xi,q)=-\frac{2\mathrm{ce}_{2n}(\pi/2,q)}{\pi A_0^{(2n)}}\int_0^\infty \cos(2\sqrt{q}\cosh\xi\cosh u)\mathrm{Je}_{2n}(u,q)\mathrm{d}u \tag{4.4.9}$$

应用类似的分析方法可得

$$\mathrm{Ke}_{2n+1}(\xi,q)=-\frac{\mathrm{ce}'_{2n+1}(\pi/2,q)}{\pi\sqrt{q}A_1^{(2n+1)}}\int_0^\infty \mathrm{e}^{\mathrm{j}2\sqrt{q}\cosh\xi\cosh u}\mathrm{Je}_{2n+1}(u,q)\mathrm{d}u \tag{4.4.10}$$

$$\mathrm{Je}_{2n+1}(\xi,q)=\frac{2\mathrm{ce}'_{2n+1}(\pi/2,q)}{\pi\sqrt{q}A_1^{(2n+1)}}\int_0^\infty \cos(2\sqrt{q}\cosh\xi\cosh u)\mathrm{Je}_{2n+1}(u,q)\mathrm{d}u \tag{4.4.11}$$

$$\mathrm{Ne}_{2n+1}(\xi,q)=\frac{2\mathrm{ce}'_{2n+1}(\pi/2,q)}{\pi\sqrt{q}A_1^{(2n+1)}}\int_0^\infty \sin(2\sqrt{q}\cosh\xi\cosh u)\mathrm{Je}_{2n+1}(u,q)\mathrm{d}u \tag{4.4.12}$$

如果应用

$$\nu\mathrm{K}_\nu(\xi)=\xi\int_0^\infty \mathrm{e}^{-\xi\cosh u}\sinh u\sinh\nu u\,\mathrm{d}u=\frac{1}{2}\pi\nu\mathrm{e}^{\mathrm{j}\frac{1}{2}(\nu+1)\pi}\mathrm{H}_\nu^{(1)}(\mathrm{j}\xi),(\mathrm{Re}(\xi)>0) \tag{4.4.13}$$

可推得[10]

$$\mathrm{Jo}_{2n+2}(\xi,q)=-\frac{4\mathrm{se}'_{2n+2}(\pi/2,q)}{\pi\sqrt{q}B_2^{(2n+2)}}\int_0^\infty \cos(2\sqrt{q}\cosh\xi\cosh u)\sinh\xi\sinh u\,\mathrm{Jo}_{2n+2}(u,q)\mathrm{d}u \tag{4.4.14}$$

$$\mathrm{Jo}_{2n+1}(\xi,q)=-\frac{4\mathrm{se}_{2n+1}(\pi/2,q)}{\pi B_1^{(2n+1)}}\int_0^\infty \sin(2\sqrt{q}\cosh\xi\cosh u)\sinh\xi\sinh u\,\mathrm{Jo}_{2n+1}(u,q)\mathrm{d}u \tag{4.4.15}$$

$$\mathrm{No}_{2n+2}(\xi,q)=-\frac{4\mathrm{se}'_{2n+2}(\pi/2,q)}{\pi\sqrt{q}B_2^{(2n+2)}}\int_0^\infty \sin(2\sqrt{q}\cosh\xi\cosh u)\sinh\xi\sinh u\,\mathrm{Jo}_{2n+2}(u,q)\mathrm{d}u \tag{4.4.16}$$

$$\mathrm{No}_{2n+1}(\xi,q)=\frac{4\mathrm{se}_{2n+1}(\pi/2,q)}{\pi B_1^{(2n+1)}}\int_0^\infty \cos(2\sqrt{q}\cosh\xi\cosh u)\sinh\xi\sinh u\,\mathrm{Jo}_{2n+1}(u,q)\mathrm{d}u \tag{4.4.17}$$

(4.4.14)～(4.4.17)式也可表示为

$$\mathrm{Jo}_{2n+2}(\xi,q)=\frac{2\mathrm{se}'_{2n+2}(\pi/2,q)}{\pi qB_2^{(2n+2)}}\tanh\xi\int_0^{\infty}\sin(2\sqrt{q}\cosh\xi\cosh u)\,\mathrm{Jo}'_{2n+2}(u,q)\mathrm{d}u \tag{4.4.18}$$

$$\mathrm{Jo}_{2n+1}(\xi,q)=-\frac{2\mathrm{se}_{2n+1}(\pi/2,q)}{\pi\sqrt{q}B_1^{(2n+1)}}\tanh\xi\int_0^{\infty}\cos(2\sqrt{q}\cosh\xi\cosh u)\,\mathrm{Jo}'_{2n+1}(u,q)\mathrm{d}u \tag{4.4.19}$$

$$\mathrm{No}_{2n+2}(\xi,q)=-\frac{2\mathrm{se}'_{2n+2}(\pi/2,q)}{\pi qB_2^{(2n+2)}}\tanh\xi\int_0^{\infty}\cos(2\sqrt{q}\cosh\xi\cosh u)\,\mathrm{Jo}'_{2n+2}(u,q)\mathrm{d}u \tag{4.4.20}$$

$$\mathrm{No}_{2n+1}(\xi,q)=-\frac{2\mathrm{se}_{2n+1}(\pi/2,q)}{\pi\sqrt{q}B_1^{(2n+1)}}\tanh\xi\int_0^{\infty}\sin(2\sqrt{q}\cosh\xi\cosh u)\,\mathrm{Jo}'_{2n+1}(u,q)\mathrm{d}u \tag{4.4.21}$$

4.4.2　变形贝塞尔型径向马蒂厄函数的积分关系

利用(4.4.1)～(4.4.4)式，由函数 $\mathrm{Ie}_m(\xi,\ -q)$ 和 $\mathrm{Io}_m(\xi,\ -q)$ 的定义式(3.4.2a)式、(3.4.3a)式、(3.4.4a)式和(3.4.5a)式，可得

$$\mathrm{Ie}_{2n}(\xi,-q)=\frac{(-1)^n\mathrm{ce}_{2n}(\pi/2,q)}{\pi A_0^{(2n)}}\int_0^{\pi}\cosh(2\sqrt{q}\cos u\sinh\xi)\mathrm{ce}_{2n}(u,q)\mathrm{d}u \tag{4.4.22a}$$

$$=\frac{(-1)^n\mathrm{ce}_{2n}(0,q)}{\pi A_0^{(2n)}}\int_0^{\pi}\cosh(2\sqrt{q}\sin u\cosh\xi)\mathrm{ce}_{2n}(u,q)\mathrm{d}u \tag{4.4.22b}$$

$$\mathrm{Ie}_{2n+1}(\xi,-q)=2\frac{(-1)^n\mathrm{se}_{2n+1}(\pi/2,q)}{\pi B_1^{(2n+1)}}\times\int_0^{\pi}\sin u\cosh\xi\cosh(2\sqrt{q}\cos u\cosh\xi)\mathrm{se}_{2n+1}(u,q)\mathrm{d}u \tag{4.4.23a}$$

$$=\frac{(-1)^n\ \mathrm{se}'_{2n+1}(0,q)}{\pi\sqrt{q}B_1^{(2n+1)}}\int_0^{\pi}\sinh(2\sqrt{q}\sin u\cosh\xi)\mathrm{se}_{2n+1}(u,q)\mathrm{d}u \tag{4.4.23b}$$

$$\mathrm{Io}_{2n+2}(\xi,-q)=2\frac{(-1)^{n+1}\ \mathrm{se}'_{2n+2}(\pi/2,q)}{\pi\sqrt{q}B_2^{(2n+2)}}\times\int_0^{\pi}\sin u\cosh\xi\sinh(2\sqrt{q}\cos u\sinh\xi)\mathrm{se}_{2n+2}(u,q)\mathrm{d}u \tag{4.4.24a}$$

$$=2\frac{(-1)^n\ \mathrm{se}'_{2n+2}(0,q)}{\pi\sqrt{q}B_2^{(2n+2)}}\int_0^{\pi}\cos u\sinh\xi\sinh(2\sqrt{q}\sin u\cosh\xi)\mathrm{se}_{2n+2}(u,q)\mathrm{d}u \tag{4.4.24b}$$

$$\mathrm{Io}_{2n+1}(\xi,-q)=\frac{(-1)^{n+1}\ \mathrm{ce}'_{2n+1}(\pi/2,q)}{\pi\sqrt{q}A_1^{(2n+1)}}\int_0^{\pi}\sinh(2\sqrt{q}\cos u\sinh\xi)\mathrm{ce}_{2n+1}(u,q)\mathrm{d}u \tag{4.4.25a}$$

$$=2\frac{(-1)^n\mathrm{ce}_{2n+1}(0,q)}{\pi A_1^{(2n+1)}}\int_0^{\pi}\cos u\sinh\xi\cosh(2\sqrt{q}\sin u\cosh\xi)\mathrm{ce}_{2n+1}(u,q)\mathrm{d}u \tag{4.4.25b}$$

另外，利用(4.4.13)式，除可推得(4.4.14)～(4.4.17)式外，还可得到

$$\mathrm{Ko}_{2n+2}(\xi,q)=-\mathrm{j}\,\frac{2\mathrm{se}'_{2n+2}(\pi/2,q)}{\pi\sqrt{q}B_2^{(2n+2)}}\int_0^\infty \mathrm{e}^{\mathrm{j}2\sqrt{q}\cosh\xi\cosh u}\sinh\xi\sinh u\,\mathrm{Jo}_{2n+2}(u,q)\mathrm{d}u \tag{4.4.26}$$

$$\mathrm{Ko}_{2n+1}(\xi,q)=-\mathrm{j}\,\frac{2\mathrm{se}_{2n+1}(\pi/2,q)}{\pi B_1^{(2n+1)}}\int_0^\infty \mathrm{e}^{\mathrm{j}2\sqrt{q}\cosh\xi\cosh u}\sinh\xi\sinh u\,\mathrm{Jo}_{2n+1}(u,q)\mathrm{d}u \tag{4.4.27}$$

以上两式也可表示为

$$\mathrm{Ko}_{2n+2}(\xi,q)=\frac{2\mathrm{se}'_{2n+2}(\pi/2,q)}{\pi qB_2^{(2n+2)}}\tanh\xi\int_0^\infty \mathrm{e}^{\mathrm{j}2\sqrt{q}\cosh\xi\cosh u}\,\mathrm{Jo}'_{2n+2}(u,q)\mathrm{d}u \tag{4.4.28}$$

$$\mathrm{Ko}_{2n+1}(\xi,q)=\frac{2\mathrm{se}_{2n+1}(\pi/2,q)}{\pi\sqrt{q}B_1^{(2n+1)}}\tanh\xi\int_0^\infty \mathrm{e}^{\mathrm{j}2\sqrt{q}\cosh\xi\cosh u}\,\mathrm{Jo}'_{2n+1}(u,q)\mathrm{d}u \tag{4.4.29}$$

利用(4.4.7)式、(4.4.10)式、(4.4.26)式和(4.4.27)式，由(3.5.1a)式、(3.5.2a)式、(3.5.3a)式和(3.5.4a)式，可分别得

$$\mathrm{Ke}_{2n}(\xi,-q)=(-1)^n\,\frac{\mathrm{ce}_{2n}(\pi/2,q)}{\pi A_0^{(2n)}}\int_0^\infty \mathrm{e}^{-2\sqrt{q}\sinh\xi\cosh u}\,\mathrm{Je}_{2n}(u,q)\mathrm{d}u \tag{4.4.30}$$

$$\mathrm{Ke}_{2n+1}(\xi,-q)=(-1)^n\,\frac{2\mathrm{se}_{2n+1}(\pi/2,q)}{\pi B_1^{(2n+1)}}\int_0^\infty \mathrm{e}^{-2\sqrt{q}\sinh\xi\cosh u}\cosh\xi\sinh u\,\mathrm{Jo}_{2n+1}(u,q)\mathrm{d}u \tag{4.4.31}$$

$$\mathrm{Ko}_{2n+2}(\xi,-q)=(-1)^n\,\frac{2\mathrm{se}'_{2n+2}(\pi/2,q)}{\pi\sqrt{q}B_2^{(2n+2)}}\int_0^\infty \mathrm{e}^{-2\sqrt{q}\sinh\xi\cosh u}\cosh\xi\sinh u\,\mathrm{Jo}_{2n+2}(u,q)\mathrm{d}u \tag{4.4.32}$$

$$\mathrm{Ko}_{2n+1}(\xi,-q)=(-1)^{n+1}\,\frac{\mathrm{ce}'_{2n+1}(\pi/2,q)}{\pi\sqrt{q}A_1^{(2n+1)}}\int_0^\infty \mathrm{e}^{-2\sqrt{q}\sinh\xi\cosh u}\,\mathrm{Je}_{2n+1}(u,q)\mathrm{d}u \tag{4.4.33}$$

将(4.4.5)式中的ξ用$2\sqrt{q}\cosh\xi$代替，可得

$$\mathrm{K}_{2k}(2\sqrt{q}\cosh\xi)=\int_0^\infty \mathrm{e}^{-2\sqrt{q}\cosh\xi\cosh u}\cosh 2ku\,\mathrm{d}u \tag{4.4.34}$$

再将(4.4.34)式代入(3.5.1c)式得

$$\mathrm{Ke}_{2n}(\xi,-q)=(-1)^n\,\frac{\mathrm{ce}_{2n}(0,q)}{\pi A_0^{(2n)}}\sum_{k=0}^\infty(-1)^kA_{2k}^{(2n)}\int_0^\infty \mathrm{e}^{-2\sqrt{q}\cosh\xi\cosh u}\cosh 2ku\,\mathrm{d}u \tag{4.4.35}$$

再利用(3.4.2b)式，上式可改写为

$$\mathrm{Ke}_{2n}(\xi,-q)=\frac{\mathrm{ce}_{2n}(0,q)}{\pi A_0^{(2n)}}\int_0^\infty \mathrm{e}^{-2\sqrt{q}\cosh\xi\cosh u}\,\mathrm{Ie}_{2n}(u,-q)\mathrm{d}u \tag{4.4.36}$$

应用类似的方法可得

$$\mathrm{Ke}_{2n+1}(\xi,-q)=\frac{\mathrm{se}'_{2n+1}(0,q)}{\pi\sqrt{q}B_1^{(2n+1)}}\int_0^\infty \mathrm{e}^{-2\sqrt{q}\cosh\xi\cosh u}\,\mathrm{Ie}_{2n+1}(u,-q)\mathrm{d}u \tag{4.4.37}$$

同样，将(4.4.13)式中的ξ用$2\sqrt{q}\cosh\xi$代替，并分别令$\nu=2k+2$和$\nu=2k+1$，可得到$(2k+2)\mathrm{K}_{2k+2}(2\sqrt{q}\cosh\xi)$和$(2k+1)\mathrm{K}_{2k+1}(2\sqrt{q}\cosh\xi)$的积分表示式，再把得到的积分结果分别代入到(3.5.3c)式和(3.5.4c)式中，并利用(3.4.4b)式和(3.4.5b)式，可分别得到

$$\mathrm{Ko}_{2n+2}(\xi,-q)=\frac{2\mathrm{se}'_{2n+2}(0,q)}{\pi\sqrt{q}B_2^{(2n+2)}}\int_0^\infty \mathrm{e}^{-2\sqrt{q}\cosh\xi\cosh u}\sinh\xi\sinh u\,\mathrm{Io}_{2n+2}(u,-q)\mathrm{d}u \tag{4.4.38}$$

$$\mathrm{Ko}_{2n+1}(\xi,-q)=\frac{2\mathrm{ce}_{2n+1}(0,q)}{\pi A_1^{(2n+1)}}\int_0^\infty \mathrm{e}^{-2\sqrt{q}\cosh\xi\cosh u}\sinh\xi\sinh u\,\mathrm{Io}_{2n+1}(u,-q)\mathrm{d}u \tag{4.4.39}$$

4.5 用贝塞尔函数和三角函数表示的核

在前面内容中，所用的核是三角函数和双曲函数。但是，积分方程中的核并不是唯一的，只要它满足定理4.1，都可作为积分方程(4.1.1)式的核。下面在圆柱坐标系中讨论方程(4.1.1)式的核。因 $x=r\cos\alpha$，$y=r\sin\alpha$，将其代入(4.1.10)式中，可得

$$\frac{\partial^2\chi}{\partial r^2}+\frac{1}{r}\frac{\partial\chi}{\partial r}+\frac{1}{r^2}\frac{\partial^2\chi}{\partial\alpha^2}+k_1^2\chi=0 \tag{4.5.1}$$

令 $\chi=U(r)V(\alpha)$，将其代入上式，可得

$$\frac{\partial^2 U}{\partial r^2}+\frac{1}{r}\frac{\partial U}{\partial r}+\left(k_1^2-\frac{\nu^2}{r^2}\right)U=0 \tag{4.5.2}$$

$$\frac{\partial^2 V}{\partial\alpha^2}+\nu^2 V=0 \tag{4.5.3}$$

其中，ν^2是分离变量常数。(4.5.2)式的解为函数 $\mathrm{J}_\nu(k_1r)$或 $\mathrm{N}_\nu(k_1r)$，(4.5.3)式的解为函数 $\cos\nu\alpha$、$\sin\nu\alpha$，它们相互组合就得到4个函数，分别为 $\mathrm{J}_\nu(k_1r)\cos\nu\alpha$、$\mathrm{J}_\nu(k_1r)\sin\nu\alpha$、$\mathrm{N}_\nu(k_1r)\cos\nu\alpha$ 和 $\mathrm{N}_\nu(k_1r)\sin\nu\alpha$，这4个函数都应是方程(4.5.1)式的解。将这4个函数在变形椭圆柱坐标系中表示出来，就得到了用贝塞尔函数和三角函数表示的核，如表4-4所示。这些核满足(4.1.2)式和(4.1.3)式。

表4-4 用贝塞尔函数—三角函数表示的核(k^2为大于零的实数)

序号	$\chi(r,\alpha)=U(r)V(\alpha)(m=0,1,2,\cdots)$	$\phi(u)$	$y(\eta)$	$y(\mathrm{j}\xi)$
1	$\mathrm{J}_{2m}(k_1r)\cos 2m\alpha$ $\mathrm{J}_{2m}(k_1r)\sin 2m\alpha$	$\mathrm{ce}_{2n}(u,q)$ $\mathrm{se}_{2n+2}(u,q)$	$\mathrm{ce}_{2n}(\eta,q)$ $\mathrm{se}_{2n+2}(\eta,q)$	$\mathrm{Je}_{2n}(\xi,q)$ $\mathrm{Jo}_{2n+2}(\xi,q)$
2	$\mathrm{J}_{2m+1}(k_1r)\cos(2m+1)\alpha$ $\mathrm{J}_{2m+1}(k_1r)\sin(2m+1)\alpha$	$\mathrm{ce}_{2n+1}(u,q)$ $\mathrm{se}_{2n+1}(u,q)$	$\mathrm{ce}_{2n+1}(\eta,q)$ $\mathrm{se}_{2n+1}(\eta,q)$	$\mathrm{Je}_{2n+1}(\xi,q)$ $\mathrm{Jo}_{2n+1}(\xi,q)$
3	$\mathrm{N}_{2m}(k_1r)\cos 2m\alpha$ $\mathrm{N}_{2m}(k_1r)\sin 2m\alpha$	$\mathrm{ce}_{2n}(u,q)$ $\mathrm{se}_{2n+2}(u,q)$	— —	$\mathrm{Ne}_{2n}(\xi,q)$ $\mathrm{No}_{2n+2}(\xi,q)$
4	$\mathrm{N}_{2m+1}(k_1r)\cos(2m+1)\alpha$ $\mathrm{N}_{2m+1}(k_1r)\sin(2m+1)\alpha$	$\mathrm{ce}_{2n+1}(u,q)$ $\mathrm{se}_{2n+1}(u,q)$	— —	$\mathrm{Ne}_{2n+1}(\xi,q)$ $\mathrm{No}_{2n+1}(\xi,q)$

在表4-4中，序号1和序号2的函数$\chi(r,\alpha)$的周期分别为π或2π，函数$\chi(r,\alpha)$是u、η的对称函数，这是因为$r=\sqrt{x^2+y^2}$，将其代入$x=h\cos u\cos\eta$、$y=\mathrm{j}h\sin u\sin\eta$，得

$$r=h\sqrt{\frac{1}{2}(\cos 2u+\cos 2\eta)} \tag{4.5.4}$$

由于$k_1h=2\sqrt{q}$，则

$$k_1 r = \sqrt{2q(\cos 2u + \cos 2\eta)} \tag{4.5.5}$$

将(4.5.5)式代入到表 4-4 中，可见，核 $\chi(r, \alpha)$是 u、η 的对称函数。当 $\cos 2u = -\cos 2\eta$ 时，$k_1 r=0$，而第二类贝塞尔函数 $\mathrm{N}_m(x)$在坐标原点处为奇点，因此，当 η 是实数时，(4.5.5)式不能作为第二类贝塞尔函数 $\mathrm{N}_m(x)$的自变量。将 η 换成 $\mathrm{j}\xi$，且 $\mathrm{Re}(\xi)>0$，得径向马蒂厄函数的核的变量为

$$k_1 r = \sqrt{2q(\cos 2u + \cosh 2\xi)} \tag{4.5.6}$$

它应用于表 4-4 第 5 列中径向马蒂厄函数对应的核。由此可见，对应于径向马蒂厄函数的核是 u、ξ 的非对称、非周期函数。

对于表 4-4 中的三角函数，有

$$\cos\alpha = x/r = \sqrt{2}\cos u \cos\eta/(\cos 2u + \cos 2\eta)^{1/2} \tag{4.5.7}$$

$$\sin\alpha = y/r = \mathrm{j}\sqrt{2}\sin u \sin\eta/(\cos 2u + \cos 2\eta)^{1/2} \tag{4.5.8}$$

由德·莫弗(de Moivre)定理，有

$$\cos p\alpha + \mathrm{j}\sin p\alpha = (\cos\alpha + \mathrm{j}\sin\alpha)^p \tag{4.5.9}$$

将(4.5.7)式和(4.5.8)式代入(4.5.9)式，令其虚部与虚部相等，实部与实部相等，可得 $\cos p\alpha$ 和 $\sin p\alpha$ 的值。由(3.5.21b)式，有

$$\mathrm{Ke}_{2n}(\xi, -q) = \frac{1}{2}[\mathrm{jJe}_{2n}(\xi, q) - 2\mathrm{Ne}_{2n}(\xi, q)], (a_{2n}) \tag{4.5.10}$$

由表 4-4 查得函数 $\mathrm{Je}_{2n}(\xi, q)$和 $\mathrm{Ne}_{2n}(\xi, q)$的核，由此计算出函数 $\mathrm{Ke}_{2n}(\xi, -q)$的核为

$$\frac{1}{2}[\mathrm{jJ}_{2m}(k_1 r) - \mathrm{N}_{2m}(k_1 r)]\cos 2m\alpha = \frac{1}{2}\mathrm{jH}_{2m}^{(1)}(k_1 r)\cos 2m\alpha \tag{4.5.11}$$

式中 $k_1 r$ 由(4.5.6)式确定，且 $\mathrm{Re}(\xi)>0$。其核在表 4-5 中列出。

表 4-5 用汉克尔函数－三角函数表示的核(k^2为大于零的实数)

序号	$\chi(r, \alpha)=U(r)V(\alpha)(m=0, 1, 2, \cdots)$	$\phi(u)$	$y(\xi)$
1	$\mathrm{H}_{2m}^{(1)}(k_1 r)\cos 2m\alpha$ $\mathrm{H}_{2m}^{(1)}(k_1 r)\sin 2m\alpha$	$\mathrm{ce}_{2n}(u, q)$ $\mathrm{se}_{2n+2}(u, q)$	$\mathrm{Ke}_{2n}(\xi, q)$ $\mathrm{Ko}_{2n+2}(\xi, q)$
2	$\mathrm{H}_{2m+1}^{(1)}(k_1 r)\cos(2m+1)\alpha$ $\mathrm{H}_{2m+1}^{(1)}(k_1 r)\sin(2m+1)\alpha$	$\mathrm{ce}_{2n+1}(u, q)$ $\mathrm{se}_{2n+1}(u, q)$	$\mathrm{Ke}_{2n+1}(\xi, q)$ $\mathrm{Ko}_{2n+1}(\xi, q)$

当 k^2为小于零的实数时，(4.5.2)式中的 k_1^2 变为 $-k_1^2$，(4.5.3)式不变，则(4.5.2)式的解为变形贝塞尔函数 $I_\nu(k_1 r)$和 $K_\nu(k_1 r)$，因此，函数 $I_\nu(k_1 r)\cos\nu\alpha$、$I_\nu(k_1 r)\sin\nu\alpha$、$K_\nu(k_1 r)\cos\nu\alpha$ 和 $\mathrm{K}_\nu(k_1 r)\sin\nu\alpha$ 是方程(4.5.2)式的解，也是(4.1.1)式积分的核。由于函数 $\mathrm{N}_\nu(\mathrm{j}k_1 r)$也是方程(4.5.2)的解，因此，函数 $\mathrm{N}_\nu(\mathrm{j}k_1 r)\cos\nu\alpha$ 和函数 $\mathrm{N}_\nu(\mathrm{j}k_1 r)\sin\nu\alpha$ 也是(4.1.1)式积分的核。表 4-6 中列出了当 k^2为小于零的实数时，用变形贝塞尔函数—三角函数表示的积分核。

表 4-6 用变形贝塞尔函数—三角函数表示的核(k^2为小于零的实数)

序号	$\chi(r, \alpha)=U(r)V(\alpha)(m=0, 1, 2, \cdots)$	$\phi(u)$	$y(\eta)$	$y(\mathrm{j}\xi)$
1	$\mathrm{I}_{2m}(k_1 r)\cos 2m\alpha$ $\mathrm{I}_{2m}(k_1 r)\sin 2m\alpha$	$\mathrm{ce}_{2n}(u, -q)$ $\mathrm{se}_{2n+2}(u, -q)$	$\mathrm{ce}_{2n}(\eta, -q)$ $\mathrm{se}_{2n+2}(\eta, -q)$	$\mathrm{Ie}_{2n}(\xi, -q)$ $\mathrm{Io}_{2n+2}(\xi, -q)$

续表

序号	$\chi(r,\alpha)=U(r)V(\alpha)(m=0,1,2,\cdots)$	$\phi(u)$	$y(\eta)$	$y(\mathrm{j}\xi)$
2	$\mathrm{I}_{2m+1}(k_1r)\cos(2m+1)\alpha$ $\mathrm{I}_{2m+1}(k_1r)\sin(2m+1)\alpha$	$\mathrm{ce}_{2n+1}(u,-q)$ $\mathrm{se}_{2n+1}(u,-q)$	$\mathrm{ce}_{2n+1}(\eta,-q)$ $\mathrm{se}_{2n+1}(\eta,-q)$	$\mathrm{Ie}_{2n+1}(\xi,-q)$ $\mathrm{Io}_{2n+1}(\xi,-q)$
3	$\mathrm{K}_{2m}(k_1r)\cos2m\alpha$ $\mathrm{K}_{2m}(k_1r)\sin2m\alpha$	$\mathrm{ce}_{2n}(u,-q)$ $\mathrm{se}_{2n+2}(u,-q)$	— —	$\mathrm{Ke}_{2n}(\xi,-q)$ $\mathrm{Ko}_{2n+2}(\xi,-q)$
4	$\mathrm{K}_{2m+1}(k_1r)\cos(2m+1)\alpha$ $\mathrm{K}_{2m+1}(k_1r)\sin(2m+1)\alpha$	$\mathrm{ce}_{2n+1}(u,-q)$ $\mathrm{se}_{2n+1}(u,-q)$	— —	$\mathrm{Ke}_{2n+1}(\xi,-q)$ $\mathrm{Ko}_{2n+1}(\xi,-q)$

4.6　用贝塞尔函数乘积展开的马蒂厄函数

由表 4-4 中的第一个核，令 $m=0$，将表中的 $\phi(u)=\mathrm{ce}_{2n}(u,q)$ 以及 $\chi(r,\alpha)$ 代入(4.1.10)式，并将积分上限改为 π，得

$$\mathrm{ce}_{2n}(\eta,q)=\varphi_{2n}\int_0^\pi \mathrm{J}_0\{[2q(\cos2u+\cos2\eta)]^{1/2}\}\mathrm{ce}_{2n}(u,q)\mathrm{d}u \tag{4.6.1}$$

又利用加法定理

$$\mathrm{J}_0[(v_1'^2+v_2'^2+2v_1'v_2'\cos2u)^{1/2}]=\sum_{m=0}^{\infty}(-1)^m\varepsilon_m\mathrm{J}_m(v_1')\mathrm{J}_m(v_2')\cos2mu \tag{4.6.2}$$

其中，$\varepsilon_0=1$，$\varepsilon_m=2(m\geqslant1)$。令 $v_1'=\sqrt{q}\,\mathrm{e}^{\mathrm{j}\eta}$，$v_2'=\sqrt{q}\,\mathrm{e}^{-\mathrm{j}\eta}$，由上式得

$$\mathrm{J}_0\{[2q(\cos2u+\cos2\eta)]^{1/2}\}=\sum_{m=0}^{\infty}(-1)^m\varepsilon_m\mathrm{J}_m(\sqrt{q}\,\mathrm{e}^{\mathrm{j}\eta})\mathrm{J}_m(\sqrt{q}\,\mathrm{e}^{-\mathrm{j}\eta})\cos2mu \tag{4.6.3}$$

将(4.6.3)式代入(4.6.1)式，得

$$\mathrm{ce}_{2n}(\eta,q)=\varphi_{2n}\sum_{k=0}^{\infty}\sum_{m=0}^{\infty}(-1)^mA_{2k}^{(2n)}\varepsilon_m\mathrm{J}_m(\sqrt{q}\,\mathrm{e}^{\mathrm{j}\eta})\mathrm{J}_m(\sqrt{q}\,\mathrm{e}^{-\mathrm{j}\eta})\int_0^\pi\cos2ku\cos2mu\,\mathrm{d}u \tag{4.6.4}$$

由于上面级数是绝对一致收敛的，因此可逐项积分，又

$$\int_0^\pi\cos2ku\cos2mu\,\mathrm{d}u\begin{cases}\pi, & (m=k=0)\\ 0, & (m\neq k>0)\\ \pi/2, & (m=k>0)\end{cases} \tag{4.6.5}$$

因此，由(4.6.4)式得

$$\mathrm{ce}_{2n}(\eta,q)=\varphi_{2n}\pi\sum_{k=0}^{\infty}(-1)^kA_{2k}^{(2n)}\mathrm{J}_k(\sqrt{q}\,\mathrm{e}^{\mathrm{j}\eta})\mathrm{J}_k(\sqrt{q}\,\mathrm{e}^{-\mathrm{j}\eta}) \tag{4.6.6}$$

当 $\eta=0$ 时，可得

$$\varphi_{2n}=\frac{\mathrm{ce}_{2n}(0,q)}{\pi\sum\limits_{k=0}^{\infty}(-1)^kA_{2k}^{(2n)}\mathrm{J}_k^2(\sqrt{q})} \tag{4.6.7}$$

因此

$$\mathrm{ce}_{2n}(\eta,q)=\frac{\mathrm{ce}_{2n}(0,q)}{\sum\limits_{k=0}^{\infty}(-1)^kA_{2k}^{(2n)}\mathrm{J}_k^2(\sqrt{q})}\sum_{k=0}^{\infty}(-1)^kA_{2k}^{(2n)}\mathrm{J}_k(\sqrt{q}\,\mathrm{e}^{\mathrm{j}\eta})\mathrm{J}_k(\sqrt{q}\,\mathrm{e}^{-\mathrm{j}\eta}) \tag{4.6.8}$$

φ_{2n} 也可改写为另外一种形式。对(4.2.6)式两边积分，积分限为 0 到 π，有

$$\int_0^{\pi}\mathrm{ce}_{2n}(\eta,q)\mathrm{d}z=\int_0^{\pi}\sum_{k=0}^{\infty}A_{2k}^{(2n)}\cos 2k\eta\mathrm{d}\eta=\pi A_0^{(2n)}$$

$$=\frac{\mathrm{ce}_{2n}(\pi/2,q)}{A_0^{(2n)}}\int_0^{\pi}\sum_{k=0}^{\infty}(-1)^kA_{2k}^{(2n)}\mathrm{J}_{2k}(2\sqrt{q}\cos\eta)\mathrm{d}\eta \tag{4.6.9a}$$

$$=\frac{\mathrm{ce}_{2n}(\pi/2,q)}{A_0^{(2n)}}\left[\pi\sum_{k=0}^{\infty}(-1)^kA_{2k}^{(2n)}\mathrm{J}_k^2(\sqrt{q})\right] \tag{4.6.9b}$$

上式推导过程中用到了

$$\int_0^{\pi}\mathrm{J}_{2k}(2\sqrt{q}\cos\eta)\mathrm{d}\eta=\pi\mathrm{J}_k^2(\sqrt{q}) \tag{4.6.10}$$

这样

$$\sum_{k=0}^{\infty}(-1)^kA_{2k}^{(2n)}\mathrm{J}_k^2(\sqrt{q})=\frac{[A_0^{(2n)}]^2}{\mathrm{ce}_{2n}(\pi/2,q)} \tag{4.6.11}$$

将(4.6.11)式代入(4.6.7)式，得

$$\varphi_{2n}=\frac{\mathrm{ce}_{2n}(0,q)\mathrm{ce}_{2n}(\pi/2,q)}{\pi[A_0^{(2n)}]^2}=\frac{p_{2n}}{\pi[A_0^{(2n)}]^2} \tag{4.6.12}$$

这样就得到了函数 $\mathrm{ce}_{2n}(\eta,\ q)$的另一种表示式为

$$\mathrm{ce}_{2n}(\eta,q)=\frac{p_{2n}}{[A_0^{(2n)}]^2}\sum_{k=0}^{\infty}(-1)^kA_{2k}^{(2n)}\mathrm{J}_k(\sqrt{q}\,\mathrm{e}^{\mathrm{j}\eta})\mathrm{J}_k(\sqrt{q}\,\mathrm{e}^{-\mathrm{j}\eta}) \tag{4.6.13}$$

(4.6.13)式即(3.7.1d)式，这样也就证明了(4.6.13)式成立。

用 $\mathrm{j}\xi$ 替换(4.6.13)式中的 η，可得

$$\mathrm{Je}_{2n}(\xi,q)=\frac{p_{2n}}{[A_0^{(2n)}]^2}\sum_{k=0}^{\infty}(-1)^kA_{2k}^{(2n)}\mathrm{J}_k(\sqrt{q}\,\mathrm{e}^{-\xi})\mathrm{J}_k(\sqrt{q}\,\mathrm{e}^{\xi}) \tag{4.6.14}$$

上式即(3.2.12c)式。

用 $\frac{\pi}{2}-\eta$ 替换(4.6.13)式中的 η，可得

$$\mathrm{ce}_{2n}(\eta,-q)=(-1)^n\frac{p_{2n}}{[A_0^{(2n)}]^2}\sum_{k=0}^{\infty}(-1)^kA_{2k}^{(2n)}\mathrm{I}_k(\sqrt{q}\,\mathrm{e}^{\mathrm{j}\eta})\mathrm{I}_k(\sqrt{q}\,\mathrm{e}^{-\mathrm{j}\eta}) \tag{4.6.15}$$

上式即(3.7.9d)式。

用 $\mathrm{j}\xi$ 替换(4.6.15)式中的 η，或用$\frac{1}{2}\pi\mathrm{j}+\xi$ 替换(4.6.14)式中 η，可得

$$\mathrm{Ie}_{2n}(\xi,-q)=(-1)^n\frac{p_{2n}}{[A_0^{(2n)}]^2}\sum_{k=0}^{\infty}(-1)^kA_{2k}^{(2n)}\mathrm{I}_k(\sqrt{q}\,\mathrm{e}^{-\xi})\mathrm{I}_k(\sqrt{q}\,\mathrm{e}^{\xi}) \tag{4.6.16}$$

上式即(3.4.2e)式。

下面讨论函数 $\mathrm{Jo}_{2n+1}(\xi,\ q)$用贝塞尔函数的乘积展开。由表 4-4，取 $m=0$，用 $\mathrm{j}\xi$ 替换 η，$\phi(u)=\mathrm{se}_{2n+1}(u,\ q)$，将其代入(4.1.9)式，并利用(3.2.5)式，得

$$\mathrm{Jo}_{2n+1}(\xi,q)=\varphi_{2n+1}\int_0^{2\pi}\mathrm{J}_1(k_1r)\sin\alpha\sum_{k=0}^{\infty}(-1)^kB_{2k+1}^{(2n+1)}\sin(2k+1)u\mathrm{d}u \tag{4.6.17}$$

其中 $k_1r=\sqrt{2q(\cos 2u+\cosh 2\xi)}=\sqrt{q(\mathrm{e}^{2\xi}+\mathrm{e}^{-2\xi}+2\cos 2u)}$ 。如果用 $\Re$ 表示柱函数，则有[10]

$$\frac{\Re_\nu(\tilde{\omega})}{\tilde{\omega}^\nu}=2^\nu\Gamma(\nu)\sum_{m=0}^{\infty}(-1)^m(m+\nu)\frac{\mathrm{J}_{m+\nu}(v_1)\Re_{m+\nu}(v_2)C_m^\nu(\cos 2u)}{v_1^\nu v_2^\nu} \tag{4.6.18}$$

其中 $\bar{\omega}^2 = v_1^2 + v_2^2 + 2v_1v_2\cos 2u$，$|v_1| < |v_2|$，$C_m^\nu(\cos 2u)$ 是 $(1-2\alpha_1\cos 2u+\alpha_2^2)^{-\nu}$ 按 α_1 展开的 α_1^m 项的系数，其表达式为

$$C_m^\nu(\cos 2u) = \sum_{s=0}^{\leqslant \frac{1}{2}m} (-1)^s \frac{2^{m-2s}\Gamma(\nu+m-s)\cos^{m-2s}2u}{(m-2s)!s!\Gamma(\nu)} \tag{4.6.19}$$

特别地，当 $\nu=1$ 时，有

$$\sin u C_m^1(\cos 2u) = \frac{\sin(2m+2)u}{2\sin u} = (-1)^m \sum_{p=0}^{m} (-1)^p \sin(2p+1)u \tag{4.6.20}$$

用 $\mathrm{j}\xi$ 替换(4.5.8)式中的 η，并结合(4.5.5)式，可得

$$\sin\alpha = y/r = h\sinh\xi\sin u/r = 2\sqrt{q}\sinh\xi\sin u/k_1 r \tag{4.6.21}$$

因 $v_1 = \sqrt{q}\,\mathrm{e}^{-\xi}$，$v_2 = \sqrt{q}\,\mathrm{e}^{\xi}$，$\nu = 1$，如果设 $\Re = \mathrm{J}$，利用(4.6.20)式和(4.6.21)式得

$$\sin\alpha \mathrm{J}_1(k_1 r) = \frac{4}{k}\sinh\xi = \sum_{m=0}^{\infty}(m+1)w_{m+1}\sum_{p=0}^{m}(-1)^p\sin(2p+1)u \tag{4.6.22}$$

其中，$w_{m+1} = \mathrm{J}_{m+1}(v_1)\mathrm{J}_{m+1}(v_2)$。由(4.6.17)式和(4.6.22)式得

$$\begin{aligned}\mathrm{Jo}_{2n+1}(\xi,q) = {} & \varphi_{2n+1}\frac{4}{k}\sinh\xi\sum_{m=0}^{\infty}w_{m+1}(m+1) \\ & \times\int_0^{2\pi}\sum_{p=0}^{\infty}(-1)^p\sin(2p+1)u\sum_{s=0}^{\infty}B_{2s+1}^{(2n+1)}\sin(2s+1)u\,\mathrm{d}u\end{aligned} \tag{4.6.23}$$

由于

$$\int_0^{2\pi}\sin(2m+1)u\sin(2s+1)u\,\mathrm{d}u = \begin{cases}0 & (m\neq s)\\ \pi & (m=s\geqslant 0)\end{cases} \tag{4.6.24}$$

(4.6.23)式等式右端积分部分乘以 $m+1$ 的值为

$$\pi\bar{B}_{2m+1} = \pi(m+1)[B_1 - B_3 + B_5 - \cdots + (-1)^m B_{2m+1}] \tag{4.6.25}$$

因此，可把(4.6.22)式变为

$$\mathrm{Jo}_{2n+1}(\xi,q) = \varphi_{2n+1}\frac{4\pi}{k}\sinh\xi\sum_{m=0}^{\infty}\bar{B}_{2m+1}w_{m+1} \tag{4.6.26}$$

下面把(4.6.26)式变成另外一种形式。令

$$W_\nu = \mathrm{J}_\nu(v_1)\mathrm{J}_{\nu+1}(v_2) - \mathrm{J}_{\nu+1}(v_1)\mathrm{J}_\nu(v_2) \tag{4.6.27}$$

$$w_{\nu+1} = \mathrm{J}_{\nu+1}(v_1)\mathrm{J}_{\nu+1}(v_2) \tag{4.6.28}$$

利用下式

$$\mathrm{J}_\nu(v) = \frac{2(\nu+1)}{v}\mathrm{J}_{\nu+1}(v) - \mathrm{J}_{\nu+2}(v) \tag{4.6.29}$$

可得如下递推公式

$$W_\nu = \frac{4}{k}(\nu+1)w_{\nu+1}\sinh\xi + W_{\nu+1} \tag{4.6.30}$$

设 $\nu=m$，重复利用上式，可得

$$W_m = \frac{4}{k}\sinh\xi[(m+1)w_{m+1} + (m+2)w_{m+2} + (m+3)w_{m+3} + \cdots] \tag{4.6.31}$$

因此

$$\sum_{m=0}^{\infty}(-1)^m B_{2m+1}^{(2n+1)}W_m = \frac{4\pi}{k}\sinh\xi[B_1(w_1 + 2w_2 + 3w_3 + \cdots)$$

$$-B_3(2w_2+3w_3+4w_4+\cdots)+B_5(3w_3+4w_4+5w_5+\cdots)-\cdots]$$

$$=\frac{4}{k}\sinh\xi\sum_{m=0}^{\infty}(m+1)[B_1-B_3+B_5-\cdots+(-1)^m B_{2m+1}]w_{m+1}$$

$$=\frac{4}{k}\sinh\xi\sum_{m=0}^{\infty}\overline{B}_{2m+1}w_{m+1} \tag{4.6.32}$$

由(4.6.26)式及上式，得

$$\mathrm{Jo}_{2n+1}(\xi,q)=\varphi_{2n+1}\pi\sum_{k=0}^{\infty}(-1)^k B_{2k+1}^{(2n+1)}[\mathrm{J}_k(v_1)\mathrm{J}_{k+1}(v_2)-\mathrm{J}_{k+1}(v_1)\mathrm{J}_k(v_2)] \tag{4.6.33}$$

当$\xi\to+\infty$时，$\mathrm{Jo}_{2n+1}(\xi,q)$有如下渐近关系

$$\mathrm{Jo}_{2n+1}(\xi,q)\sim-\varphi_{2n+1}\pi B_1^{(2n+1)}\sqrt{\frac{2}{\pi v_2}}\cos\left(v_2+\frac{1}{4}\pi\right) \tag{4.6.34}$$

将上式与(3.9.8)式比较，得

$$\varphi_{2n+1}=\frac{s_{2n+1}}{\sqrt{q}\,[\pi B_1^{(2n+1)}]^2} \tag{4.6.35}$$

因此

$$\mathrm{Jo}_{2n+1}(\xi,q)=\frac{s_{2n+1}}{\sqrt{q}\,[B_1^{(2n+1)}]^2}\sum_{k=0}^{\infty}(-1)^k B_{2k+1}^{(2n+1)}[\mathrm{J}_k(v_1)\mathrm{J}_{k+1}(v_2)-\mathrm{J}_{k+1}(v_1)\mathrm{J}_k(v_2)] \tag{4.6.36}$$

此即(3.2.15c)式。

下面以函数$\mathrm{Ne}_{2n}(\xi,q)$、$\mathrm{No}_{2n+1}(\xi,q)$为例，说明如何将第二类径向马蒂厄函数展开为贝塞尔函数的乘积的级数。由表4-4，得

$$\mathrm{Ne}_{2n}(\xi,q)=\overline{\varphi}_{2n}\int_0^{2\pi}\mathrm{N}_0\{[2q(\cos 2u+\cosh 2\xi)]^{1/2}\}\mathrm{ce}_{2n}(u,q)\,\mathrm{d}u \tag{4.6.37}$$

类似于前面的计算方法，可得

$$\mathrm{Ne}_{2n}(\xi,q)=\overline{\varphi}_{2n}2\pi\sum_{k=0}^{\infty}(-1)^k A_{2k}^{(2n)}\mathrm{J}_k(v_1)\mathrm{N}_k(v_2) \tag{4.6.38}$$

当$\xi\to+\infty$时，与函数$\mathrm{Ne}_{2n}(\xi,q)$的渐近关系(3.9.9)式比较，可得

$$\overline{\varphi}_{2n}=\frac{\mathrm{ce}_{2n}(0,q)\mathrm{ce}_{2n}(\pi/2,q)}{2\pi[A_0^{(2n)}]^2}=\frac{p_{2n}}{2\pi[A_0^{(2n)}]^2} \tag{4.6.39}$$

将上式代入(4.6.38)式，得到将函数$\mathrm{Ne}_{2n}(\xi,q)$展开为贝塞尔函数乘积的级数为

$$\mathrm{Ne}_{2n}(\xi,q)=\frac{p_{2n}}{[A_0^{(2n)}]^2}\sum_{k=0}^{\infty}(-1)^k A_{2k}^{(2n)}\mathrm{J}_k(v_1)\mathrm{N}_k(v_2) \tag{4.6.40}$$

由表4-4，同样可得将函数$\mathrm{No}_{2n+1}(\xi,q)$展开为贝塞尔函数乘积的级数为

$$\mathrm{No}_{2n+1}(\xi,q)=\overline{\varphi}_{2n+1}\int_0^{2\pi}\mathrm{N}_1\{[2q(\cos 2u+\cosh 2\xi)]^{1/2}\}\sin\alpha\,\mathrm{se}_{2n+1}(u,q)\,\mathrm{d}u \tag{4.6.41a}$$

$$=\overline{\varphi}_{2n+1}\pi\sum_{k=0}^{\infty}(-1)^k B_{2k+1}^{(2n+1)}[\mathrm{J}_k(v_1)\mathrm{N}_{k+1}(v_2)-\mathrm{J}_{k+1}(v_1)\mathrm{N}_k(v_2)] \tag{4.6.41b}$$

$$=\frac{s_{2n+1}}{\sqrt{q}\,[B_1^{(2n+1)}]^2}\sum_{k=0}^{\infty}(-1)^k B_{2k+1}^{(2n+1)}[\mathrm{J}_k(v_1)\mathrm{N}_{k+1}(v_2)-\mathrm{J}_{k+1}(v_1)\mathrm{N}_k(v_2)]$$

(4.6.41c)

(4.6.40)式即是(3.3.1c)式。(4.6.41c)式即是(3.3.4c)式。

至此，本章介绍了一些径向马蒂厄函数用贝塞尔函数展开的方法，其他径向马蒂厄函数的展开方法与之类似，其结果在第3章已列出，这里就不一一求解了。

4.7 马蒂厄函数乘积的积分表示和级数展开

令

$$\Psi=\int_0^{2\pi}\mathrm{e}^{\mathrm{j}k_1(x\cos\theta+y\sin\theta)}f(\theta)\mathrm{d}\theta \tag{4.7.1}$$

式中，$f(\theta)$为对θ的任意可微函数，则函数Ψ是方程

$$\frac{\partial^2\Psi}{\partial x^2}+\frac{\partial^2\Psi}{\partial y^2}+k_1^2\Psi=0 \tag{4.7.2}$$

的解。在椭圆坐标系中，(4.7.1)式和(4.7.2)式变为

$$\Psi=\int_0^{2\pi}\mathrm{e}^{\mathrm{j}2\sqrt{q}w_1}f(\theta)\mathrm{d}\theta \tag{4.7.3}$$

$$\frac{\partial^2\Psi}{\partial\xi^2}+\frac{\partial^2\Psi}{\partial\eta^2}+2q(\cosh2\xi-\cos2\eta)\Psi=0 \tag{4.7.4}$$

式中，$4q=k_1^2h^2>0$，$w_1=\cosh\xi\cos\eta\cos\theta+\sinh\xi\sin\eta\sin\theta$。由此可见，(4.7.4)式中函数$\Psi$表示椭圆柱面波，函数$\mathrm{e}^{\mathrm{j}2\sqrt{q}w_1}$表示一个沿任意方向传播的平面波，因此，(4.7.3)式可理解为一系列不同振幅的平面波的和就为一个椭圆柱面波。令$\Psi=f_1(\xi)f_2(\eta)$，其中$f_1(\xi)$、$f_2(\eta)$分别是下列方程的解

$$\frac{\partial^2 f_1(\xi)}{\partial\xi^2}-(a-2q\cosh2\xi)f_1(\xi)=0 \tag{4.7.5}$$

$$\frac{\partial^2 f_2(\eta)}{\partial\eta^2}+(a-2q\cos2\eta)f_2(\eta)=0 \tag{4.7.6}$$

下面来确定(4.7.3)式中的$f(\theta)$。将(4.7.3)式中函数Ψ对角向变量η求二阶导数得

$$\begin{aligned}\frac{\partial^2\Psi}{\partial\eta^2}=&-\int_0^{2\pi}[4q(\cosh\xi\cos\eta\sin\theta-\cosh\xi\sin\eta\cos\theta)^2\\&+\mathrm{j}2\sqrt{q}(\cosh\xi\cos\eta\cos\theta+\sinh\xi\sin\eta\sin\theta)]\mathrm{e}^{\mathrm{j}2\sqrt{q}w_1}f(\theta)\mathrm{d}\theta\end{aligned} \tag{4.7.7}$$

而

$$\begin{aligned}(\cosh\xi\cos\eta\sin\theta-\cosh\xi\sin\eta\cos\theta)^2=&(\sinh\xi\sin\eta\cos\theta-\cosh\xi\cos\eta\sin\theta)^2\\&-\frac{1}{2}(\cos2\eta-\cos2\theta)\end{aligned} \tag{4.7.8}$$

将(4.7.8)式代入(4.7.7)式，可得

$$\frac{\partial^2\Psi}{\partial\eta^2}=\int_0^{2\pi}f(\theta)\left[2q(\cos2\eta-\cos2\theta)+\frac{\partial^2}{\partial\theta^2}\right]\mathrm{e}^{\mathrm{j}2\sqrt{q}w_1}\mathrm{d}\theta \tag{4.7.9}$$

这样，由(4.7.3)和(4.7.9)式，可得

$$\frac{\partial^2\Psi}{\partial\eta^2}+(a-2q\cos2\eta)\Psi=\int_0^{2\pi}f(\theta)\left[a-2q\cos2\theta+\frac{\partial^2}{\partial\theta^2}\right]\mathrm{e}^{\mathrm{j}2\sqrt{q}w_1}\mathrm{d}\theta \quad (4.7.10)$$

又

$$\begin{aligned}f(\theta)\frac{\partial^2}{\partial\theta^2}(\mathrm{e}^{\mathrm{j}2\sqrt{q}w_1})&=\frac{\partial}{\partial\theta}\left[f(\theta)\frac{\partial}{\partial\theta}(\mathrm{e}^{\mathrm{j}2\sqrt{q}w_1})\right]-\frac{\partial f(\theta)}{\partial\theta}\frac{\partial}{\partial\theta}(\mathrm{e}^{\mathrm{j}2\sqrt{q}w_1})\\&=\frac{\partial}{\partial\theta}\left[f(\theta)\frac{\partial}{\partial\theta}(\mathrm{e}^{2\mathrm{j}kw_1})-\frac{\partial f(\theta)}{\partial\theta}\mathrm{e}^{2\mathrm{j}kw_1}\right]+\frac{\partial^2f(\theta)}{\partial\theta^2}\mathrm{e}^{2\mathrm{j}kw_1} \quad (4.7.11)\end{aligned}$$

将(4.7.11)式代入(4.7.10)式，得

$$\begin{aligned}\frac{\partial^2\Psi}{\partial\eta^2}+(a-2q\cos2\eta)\Psi=&\int_0^{2\pi}[f''(\theta)a+(a-2q\cos2\theta)f(\theta)]\mathrm{e}^{\mathrm{j}2\sqrt{q}w_1}\mathrm{d}\theta\\&+\left[f(\theta)\frac{\partial}{\partial\theta}(\mathrm{e}^{\mathrm{j}2\sqrt{q}w_1})-\frac{\partial f(\theta)}{\partial\theta}\mathrm{e}^{\mathrm{j}2\sqrt{q}w_1}\right]\Bigg|_0^{2\pi} \quad (4.7.12)\end{aligned}$$

由(4.7.12)式可知，如果 $f(\theta)$满足方程(4.7.6)式，则(4.7.12)式中右端第一项为零，而当 $f(\theta)$是周期为 π 或 2π 的函数时，(4.7.12)式中右端第二项也为零。在满足上述件时，函数 $f(\theta)$应是函数 $\mathrm{ce}_m(\theta,q)$或函数 $\mathrm{se}_m(\theta,q)$的倍数。又由于函数 $f_1(\xi)$是方程(4.7.5)式的解，其解为函数 $\mathrm{Je}_m(\xi,q)$或 $\mathrm{Jo}_m(\xi,q)$；函数 $f_2(\xi)$是方程(4.7.6)式的解，其解为函数 $\mathrm{ce}_m(\eta,q)$或 $\mathrm{se}_m(\eta,q)$，这样，(4.7.3)式可为

$$\mathrm{Je}_m(\xi,q)\mathrm{ce}_m(\eta,q)=\rho_m\int_0^{2\pi}\mathrm{e}^{\mathrm{j}2\sqrt{q}w_1}\mathrm{ce}_m(\theta,q)\mathrm{d}\theta \quad (4.7.13)$$

或

$$\mathrm{Jo}_m(\xi,q)\mathrm{se}_m(\eta,q)=\sigma_m\int_0^{2\pi}\mathrm{e}^{\mathrm{j}2\sqrt{q}w_1}\mathrm{se}_m(\theta,q)\mathrm{d}\theta \quad (4.7.14)$$

式中 ρ_m 和 σ_m 是核 $\mathrm{e}^{\mathrm{j}2\sqrt{q}w_1}$ 的特征值。令

$$2\sqrt{q}w_1=2\sqrt{q}(x_1\cos\theta+y_1\sin\theta)=z_1\cos(\theta-\alpha) \quad (4.7.15)$$

其中，$x_1=x/h=\cosh\xi\cos\eta$，$y_1=y/h=\sinh\xi\sin\eta$，$z_1=2\sqrt{q}(\cosh^2\xi\cos^2\eta+\sinh^2\xi\sin^2\eta)^{1/2}=2\sqrt{q}(\cosh^2\xi-\sin^2\eta)^{1/2}=k_1r$，$\alpha=\arctan(y_1/x_1)$ 或 $\tan\alpha=\tanh\xi\tan\eta$。利用附录 B 中(B-34)式，可得

$$\mathrm{e}^{\mathrm{j}z_1\cos(\theta-\alpha)}=\mathrm{J}_0(z_1)+2\sum_{p=1}^{\infty}\mathrm{j}^p\mathrm{J}_p(z_1)\cos[p(\theta-\alpha)] \quad (4.7.16)$$

将(4.7.16)式代入(4.7.13)式，得

$$\mathrm{Je}_{2n}(\xi,q)\mathrm{ce}_{2n}(\eta,q)=\rho_{2n}\int_0^{2\pi}\left[\mathrm{J}_0(z_1)+2\sum_{p=1}^{\infty}\mathrm{j}^p\mathrm{J}_p(z_1)\cos[p(\theta-\alpha)]\right]\sum_{k=0}^{\infty}A_{2k}^{(2n)}\cos(2k\theta)\mathrm{d}\theta \quad (4.7.17)$$

上式积分中，只有

$$\int_0^{2\pi}\left[\mathrm{J}_0(z_1)+2\sum_{p=1}^{\infty}\mathrm{j}^p\mathrm{J}_p(z_1)\cos[p(\theta-\alpha)]\right]\cos(2k\theta)\mathrm{d}\theta=\mathrm{j}^{2k}2\pi\cos(2k\alpha)\mathrm{J}_{2k}(z_1) \quad (4.7.18)$$

而其他函数积分，由于函数的正交性，均为零。这样(4.7.17)式可为

$$\mathrm{Je}_{2n}(\xi,q)\mathrm{ce}_{2n}(\eta,q)=2\pi\rho_{2n}\sum_{k=0}^{\infty}(-1)^kA_{2k}^{(2n)}\cos(2k\alpha)\mathrm{J}_{2k}(z_1) \quad (4.7.19)$$

这个级数是绝对一致收敛的。式中 ρ_{2n} 是一待定的常数。为计算 ρ_{2n}，令 $\eta=0$，$\alpha=0$，且注

意到 $z_1=2\sqrt{q}\cosh\xi$，代入(4.7.19)式得

$$\mathrm{Je}_{2n}(\xi,q)\mathrm{ce}_{2n}(0,q)=2\pi\rho_{2n}\sum_{k=0}^{\infty}(-1)^k A_{2k}^{(2n)}\mathrm{J}_{2k}(2\sqrt{q}\cosh\xi) \tag{4.7.20}$$

应用(3.2.12b)式，由(4.7.20)式可得

$$\rho_{2n}=\frac{\mathrm{ce}_{2n}(0,q)\mathrm{ce}_{2n}(\pi/2,q)}{2\pi A_0^{(2n)}}=\frac{p_{2n}}{2\pi A_0^{(2n)}} \tag{4.7.21}$$

将(4.7.21)式代入(4.7.13)式，得

$$\mathrm{Je}_{2n}(\xi,q)\mathrm{ce}_{2n}(\eta,q)=\rho_{2n}\int_0^{2\pi}\cos[z_1\cos(\theta-\alpha)]\mathrm{ce}_{2n}(\theta,q)\mathrm{d}\theta \tag{4.7.22a}$$

$$=\frac{p_{2n}}{A_0^{(2n)}}\sum_{k=0}^{\infty}(-1)^k A_{2k}^{(2n)}\cos(2k\alpha)\mathrm{J}_{2k}(z_1) \tag{4.7.22b}$$

上式计算过程中应用了

$$\int_0^{2\pi}\sin[z_1\cos(\theta-\alpha)]\mathrm{ce}_{2n}(\theta,q)\mathrm{d}\theta=0 \tag{4.7.23}$$

采用类似的分析方法可得

$$\rho_{2n+1}=-\frac{p_{2n+1}}{2\pi\sqrt{q}A_1^{(2n+1)}} \tag{4.7.24}$$

$$\mathrm{Je}_{2n+1}(\xi,q)\mathrm{ce}_{2n+1}(\eta,q)=\rho_{2n+1}\int_0^{2\pi}\sin[z_1\cos(\theta-\alpha)]\mathrm{ce}_{2n+1}(\theta,q)\mathrm{d}\theta \tag{4.7.25a}$$

$$=\frac{p_{2n+1}}{\sqrt{q}A_1^{(2n+1)}}\sum_{k=0}^{\infty}(-1)^k A_{2k+1}^{(2n+1)}\cos(2k+1)\alpha\mathrm{J}_{2k+1}(z_1) \tag{4.7.25b}$$

$$\int_0^{2\pi}\cos[z_1\cos(\theta-\alpha)]\mathrm{ce}_{2n+1}(\theta,q)\mathrm{d}\theta=0 \tag{4.7.26}$$

$$\sigma_{2n+2}=\frac{s_{2n+2}}{2\pi qB_2^{(2n+2)}} \tag{4.7.27}$$

$$\mathrm{Jo}_{2n+2}(\xi,q)\mathrm{se}_{2n+2}(\eta,q)=\sigma_{2n+2}\int_0^{2\pi}\cos[z_1\cos(\theta-\alpha)]\mathrm{se}_{2n+2}(\theta,q)\mathrm{d}\theta \tag{4.7.28a}$$

$$=-\frac{s_{2n+2}}{qB_1^{(2n+1)}}\sum_{k=0}^{\infty}(-1)^k B_{2k+2}^{(2n+2)}\sin(2k+2)\alpha\mathrm{J}_{2k+2}(z_1) \tag{4.7.28b}$$

$$\int_0^{2\pi}\sin[z_1\cos(\theta-\alpha)]\mathrm{se}_{2n+2}(\theta,q)\mathrm{d}\theta=0 \tag{4.7.29}$$

$$\sigma_{2n+1}=\frac{s_{2n+1}}{2\pi\sqrt{q}B_1^{(2n+1)}} \tag{4.7.30}$$

$$\mathrm{Jo}_{2n+1}(\xi,q)\mathrm{se}_{2n+1}(\eta,q)=\sigma_{2n+1}\int_0^{2\pi}\sin[z_1\cos(\theta-\alpha)]\mathrm{se}_{2n+1}(\theta,q)\mathrm{d}\theta \tag{4.7.31a}$$

$$=\frac{s_{2n+1}}{\sqrt{q}B_1^{(2n+1)}}\sum_{k=0}^{\infty}(-1)^k B_{2k+1}^{(2n+1)}\sin(2k+1)\alpha\mathrm{J}_{2k+1}(z_1) \tag{4.7.31b}$$

$$\int_0^{2\pi}\cos[z_1\cos(\theta-\alpha)]\mathrm{se}_{2n+1}(\theta,q)\mathrm{d}\theta=0 \tag{4.7.32}$$

4.8 用马蒂厄函数的级数展开其他函数

在实际应用中，有时需要将其他函数展开成马蒂厄函数的级数。下面将讨论此问题。设

$$\cos[z_1\cos(\theta-\alpha)]=\sum_{m=0}^{\infty}C_{2m}(\eta,q)\mathrm{Je}_{2m}(\xi,q)\mathrm{ce}_{2m}(\theta,q)+\sum_{m=0}^{\infty}S_{2m+2}(\eta,q)\mathrm{Jo}_{2m+2}(\xi,q)\mathrm{ce}_{2m+2}(\theta,q)\quad(4.8.1)$$

式中$C_{2m}(\eta,q)$和$S_{2m+2}(\eta,q)$是待确定的函数。将(4.8.1)式等式两端同乘以$\mathrm{ce}_{2n}(\theta,q)$，并对$\theta$从0到$2\pi$积分，并利用角向马蒂厄函数的正交关系(2.4.9)式，得

$$\int_0^{2\pi}\cos[z_1\cos(\theta-\alpha)]\mathrm{ce}_{2n}(\theta,q)=\pi C_{2n}(\eta,q)\mathrm{Je}_{2n}(\xi,q)\quad(4.8.2)$$

由(4.8.2)式、(4.7.21)式和(4.7.22)式，可得

$$C_{2n}(\eta,q)=2A_0^{(2n)}\mathrm{ce}_{2n}(\eta,q)/p_{2n}\quad(4.8.3)$$

将(4.8.1)式等式两端同乘以$\mathrm{se}_{2n+2}(\theta)$，应用同样的方法，可得

$$S_{2n+2}(\eta,q)=2qB_2^{(2n+2)}\mathrm{se}_{2n+2}(\eta,q)/s_{2n+2}\quad(4.8.4)$$

将(4.8.3)~(4.8.4)式代入(4.8.1)式，可得

$$\begin{aligned}\cos\{2\sqrt{q}(\cosh\xi\cos\eta\cos\theta+\sinh\xi\sin\eta\sin\theta)\}&=2\sum_{n=0}^{\infty}\frac{A_0^{(2n)}}{p_{2n}}\mathrm{Je}_{2n}(\xi,q)\mathrm{ce}_{2n}(\eta,q)\mathrm{ce}_{2n}(\theta,q)\\&+2\sum_{n=0}^{\infty}\frac{qB_2^{(2n+2)}}{s_{2n+2}}\mathrm{Jo}_{2n+2}(\xi,q)\mathrm{se}_{2n+2}(\eta,q)\mathrm{ce}_{2n+2}(\theta,q)\end{aligned}\quad(4.8.5)$$

应用同样的方法，可得

$$\begin{aligned}\sin\{2\sqrt{q}(\cosh\xi\cos\eta\cos\theta+\sinh\xi\sin\eta\sin\theta)\}&=2\sqrt{q}\sum_{n=0}^{\infty}-\frac{A_1^{(2n+1)}}{p_{2n+1}}\mathrm{Je}_{2n+1}(\xi,q)\mathrm{ce}_{2n+1}(\eta,q)\mathrm{ce}_{2n+1}(\theta,q)\\&+2\sqrt{q}\sum_{n=0}^{\infty}\frac{B_1^{(2n+1)}}{s_{2n+1}}\mathrm{Jo}_{2n+1}(\xi,q)\mathrm{se}_{2n+1}(\eta,q)\mathrm{se}_{2n+1}(\theta,q)\end{aligned}\quad(4.8.6)$$

由此得到

$$\begin{aligned}\mathrm{e}^{\mathrm{j}z_1\cos(\theta-\alpha)}&=\mathrm{e}^{\mathrm{j}k_1(x\cos\theta+y\sin\theta)}=\cos[k_1(x\cos\theta+y\sin\theta)]+\mathrm{j}\sin[k_1(x\cos\theta+y\sin\theta)]\\&=2\sum_{n=0}^{\infty}\Big\{\frac{A_0^{(2n)}}{p_{2n}}\mathrm{Je}_{2n}(\xi,q)\mathrm{ce}_{2n}(\eta,q)\mathrm{ce}_{2n}(\theta,q)\\&+\frac{qB_2^{(2n+2)}}{s_{2n+2}}\mathrm{Jo}_{2n+2}(\xi,q)\mathrm{se}_{2n+2}(\eta,q)\mathrm{ce}_{2n+2}(\theta,q)\\&+\mathrm{j}\sqrt{q}\Big[-\frac{A_1^{(2n+1)}}{p_{2n+1}}\mathrm{Je}_{2n+1}(\xi,q)\mathrm{ce}_{2n+1}(\eta,q)\mathrm{ce}_{2n+1}(\theta,q)\\&+\frac{B_1^{(2n+1)}}{s_{2n+1}}\mathrm{Jo}_{2n+1}(\xi,q)\mathrm{se}_{2n+1}(\eta,q)\mathrm{se}_{2n+1}(\theta,q)\Big]\Big\}\end{aligned}\quad(4.8.7)$$

令(4.1.11)式中$\chi=R(u)S(\eta)$，可得

$$\frac{d^2R}{du^2}+(a-2q\cos 2u)R=0 \tag{4.8.8}$$

$$\frac{d^2S}{d\eta^2}+(a-2q\cos 2\eta)S=0 \tag{4.8.9}$$

对于给定的值 q，如 $a=a_m(q)$，(4.8.8)式和(4.8.9)式的解的乘积为 $\chi_{mc}=c_m\mathrm{ce}_m(u,q)\mathrm{ce}_m(\eta,q)$；如 $a=b_m(q)$，则 $\chi_{ms}=s_m\mathrm{se}_m(u,q)\mathrm{se}_m(\eta,q)$，其中 c_m 和 s_m 是任意常量，m 为正整数。因此，方程(4.1.11)式的一般解为

$$\chi=\sum_{m=0}^{\infty}c_m\mathrm{ce}_m(u,q)\mathrm{ce}_m(\eta,q)+\sum_{m=1}^{\infty}s_m\mathrm{se}_m(u,q)\mathrm{se}_m(\eta,q) \tag{4.8.10}$$

容易证明，$\chi=\mathrm{e}^{\mathrm{j}2\sqrt{q}\cos u\cos\eta}$ 和 $\chi=\mathrm{e}^{\mathrm{j}2\sqrt{q}\sin u\sin\eta}$ 也是方程(4.1.11)式的解。因此，它们可展开成角向马蒂厄函数的级数。$\chi=\mathrm{e}^{\mathrm{j}2\sqrt{q}\cos u\cos\eta}$ 的实部是 u 和 η 的偶函数，虚部是 u 和 η 的奇函数。令

$$\cos(2\sqrt{q}\cos u\cos\eta)=\sum_{s=0}^{\infty}c_{2s}\mathrm{ce}_{2s}(u,q)\mathrm{ce}_{2s}(\eta,q) \tag{4.8.11}$$

为确定 c_{2s}，在(4.8.11)式两端同乘 $\mathrm{ce}_{2n}(u,q)$并对 u 从 0 到 π 积分，得

$$\int_0^{\pi}\cos(2\sqrt{q}\cos u\cos\eta)\mathrm{ce}_{2n}(u,q)\mathrm{d}u=c_{2n}\mathrm{ce}_{2n}(\eta,q)\int_0^{\pi}\mathrm{ce}_{2n}^2(u,q)\mathrm{d}u \tag{4.8.12}$$

由角向马蒂厄函数的正交关系(2.4.14)式，$\mathrm{ce}_{2n}(u,q)$的周期为 π，故 $\int_0^{\pi}\mathrm{ce}_{2n}^2(u,q)\mathrm{d}u=\frac{1}{2}\pi$，再应用(4.2.1)式，(4.8.12)式可改写为

$$\mathrm{ce}_{2n}(\eta,q)/\lambda_{2n}=\pi c_{2n}\mathrm{ce}_{2n}(\eta,q)/2 \tag{4.8.13}$$

利用(4.2.5)式，由上式可得

$$c_{2n}=\frac{2}{\pi\lambda_{2n}}=\frac{2A_0^{(2n)}}{\mathrm{ce}_{2n}(\pi/2,q)} \tag{4.8.14}$$

将(4.8.14)式代入(4.8.11)式，得

$$\cos(2\sqrt{q}\cos u\cos\eta)=2\sum_{n=0}^{\infty}\frac{A_0^{(2n)}}{\mathrm{ce}_{2n}(\pi/2,q)}\mathrm{ce}_{2n}(u,q)\mathrm{ce}_{2n}(\eta,q) \tag{4.8.15}$$

上式是表 4-1 中 $\mathrm{ce}_{2n}(\eta,q)$的核 $\cos(2\sqrt{q}\cos u\cos\eta)$函数用角向马蒂厄函数 $\mathrm{ce}_{2n}(\eta,q)$的级数展开的表达式。用类似的方法，可得表 4-1 中其他七个核的展开式分别为[10]

$$\cosh(2\sqrt{q}\sin u\sin\eta)=2\sum_{n=0}^{\infty}\frac{A_0^{(2n)}}{\mathrm{ce}_{2n}(0,q)}\mathrm{ce}_{2n}(u,q)\mathrm{ce}_{2n}(\eta,q) \tag{4.8.16}$$

$$\sin(2\sqrt{q}\cos u\cos\eta)=-2\sqrt{q}\sum_{n=0}^{\infty}\frac{A_1^{(2n+1)}}{\mathrm{ce}'_{2n+1}(\pi/2,q)}\mathrm{ce}_{2n+1}(u,q)\mathrm{ce}_{2n+1}(\eta,q) \tag{4.8.17}$$

$$\sinh(2\sqrt{q}\sin u\sin\eta)=2\sqrt{q}\sum_{n=0}^{\infty}\frac{B_1^{(2n+1)}}{\mathrm{se}'_{2n+1}(0,q)}\mathrm{se}_{2n+1}(u,q)\mathrm{se}_{2n+1}(\eta,q) \tag{4.8.18}$$

$$\cos u\cos\eta\cosh(2\sqrt{q}\sin u\sin\eta)=\sum_{n=0}^{\infty}\frac{A_1^{(2n+1)}}{\mathrm{ce}_{2n+1}(0,q)}\mathrm{ce}_{2n+1}(u,q)\mathrm{ce}_{2n+1}(\eta,q) \tag{4.8.19}$$

$$\sin u\sin\eta\cos(2\sqrt{q}\cos u\cos\eta)=\sum_{n=0}^{\infty}\frac{B_1^{(2n+1)}}{\mathrm{se}_{2n+1}(\pi/2,q)}\mathrm{se}_{2n+1}(u,q)\mathrm{se}_{2n+1}(\eta,q) \tag{4.8.20}$$

$$\sin u\sin\eta\sin(2\sqrt{q}\cos u\cos\eta) = -\sqrt{q}\sum_{n=0}^{\infty}\frac{B_2^{(2n+2)}}{\mathrm{se}'_{2n+2}(\pi/2,q)}\mathrm{se}_{2n+2}(u,q)\mathrm{se}_{2n+2}(\eta,q) \tag{4.8.21}$$

$$\cos u\cos\eta\sinh(2\sqrt{q}\sin u\sin\eta) = \sqrt{q}\sum_{n=0}^{\infty}\frac{B_2^{(2n+2)}}{\mathrm{se}'_{2n+2}(0,q)}\mathrm{se}_{2n+2}(u,q)\mathrm{se}_{2n+2}(\eta,q) \tag{4.8.22}$$

将(4.8.15)～(4.8.22)式中的 η 用 $\mathrm{j}\eta$ 代替，利用角向马蒂厄函数与径向马蒂厄函数之间的关系，即可得到用角向马蒂厄函数和径向马蒂厄函数展开的一系列函数关系。如由(4.8.15)式，用 $\mathrm{j}\eta$ 代替 η，可得

$$\cos(2\sqrt{q}\cos u\cosh\eta) = 2\sum_{n=0}^{\infty}\frac{A_0^{(2n)}}{\mathrm{ce}_{2n}(\pi/2,q)}\mathrm{ce}_{2n}(u,q)\mathrm{Je}_{2n}(\eta,q) \tag{4.8.23}$$

令(4.8.15)式中的 $u=\pi/2$，得

$$1 = 2\sum_{n=0}^{\infty}A_0^{(2n)}\mathrm{ce}_{2n}(\eta,q) \tag{4.8.24}$$

将(4.8.17)式对 u 求导，再令 $u=\pi/2$，得

$$\cos\eta = \sum_{n=0}^{\infty}A_1^{(2n+1)}\mathrm{ce}_{2n+1}(\eta,q) \tag{4.8.25}$$

应用类似的方法，将(4.8.18)式两端对 u 求导并令 $u=0$，将(4.8.21)式两端对 u 求导并令 $u=\pi/2$，可分别得到

$$\sin\eta = \sum_{n=0}^{\infty}B_1^{(2n+1)}\mathrm{se}_{2n+1}(\eta,q) \tag{4.8.26}$$

$$\sin 2\eta = \sum_{n=0}^{\infty}B_2^{(2n+2)}\mathrm{se}_{2n+2}(\eta,q) \tag{4.8.27}$$

将 $\mathrm{ce}_{2n}(\eta, q)$的展开式(2.2.6)式代入(4.8.24)式，得

$$1 = 2\sum_{n=0}^{\infty}A_0^{(2n)}\sum_{k=0}^{\infty}A_{2k}^{(2n)}\cos 2k\eta \tag{4.8.28}$$

由于(4.8.28)式右端与 η 无关，故 $k=0$，所以有

$$1 = 2\sum_{n=0}^{\infty}[A_0^{(2n)}]^2 \tag{4.8.29}$$

且有

$$\sum_{n=0}^{\infty}[A_0^{(2n)}A_{2k}^{(2n)}] = 0,\quad (k\neq 0) \tag{4.8.30}$$

类似地可导出

$$\sum_{n=0}^{\infty}[A_1^{(2n+1)}]^2 = \sum_{n=0}^{\infty}[B_1^{(2n+1)}]^2 = \sum_{n=0}^{\infty}[B_2^{(2n+2)}]^2 = 1 \tag{4.8.31}$$

一般地，一个函数 $f(z)$在包含实轴的双开无限带中是解析的，并且 q 是常量，则函数$f(z)$可展开为[7]

$$f(z) = \alpha_0\mathrm{ce}_0(z,q) + \sum_{n=1}^{\infty}\alpha_n\mathrm{ce}_n(z,q) + \beta_n\mathrm{se}_n(z,q) \tag{4.8.32}$$

其中

$$\alpha_n = \frac{1}{\pi}\int_0^{2\pi}f(z)\mathrm{ce}_n(z,q)\mathrm{d}z \tag{4.8.33}$$

$$\beta_n = \frac{1}{\pi}\int_0^{2\pi} f(z)\mathrm{se}_n(z,q)\mathrm{d}z \tag{4.8.34}$$

由(4.8.32)～(4.8.34)式容易证明

$$\cos 2k\eta = \sum_{n=0}^{\infty} A_{2k}^{(2n)}\mathrm{ce}_{2n}(\eta,q) \tag{4.8.35}$$

$$\cos(2k+1)\eta = \sum_{n=0}^{\infty} A_{2k+1}^{(2n+1)}\mathrm{ce}_{2n+1}(\eta,q) \tag{4.8.36}$$

$$\sin(2k+1)\eta = \sum_{n=0}^{\infty} B_{2k+1}^{(2n+1)}\mathrm{se}_{2n+1}(\eta,q) \tag{4.8.37}$$

$$\sin(2k+2)\eta = \sum_{n=0}^{\infty} B_{2k+2}^{(2n+2)}\mathrm{se}_{2n+2}(\eta,q) \tag{4.8.38}$$

$$\sum_{n=0,k>0}^{\infty}\left[A_{2k}^{(2n+1)}\right]^2 = \sum_{n=0}^{\infty}\left[A_{2k+1}^{(2n+1)}\right]^2 = \sum_{n=0}^{\infty}\left[B_{2k+1}^{(2n+1)}\right]^2 - \sum_{n=0}^{\infty}\left[B_{2k+2}^{(2n+2)}\right]^2 - 1 \tag{4.8.39}$$

$$\begin{aligned}\sum_{n=0}^{\infty}\left[A_{2k}^{(2n)}A_{2s}^{(2n)}\right] &= \sum_{n=0}^{\infty}\left[A_{2k+1}^{(2n+1)}A_{2s+1}^{(2n+1)}\right] = \sum_{n=0}^{\infty}\left[B_{2k+1}^{(2n+1)}B_{2s+1}^{(2n+1)}\right] \\ &= \sum_{n=0}^{\infty}\left[B_{2k+2}^{(2n+2)}B_{2s+2}^{(2n+2)}\right] = 0,(k \neq s)\end{aligned} \tag{4.8.40}$$

第 5 章　马蒂厄函数的应用

马蒂厄方程及马蒂厄函数在物理学和工程中有许多应用，如研究椭圆膜的振动、椭圆形水池中水的振动；研究载流薄板在电磁场与机械荷载共同作用下的磁弹性动力失稳的问题；研究单极质谱计、四极杆质量分析器、四极离子阱质量分析器中离子的运动问题；研究椭圆波导、椭圆谐振腔以及椭圆柱形物体对电磁波的散射问题；研究平面摆的量子动力学等问题。本章仅介绍马蒂厄方程和马蒂厄函数的一些应用，希望能进一步帮助读者掌握马蒂厄函数。

5.1　椭圆形薄膜振动

设椭圆形薄膜的半长轴为 a，半短轴为 b，椭圆形薄膜的边缘固定，在椭圆坐标系中边界的径向坐标为 ξ_0，如图 5-1 所示。椭圆形薄膜的振动依然满足波动方程(1.2.7)式，因此，在椭圆坐标系中，椭圆形薄膜振动的角向和径向也应满足角向马蒂厄方程和径向马蒂厄方程，其解为角向马蒂厄函数和径向马蒂厄函数，即椭圆形薄膜振动的横向方程的一般解为

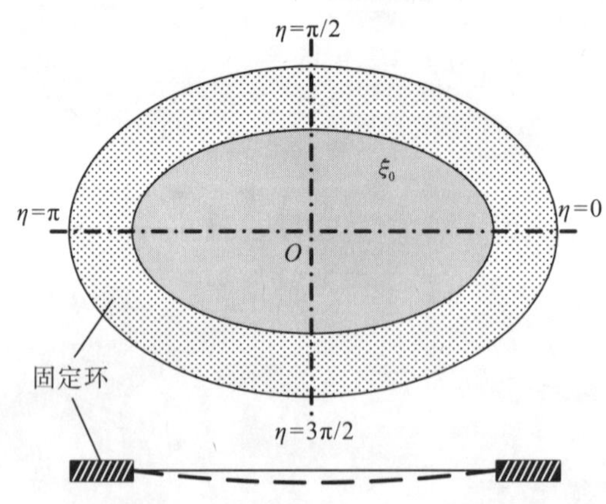

图 5-1　椭圆形振动薄膜示意图

$$\Phi(\xi,\eta)=\sum_{m=0}^{\infty}\psi_m(\eta)R_m(\xi)=\sum_{m=0}^{\infty}\mathrm{ce}_m(q,\eta)\mathrm{Je}_m(q,\xi) \tag{5.1.1}$$

和

$$\Phi(\xi,\eta)=\sum_{m=1}^{\infty}\psi_m(\eta)R_m(\xi)=\sum_{m=1}^{\infty}\mathrm{se}_m(q,\eta)\mathrm{Jo}_m(q,\xi) \tag{5.1.2}$$

式中 q 由(1.2.17)式确定。(5.1.1)式表示椭圆形薄膜振动的偶模，(5.1.2)式表示椭圆形薄膜振动的奇模。如果再加上波动方程的时间分量，则可得椭圆形薄膜的振动方程为

$$\Phi(\xi,\eta,t)=\Phi(\xi,\eta)\cos(\omega t) \tag{5.1.3}$$

同时，椭圆形薄膜的振动还要满足边界条件 $\Phi(\xi_0,\eta)=0$，其中 ξ_0 是在椭圆坐标系中椭圆形薄膜边界的径向值，由此可得椭圆形薄膜振动的偶模和奇模满足的边界条件分别为

$$\mathrm{Je}_m(q,\xi_0)=0,(m=0,1,2,\cdots) \tag{5.1.4}$$

$$\mathrm{Jo}_m(q,\xi_0)=0,(m=1,2,3,\cdots) \tag{5.1.5}$$

对于给定的边界值 $\xi_0=\cosh^{-1}(1/e)$，其中 e 为椭圆形薄膜的偏心率，在(5.1.4)式和(5.1.5)式中取一定的 m 值，可分别计算出一组满足(5.1.4)式和(5.1.5)式的 q 值，即满足(5.1.4)式和(5.1.5)式的 n 个解，其第 n 个解称为第 n 个节点，用“even”和“odd”分别表示偶模和奇模。用数对(m，n)表示模式为第 m 阶的马蒂厄函数，边界为第 n 个节点。将由(5.1.4)式和(5.1.5)式计算得到的某一 q 值分别代入到(5.1.1)式和(5.1.2)式，通过数值计算，即可得椭圆薄膜某一振动模式的振动情况，也可通过椭圆坐标系与直角坐标系之间的变换得到直角坐标系下的结果。图 5-2～图 5-15 为椭圆形薄膜不同的单一模式的振动图形，图 5-16 为两种模式作线性组合之后的振动图形，A、B 为线性组合的系数，在计算图 5-2～图 5-16 中的振动模式时，椭圆形薄膜的偏心率 e 取 0.8[73]。

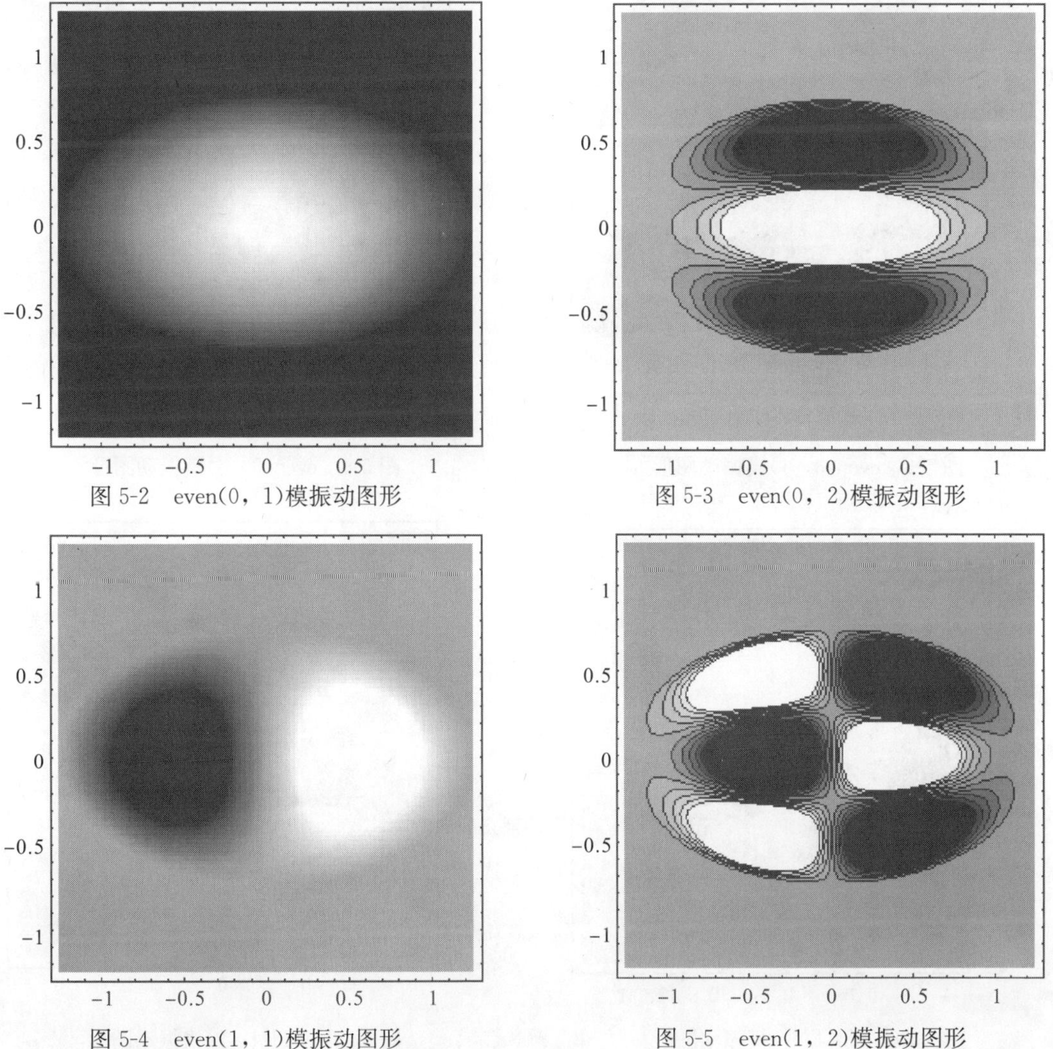

图 5-2　even(0，1)模振动图形

图 5-3　even(0，2)模振动图形

图 5-4　even(1，1)模振动图形

图 5-5　even(1，2)模振动图形

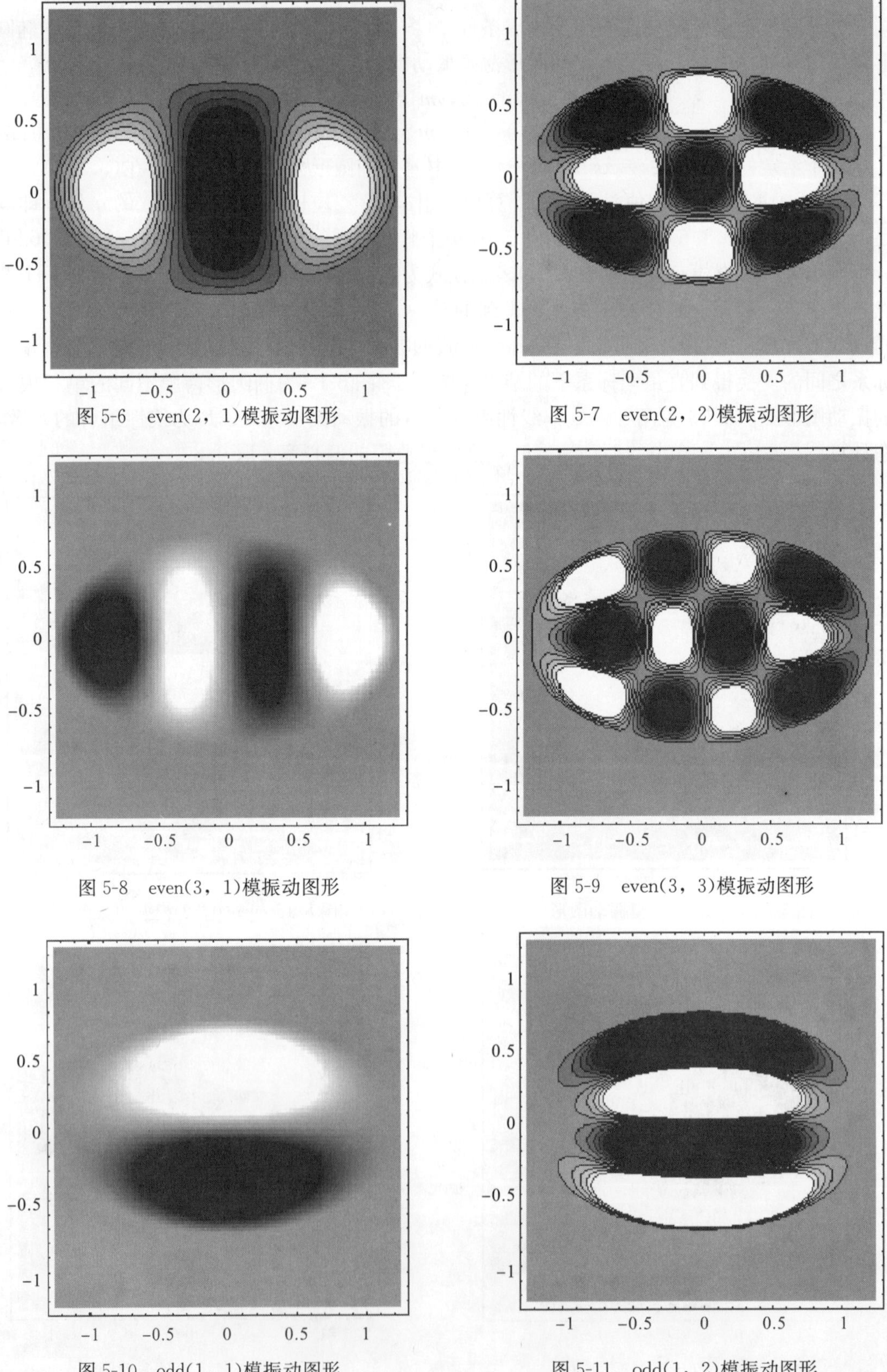

图 5-6 even(2，1)模振动图形

图 5-7 even(2，2)模振动图形

图 5-8 even(3，1)模振动图形

图 5-9 even(3，3)模振动图形

图 5-10 odd(1，1)模振动图形

图 5-11 odd(1，2)模振动图形

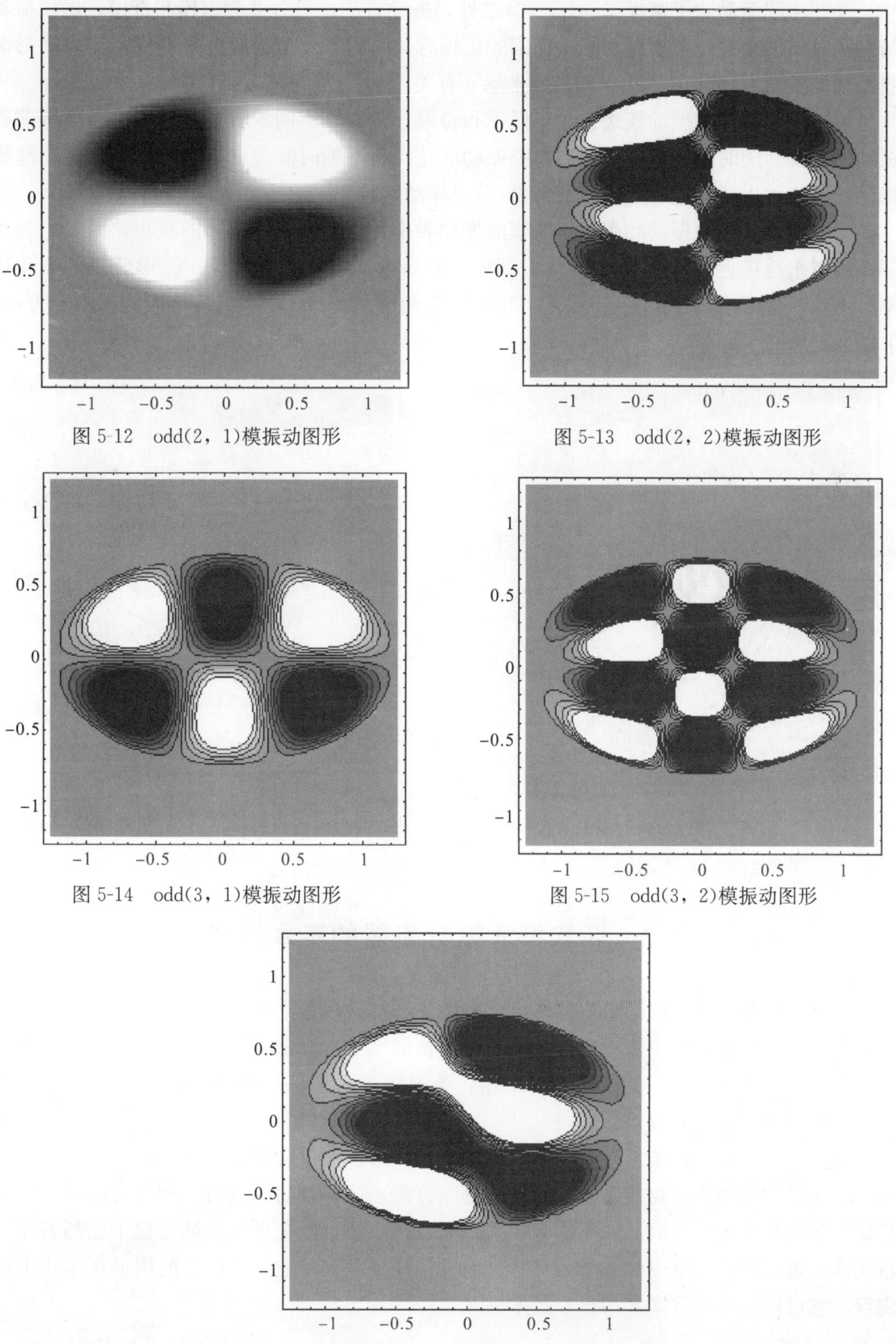

图 5-12　odd(2，1)模振动图形

图 5-13　odd(2，2)模振动图形

图 5-14　odd(3，1)模振动图形

图 5-15　odd(3，2)模振动图形

图 5-16　$A*\mathrm{even}(1，2)+B*\mathrm{odd}(1，2)$模振动图形

椭圆薄膜振动除了基模振动($m=0$)之外，振动方程均可分解为偶模和奇模，偶模振动与椭圆的长轴有关，奇模振动则与椭圆的短轴有关。由于圆形薄膜并无差别，所以圆形薄膜振动的振动方程只与角度 φ 和径向坐标 r 有关。

、特定的椭圆薄膜振动模式包含了偶模和奇模，分别以不同的特征频率振动，椭圆薄膜振动的花纹会随时间改变，而圆形薄膜振动的花纹将不随时间改变，其原因在于椭圆薄膜振荡的每一种模式均包含了偶模及奇模(基模振动除外)。

一般地，奇模的振动频率快于偶模的振动频率，但随着偏心率 e 的减小，两者的振动频率会越来越接近，所以当 $e\to 0$ 时，偶模以及奇模的振动频率相当于圆形薄膜的振动频率。图 5-17 为圆形薄膜(1，2)模式，图 5-18 为椭圆薄膜(1，2)模式，椭圆的离心率为 $e=0.2$[73]。

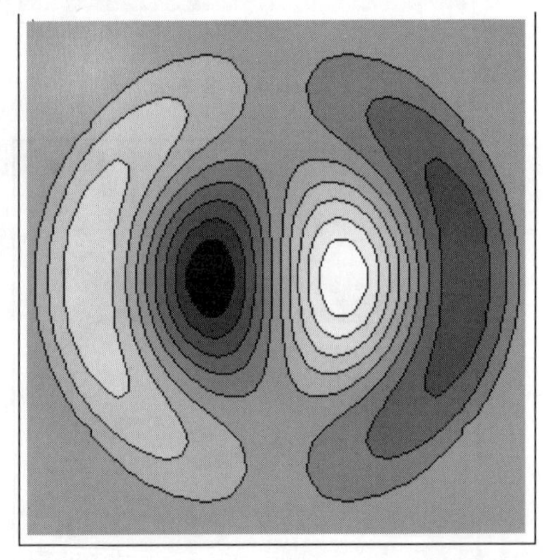

图 5-17 圆形薄膜(1，2)模振动图形

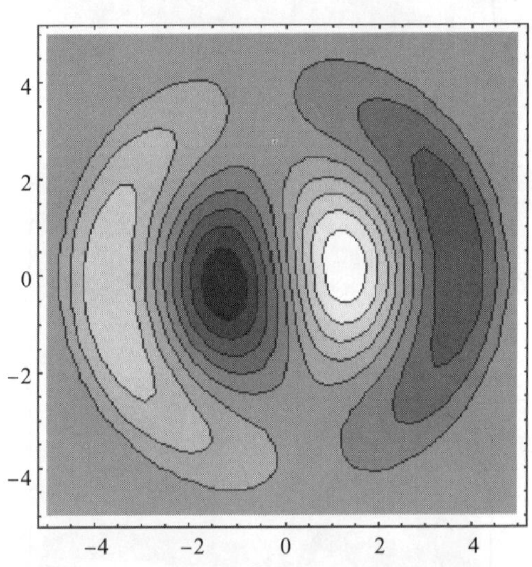

图 5-18 椭圆薄膜(1，2)(even(1，2)+odd(1，2))模振动图形

5.2 四极杆质量分析器的基本原理

质量分析器是质谱仪的重要部件，位于离子源和检测器之间。质谱仪又称质谱计，是根据带电粒子在电磁场中能够偏转的原理，按物质原子、分子或分子碎片的质量差异进行分离和检测物质组成的一类仪器。1912 年，英国物理学家 J. J. Thomson(1856～1940)发明了世界上第一台质谱装置。

利用质谱仪可进行碳氢化合物的成份分析。质谱仪不仅可测定重氮，跟踪原子以研究氮肥对水稻和其他农作物的肥效，而且还可以分析土壤和农药的成份。利用质谱仪可以进行矿石和钢铁半成品及成品的整体分析和表面分析，还可以在真空冶炼过程中监测若干微量气体，也可以检测电子管外壳漏气和管内放气现象。实际上，质谱仪的用途远不止上述内容，它已应用于许许多多的科学技术领域[74]。

5.2.1　四极杆质量分析器中马蒂厄方程的推导

1952 年，德国波恩大学物理系教授 Wolfgang Paul 等人提出了利用射频四极电场过滤离子的思想，并用实验加以验证，从而诞生了四极杆质量分析器(Quadrupole Mass Filter/Analyzer)。1953 年，Paul 等人申请了德国的专利，并在 20 世纪 50 年代完成了四极杆质量分析器的大部分基础工作[75~76]。近年来，有关四极杆质量分析器的研究仍在进行[77]。

在气相色谱-质谱(GC/MS)和液相色谱-质谱(LC/MS)联用仪中，四极杆是最常用的质量分析器之一，图 5-19 是四极杆质量分析器的实物图。四极杆质量分析器有如下特点：①仅利用纯电场工作，无需涉及磁场，其结构简单，重量较轻；②仅要求离子入射能量小于某一上限，不要求入射离子实现能量聚焦，从而可引入结构简单、高灵敏度的离子源，并且适用于具有一定能量分散的离子，如二次离子；③扫描速度快，可通过调节电参量实现仪器灵敏度和分辨率的调整，同一台仪器可满足不同的分析要求。这些特点使得四极杆从诞生开始就备受关注，并得到了迅速发展。目前四极杆质谱技术已相当成熟，作为一种结构紧凑、功能齐全、价格低廉的质谱仪器，在物理学、分析化学、医学、环境科学、生命科学等领域中获得了广泛应用[76]。

图 5-19　四极杆质量分析器

四极杆质谱仪的结构如图 5-20 所示。离子源经加速后进入四极杆，离子在四极杆中四极场的作用下，只有符合一定条件的粒子才能通过四极杆，通过四极杆的离子被接收器接收进行分析处理，而其他离子则因振幅增大撞击电极而被“吸收”或“过滤”掉。

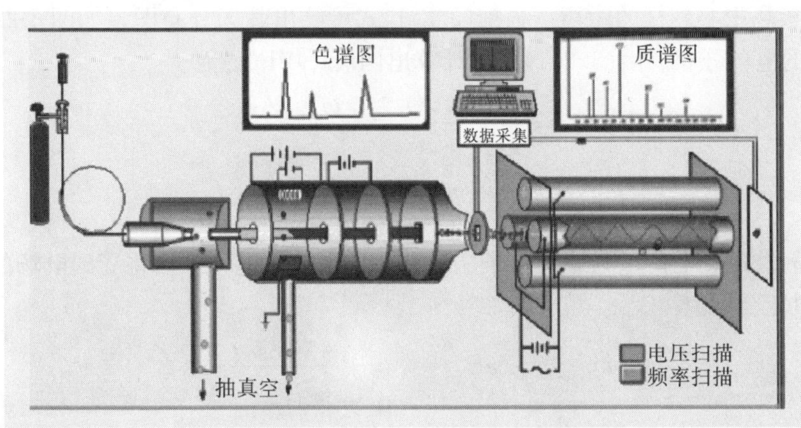

图 5-20　四极杆质谱仪结构示意图

四极杆由四根精密加工的双曲面电极杆组成，由于双曲面形的四极杆电极加工难度较大，需要使用精密的三坐标磨床，所以逐渐被圆柱形的电极替代，这样就可以使用高精度无心磨床加工，仅相当于一维加工，大大降低四极杆的加工费用会，为四极杆的普及起到了推动作用。双曲面在(x, y)平面由投影得到的双曲线的渐近线处于45°的位置，电极的外形沿着x轴和y轴对称，四个电极的形状完全一致。高压高频射频信号分别加载在水平和竖直的两对电极上，信号的幅度相同，相位相差180°，即反相，如图5-21所示。

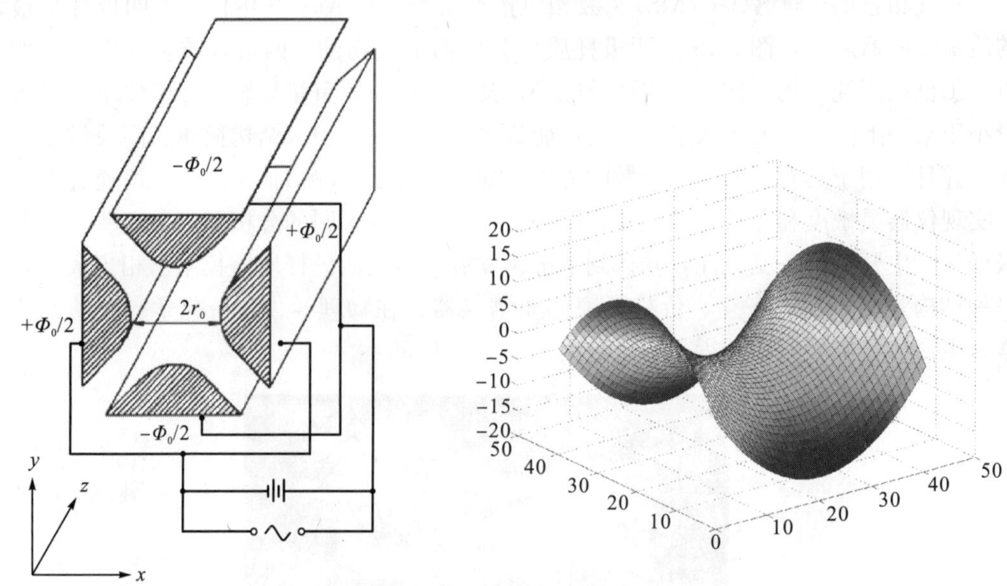

图5-21 四极杆质量分析器四极场边界条件　　图5-22 四极杆质量分析器电场分布

在x方向的电极上施加$\Phi_0 = U - V\cos\omega t$的高频电压，在$y$方向的电极上施加$-\Phi_0$的高频电压，$U$是电压的直流分量，$V$是电压的交流幅值，$\omega$为角频率，$t$是时间，这样，在四个电极之间的任意位置上的电势是

$$\Phi(x, y, t) = (U - V\cos\omega t)\frac{x^2 - y^2}{2r_0^2} \tag{5.2.1}$$

其中r_0是四极场中心到杆的距离。根据(5.2.1)式可绘出其场分布图，如图5-22所示，它是一马鞍形的电场分布。由(5.2.1)式可计算出四极杆中电场为

$$E_x = -\frac{\partial\Phi(x, y, t)}{\partial x} = -\frac{U - V\cos\omega t}{r_0^2}x \tag{5.2.2}$$

$$E_y = -\frac{\partial\Phi(x, y, t)}{\partial y} = \frac{U - V\cos\omega t}{r_0^2}y \tag{5.2.3}$$

如果质量为m、电荷量为e的离子从z方向进入四极电场中，将受到电场的作用而运动，其运动方程是[75~80]

$$m\frac{\mathrm{d}^2 x}{\mathrm{d}t^2} = eE_x = -e\frac{U - V\cos\omega t}{r_0^2}x \tag{5.2.4}$$

$$m\frac{\mathrm{d}^2 y}{\mathrm{d}t^2} = eE_y = e\frac{U - V\cos\omega t}{r_0^2}y \tag{5.2.5}$$

应当注意，在推导(5.2.4)~(5.2.5)式时，有的文献是令$\Phi_0 = U + V\cos\omega t$，但这不会影响

最终结果[80~83]。

令 $\eta=\dfrac{1}{2}\omega t$，则函数 ψ 的一阶导数和二阶导数有下列关系

$$\frac{\mathrm{d}\psi}{\mathrm{d}t}=\frac{\mathrm{d}\psi}{\mathrm{d}\eta}\frac{\mathrm{d}\eta}{\mathrm{d}t}=\frac{1}{2}\omega\frac{\mathrm{d}\psi}{\mathrm{d}\eta},\frac{\mathrm{d}^2\psi}{\mathrm{d}t^2}=\frac{1}{4}\omega^2\frac{\mathrm{d}^2\psi}{\mathrm{d}\eta^2} \tag{5.2.6}$$

应用(5.2.6)式，可将(5.2.4)式和(5.2.5)式改写为

$$\frac{\mathrm{d}^2x}{\mathrm{d}\eta^2}+\frac{4e}{m\omega^2r_0^2}(U-V\cos2\eta)x=0 \tag{5.2.7}$$

$$\frac{\mathrm{d}^2y}{\mathrm{d}\eta^2}-\frac{4e}{m\omega^2r_0^2}(U-V\cos2\eta)y=0 \tag{5.2.8}$$

如果定义

$$a=a_x=-a_y=\frac{4eU}{m\omega^2r_0^2} \tag{5.2.9}$$

$$q=q_x=-q_y=\frac{2eV}{m\omega^2r_0^2} \tag{5.2.10}$$

则(5.2.7)式和(5.2.8)式都可记为

$$\frac{\mathrm{d}^2\psi}{\mathrm{d}\eta^2}+(a-2q\cos2\eta)\psi=0 \tag{5.2.11}$$

此方程为角向马蒂厄方程，其中函数 ψ 代表 x 或 y。求解此方程即可得到离子在四极杆质量分析器中的运动轨迹。

5.2.2　离子运动轨迹与稳定性图

角向马蒂厄方程(5.2.11)式的解在第 2 章已经讨论了，其弗洛凯完全解为(2.1.62)式。由此知，四极杆中离子运动的性质取决于 a 和 q，与初始条件无关，所有具有相同 a 与 q 值的离子将具有相同的运动周期。

下面定性分析角向马蒂厄方程的解(2.1.62)式。如果该式中 μ 有限，当 $\eta\to\infty$时方程有稳定解，此时，若离子最大位移 $\psi_{\max}<r_0$，即离子未到达分析器边界，则该离子可稳定通过四极杆区域，到达离检测系统，如图 5-23 所示。如果 μ 无限，当 $\eta\to\infty$时方程无稳定解，离子将被极杆吸收或逃逸而无法到达离子检测系统，如图 5-24 所示。

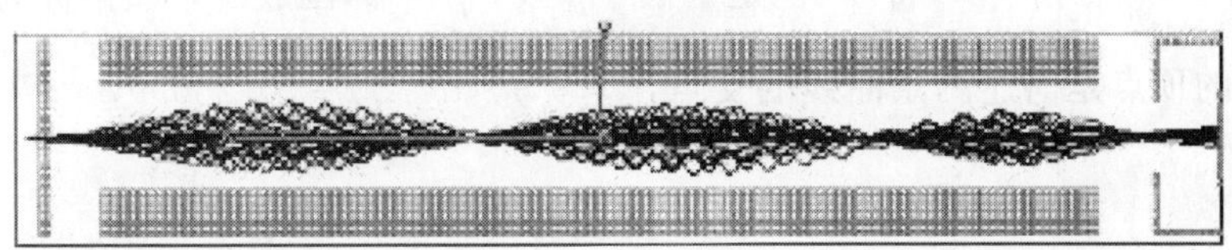

图 5-23　离子通过四极杆质量分析器

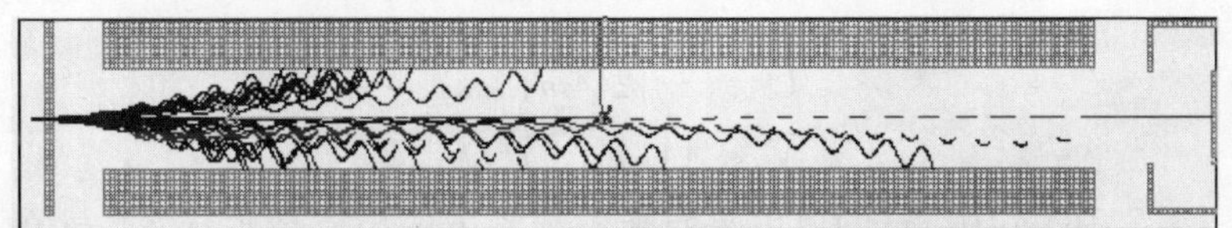

图 5-24　离子没有通过四极杆质量分析器

由第 2 章的讨论可知，只有当 $\mu=\mathrm{j}\beta$，且 β 为非整数时，离子具有稳定的周期性运动轨迹；当 β 为整数时，离子轨迹虽具有周期性但不稳定，这对应于稳定性图中稳定区域与非稳定区域的分界线，由此建立了角向马蒂厄方程解的稳定性图，即四极杆中离子运动的稳定性图。角向马蒂厄方程的特征值曲线如图 5-25 所示，由(5.2.7)式与(5.2.8)式可分别作出 x 方向和 y 方向的特征值曲线，也就确定了 x 方向和 y 方向的稳定区域。由(5.2.9)式和(5.2.10)式可以看出，x 方向稳定区与 y 方向稳定区的差别只是对 q 轴互为镜象。如果重叠 x 方向和 y 方向的一维稳定区域图象，就得到四极杆质量分析器中粒子运动的稳定图。从原点出发，与 q 轴相交的两个稳定区依次为第Ⅰ稳定区和第Ⅱ稳定区，第Ⅲ稳定区为 x 方向第一稳定区与 y 方向第二稳定区相交的区域，如图 5-25 所示。a 与 q 值处于重叠区域的离子可稳定通过四极杆区域。

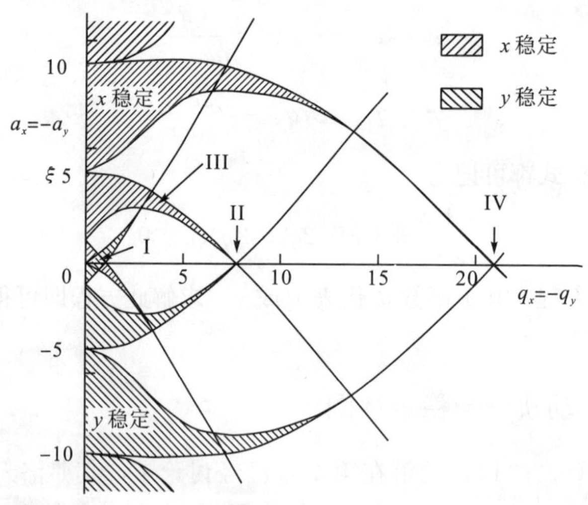

图 5-25 四极杆质量分析器四个稳定区域和 x、y 运动稳定区域图

四极杆质量分析器中第一个稳定区是最接近原点的区域，这个区域关于 a 轴对称，如图 5-26 所示，图中只画了 $a\geqslant 0$ 的那一半区域的放大图。它由 q 轴($a=0$)、曲线 $a(q)=\frac{1}{2}q^2-\frac{7}{128}q^4+\frac{29}{2304}q^6+O(q^8)$（是一根等 β 线，$\beta_y=0$）与曲线 $b_1(q)=1-q-\frac{1}{8}q^2+\frac{1}{64}q^3-\frac{1}{1536}q^4-\frac{11}{36864}q^5+O(q^6)$（也是一根等 β 线，$\beta_x=1$）围成的，通常称为“稳定三角形”。三角形的顶点是前述两条曲线的交点，坐标是$(a,q)=(0.23699, 0.70600)$。在顶点处有

$$a=0.23699 \tag{5.2.12}$$

$$q=0.70600 \tag{5.2.13}$$

$$\frac{a}{q}=0.33568 \tag{5.2.14}$$

$$U=2.4244mf^2r_0^2 \tag{5.2.15}$$

$$V=14.447mf^2r_0^2 \tag{5.2.16}$$

在(5.2.15)～(5.2.16)式中，r_0的单位是厘米，频率 f 的单位是兆赫兹，m 的单位是原子质量单位，U 和 V 的单位是伏特，电荷 e 以电子的电荷为单位，公式(5.2.15)～(5.2.16)

式是对一次离子($e=1$)而言。对于二次离子，公式右边应该除 2，高次离子以此类推。

当 q 不大时，$a(q)\approx q^2/2$，$b_1(q)\approx 1-q$，亦即“稳定三角形”的两腰随 q 值增大(由 0 升到 0.70600)，基本上是以抛物线形状上升到顶点，然后陡直下降达到 q 轴。

因 $a/q=2U/V$，如果固定 U，V 之比，在稳定图上就可以得到斜率为 a/q 的直线，这种直线叫做质量扫描线。考虑一根与“稳定三角形”相交的扫描线，如图 5-26 所示，在此直线上 U/V 是确定的，今选定某 U 值(V 值也因之确定)，不同质荷比 e/m 的离子将按照它们不同的 a 与 q 值沿该直线分布，e/m 比较大的离子对应的 a、q 值也较大，因此离原点比较远，反之，则离原点较近。改变 U，V 值并保持 $2U/V$ 等于前述扫描线的斜率，则每种离子将依次进入“稳定三角形”区域，并通过该仪器。其 e/m 大于能通过分析器的那些离子，对应的(a，q)点位于“稳定三角形”的左侧，它对 x 方向来说是不稳定区域(虽然对 y 方向来说可能是稳定的)，离子在 x 方向具有不稳定轨道，将碰击电极或离开四极场。e/m 小于具有稳定轨道的那些离子，对应的(a，q)点位于“稳定三角形”的右侧，此(a，q)对 y 方向来说是不稳定的(虽然对 x 方向来说是稳定的)，因此唯有使扫描线通过稳定区，与稳定区边界的交点为(a_1，q_1)和(a_2，q_2)，那么，就可以使两个交点之间对应的质量范围的离子以有限振幅沿着 z 方向运动而到达接收器，其他质量的离子则因振幅增大，以致撞击 x 和 y 方向的电极而被“吸收”或“过滤”掉。

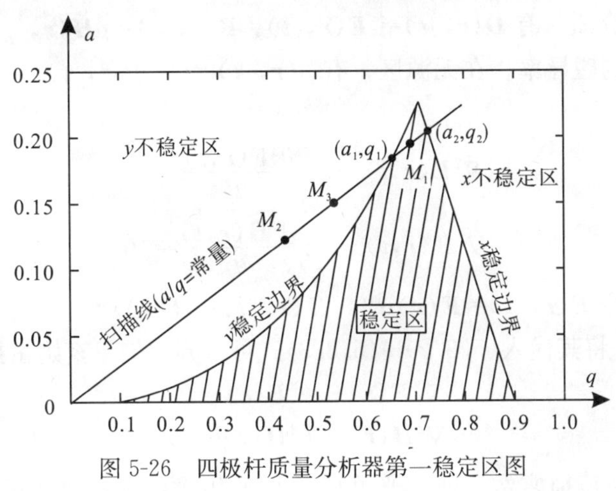

图 5-26　四极杆质量分析器第一稳定区图

在 $0\leqslant\frac{a}{q}\leqslant 0.33568$ 范围内改变 $\frac{a}{q}$ 的比值，可以得到不同的质量扫描线。$\frac{a}{q}$ 的选择取决于所需的分辨率。从理论上说，四极杆质量分析器的最大分辨率是当 $\frac{a}{q}=0.33568$ 或 $\frac{U}{V}=\frac{1}{2}\times 0.33568\approx 0.168$ 时取得的，此时分辨率为无穷大，没有任何离子能通过四极杆质量分析器。实际应用时按所需的分辨率与被分析质量的范围把电压比调节至略低于 0.168。

对于单极质谱计与四极离子阱质量分析器中离子运动稳定区域的问题，也可以利用类似方法讨论[81,84~86]，这里不再赘述。

5.3 椭圆波导

椭圆波导是垂直于轴的截面为椭圆的波导。1938 年，美籍华人朱兰成(L. J. Chu)首次对中空椭圆形金属波导进行理论研究[87]，之后，其他学者对填充介质的椭圆波导、椭圆介质波导等作了相当多的研究。椭圆波导具有一系列的优点，如极化稳定、频带较宽、容易弯曲等，因此，它广泛应用于卫星通信、雷达馈线和微波器件中。本节讨论在椭圆波导中传播的电磁波的场分布、本征模式和截止波长等问题。

5.3.1 椭圆波导中的电磁场

由麦克斯韦方程组

$$\begin{cases}\nabla\cdot \boldsymbol{D}(\boldsymbol{r},t)=\rho(\boldsymbol{r},t)\\ \nabla\times \boldsymbol{E}(\boldsymbol{r},t)=-\dfrac{\partial \boldsymbol{B}(\boldsymbol{r},t)}{\partial t}\\ \nabla\cdot \boldsymbol{B}(\boldsymbol{r},t)=0\\ \nabla\times \boldsymbol{H}(\boldsymbol{r},t)=\boldsymbol{J}(\boldsymbol{r},t)+\dfrac{\partial \boldsymbol{D}(\boldsymbol{r},t)}{\partial t}\end{cases} \tag{5.3.1}$$

对于均匀各向同性介质，有 $\boldsymbol{D}(\boldsymbol{r},t)=\varepsilon\boldsymbol{E}(\boldsymbol{r},t)$，$\boldsymbol{B}(\boldsymbol{r},t)=\mu\boldsymbol{H}(\boldsymbol{r},t)$，其中 ε 为介质的电容率，μ 为介质的磁导率。在无源区，有 $\rho(\boldsymbol{r},t)=0$，$\boldsymbol{J}(\boldsymbol{r},t)=0$，由(5.3.1)可得电磁波波动方程为

$$\nabla^2\boldsymbol{E}(\boldsymbol{r},t)-\mu\varepsilon\frac{\partial^2\boldsymbol{E}(\boldsymbol{r},t)}{\partial t^2}=0 \tag{5.3.2}$$

$$\nabla^2\boldsymbol{H}(\boldsymbol{r},t)-\mu\varepsilon\frac{\partial^2\boldsymbol{H}(\boldsymbol{r},t)}{\partial t^2}=0 \tag{5.3.3}$$

对于平面电磁波，令 $\boldsymbol{E}(\boldsymbol{r},t)=\boldsymbol{E}(\boldsymbol{r})\mathrm{e}^{\mathrm{j}\omega t}$，$\boldsymbol{H}(\boldsymbol{r},t)=\boldsymbol{H}(\boldsymbol{r})\mathrm{e}^{\mathrm{j}\omega t}$，其中 ω 是电磁波的角频率，j 是单位虚数，将其代入(5.3.2)～(5.3.3)式可得齐次矢量亥姆霍兹方程

$$\nabla^2\boldsymbol{E}(\boldsymbol{r})+k^2\boldsymbol{E}(\boldsymbol{r})=0 \tag{5.3.4}$$

$$\nabla^2\boldsymbol{H}(\boldsymbol{r})+k^2\boldsymbol{H}(\boldsymbol{r})=0 \tag{5.3.5}$$

其中 $k=\omega\sqrt{\mu\varepsilon}$ 称为传播常数。研究平面电磁波的传播，仅需要求解上述矢量亥姆霍兹方程。

在柱形坐标系中，为求解矢量亥姆霍兹方程(5.3.4)式和(5.3.5)式，可先将式中的矢量进行分解，令

$$\boldsymbol{E}=\boldsymbol{E}_\perp+E_z\boldsymbol{e}_z \tag{5.3.6}$$

$$\boldsymbol{H}=\boldsymbol{H}_\perp+H_z\boldsymbol{e}_z \tag{5.3.7}$$

式中 $\boldsymbol{e}_z$ 为沿 z 轴正方向的纵向单位矢量，下标“z”及“$\perp$”分别表示矢量的纵向分量和横向分量。将(5.3.6)式和(5.3.7)式分别代入式(5.3.4)式和(5.3.5)式，再根据矢量相等的条件，得

$$\nabla^2\boldsymbol{E}_\perp+k^2\boldsymbol{E}_\perp=0 \tag{5.3.8}$$

$$\nabla^2\boldsymbol{H}_\perp+k^2\boldsymbol{H}_\perp=0 \tag{5.3.9}$$

和

$$\nabla^2 E_z + k^2 E_z = 0 \tag{5.3.10}$$

$$\nabla^2 H_z + k^2 H_z = 0 \tag{5.3.11}$$

(5.3.8)式和(5.3.9)式仍是矢量亥姆霍兹方程，仍是很复杂的偏微分方程，但纵向分量E_z和H_z的方程则是标量亥姆霍兹方程，相对较简单，可作为求解电磁场分布的出发点。只要求出E_z和H_z，由麦克斯韦方程组(5.3.1)式[令式中$\rho(\boldsymbol{r},\ t)=0$，$\boldsymbol{J}(\boldsymbol{r},\ t)=0$，$\boldsymbol{E}(\boldsymbol{r},\ t)=\boldsymbol{E}(\boldsymbol{r})\mathrm{e}^{\mathrm{j}\omega t}$，$\boldsymbol{H}(\boldsymbol{r},\ t)=\boldsymbol{H}(\boldsymbol{r})\mathrm{e}^{\mathrm{j}\omega t}$]，即可得到横向场$\boldsymbol{E}_\perp$和$\boldsymbol{H}_\perp$分量与纵向场$E_z$和$H_z$的关系，其形式为[88]

$$E_1 = \frac{1}{k^2-\beta^2}\left(\frac{1}{h_1}\frac{\partial^2 E_z}{\partial u_1 \partial z} - \mathrm{j}\omega\mu\frac{1}{h_2}\frac{\partial H_z}{\partial u_2}\right) \tag{5.3.12}$$

$$E_2 = \frac{1}{k^2-\beta^2}\left(\frac{1}{h_2}\frac{\partial^2 E_z}{\partial u_2 \partial z} + \mathrm{j}\omega\mu\frac{1}{h_1}\frac{\partial H_z}{\partial u_1}\right) \tag{5.3.13}$$

$$H_1 - \frac{1}{k^2-\beta^2}\left(\frac{1}{h_1}\frac{\partial^2 H_z}{\partial u_1 \partial z} + \mathrm{j}\omega\varepsilon\frac{1}{h_2}\frac{\partial E_z}{\partial u_2}\right) \tag{5.3.14}$$

$$H_2 = \frac{1}{k^2-\beta^2}\left(\frac{1}{h_2}\frac{\partial^2 H_z}{\partial u_2 \partial z} - \mathrm{j}\omega\varepsilon\frac{1}{h_1}\frac{\partial E_z}{\partial u_1}\right) \tag{5.3.15}$$

上述式中u_1和u_2为正交曲线坐标系中的横向坐标，h_1和h_2为正交曲线坐标系的度规系数，其值由(1.1.6)式确定。

下面求解椭圆波导中的电磁场。假设椭圆波导壁($\xi=\xi_0$)由良导体金属构成，可视为理想导体，波导内填充均匀各向同性介质，其电容率和磁导率分别为ε和μ，椭圆的半长轴和半短轴分别a和b，偏心率为e，半焦距为$h=(a^2-b^2)^{1/2}=ae$，如图 5-27 所示。假定电磁波在波导内沿 z 轴的传播按$\mathrm{e}^{\mathrm{j}(\omega t-\beta z)}$的规律变化，其中$\beta=k_z$是电磁波沿$z$方向的传播常数。

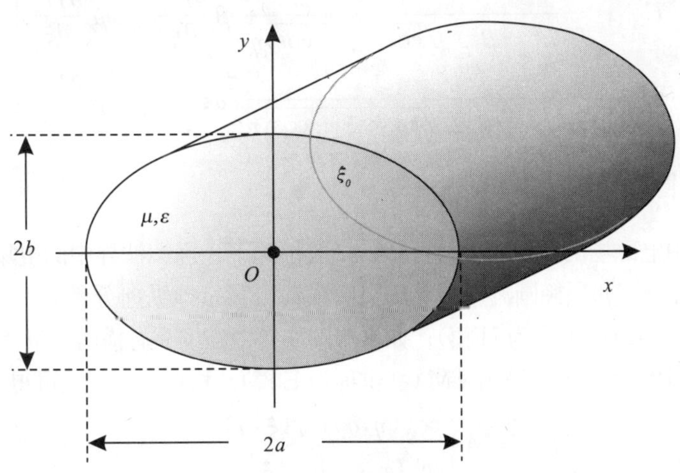

图 5-27　椭圆波导

纵向场E_z和H_z满足的方程为(5.3.10)式和(5.3.11)式，在椭圆坐标系中，由 1.2.2 节的理论推导，可知纵向场E_z和H_z满足

$$\left[\frac{\partial^2}{\partial \xi^2} + \frac{\partial^2}{\partial \eta^2} + \frac{h^2(k^2-\beta^2)}{2}(\cosh 2\xi - \cos 2\eta)\right]\begin{Bmatrix} E_z \\ H_z \end{Bmatrix} = 0 \tag{5.3.16}$$

其中ξ和η分别为椭圆柱坐标系中的径向坐标和角向坐标，它们和直角坐标系中x和y坐标之间的变换关系由(1.2.1)式确定。

如果令(5.3.16)式中 $E_z = R(\xi)\psi(\eta)$ 或 $H_z = R(\xi)\psi(\eta)$，则可得(1.2.15)式和(1.2.16)式的角向马蒂厄方程和径向马蒂厄方程，且式中 q 为

$$q = \frac{h^2(k^2-\beta^2)}{4} = \frac{a^2e^2(k^2-\beta^2)}{4} \tag{5.3.17}$$

由此可见，在椭圆波导中纵向场量 E_z 和 H_z 的角向分布 $\psi(\eta)$ 和径向分布 $R(\xi)$ 分别满足角向马蒂厄方程和径向马蒂厄方程，其解分别为角向马蒂厄函数和径向马蒂厄函数。由于角向马蒂厄函数和径向马蒂厄函数可分为奇函数和偶函数，因此，按照角向马蒂厄函数和径向马蒂厄函数的奇偶性，即纵向场 E_z 和 H_z 的奇偶性可将椭圆波导中电磁波分为奇波和偶波，纵向场 E_z 和 H_z 形式为

$$\left.\begin{matrix} E_z \\ H_z \end{matrix}\right\} = A\,\mathrm{ce}_m(\eta,q)\mathrm{Je}_m(\xi,q)\mathrm{e}^{\mathrm{j}(\omega t-\beta z)},\text{(偶波)} \tag{5.3.18}$$

$$\left.\begin{matrix} E_z \\ H_z \end{matrix}\right\} = A\,\mathrm{se}_m(\eta,q)\,\mathrm{Jo}_m(\xi,q)\mathrm{e}^{\mathrm{j}(\omega t-\beta z)},\text{(奇波)} \tag{5.3.19}$$

(5.3.18)式为偶波的形式，(5.3.19)式为奇波的形式，式中 A 为待定常量，表示电场或磁场的最大幅值，由初始条件确定。而由(1.2.6)式和(5.3.12)～(5.3.15)式可得椭圆波导中横向场分量和纵向场分量之间的关系为

$$E_\xi = \frac{-\mathrm{j}}{h(k^2-\beta^2)\sqrt{\cosh^2\xi-\cos^2\eta}}\left[\beta\frac{\partial E_z}{\partial\xi}+\omega\mu\frac{\partial H_z}{\partial\eta}\right] \tag{5.3.20}$$

$$H_\xi = \frac{\mathrm{j}}{h(k^2-\beta^2)\sqrt{\cosh^2\xi-\cos^2\eta}}\left[\omega\varepsilon\frac{\partial E_z}{\partial\eta}-\beta\frac{\partial H_z}{\partial\xi}\right] \tag{5.3.21}$$

$$E_\eta = \frac{-\mathrm{j}}{h(k^2-\beta^2)\sqrt{\cosh^2\xi-\cos^2\eta}}\left[\beta\frac{\partial E_z}{\partial\eta}-\omega\mu\frac{\partial H_z}{\partial\xi}\right] \tag{5.3.22}$$

$$H_\eta = \frac{-\mathrm{j}}{h(k^2-\beta^2)\sqrt{\cosh^2\xi-\cos^2\eta}}\left[\omega\varepsilon\frac{\partial E_z}{\partial\xi}+\beta\frac{\partial H_z}{\partial\eta}\right] \tag{5.3.23}$$

5.3.2 椭圆波导中的本征模

由椭圆波导中电磁场的解析表示式可知，一般情况下，椭圆波导中的电场和磁场都既有横向分量又有纵向分量。如果椭圆波导中电场只有横向分量，即纵向分量 $E_z=0$，则称椭圆波导中传播的电磁波为TE模(也称为H模)；如果椭圆波导中磁场只有横向分量，即纵向分量 $H_z=0$，则称椭圆波导中传播的电磁波为TM模(也称为E模)。根据以上讨论可得TE模有

$$H_z = A\left\{\begin{matrix} \mathrm{ce}_m(\eta,q)\mathrm{Je}_m(\xi,q) \\ \mathrm{se}_m(\eta,q)\,\mathrm{Jo}_m(\xi,q) \end{matrix}\right\}\mathrm{e}^{\mathrm{j}(\omega t-\beta z)} \tag{5.3.24}$$

$$H_\xi = -\frac{\beta}{\omega\mu}E_\eta = -A\frac{\mathrm{j}\beta}{h(k^2-\beta^2)\sqrt{\cosh^2\xi-\cos^2\eta}}\left\{\begin{matrix} \mathrm{ce}_m(\eta,q)\,\mathrm{Je}'_m(\xi,q) \\ \mathrm{se}_m(\eta,q)\,\mathrm{Jo}'_m(\xi,q) \end{matrix}\right\}\mathrm{e}^{\mathrm{j}(\omega t-\beta z)} \tag{5.3.25}$$

$$H_\eta = \frac{\beta}{\omega\mu}E_\xi = -A\frac{\mathrm{j}\beta}{h(k^2-\beta^2)\sqrt{\cosh^2\xi-\cos^2\eta}}\left\{\begin{matrix} \mathrm{ce}'_m(\eta,q)\mathrm{Je}_m(\xi,q) \\ \mathrm{se}'_m(\eta,q)\,\mathrm{Jo}_m(\xi,q) \end{matrix}\right\}\mathrm{e}^{\mathrm{j}(\omega t-\beta z)} \tag{5.3.26}$$

(5.3.24)～(5.3.26)式中大括号内的部分表示可取 $\mathrm{ce}_m(\eta,q)\mathrm{Je}_m(\xi,q)$ 或 $\mathrm{se}_m(\eta,q)\mathrm{Jo}_m$

(ξ, q)。当取 $ce_m(\eta, q)Je_m(\xi, q)$ 时 TE 模为偶波，当取 $se_m(\eta, q)Jo_m(\xi, q)$ 时 TE 模为奇波。当 $\xi=\xi_0$ 时，要满足切向电场为零的边界条件，即 $E_\eta|_{\xi=\xi_0}=0$，由此可得偶波应满足

$$Je'_m(\xi_0, q)=0, (m=0,1,2,\cdots) \tag{5.3.27}$$

奇波应满足

$$Jo'_m(\xi_0, q)=0, (m=1,2,3,\cdots) \tag{5.3.28}$$

(5.3.27)式和(5.3.28)式就是椭圆波导中 TE 模的模式特征方程，只有满足(5.3.27)式和(5.3.28)式的 TE 模才能在椭圆波导中传播。函数 $Je'_m(\xi_0, q)$ 取一定的 m 值时，由(5.3.27)式就得到一组根，即 $q_{mn}=q^e_{mn}$，对应的电磁波模式记为 TE^e_{mn}，其中下标 n 是解的序数。同样，函数 $Jo'_m(\xi_0, q)$ 取一定的 m 值时，由(5.3.28)式就得到它一组根，即 $q_{mn}=q^o_{mn}$，对应的电磁波模式记为 TE^o_{mn}。

同理，TM 模有

$$E_z=B\begin{Bmatrix} ce_m(\eta,q)Je_m(\xi,q) \\ se_m(\eta,q)Jo_m(\xi,q) \end{Bmatrix} e^{j(\omega t-\beta z)} \tag{5.3.29}$$

$$E_\xi=\frac{\beta}{\omega\varepsilon}H_\eta=-B\frac{j\beta}{h(k^2-\beta^2)\sqrt{\cosh^2\xi-\cos^2\eta}}\begin{Bmatrix} ce_m(\eta,q)Je'_m(\xi,q) \\ se_m(\eta,q)Jo'_m(\xi,q) \end{Bmatrix} e^{j(\omega t-\beta z)} \tag{5.3.30}$$

$$E_\eta=-\frac{\beta}{\omega\varepsilon}H_\xi=-B\frac{j\beta}{h(k^2-\beta^2)\sqrt{\cosh^2\xi-\cos^2\eta}}\begin{Bmatrix} ce'_m(\eta,q)Je_m(\xi,q) \\ se'_m(\eta,q)Jo_m(\xi,q) \end{Bmatrix} e^{j(\omega t-\beta z)} \tag{5.3.31}$$

式中 B 为待定常量，由初始条件确定。当 $\xi=\xi_0$ 时，与 TE 模一样，TM 模仍要满足切向电场应为零的边界条件，即 $E_\eta|_{\xi=\xi_0}=0$，由此可得偶波有

$$Je_m(\xi_0, q)=0, (m=0,1,2,\cdots) \tag{5.3.32}$$

奇波有

$$Jo_m(\xi_0, q)=0, (m=1,2,3,\cdots) \tag{5.3.33}$$

(5.3.32)式和(5.3.33)式就是椭圆波导中 TM 模的模式特征方程，只有满足(5.3.32)式和(5.3.33)式的 TM 模才能在椭圆波导中传播。函数 $Je_m(\xi_0, q)$ 取一定的 m 值时，由(5.3.32)式就得到它的一组根，即 $q_{mn}=\tilde{q}^e_{mn}$，对应的电磁波模式记为 TM^e_{mn}。同样，函数 $Jo_m(\xi_0, q)$ 取一定的 m 值时，由(5.3.33)式就得到它的一组根，即 $q_{mn}=\tilde{q}^o_{mn}$，对应的电磁波模式记为 TM^o_{mn}。

1938 年，朱兰成在研究电磁波在椭圆波导中的传播时，绘出了偏心率 $e=0.75$ 的 6 个主要模的场图[87]，随后朱兰成的理论和场图被许多著作和文献所引用[10,89]。由于朱兰成给出的场图是推测的，因此，除场线的疏密程度不可能完全与实际的场强分布相符合外，还存在如下两点错误[90]：(1)他错误地认为 TM^e_{01}（即$_cE_0$）模有两个分别位于二焦点附近的 E_z 二通量管，实际上 TM^e_{01} 模的场图与矩形波导中的 TM_{11} 模或圆形波导中的 TM_{01} 模是相似的；(2)当偏心率 $e=0.75$ 时，TM^e_{11}（即$_cE_1$）模在长轴附近的电场线事实上是凸的，但他错误地认为是凹的。当偏心率较小时，TM^e_{11} 模的场图和圆形波导中的 TM_{11} 模相似；当偏心率较大时，TM^e_{11} 模的场图和矩形波导中的 TM_{21} 模相似。凸凹分界点大约为 $e=0.65$。

1962年和1964年，对于上述第一个错误，文献［91］和［92］给出了TM_{01}^{e}模的正确场图。1971年，文献［93］对同样问题在椭圆谐振腔中进行了一些测量，然而给出的场图都不太精确。1990年，文献［94］采用数值方法绘出了TM_{01}^{e}模的正确场图。1993年，王百锁等将马丢函数展成傅里叶级数，采用解析方法绘出了TM_{01}^{e}模(即${}_{c}E_{01}$模)的正确场图[95~97]，并在文献［95］中指出了上述第二个错误。之后，他们又相继绘出了偏心率e分别等于0.9、0.75和0.3的椭圆波导中6种主要模的场图和更多的场图[90,98~99]。图5-28~5-30是文献［98］中绘出的椭圆空波导($\varepsilon=\varepsilon_0$，$\mu=\mu_0$)的场图，图中每个模式符号下括号中的数字表示该本征模的序数。例如，图5-28中第1模(主模)为TE_{11}^{e}，第4模为TM_{01}^{e}；图5-29中第1模(主模)仍为TE_{11}^{e}，而第3模为TM_{01}^{e}。

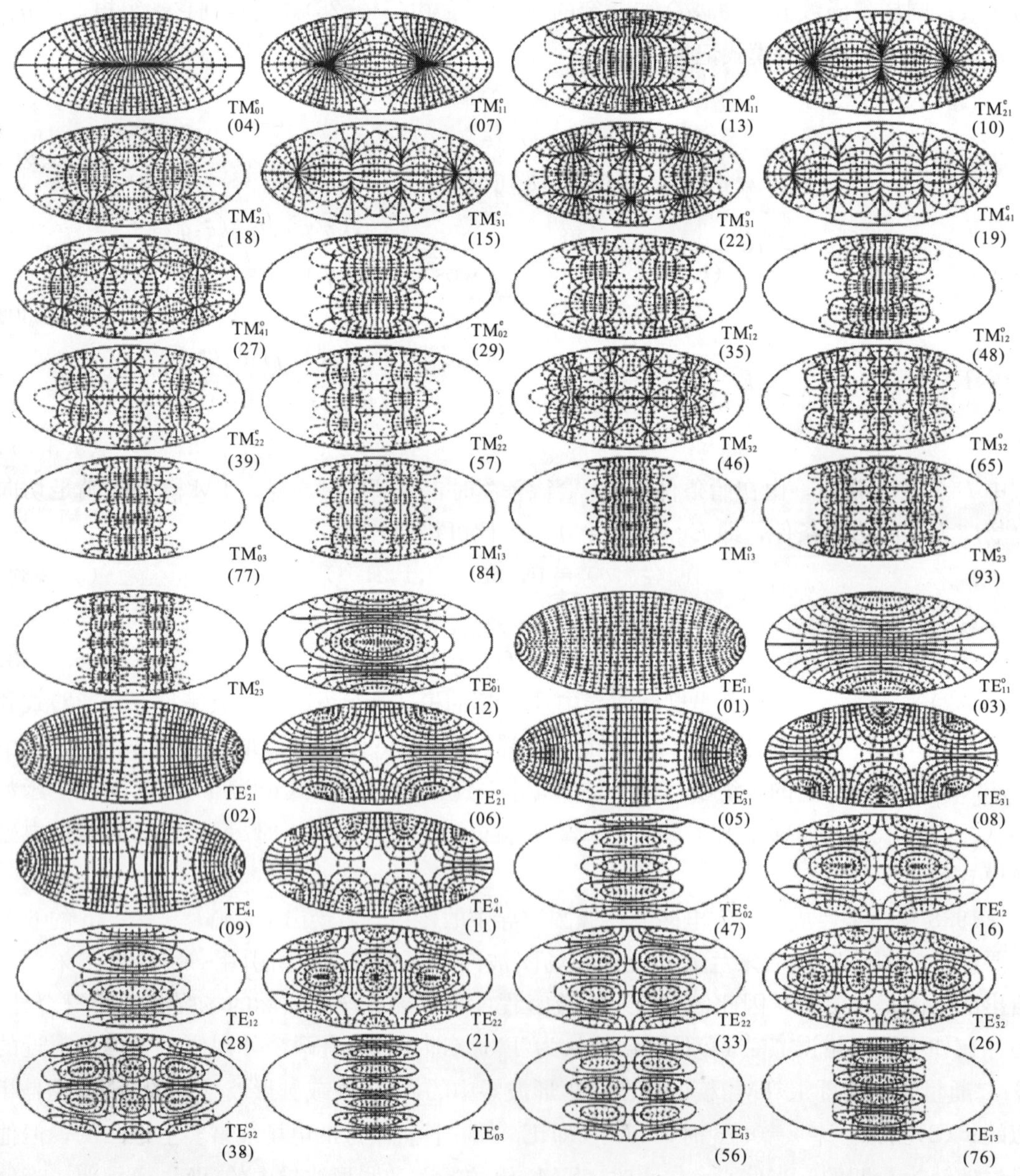

图5-28　椭圆波导场图(e=0.9，$a\times b$=10×4.358899 cm²，**E**线用“—”表示，**H**线用“---”表示)

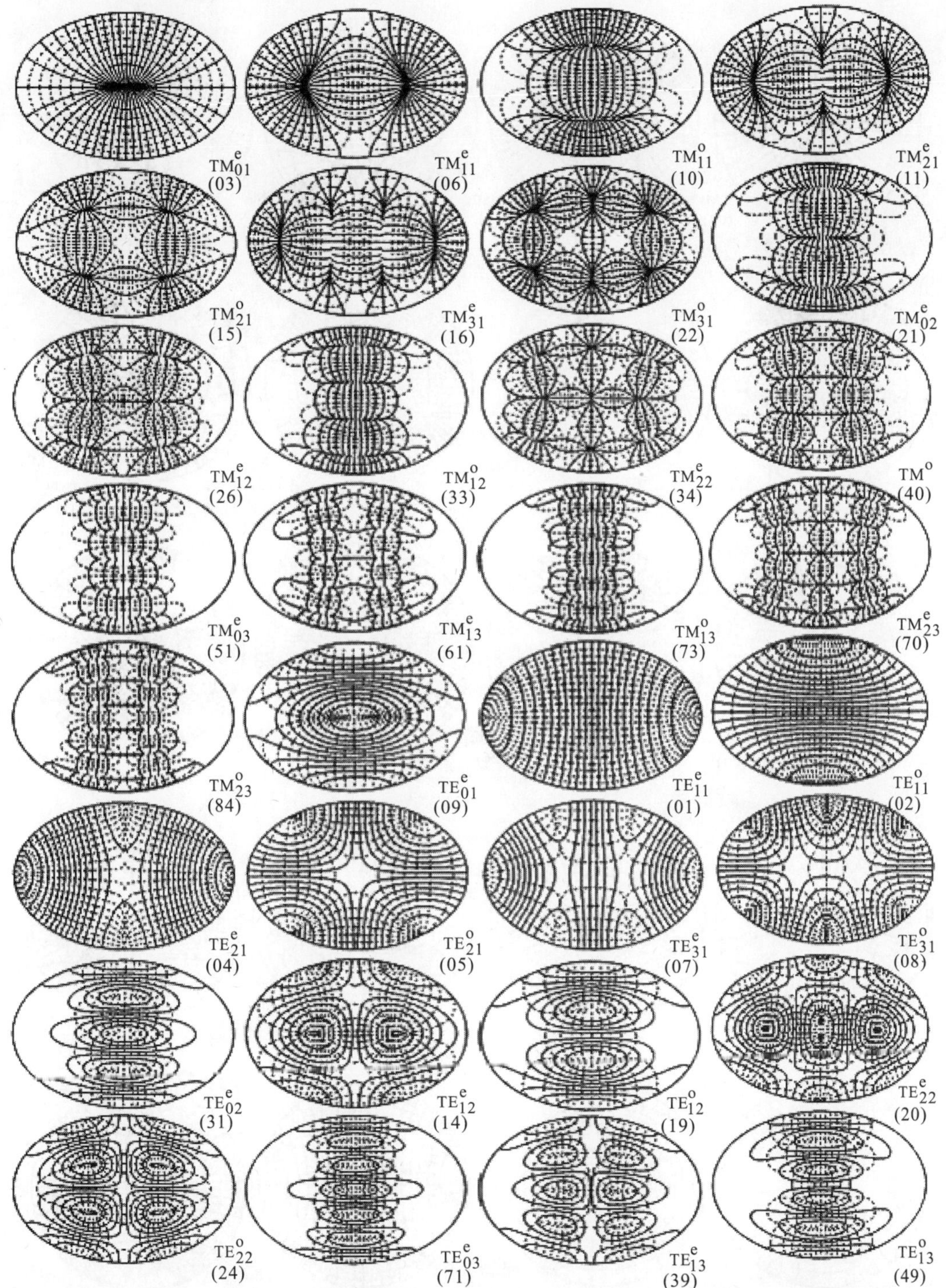

图 5-29　椭圆波导场图(e=0.75，$a\times b$=10×6.614378 cm²，**E** 线用“—”表示，**H** 线用“---”表示)

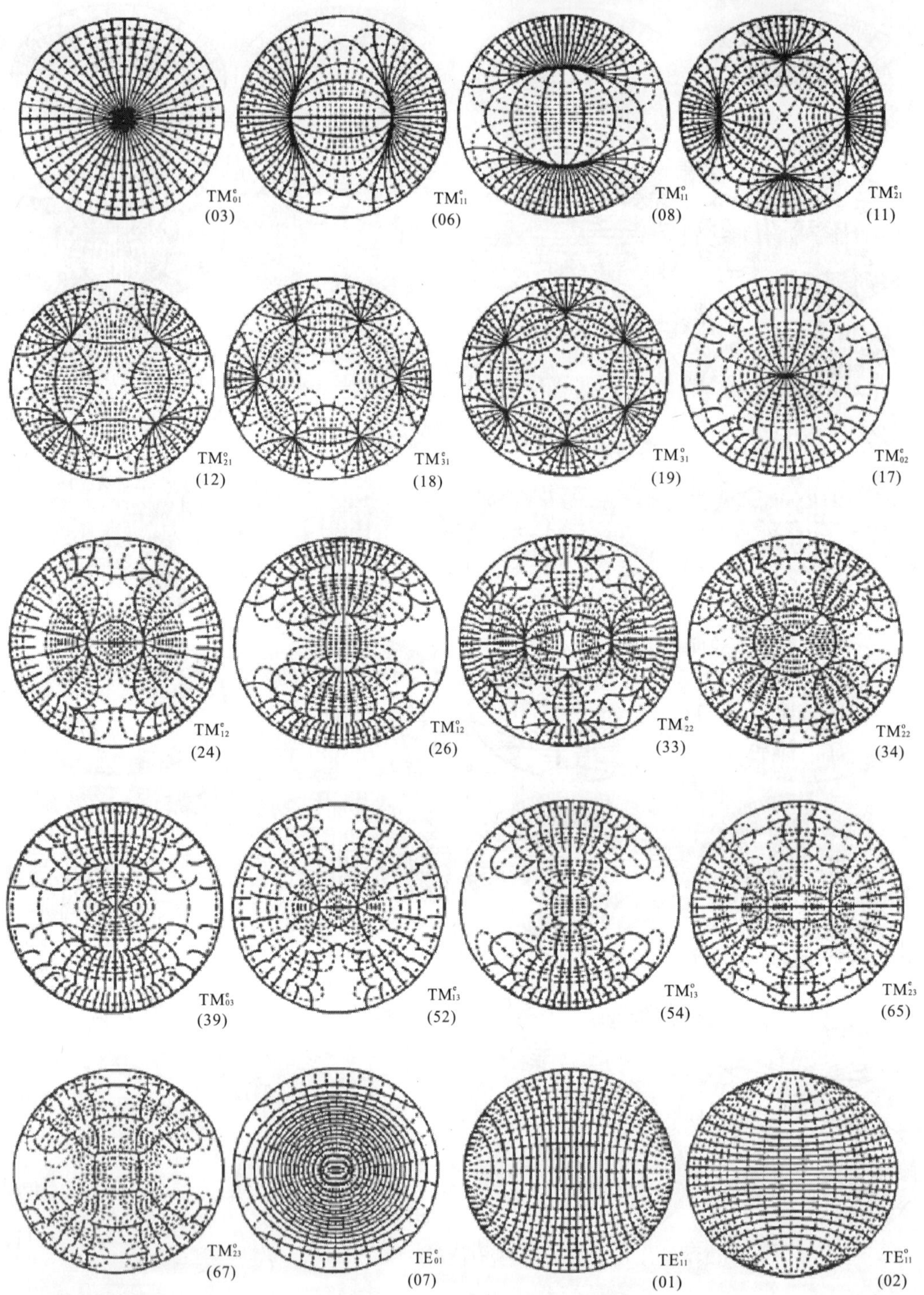

TM_{01}^{e} (03)
TM_{11}^{e} (06)
TM_{11}^{o} (08)
TM_{21}^{e} (11)
TM_{21}^{o} (12)
TM_{31}^{e} (18)
TM_{31}^{o} (19)
TM_{02}^{e} (17)
TM_{12}^{e} (24)
TM_{12}^{o} (26)
TM_{22}^{e} (33)
TM_{22}^{o} (34)
TM_{03}^{e} (39)
TM_{13}^{e} (52)
TM_{13}^{o} (54)
TM_{23}^{e} (65)
TM_{23}^{o} (67)
TE_{01}^{e} (07)
TE_{11}^{e} (01)
TE_{11}^{o} (02)

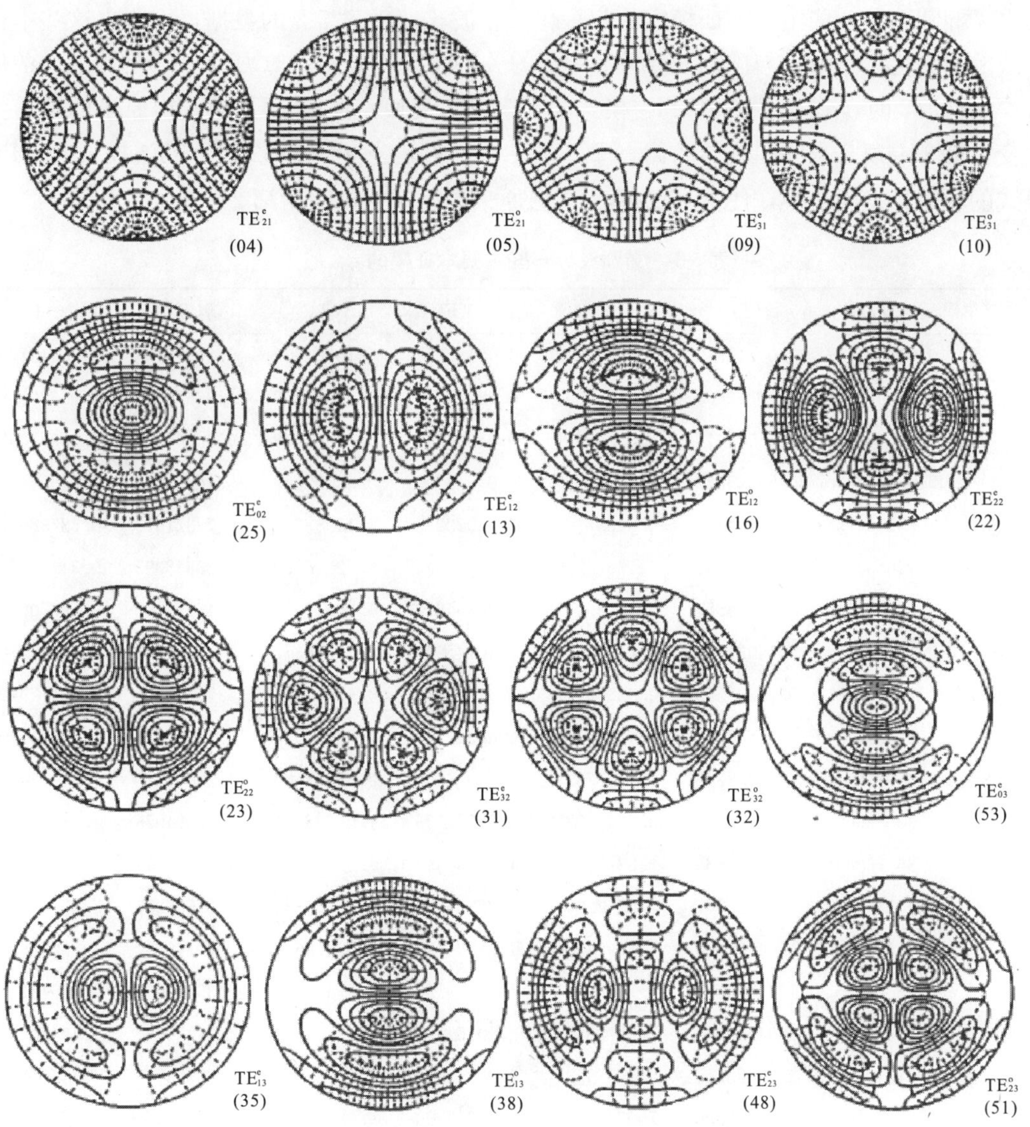

图 5-30　椭圆波导场图(e=0.3，$a\times b$=10×9.539392 cm^2，E 线用“—”表示，H 线用“…”表示)

5.3.3　椭圆波导的截止波长和截止频率

当 $\beta=0$ 时，电磁波在椭圆波导中截止，不能沿 z 方向传播，由(5.3.17)式可得

$$\frac{\lambda_c}{a}=\frac{\pi e}{\sqrt{q_{mn}}} \tag{5.3.34}$$

其中，λ_c/a 称为椭圆波导的归一化截止波长，q_{mn} 是对应于某一偏心率 e，即对应于某一径向变量 ξ_0(因为 $\cosh\xi_0=1/e$)的椭圆波导，是方程(5.3.27)～(5.3.28)式，(5.3.32)～(5.3.33)式的解。表 5-1 是对应于某一偏心率 e 的椭圆波导一些模式的 q_{mn} 数值计算结果。因此，应用(5.3.27)～(5.3.28)式，(5.3.32)～(5.3.33)式以及(5.3.34)式，可计算得到椭圆波导中各个模式的电磁波归一化截止波长与椭圆波导偏心率之间的关系。利用计算得到的数据，只要再给出椭圆波导的半长轴，就能计算出某一模式的实际截止波长。表 5-2

给出了椭圆波导一些主要本征模式的归一化截止波长。由表 5-2 的数据，可绘出这些本征模式的归一化截止波长与椭圆波导偏心率 e 的关系曲线，如图 5-31 所示。当椭圆波导的偏心率 $e\approx0.82$ 时，TM^{e}_{01}模式和 TE^{e}_{21}模式的顺序发生交换，使得 TE^{e}_{21}模式由原来的第 4 主模变为第 3 主模。当椭圆波导的偏心率 e 进一步增大，当 $e\approx0.852$ 时，TE^{o}_{21}模式和 TE^{e}_{21}模式的顺序又发生交换，使得 TE^{e}_{21}模式又由原来的第 3 主模变为第 2 主模。

表 5-1 椭圆波导一些主要本征模的 q_{mn} 值

偏心率 e	$q_{mn}(TE^{e}_{11})$	$q_{mn}(TE^{o}_{11})$	$q_{mn}(TM^{e}_{01})$	$q_{mn}(TE^{e}_{21})$	$q_{mn}(TE^{o}_{21})$	$q_{mn}(TM^{e}_{11})$	$q_{mn}(TE^{e}_{01})$
0.05	0.00211894	0.00212382	0.00361902	0.00583751	0.10854802	0.00918198	0.00918775
0.10	0.00847836	0.00855698	0.01453097	0.02343727	0.02343859	0.03679760	0.03689158
0.15	0.01908609	0.01948919	0.03290471	0.05305949	0.05307478	0.08306088	0.08355098
0.20	0.03395532	0.03525250	0.05903599	0.09513209	0.09522033	0.14834661	0.14996156
0.25	0.05310475	0.05634754	0.09337168	0.15023975	0.15058758	0.23321915	0.23738055
0.30	0.07655887	0.08348562	0.13654795	0.21910363	0.22018409	0.33848095	0.34769819
0.35	0.10434835	0.11765386	0.18945059	0.30254872	0.30540033	0.46524467	0.48370614
0.40	0.13651041	0.16021529	0.25330664	0.40145640	0.40814352	0.61504822	0.64950518
0.45	0.17308959	0.21306516	0.32982941	0.51670238	0.53104831	0.79002991	0.85112940
0.50	0.21413821	0.27888014	0.42145400	0.64909700	0.67780612	0.99321556	1.09751580
0.55	0.25971691	0.36153382	0.53172332	0.79932800	0.85371488	1.22899373	1.40205480
0.60	0.30989662	0.46681470	0.66597085	0.96794735	1.06662164	1.50394058	1.78522960
0.65	0.36475880	0.60374835	0.83258722	1.15538395	1.32864090	1.82835515	2.27942730
0.70	0.42439688	0.78720777	1.03922000	1.36201700	1.65951333	2.21929296	2.93848800
0.75	0.48891904	1.04358255	1.32983291	1.58824170	2.09379688	2.70719452	3.85860880
0.80	0.55844866	1.42473571	1.73530711	1.83456120	2.69829144	3.35224660	5.23042190
0.85	0.63312759	2.04920840	2.37728170	2.10167515	3.62238666	4.29271240	7.49433940
0.90	0.71311929	3.26423419	3.59788989	2.39053100	5.29088686	5.93393860	11.95747340
0.95	0.79861165	6.75769936	7.07723382	2.70242250	9.68395168	10.22315674	25.07327820

表 5-2 椭圆波导一些主要本征模截归一化截止波长

偏心率 e	$\lambda_c/a(TE^{e}_{11})$	$\lambda_c/a(TE^{o}_{11})$	$\lambda_c/a(TM^{e}_{01})$	$\lambda_c/a(TE^{e}_{21})$	$\lambda_c/a(TE^{o}_{21})$	$\lambda_c/a(TM^{e}_{11})$	$\lambda_c/a(TE^{e}_{01})$
0.05	3.41240442	3.40848428	2.61110571	2.05591885	2.05591494	1.63927438	1.63875973
0.10	3.41188062	3.39617049	2.60616838	2.05208968	2.05203183	1.63772178	1.63563424
0.15	3.41100685	3.37554733	2.59783803	2.04578299	2.04548843	1.63509444	1.63029180
0.20	3.40977644	3.34645394	2.58595776	2.03711866	2.03617455	1.63132698	1.62251928
0.25	3.40818518	3.30866188	2.57029088	2.02627059	2.02392906	1.62632658	1.61200837
0.30	3.40622509	3.26185960	2.55051875	2.01347541	2.00852919	1.61995890	1.59834268
0.35	3.40388676	3.20564046	2.52621279	1.99903430	1.98967965	1.61204515	1.58098266
0.40	3.40115916	3.13948094	2.49681605	1.98331018	1.96699558	1.60234213	1.55925995
0.45	3.39802735	3.06271177	2.46160098	1.96671809	1.93997140	1.59052528	1.53237320

续表

偏心率 e	$\lambda_c/a(TE^e_{11})$	$\lambda_c/a(TE^o_{11})$	$\lambda_c/a(TM^e_{01})$	$\lambda_c/a(TE^e_{21})$	$\lambda_c/a(TE^o_{21})$	$\lambda_c/a(TM^e_{11})$	$\lambda_c/a(TE^e_{01})$
0.50	3.39447626	2.97448004	2.41960663	1.94968771	1.90795055	1.57615200	1.49938950
0.55	3.39048980	2.87367793	2.36957089	1.93263592	1.87006256	1.55861096	1.45925122
0.60	3.38604469	2.75885481	2.30979532	1.91591060	1.82513886	1.53704212	1.41076302
0.65	3.38111791	2.62805970	2.23793946	1.89976568	1.77157440	1.51019464	1.35254066
0.70	3.37568421	2.47858156	2.15721858	1.88432859	1.70709436	1.47618431	1.28287972
0.75	3.36971105	2.30646959	2.04320809	1.86961782	1.62833539	1.43202766	1.19948760
0.80	3.36316524	2.10558450	1.90788264	1.85555456	1.53001399	1.37268804	1.09893364
0.85	3.35600935	1.86541609	1.73192251	1.84198457	1.40304428	1.28885151	0.97544346
0.90	3.34819889	1.56495439	1.49062502	1.82871130	1.22921571	1.16070222	0.81765976
0.95	3.33968592	1.14808492	1.12186778	1.81550238	0.95906301	0.93342824	0.59602968

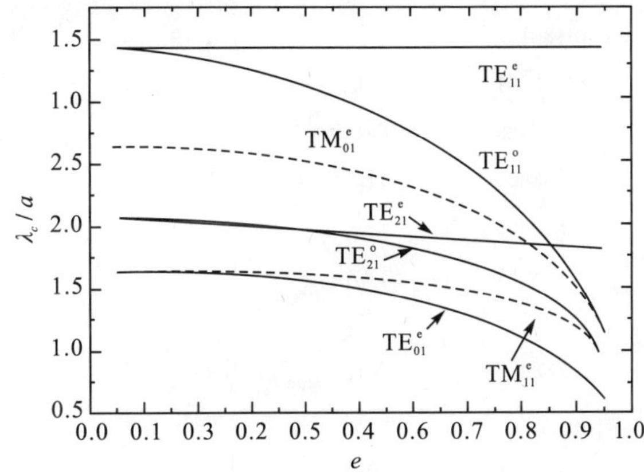

图 5-31　椭圆波导本征模截归一化截止波长随偏心率的变化

关于椭圆波导本征模式的归一化截止波长的数值计算，自从 1938 年朱兰成研究椭圆波导来以来，又有不少文献对它进行深入研究。1970 年，Kretzschmar 计算出了 19 个模的归一化截止波长曲线，并拟合出了 8 个最低阶模的参数 q 与椭圆波导偏心率 e 之间的近似计算公式[100]。1995 年。张善杰等又计算了椭圆波导偏心率 e 为 0.1、0.5 和 0.9 的 100 个最低阶模的归一化截止波长(如表 5-3 所示)，并拟合出了 10 个最低阶模的归一化截止波长与椭圆波导偏心率 e 之间的近似计算公式，如表 5-4 所示。这些公式在椭圆波导偏心率 e 为 0～0.99 或 0～1.0 都有效[101]，它能快速计算椭圆波导的截止频率、极大地方便了椭圆波导的工程设计过程。2000 年，文献［102］用微分求积法计算了椭圆波导的截止波长。2007 年，文献［103］采用横向共振技术计算了椭圆波导主模的截止波长，给出了数值计算结果并对不同偏心率椭圆波导的数值计算结果进行了验证，该方法与其他涉及马蒂厄函数的方法相比，具有技术简单、快速、准确和易于理解等优点。稍加修改，这种方法可以应用到其他的导波结构和场模式计算中。2009 年，Tsogkas 等应用了两种方法计算椭圆波导 25 个模式的归一化截止波长：第一种方法是将椭圆波导中的电磁场表示成马蒂厄函数，然后将本征方程中的马蒂厄函数用椭圆波导偏心率的级数展开；第二种方法是先将椭圆波导中的 E_z 用圆波导中的 E_z 表示，然后再对其进行修正，并将贝塞尔函数用椭圆波导偏心率的级数展开，利用边界条件得到特征方程[104]。

表 5-3 椭圆波导本征模式顺序及归一化截止波长

序号	偏心率 $e=0.1$		偏心率 $e=0.5$		偏心率 $e=0.9$	
	模式	λ_c/a	模式	λ_c/a	模式	λ_c/a
1	TE_{11}^{e}	3.41188201	TE_{11}^{e}	3.39447796	TE_{11}^{e}	3.34819934
2	TE_{11}^{o}	3.39617177	TE_{11}^{o}	2.97448032	TE_{21}^{e}	1.82871198
3	TM_{01}^{e}	2.60616852	TM_{01}^{e}	2.41960702	TE_{11}^{o}	1.56495481
4	TE_{21}^{e}	2.05208977	TE_{21}^{e}	1.94968828	TM_{01}^{e}	1.49062515
5	TE_{21}^{o}	2.05203202	TE_{21}^{o}	1.90795125	TE_{31}^{e}	1.26542321
6	TM_{11}^{e}	1.63772228	TM_{11}^{e}	1.57615210	TE_{21}^{o}	1.22921614
7	TE_{01}^{e}	1.63563513	TE_{01}^{e}	1.49938950	TM_{11}^{e}	1.16070249
8	TM_{11}^{o}	1.63361256	TM_{11}^{o}	1.46727452	TE_{31}^{o}	0.99860472
9	TE_{31}^{e}	1.49183132	TE_{31}^{e}	1.40275680	TE_{41}^{e}	0.96975846
10	TE_{31}^{o}	1.49183109	TE_{31}^{o}	1.39790776	TM_{21}^{e}	0.93753838
11	TM_{21}^{e}	1.22042951	TM_{21}^{e}	1.16520501	TE_{41}^{o}	0.83397716
12	TM_{21}^{o}	1.22037489	TM_{21}^{o}	1.13357998	TE_{01}^{e}	0.81765942
13	TE_{41}^{e}	1.17863600	TE_{12}^{e}	1.12835796	TM_{11}^{o}	0.80930877
14	TE_{41}^{o}	1.17863600	TE_{41}^{e}	1.10587635	TE_{51}^{e}	0.78724715
15	TE_{12}^{e}	1.17713084	TE_{41}^{o}	1.10529053	TM_{31}^{e}	0.78026278
16	TE_{12}^{o}	1.17396194	TE_{12}^{o}	1.04785956	TE_{12}^{e}	0.71603488
17	TM_{02}^{e}	1.13533477	TM_{02}^{e}	1.03034970	TE_{51}^{o}	0.71232947
18	TM_{31}^{e}	0.98234023	TM_{31}^{e}	0.92887494	TM_{21}^{o}	0.70828320
19	TM_{31}^{o}	0.98233977	TM_{31}^{o}	0.92078076	TM_{41}^{e}	0.66513122
20	TE_{51}^{e}	0.97960644	TE_{51}^{e}	0.91607169	TE_{61}^{e}	0.66328788
21	TE_{51}^{o}	0.97960644	TE_{51}^{o}	0.91599927	TE_{22}^{e}	0.63319257
22	TE_{22}^{e}	0.93464260	TE_{22}^{e}	0.89716685	TM_{31}^{o}	0.62616630
23	TE_{22}^{o}	0.93456961	TE_{22}^{o}	0.86420375	TE_{61}^{o}	0.61969135
24	TM_{12}^{e}	0.89446309	TM_{12}^{e}	0.84778529	TM_{51}^{e}	0.57800441
25	TE_{02}^{e}	0.89328695	TE_{02}^{e}	0.80277908	TE_{71}^{e}	0.57358748
30	TM_{41}^{o}	0.82593477	TM_{41}^{o}	0.77560113	TE_{71}^{o}	0.54728403
40	TM_{51}^{e}	0.71452786	TE_{13}^{o}	0.65137311	TE_{52}^{e}	0.46043562
50	TE_{23}^{e}	0.62874749	TM_{61}^{o}	0.59214061	TM_{71}^{o}	0.41637935
60	TM_{42}^{o}	0.56644221	TM_{42}^{o}	0.53235279	TM_{91}^{e}	0.37563007
70	TE_{62}^{e}	0.53408707	TE_{14}^{e}	0.49402711	$TE_{12,1}^{e}$	0.34500891
80	$TE_{11,1}^{e}$	0.48863340	TM_{33}^{e}	0.46038334	TE_{43}^{e}	0.32458532
90	TM_{14}^{o}	0.46977544	TM_{62}^{o}	0.43415539	TE_{53}^{e}	0.30594802
100	TE_{82}^{e}	0.44401270	TE_{04}^{e}	0.41616560	$TM_{12,1}^{o}$	0.28669920

表 5-4　椭圆波导部分本征模归一化截止波长拟合公式

模式	归一化截止波长拟合公式	偏心率 e
TE_{11}^{e}	$\lambda_c/a=3.41257911-0.06960165e^2-0.010811761e^4-0.001551343e^6-0.000196037e^8$	[0，1.0]
TE_{11}^{o}	$\lambda_c/a=3.41257911-1.64946e^2-0.193153e^4-1.26437e^6+2.02088e^8-1.67104e^{10}$	[0，0.9]
	$\lambda_c/a=1.56495481-7.2118(1-e)^{0.125}+9.5048(1-e)^{0.25}+1.48137(1-e)^{0.375}$	[0.9，0.99]
TM_{01}^{e}	$\lambda_c/a=2.61274057-0.666902e^2-0.173694e^4-1.40916e^6+2.1687e^8-1.87123e^{10}$	[0，0.9]
	$\lambda_c/a=1.49062515-7.96272(1-e)^{0.125}+12.7149(1-e)^{0.25}-2.78747(1-e)^{0.375}$	[0.9，0.99]
TE_{21}^{e}	$\lambda_c/a=2.05720298-0.515017e^2+0.301521e^4+0.285292e^6-0.590669e^8+0.268172e^{10}$	[0，1.0]
TE_{21}^{o}	$\lambda_c/a=2.05720298-0.52526e^2-0.0980927e^4-1.08694e^6+1.72239e^8-1.43919e^{10}$	[0，0.9]
	$\lambda_c/a=1.22921614-7.2778(1-e)^{0.125}+13.3726(1-e)^{0.25}-4.88771(1-e)^{0.375}$	[0.9，0.99]
TM_{11}^{e}	$\lambda_c/a=1.63978796-0.218162e^2+0.058415e^4-1.2277e^6+2.12388e^8-1.7275e^{10}$	[0，0.9]
	$\lambda_c/a=1.16070249-7.91779(1-e)^{0.125}+16.1757(1-e)^{0.25}-7.48142(1-e)^{0.375}$	[0.9，0.99]
TE_{01}^{e}	$\lambda_c/a=1.63978796-0.415913e^2-0.426159e^4-0.961653e^6+1.64945e^8-1.1602e^{10}$	[0，0.9]
	$\lambda_c/a=0.81765942-3.69985(1-e)^{0.125}+4.66541(1-e)^{0.25}+0.35838(1-e)^{0.375}$	[0.9，0.99]
TM_{11}^{o}	$\lambda_c/a=1.63978796-0.621608e^2-0.150714e^4-0.693906e^6+1.05299e^8-0.896293e^{10}$	[0，0.9]
	$\lambda_c/a=0.80930877-3.77731(1-e)^{0.125}+5.00489(1-e)^{0.25}+0.0443174(1-e)^{0.375}$	[0.9，0.99]
TE_{31}^{e}	$\lambda_c/a=1.49557313-0.371402e^2-0.065832e^4+0.247781e^6+0.105781e^8-0.181746e^{10}$	[0，1.0]
TE_{31}^{o}	$\lambda_c/a=1.49557313-0.383519e^2+0.127985e^4-0.9166e^6+1.50186e^8-1.23193e^{10}$	[0，0.9]
	$\lambda_c/a=0.99860472-6.71145(1-e)^{0.125}+14.0357(1-e)^{0.25}-6.78048(1-e)^{0.375}$	[0.9，0.99]

马蒂厄函数除应用于分析填充普通介质的椭圆金属壁波导外，还可应用于分析填充复杂介质的椭圆波导[23~27]、分析介质椭圆波导[105~106]以及其他一些复杂的椭圆波导问题[107~111]。

5.4　椭圆谐振腔

谐振腔是一种适用于高频的谐振元件，它是用理想导体围成的空腔。凡是用理想导体围成的任意形状的空腔都有共振现象，具有 LC 回路的性质，称之为谐振腔。谐振腔可以将电磁振荡全部约束在空腔内，电磁场没有辐射，也没有介质损耗，金属导体的焦耳损耗很小，因此具有较高的品质因数。在微波频段中谐振腔广泛用于波长计、滤波器等器件中。本节对椭圆谐振腔最低振荡模式进行讨论，确定了腔中的最低振荡模式，得到了场分量表示式，经数值计算，绘出了 TM_{010}^{e} 谐振模和 TE_{111}^{e} 谐振模的场量分布。

5.4.1　椭圆谐振腔中的电磁场

椭圆谐振腔是波导式空腔谐振器，是一段两端都被短路的椭圆波导。如图 5-32 所示，设椭圆谐振腔壁($\xi=\xi_0$)由导体金属构成，可视为理想导体，腔内填充均匀各向同性介质，其电容率和磁导率分别为 ε 和 μ，椭圆截面的半长轴和半短轴分别 a 和 b，腔长为 L，椭圆谐振腔横截面偏心率为 e，半焦距为 $h=(a^2-b^2)^{1/2}=ae$。

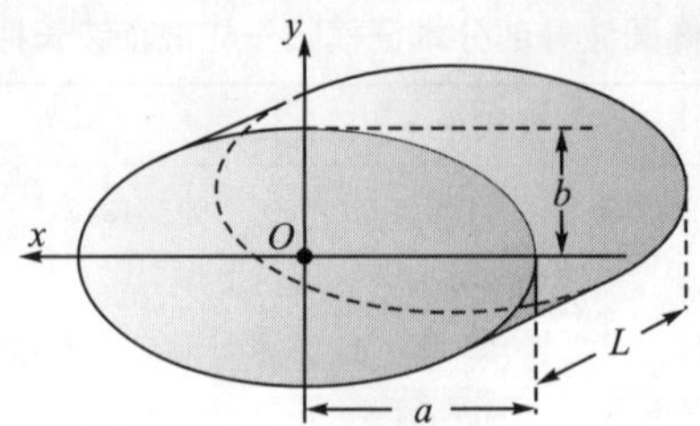

图 5-32 椭圆谐振腔

与椭圆波导一样，椭圆谐振腔中的电磁场 **E** 和 **H** 应满足齐次矢量亥姆霍兹方程(5.3.4)～(5.3.5)式。电磁场的 z 分量 E_z 和 H_z 应满足齐次标量亥姆霍兹方程(5.3.10)～(5.3.11)式，即 E_z 和 H_z 是方程(1.2.11)式和(5.3.16)式的解的叠加[112～120]。椭圆谐振腔内的电磁波谐振模式同样可分为 TM 模($H_z=0$)和 TE 模($E_z=0$)，其他任意复杂的模式均可看成由该两种基本模式叠加而成。在椭圆坐标系中，设 TM 模电场 E_z 的形式为[112～113]

$$E_z = R(\xi)\psi(\eta)Z(k_z z) \tag{5.4.1}$$

式中 $R(\xi)$是径向马蒂厄函数，它可取偶函数 $\mathrm{Je}_m(\xi, q)$或奇函数 $\mathrm{Jo}_m(\xi, q)$；$\psi(\eta)$是角向马蒂厄函数，它可取偶函数 $\mathrm{ce}_m(\eta, q)$或奇函数 $\mathrm{se}_m(\eta, q)$；$Z(k_z z)$是方程(1.2.11)式的解。由于椭圆谐振腔中的电磁场实际上是沿 z 方向的电磁波与沿 $-z$ 方向的电磁波的叠加，因此方程(1.2.11)式的解应取驻波解，即为函数 $Z(k_z z)=A\sin k_z z+B\sin k_z z$。总结上述内容可得，在椭圆谐振腔中 TM 模电磁场的 z 分量 E_z 为

$$E_z = \begin{Bmatrix} \mathrm{ce}_m(\eta,q)\mathrm{Je}_m(\xi,q) \\ \mathrm{se}_m(\eta,q)\,\mathrm{Jo}_m(\xi,q) \end{Bmatrix}(A\cos k_z z + B\sin k_z z) \tag{5.4.2}$$

同样 TE 模的 H_z的形式为

$$H_z = \begin{Bmatrix} \mathrm{ce}_m(\eta,q)\mathrm{Je}_m(\xi,q) \\ \mathrm{se}_m(\eta,q)\,\mathrm{Jo}_m(\xi,q) \end{Bmatrix}(C\cos k_z z + D\sin k_z z) \tag{5.4.3}$$

(5.4.2)式和(5.4.3)式中大括号内的上、下两项分别对应椭圆谐振腔中的偶模和奇模。A、B、C 和 D 为任意常量，其值决定电磁波的振幅。

椭圆谐振腔中电场波还需满足以下边界条件：

$$E_\xi = E_\eta = 0,(z = 0, 0 \leqslant \xi \leqslant \xi_0, 0 \leqslant \eta \leqslant 2\pi) \tag{5.4.4}$$

$$E_\xi = E_\eta = 0,(z = L, 0 \leqslant \xi \leqslant \xi_0, 0 \leqslant \eta \leqslant 2\pi) \tag{5.4.5}$$

$$E_z = E_\eta = 0,(0 \leqslant z \leqslant L, \xi = \xi_0, 0 \leqslant \eta \leqslant 2\pi) \tag{5.4.6}$$

将(5.4.2)式代入(5.3.12)～(5.3.13)式，再利用边界条件(5.4.4)式，令常量 $B=0$，利用边界条件(5.4.5)式，有 $\sin k_z z=0$，所以有[112～113]

$$k_z = \frac{p\pi}{L},(p = 0,1,2,3,\cdots) \tag{5.4.7}$$

因此，将(5.4.2)式代入(5.3.12)～(5.3.15)式，并利用边界条件(5.4.4)～(5.4.5)式可得椭圆谐振腔中 TM 模的电磁场为

$$E_z = A\begin{Bmatrix} \mathrm{ce}_m(\eta,q)\mathrm{Je}_m(\xi,q) \\ \mathrm{se}_m(\eta,q)\,\mathrm{Jo}_m(\xi,q) \end{Bmatrix}\cos\left(\frac{p\pi}{L}z\right) \tag{5.4.8}$$

$$E_\xi = -\frac{A}{k_t^2 h_1}\frac{p\pi}{L}\begin{Bmatrix} \mathrm{ce}_m(\eta,q)\,\mathrm{Je}'_m(\xi,q) \\ \mathrm{se}_m(\eta,q)\,\mathrm{Jo}'_m(\xi,q) \end{Bmatrix}\sin\left(\frac{p\pi}{L}z\right) \tag{5.4.9}$$

$$E_\eta=-\frac{A}{k_t^2h_1}\frac{p\pi}{L}\begin{Bmatrix}\mathrm{ce}'_m(\eta,q)\mathrm{Je}_m(\xi,q)\\ \mathrm{se}'_m(\eta,q)\mathrm{Jo}_m(\xi,q)\end{Bmatrix}\sin\left(\frac{p\pi}{L}z\right) \tag{5.4.10}$$

$$H_\xi=A\frac{\mathrm{j}\omega\varepsilon}{k_t^2h_1}\begin{Bmatrix}\mathrm{ce}'_m(\eta,q)\mathrm{Je}_m(\xi,q)\\ \mathrm{se}'_m(\eta,q)\mathrm{Jo}_m(\xi,q)\end{Bmatrix}\cos\left(\frac{p\pi}{L}z\right) \tag{5.4.11}$$

$$H_\eta=-A\frac{\mathrm{j}\omega\varepsilon}{k_t^2h_1}\begin{Bmatrix}\mathrm{ce}_m(\eta,q)\mathrm{Je}'_m(\xi,q)\\ \mathrm{se}_m(\eta,q)\mathrm{Jo}'_m(\xi,q)\end{Bmatrix}\cos\left(\frac{p\pi}{L}z\right) \tag{5.4.12}$$

$$H_z=0 \tag{5.4.13}$$

式中，$k_t^2=k^2-k_z^2=\omega^2\mu\varepsilon-k_z^2$，$h_1=h\sqrt{\cosh^2\xi-\cos^2\eta}$。同样，将(5.4.3)式代入(5.3.12)～(5.3.15)式，并利用边界条件(5.4.4)～(5.4.5)式可得椭圆谐振腔中 TE 模的电磁场为

$$E_\xi=-D\frac{\mathrm{j}\omega\mu}{k_t^2h_1}\begin{Bmatrix}\mathrm{ce}'_m(\eta,q)\mathrm{Je}_m(\xi,q)\\ \mathrm{se}'_m(\eta,q)\mathrm{Jo}_m(\xi,q)\end{Bmatrix}\sin\left(\frac{p\pi}{L}z\right) \tag{5.4.14}$$

$$E_\eta=D\frac{\mathrm{j}\omega\mu}{k_t^2h_1}\begin{Bmatrix}\mathrm{ce}_m(\eta,q)\mathrm{Je}'_m(\xi,q)\\ \mathrm{se}_m(\eta,q)\mathrm{Jo}'_m(\xi,q)\end{Bmatrix}\sin\left(\frac{p\pi}{L}z\right) \tag{5.4.15}$$

$$E_z=0 \tag{5.4.16}$$

$$H_\xi=\frac{D}{k_t^2h_1}\frac{p\pi}{L}\begin{Bmatrix}\mathrm{ce}_m(\eta,q)\mathrm{Je}'_m(\xi,q)\\ \mathrm{se}_m(\eta,q)\mathrm{Jo}'_m(\xi,q)\end{Bmatrix}\cos\left(\frac{p\pi}{L}z\right) \tag{5.4.17}$$

$$H_\eta=\frac{D}{k_t^2h_1}\frac{p\pi}{L}\begin{Bmatrix}\mathrm{ce}'_m(\eta,q)\mathrm{Je}_m(\xi,q)\\ \mathrm{se}'_m(\eta,q)\mathrm{Jo}_m(\xi,q)\end{Bmatrix}\cos\left(\frac{p\pi}{L}z\right) \tag{5.4.18}$$

$$H_z=D\begin{Bmatrix}\mathrm{ce}_m(\eta,q)\mathrm{Je}_m(\xi,q)\\ \mathrm{se}_m(\eta,q)\mathrm{Jo}_m(\xi,q)\end{Bmatrix}\sin\left(\frac{p\pi}{L}z\right) \tag{5.4.19}$$

将边界条件(5.4.6)式应用于 TM 模，则有

$$\mathrm{Je}_m(\xi_0,q)=0,(m=0,1,2,\cdots) \tag{5.4.20}$$

$$\mathrm{Jo}_m(\xi_0,q)=0,(m=1,2,3,\cdots) \tag{5.4.21}$$

(5.4.20)式和(5.4.21)式就是椭圆谐振腔中 TM 模的特征方程式，它和椭圆波导中 TM 模的特征方程(5.3.32)式和(5.3.33)式形式完全相同，两式分别对应 TM 模式的偶模和奇模，设(5.4.20)式和(5.4.21)式的根分别为 $\tilde{q}_{mn}^{\mathrm{e}}$ 和 $\tilde{q}_{mn}^{\mathrm{o}}$ ($n=1$，2，3，…)，则椭圆谐振腔中 $\mathrm{TM}_{mnp}^{\mathrm{e}}$ (偶模)谐振模式和 $\mathrm{TM}_{mnp}^{\mathrm{o}}$ (奇模)谐振模式的场分量分别为

$$E_z=A\begin{Bmatrix}\mathrm{ce}_m(\eta,\tilde{q}_{mn}^{\mathrm{e}})\mathrm{Je}_m(\xi,\tilde{q}_{mn}^{\mathrm{e}})\\ \mathrm{se}_m(\eta,\tilde{q}_{mn}^{\mathrm{o}})\mathrm{Jo}_m(\xi,\tilde{q}_{mn}^{\mathrm{o}})\end{Bmatrix}\cos\left(\frac{p\pi}{L}z\right) \tag{5.4.22}$$

$$E_\xi=-\frac{A}{k_t^2h_1}\frac{p\pi}{L}\begin{Bmatrix}\mathrm{ce}_m(\eta,\tilde{q}_{mn}^{\mathrm{e}})\mathrm{Je}'_m(\xi,\tilde{q}_{mn}^{\mathrm{e}})\\ \mathrm{se}_m(\eta,\tilde{q}_{mn}^{\mathrm{o}})\mathrm{Jo}'_m(\xi,\tilde{q}_{mn}^{\mathrm{o}})\end{Bmatrix}\sin\left(\frac{p\pi}{L}z\right) \tag{5.4.23}$$

$$E_\eta=-\frac{A}{k_t^2h_1}\frac{p\pi}{L}\begin{Bmatrix}\mathrm{ce}'_m(\eta,\tilde{q}_{mn}^{\mathrm{e}})\mathrm{Je}_m(\xi,\tilde{q}_{mn}^{\mathrm{e}})\\ \mathrm{se}'_m(\eta,\tilde{q}_{mn}^{\mathrm{o}})\mathrm{Jo}_m(\xi,\tilde{q}_{mn}^{\mathrm{o}})\end{Bmatrix}\sin\left(\frac{p\pi}{L}z\right) \tag{5.4.24}$$

$$H_\xi=A\frac{\mathrm{j}\omega\varepsilon}{k_t^2h_1}\begin{Bmatrix}\mathrm{ce}'_m(\eta,\tilde{q}_{mn}^{\mathrm{e}})\mathrm{Je}_m(\xi,\tilde{q}_{mn}^{\mathrm{e}}\\ \mathrm{se}'_m(\eta,\tilde{q}_{mn}^{\mathrm{o}})\mathrm{Jo}_m(\xi,\tilde{q}_{mn}^{\mathrm{o}})\end{Bmatrix}\cos\left(\frac{p\pi}{L}z\right) \tag{5.4.25}$$

$$H_\eta=-A\frac{\mathrm{j}\omega\varepsilon}{k_t^2h_1}\begin{Bmatrix}\mathrm{ce}_m(\eta,\tilde{q}_{mn}^{\mathrm{e}})\mathrm{Je}'_m(\xi,\tilde{q}_{mn}^{\mathrm{e}})\\ \mathrm{se}_m(\eta,\tilde{q}_{mn}^{\mathrm{o}})\mathrm{Jo}'_m(\xi,\tilde{q}_{mn}^{\mathrm{o}})\end{Bmatrix}\cos\left(\frac{p\pi}{L}z\right) \tag{5.4.26}$$

$$H_z = 0 \tag{5.4.27}$$

将边界条件(5.4.6)式应用于TE模，则有[115]

$$\mathrm{Je}'_m(\xi_0, q) = 0, (m = 0,1,2,\cdots) \tag{5.4.28}$$

$$\mathrm{Jo}'_m(\xi_0, q) = 0, (m = 1,2,3,\cdots) \tag{5.4.29}$$

(5.4.28)式和(5.4.29)式就是椭圆谐振腔TE模的特征方程式，它和椭圆波导TE模的特征方程(5.3.27)式和(5.3.28)式形式完全相同，两式分别对应TE模式的偶模和奇模。设(5.4.28)式和(5.4.29)式的根分别为q^{e}_{mn}和q^{o}_{mn}($n=1$，2，3，…)，则椭圆谐振腔中$\mathrm{TE}^{\mathrm{e}}_{mnp}$(偶模)谐振模式和$\mathrm{TE}^{\mathrm{o}}_{mnp}$(奇模)谐振模式的场分量分别为

$$E_\zeta = -D\frac{\mathrm{j}\omega\mu}{k_{\mathrm{t}}^2 h_1}\begin{Bmatrix}\mathrm{ce}'_m(\eta, q^{\mathrm{e}}_{mn})\mathrm{Je}_m(\xi, q^{\mathrm{e}}_{mn})\\ \mathrm{se}'_m(\eta, q^{\mathrm{o}}_{mn})\mathrm{Jo}_m(\xi, q^{\mathrm{o}}_{mn})\end{Bmatrix}\sin\left(\frac{p\pi}{L}z\right) \tag{5.4.30}$$

$$E_\eta = D\frac{\mathrm{j}\omega\mu}{k_{\mathrm{t}}^2 h_1}\begin{Bmatrix}\mathrm{ce}_m(\eta, q^{\mathrm{e}}_{mn})\mathrm{Je}'_m(\xi, q^{\mathrm{e}}_{mn})\\ \mathrm{se}_m(\eta, q^{\mathrm{o}}_{mn})\mathrm{Jo}'_m(\xi, q^{\mathrm{o}}_{mn})\end{Bmatrix}\sin\left(\frac{p\pi}{L}z\right) \tag{5.4.31}$$

$$E_z = 0 \tag{5.4.32}$$

$$H_\xi = \frac{D}{k_{\mathrm{t}}^2 h_1}\frac{p\pi}{L}\begin{Bmatrix}\mathrm{ce}_m(\eta, q^{\mathrm{e}}_{mn})\mathrm{Je}'_m(\xi, q^{\mathrm{e}}_{mn})\\ \mathrm{se}_m(\eta, q^{\mathrm{o}}_{mn})\mathrm{Jo}'_m(\xi, q^{\mathrm{o}}_{mn})\end{Bmatrix}\cos\left(\frac{p\pi}{L}z\right) \tag{5.4.33}$$

$$H_\eta = \frac{D}{k_{\mathrm{t}}^2 h_1}\frac{p\pi}{L}\begin{Bmatrix}\mathrm{ce}'_m(\eta, q^{\mathrm{e}}_{mn})\mathrm{Je}_m(\xi, q^{\mathrm{e}}_{mn})\\ \mathrm{se}'_m(\eta, q^{\mathrm{o}}_{mn})\mathrm{Jo}_m(\xi, q^{\mathrm{o}}_{mn})\end{Bmatrix}\cos\left(\frac{p\pi}{L}z\right) \tag{5.4.34}$$

$$H_z = D\begin{Bmatrix}\mathrm{ce}_m(\eta, q^{\mathrm{e}}_{mn})\mathrm{Je}_m(\xi, q^{\mathrm{e}}_{mn})\\ \mathrm{se}_m(\eta, q^{\mathrm{o}}_{mn})\mathrm{Jo}_m(\xi, q^{\mathrm{o}}_{mn})\end{Bmatrix}\sin\left(\frac{p\pi}{L}z\right) \tag{5.4.35}$$

由于椭圆谐振腔的特征方程与椭圆波导的特征方程完全相同，因此，有关椭圆谐振腔归一化截止波长的计算与椭圆波导归一化截止波长的计算完全相同。当$k_z=0$，即$p=0$，这时TE模的所有场分量为零，即在椭圆谐振腔中不存在$\mathrm{TE}^{\mathrm{e}}_{mn0}$和$\mathrm{TE}^{\mathrm{o}}_{mn0}$模，但存在$\mathrm{TM}^{\mathrm{e}}_{mn0}$和$\mathrm{TM}^{\mathrm{o}}_{mn0}$模。当$m=0$时，由于不存在奇函数$\mathrm{Jo}_m(\xi, q)$($m=1$，2，3，…)，当然其相应的导数也不存在，因此在椭圆谐振腔中也不存在$\mathrm{TE}^{\mathrm{o}}_{0np}$和$\mathrm{TM}^{\mathrm{o}}_{0np}$模，但存在$\mathrm{TE}^{\mathrm{e}}_{0np}$和$\mathrm{TM}^{\mathrm{e}}_{0np}$模。

椭圆谐振腔的TM模式和TE模式的谐振频率可表示为[119]

$$f_{mnp} = \frac{\sqrt{k_{\mathrm{t}}^2 + k_z^2}}{2\pi\sqrt{\varepsilon\mu}} = \frac{1}{2\pi\sqrt{\varepsilon\mu}}\sqrt{\frac{4q_{mn}}{a^2e^2} + \left(\frac{p\pi}{L}\right)^2} \tag{5.4.36}$$

相应的谐振波长为

$$\lambda_{mnp} = \frac{2\pi}{k} = \frac{2\pi}{\sqrt{k_{\mathrm{t}}^2 + k_z^2}} = \frac{2\pi}{\sqrt{\frac{4q_{mn}}{a^2e^2} + \left(\frac{p\pi}{L}\right)^2}} \tag{5.4.37}$$

由此可见，对于横截面一定的椭圆谐振腔，其谐振频率和谐振波长与腔长有关。

5.4.2 椭圆谐振腔中$\mathrm{TM}^{\mathrm{e}}_{010}$模和$\mathrm{TE}^{\mathrm{e}}_{111}$模的工作特性

当取$m=p=0$，$n=1$时，由(5.4.22)～(5.4.27)式可得TM模的最低振荡模式为$\mathrm{TM}^{\mathrm{e}}_{010}$模。由于函数$\mathrm{Jo}_m(\xi, q)$中$m\neq0$，因此不存在$\mathrm{TM}^{\mathrm{o}}_{010}$模。$\mathrm{TM}^{\mathrm{e}}_{010}$模的各场分量为

$$E_z = A\,\mathrm{ce}_0(\eta, \bar{q}^{\mathrm{e}}_{01})\mathrm{Je}_0(\xi, \bar{q}^{\mathrm{e}}_{01}) \tag{5.4.38}$$

$$E_\xi = E_\eta = 0 \tag{5.4.39}$$

$$H_\xi = A \frac{\mathrm{j}\omega\varepsilon}{k_\mathrm{t}^2 h_1} \mathrm{ce}'_0(\eta, \tilde{q}_{01}^{\mathrm{e}}) \mathrm{Je}_0(\xi, \tilde{q}_{01}^{\mathrm{e}}) \tag{5.4.40}$$

$$H_\eta = -A \frac{\mathrm{j}\omega\varepsilon}{k_\mathrm{t}^2 h_1} \mathrm{ce}_0(\eta, \tilde{q}_{01}^{\mathrm{e}}) \mathrm{Je}'_0(\xi, \tilde{q}_{01}) \tag{5.4.41}$$

$$H_z = 0 \tag{5.4.42}$$

可以看出，$\mathrm{TM}_{010}^{\mathrm{e}}$模各场分量不随 z 轴变化。令(5.4.38)式中 $A=1$，如果椭圆谐振腔的偏心率 $e=0.5$，从表 5-1 查得其 $\tilde{q}_{01}^{\mathrm{e}}=0.42145400$，又由 $\cosh\xi_0=1/e$，可计算得到椭圆谐振腔腔壁的径向值 $\xi_0=1.317$，即当 $\xi_0=1.317$ 时，$E_z=0$。令半焦距 $h=1$，可计算得到椭圆谐振腔的半长轴 $a=2$，半短轴 $b=1.7321$。利用马蒂厄函数的计算程序，可计算得到 $\mathrm{TM}_{010}^{\mathrm{e}}$模 E_z的场分布如图 5-33 所示。同样，令 $A\dfrac{\mathrm{j}\omega\varepsilon}{k_\mathrm{t}^2}=A\dfrac{j}{\omega\mu}=1$（对 $\mathrm{TM}_{010}^{\mathrm{e}}$模，$k_z=0$），可计算得到 H_ξ的场分布如图 5-34 所示，H_η的场分布如图 5-35 所示。

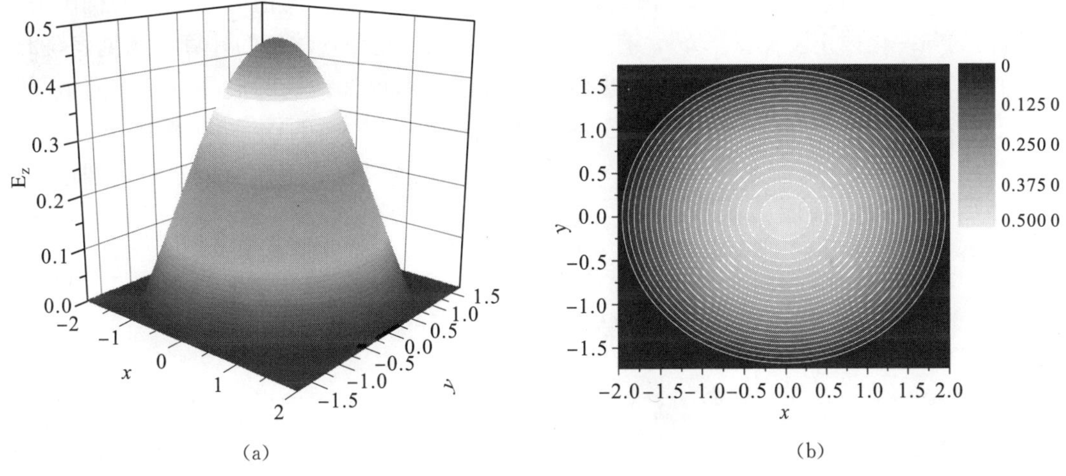

图 5-33　$\mathrm{TM}_{010}^{\mathrm{e}}$模纵向场 E_Z场分布图

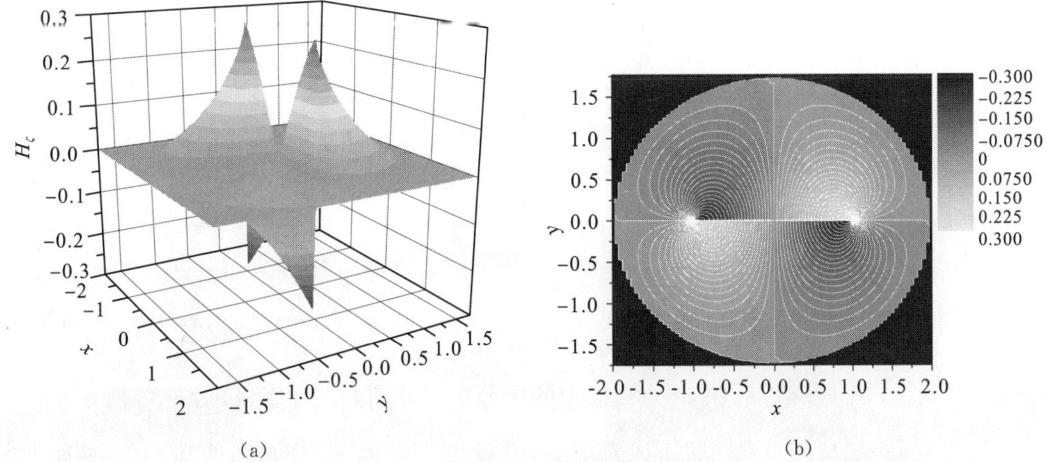

图 5-34　$\mathrm{TM}_{010}^{\mathrm{e}}$模纵向场 H_ξ场分布图

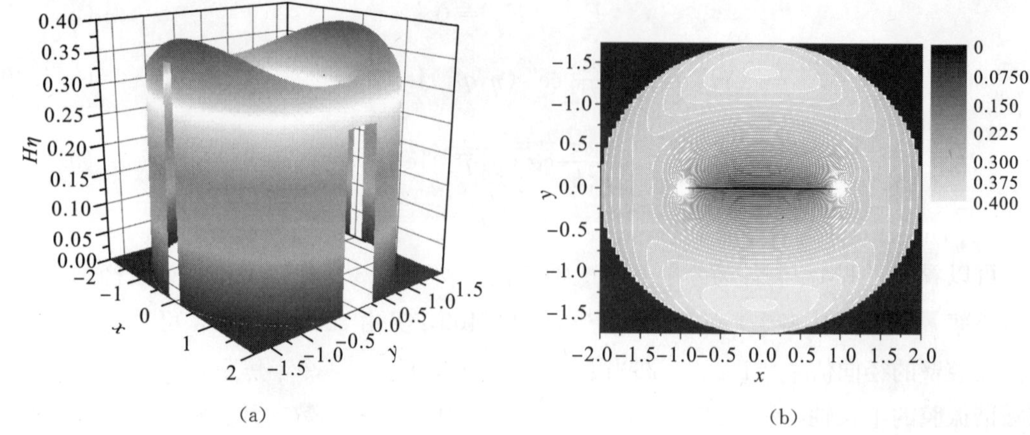

图 5-35 TM^e_{010}模纵向场 H_η 场分布图

将 $m=p=0$，$n=1$ 代入(5.4.36)式和(5.4.37)式可以看出，椭圆谐振腔 TM^e_{010}模的谐振频率和谐振波长只与椭圆谐振腔的横截面的大小和偏心率有关，与腔长 L 无关，其值为一常量[112~113]。椭圆谐振腔 TM^e_{010}模的归一化谐振波长(λ_{010}/a)的值等于对应的椭圆波导 TM^e_{01}模的归一化截止波长(λ_{01}/a)，有关 TM^e_{010}模的归一化截止波长的计算示例见表 5-2。

由 5.3 节对椭圆波导的归一化截止波长的数值计算可知，椭圆波导 TE 模的最低模式，也就是椭圆波导的最低模式是 TE^e_{11}模，而不是 TE^e_{01}模。因此，对于椭圆谐振腔 TE 模谐振模式，要求 $p\neq0$，因为如果 $p=0$，谐振腔内的场只有零解，所以对于椭圆谐振腔 TE 模的最低模式，应取 $m=n=p=1$，这样由(5.4.30)～(5.4.35)式可得 TE^e_{111}模和 TE^o_{111}模的场分量。最低模式 TE^e_{111}模的各场分量为

$$E_\xi=-D\frac{j\omega\mu}{k_t^2h_1}\,ce'_1(\eta,q^e_{11})Je_1(\xi,q^e_{11})\sin\left(\frac{\pi}{L}z\right) \tag{5.4.43}$$

$$E_\eta=D\frac{j\omega\mu}{k_t^2h_1}ce_1(\eta,q^e_{11})\,Je'_1(\xi,q_{11})\sin\left(\frac{\pi}{L}z\right) \tag{5.4.44}$$

$$E_z=0 \tag{5.4.45}$$

$$H_\xi=\frac{D}{k_t^2h_1}\,\frac{\pi}{L}ce_1(\eta,q^e_{11})\,Je'_1(\xi,q^e_{11})\cos\left(\frac{\pi}{L}z\right) \tag{5.4.46}$$

$$H_\eta=\frac{D}{k_t^2h_1}\,\frac{\pi}{L}\,ce'_1(\eta,q^e_{11})Je_1(\xi,q^e_{11})\cos\left(\frac{\pi}{L}z\right) \tag{5.4.47}$$

$$H_z=Dce_1(\eta,q^e_{11})Je_1(\xi,q^e_{11})\sin\left(\frac{\pi}{L}z\right) \tag{5.4.48}$$

对于 TE^e_{111}模，当椭圆偏心率 $e=0.5$ 时，从表 5-1 查得其 $q^e_{11}=0.21413821$。椭圆谐振腔腔壁的径向值仍为 $\xi_0=1.317$，半长轴 $a=2$，半短轴 $b=1.7321$。对于(5.4.48)式，令式中的 $D=1$，可由(5.4.48)式计算出 TE^e_{111}模在 $z=L/2$ 截面上的纵向磁场 H_z 的分布如图 5-36 所示。

同样，令(5.4.46)式和(5.4.47)式中 $\frac{D}{k_t^2h_1}\,\frac{\pi}{L}=1$，式中 $k_t^2=\omega^2\mu\varepsilon-k_z^2=\omega^2\mu\varepsilon-\left(\frac{\pi}{L}\right)^2$，可计算出 H_ξ 和 H_η 在 $z=0$ 截面上的场分布图分别如图 5-37 和图 5-38 所示。

从(5.4.43)式与(5.4.47)式可以看出 $z=L/2$ 截面上的 E_ξ 分布图像与 $z=0$ 平面上的 H_η 分布图像相似，从(5.4.44)式与(5.4.46)式可以看出 $z=L/2$ 截面上的 E_ξ 分布图像与

$z=0$ 截面上的 H_ξ 分布图像相似。

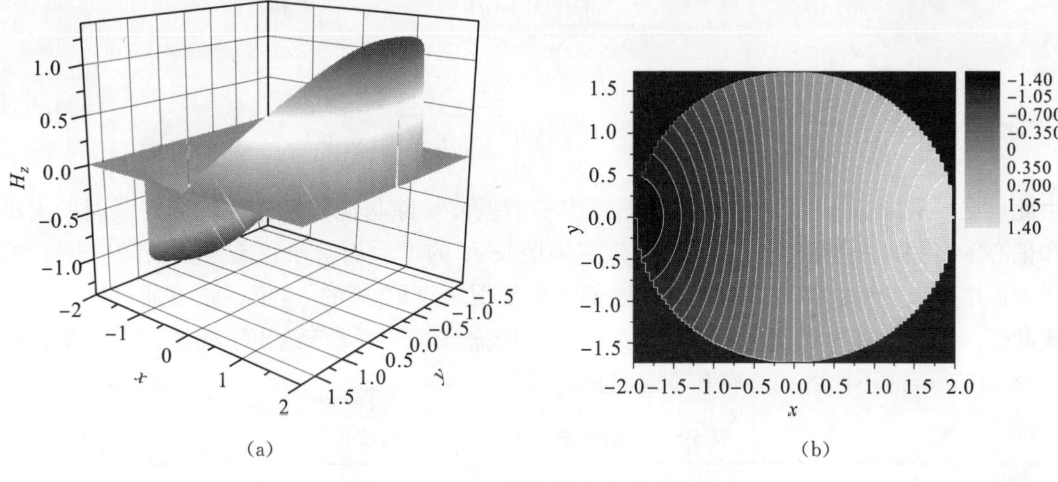

图 5-36　TE_{111}^e 模纵向场 H_z 场分布图

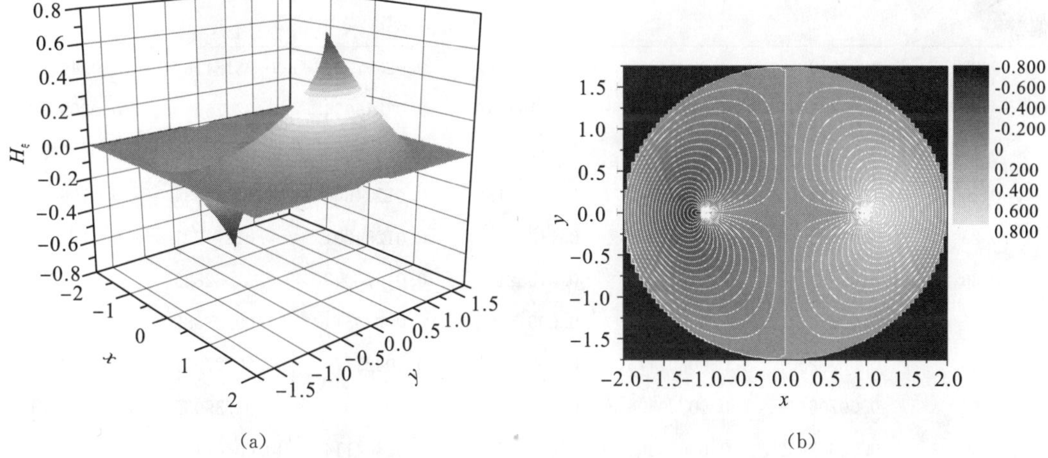

图 5-37　TE_{111}^e 模纵向场 H_ξ 场分布图

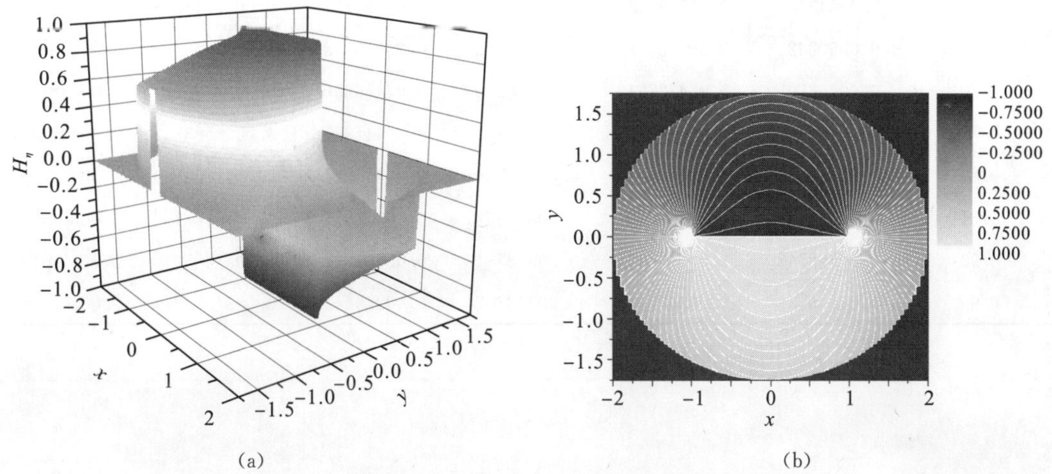

图 5-38　TE_{111}^e 模纵向场 H_η 场分布图

TE^e_{111}模的谐振频率和谐振波长的计算公式分别为

$$f_{111} = \frac{1}{2\pi\sqrt{\varepsilon\mu}}\sqrt{\frac{4q_{11}}{a^2e^2}+\left(\frac{\pi}{L}\right)^2} \tag{5.4.49}$$

$$\lambda_{111} = \frac{2\pi}{\sqrt{\frac{4q_{11}}{a^2e^2}+\left(\frac{\pi}{L}\right)^2}} \tag{5.4.50}$$

由此可见，椭圆谐振腔 TE^e_{111}模的谐振频率和谐振波长除与椭圆谐振腔的横向截面的大小和偏心率有关，还与腔长有关，谐振频率随腔长 L 的增大而减小，谐振波长随腔长 L 的增大而增大[112~113]。由表 5-1 查出不同偏心率情况下 TE^e_{11}模的 q_{11}值，就可通过(5.4.49)式和(5.4.50)计算出椭圆谐振腔的谐振频率和谐振波长。表 5-5 给出了椭圆谐振腔半长轴 $a=2\times10^{-2}$m 时不同的偏心率和不同腔长情况下的谐振波长。

表 5-5 椭圆谐振腔 TE^e_{111}模的谐振波长

L / m λ_{111}/m 偏心率 e	0.01	0.012	0.014	0.016	0.018	0.02
0.05	0.01919286	0.02264087	0.02590462	0.02897327	0.03184167	0.03450957
0.10	0.01725411	0.01962994	0.02164448	0.02334054	0.02476399	0.02595838
0.15	0.01501795	0.01650710	0.01765194	0.01853636	0.01922568	0.01976877
0.20	0.01297455	0.13898940	0.01456188	0.01504660	0.01540834	0.01568371
0.25	0.01126469	0.01185384	0.01225712	0.01254201	0.01274921	0.01290388
0.30	0.00987391	0.01026349	0.01052192	0.01070048	0.01082829	0.01092258
0.35	0.00874616	0.00901347	0.00918700	0.00930514	0.00938882	0.00945008
0.40	0.00782507	0.00801476	0.00813602	0.00821774	0.00827521	0.00831706
0.45	0.00706442	0.00720306	0.00729070	0.00734932	0.00739035	0.00742011
0.50	0.00642868	0.00653262	0.00659779	0.00664114	0.00667136	0.00669323
0.55	0.00589104	0.00597071	0.00602035	0.00605323	0.00607609	0.00609260
0.60	0.00543133	0.00549358	0.00553216	0.00555764	0.00557532	0.00558807
0.65	0.00503424	0.00508369	0.00511422	0.00513433	0.00514825	0.00515829
0.70	0.00468805	0.00472791	0.00475244	0.00476856	0.00477971	0.00478774
0.75	0.00438369	0.00441623	0.00443620	0.00444931	0.00445836	0.00446487
0.80	0.00411405	0.00414091	0.00415736	0.00416814	0.00417558	0.00418093
0.85	0.00387349	0.00389588	0.00390957	0.00391853	0.00392471	0.00392915
0.90	0.00365748	0.00367632	0.00368781	0.00369533	0.00370051	0.00370423
0.95	0.00346238	0.00347834	0.00348807	0.00349444	0.00349882	0.00350196

5.5 椭圆形理想导体柱面对平面电磁波的散射

椭圆形柱面对电磁波的散射特性会随柱体和柱体表面的材料性质、入射电磁波的不同而发生变化。就椭圆形柱面来说，已研究的情况有理想导体柱面[121~122]、均匀各向同性介质和涂覆均匀各向同性介质的理想导体[122~127]、均匀各向异性介质的椭圆形柱体[128~130]、非同轴多层介质椭圆形柱体[131]、左手介质的椭圆形柱体[132]和理想电磁体的椭圆形柱体等[133~134]。就入射的电磁波来说，可能有平面电磁波、柱面电磁波和球面电磁波等。作为马蒂厄函数的应用示例，下面讨论椭圆形理想导体对平面电磁波的散射问题。

设椭圆形导体柱是理想导体，柱体的半长轴为 a，半短轴为 b，半焦距为 h，椭圆柱外为真空，平面电磁波的入射方向与 x 轴夹角为 θ，入射波的波矢量 k 的方向在 (x, y) 平面内，入射电磁波的电场矢量 E_z 或磁场矢量 H_z 平行于 z 轴，如图 5-39 所示。当入射平面电磁波的电场矢量 E_z 与 z 轴平行时，称为电场极化($E-$polarization)波，当入射平面电磁波的磁场矢量 H_z 与 z 轴平行时，称为磁场极化($H-$polarization)波，电磁波的时谐因子为 $e^{-j\omega t}$，在下文式中将其均省去。为简单起见，对入射的电场极化波和磁场极化波，我们引入标量函数 $U=U(x, z)$，则对电场极化波有

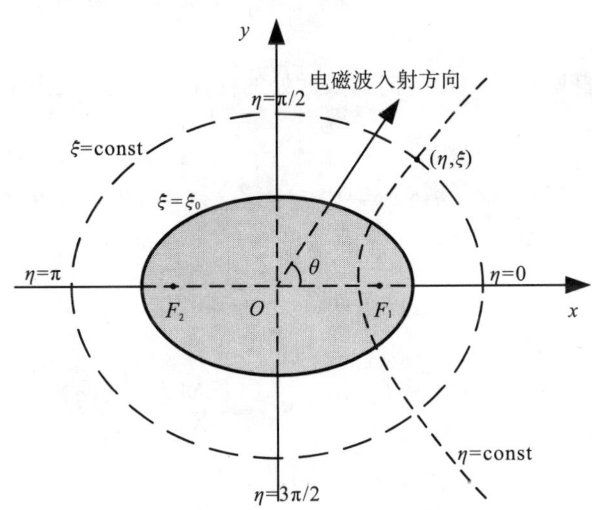

图 5-39 椭圆形理想导体柱面对电磁波散射示意图

$$\begin{cases} \boldsymbol{E} = U\hat{\boldsymbol{e}}_z \\ \boldsymbol{H} = (\mathrm{j}\omega\mu_0)^{-1}\left(\dfrac{\partial U}{\partial y}\hat{\boldsymbol{e}}_x - \dfrac{\partial U}{\partial x}\hat{\boldsymbol{e}}_y\right) \end{cases} \tag{5.5.1}$$

对磁场极化波有

$$\begin{cases} \boldsymbol{E} = -(\mathrm{j}\omega\varepsilon_0)^{-1}\left(\dfrac{\partial U}{\partial y}\hat{\boldsymbol{e}}_x - \dfrac{\partial U}{\partial x}\hat{\boldsymbol{e}}_y\right) \\ \boldsymbol{H} = U\hat{\boldsymbol{e}}_z \end{cases} \tag{5.5.2}$$

设原点的初相位为零，入射到椭圆柱体的单位振幅的平面电磁波可表示为

$$U^i = \mathrm{e}^{\mathrm{j}k(x\cos\theta + y\sin\theta)} \tag{5.5.3}$$

式中 $k=\omega\sqrt{\varepsilon_0\mu_0}$ 为真空中的波数。

令椭圆柱体外电磁场的总场为$U=U(x,z)$，则椭圆柱体外散射波可表示为$U^s=U-U^i$，散射波U^s满足二维标量亥姆霍兹方程

$$\left(\frac{\partial^2}{\partial x^2}+\frac{\partial^2}{\partial y^2}+k^2\right)U^s=0 \tag{5.5.4}$$

利用(1.2.1)式，在椭圆坐标系中(5.5.4)式可表示为

$$\frac{\partial^2 U^s}{\partial \xi^2}+\frac{\partial^2 U^s}{\partial \eta^2}+2q[\cosh(2\xi)+\cos(2\eta)]U^s=0 \tag{5.5.5}$$

式中$q=k^2h^2/4$。很明显，应用分离变量法，由(5.5.5)式可得到角向马蒂厄方程和径向马蒂厄方程，其解分别是角向马蒂厄函数和径向马蒂厄函数。在理想导体的椭圆柱表面，总场满足下列边界条件

$$U\big|_{\xi=\xi_0}=0,\text{(电场极化波)} \tag{5.5.6}$$

$$\left.\frac{\partial U}{\partial \xi}\right|_{\xi=\xi_0}=0,\text{(磁场极化波)} \tag{5.5.7}$$

式中ξ_0为椭圆坐标系中理想导体椭圆柱外表面的径向坐标。将(5.5.3)式表示的入射波展开为马蒂厄函数的级数可得[135]

$$U^i=2\sum_{n=0}^{\infty}\mathrm{j}^n\mathrm{Mc}_n^{(1)}(\xi,q)\mathrm{ce}_n(\eta,q)\mathrm{ce}_n(\theta,q)+2\sum_{n=1}^{\infty}\mathrm{j}^n\mathrm{Ms}_n^{(1)}(\xi,q)\mathrm{se}_n(\eta,q)\mathrm{se}_n(\theta,q) \tag{5.5.8}$$

散射波应当是从椭圆柱发出，传向无限远处的柱面波，为满足这一条件，应将散射波表示为

$$U^s=2\sum_{n=0}^{\infty}\mathrm{j}^nC_n\mathrm{Mc}_n^{(3)}(\xi,q)\mathrm{ce}_n(\eta,q)\mathrm{ce}_n(\theta,q)+2\sum_{n=1}^{\infty}\mathrm{j}^nS_n\mathrm{Ms}_n^{(3)}(\xi,q)\mathrm{se}_n(\eta,q)\mathrm{se}_n(\theta,q) \tag{5.5.9}$$

式中C_n和S_n为展开系数，它们由边界条件(5.5.6)式和(5.5.7)式确定，相应于入射波为电场极化波的C_n和S_n分别为

$$C_n=-\frac{\mathrm{Mc}_n^{(1)}(\xi_0,q)}{\mathrm{Mc}_n^{(3)}(\xi_0,q)},S_n=-\frac{\mathrm{Ms}_n^{(1)}(\xi_0,q)}{\mathrm{Ms}_n^{(3)}(\xi_0,q)} \tag{5.5.10}$$

对入射波为磁场极化波，C_n和S_n分别为

$$C_n=-\frac{\mathrm{Mc}'^{(1)}_n(\xi,q)\big|_{\xi=\xi_0}}{\mathrm{Mc}'^{(3)}_n(\xi,q)\big|_{\xi=\xi_0}},S_n=-\frac{\mathrm{Ms}'^{(1)}_n(\xi,q)\big|_{\xi=\xi_0}}{\mathrm{Ms}'^{(3)}_n(\xi,q)\big|_{\xi=\xi_0}} \tag{5.5.11}$$

由直角坐系与椭圆坐标系之间的坐标变换关系(1.2.1)式和(5.5.1)～(5.5.2)式，在椭圆坐标中可将椭圆柱外空间的ξ和η方向的场表示为

$$\boldsymbol{H}=\frac{\sqrt{2}}{\mathrm{j}\omega\mu_0h\sqrt{\cosh(2\xi)-\cos(2\eta)}}\left(\frac{\partial U}{\partial \eta}\dot{\boldsymbol{e}}_\xi-\frac{\partial U}{\partial \xi}\dot{\boldsymbol{e}}_\eta\right),\text{(电场极化波)} \tag{5.5.12}$$

$$\boldsymbol{E}=\frac{-\sqrt{2}}{\mathrm{j}\omega\varepsilon_0h\sqrt{\cosh(2\xi)-\cos(2\eta)}}\left(\frac{\partial U}{\partial \eta}\dot{\boldsymbol{e}}_\xi-\frac{\partial U}{\partial \xi}\dot{\boldsymbol{e}}_\eta\right),\text{(磁场极化波)} \tag{5.5.13}$$

至此，将计算得到的展开系数C_n和S_n代入(5.5.9)式，即可得到散射波U^s，由$U=U^i+U^s$即可求得椭圆柱外的总场U。而由(5.5.12)～(5.5.13)式就可求出椭圆柱外ξ和η方向的电磁场。

为计算椭圆柱表面的电流密度，可计算入射波为电场极化波时，椭圆柱表面的 $H_\eta(\xi_0,\ \eta)$ 为[121]

$$ZH_\eta(\xi_0,\eta)=\frac{2\sqrt{2}}{\pi\sqrt{q[\cosh(2\xi)-\cos(2\eta)]}}\left[\sum_{n=0}^{\infty}\mathrm{j}^n\frac{\mathrm{ce}_n(\eta,q)\mathrm{ce}_n(\theta,q)}{\mathrm{Mc}_n^{(3)}(\xi_0,q)}+\sum_{n=1}^{\infty}\mathrm{j}^n\frac{\mathrm{se}_n(\eta,q)\mathrm{se}_n(\theta,q)}{\mathrm{Ms}_n^{(3)}(\xi_0,q)}\right] \tag{5.5.14}$$

式中 Z 称为真空中的波阻抗，$Z=(\mu_0/\varepsilon_0)^{1/2}$。入射波为磁场极化波时椭圆柱表面的 $H_z(\xi_0,\ \eta)$ 为

$$H_z(\xi_0,\eta)=\frac{4}{\pi}\left[\sum_{n=0}^{\infty}\mathrm{j}^{n+1}\frac{\mathrm{ce}_n(\eta,q)\mathrm{ce}_n(\theta,q)}{\mathrm{Mc}_n^{(3)'}(\xi_0,q)}+\sum_{n=1}^{\infty}\mathrm{j}^{n+1}\frac{\mathrm{se}_n(\eta,q)\mathrm{se}_n(\theta,q)}{\mathrm{Ms}_n^{(3)'}(\xi_0,q)}\right] \tag{5.5.15}$$

式中，$\mathrm{Mc}_n^{(3)'}(\xi_0,\ q)$ 和 $\mathrm{Ms}_n^{(3)'}(\xi_0,\ q)$ 分别表示 $\xi=\xi_0$ 时，函数 $\mathrm{Mc}_n^{(3)}(\xi,\ q)$ 和 $\mathrm{Ms}_n^{(3)}(\xi,\ q)$ 对 ξ 的导数值。

进一步可计算得到单位长度的椭圆柱面对电磁波的散射截面为[121]

$$\sigma_s=\frac{8}{k}\left[\sum_{n=0}^{\infty}|C_n\mathrm{ce}_n(\theta,q)|^2+\sum_{n=1}^{\infty}|S_n\mathrm{se}_n(\theta,q)|^2\right] \tag{5.5.16}$$

当入射波的入射方向与 x 轴的夹角 $\theta=\frac{\pi}{2}$，$\xi\to\infty$ 时，散射截面 σ_s 为[121]

$$\sigma_s=\lim_{\xi\to\infty}\left\{-\frac{4}{k}\mathrm{Re}\left[U^s(\xi,\pi/2)(\pi kr/2)^{1/2}\mathrm{e}^{\mathrm{j}(-kr+\pi/4)}\right]\right\} \tag{5.5.17}$$

式中 $r=h\sinh\xi$。

表 5-6 给出了 $\theta=\frac{\pi}{2}$，$q=25$，$\xi_0=0.2$ 时，由(5.5.16)式和(5.5.17)式计算得到的归一化散射截面 $\sigma_s/[2h\cosh\xi_0]$ 的值；表 5.7 给出了当 $\theta=\frac{\pi}{2}$，入射波为 TE 波时，不同 q 值和 ξ_0 值的归一化散射截面；表 5.8 给出了当 $\theta=\frac{\pi}{2}$，入射波为 TM 波时，不同 q 值和 ξ_0 值的归一化散射截面[121]。

表 5-6　归一化散射截面比较

$\sigma_s/[2h\cosh\xi_0]$	电场极化波	磁场极化波
用(5.5.16)式计算	2.057919	1.953866
用(5.5.17)式计算($r=500\lambda$)	2.053509	1.944330
用(5.5.17)式计算($r=1500\lambda$)	2.057623	1.954133

表 5-7　入射波为电场极化波的归一化散射截面

ξ_0 \ q	0.25	1	25	225	400	1000
0.0	1.982	1.990	2.000	2.000	2.000	2.000
0.1	2.107	2.071	2.031	2.017	2.014	2.011
0.2	2.218	2.143	2.058	2.030	2.025	2.019
0.4	2.396	2.256	2.041	2.049	2.041	2.030
1.0	2.581	2.373	1.131	2.064	2.053	—

续表

ξ_0 \ q	0.25	1	25	225	400	1000
2.0	2.395	2.251	2.086	2.041	—	—
3.0	2.212	2.134	2.046	—	—	—
4.0	2.109	2.069	—	—	—	—

表 5-8 入射波为磁场极化波的归一化散射截面

ξ_0 \ q	0.25	1	25	225	400	1000
0.0	1.091	2.369	1.964	2.006	2.003	1.998
0.1	1.159	2.221	1.966	1.988	1.988	1.991
0.2	1.233	2.080	1.954	1.974	1.978	1.983
0.4	1.358	1.852	1.964	1.956	1.964	1.973
1.0	1.383	1.629	1.878	1.943	1.953	—
2.0	1.603	1.758	1.922	1.963	—	—
3.0	1.798	1.877	1.959	—	—	—
4.0	1.900	1.938	—	—	—	—

图 5-40～图 5-42 给出了入射波的传播方向与 x 轴夹角 $\theta=\pi/2$、对应不同的参数时，椭圆柱表面的切向磁场 ZH_η（电场极化波）和 H_z（磁场极化波）随角向坐标 η 的变化[121]关系。从中可看出：当 ξ_0 很小时，入射波为电场极化波时，H_η 峰值在 $\theta=\pi$ 的方向上，而入射波为磁场极化波时，H_z 的峰值则是在 $\theta=\pi/2$ 和 $\theta=3\pi/2$ 方向上；当 ξ_0 较大时，无论入射波是电场极化波还是磁场极化波，其峰值都在 $\theta=3\pi/2$ 的方向上。

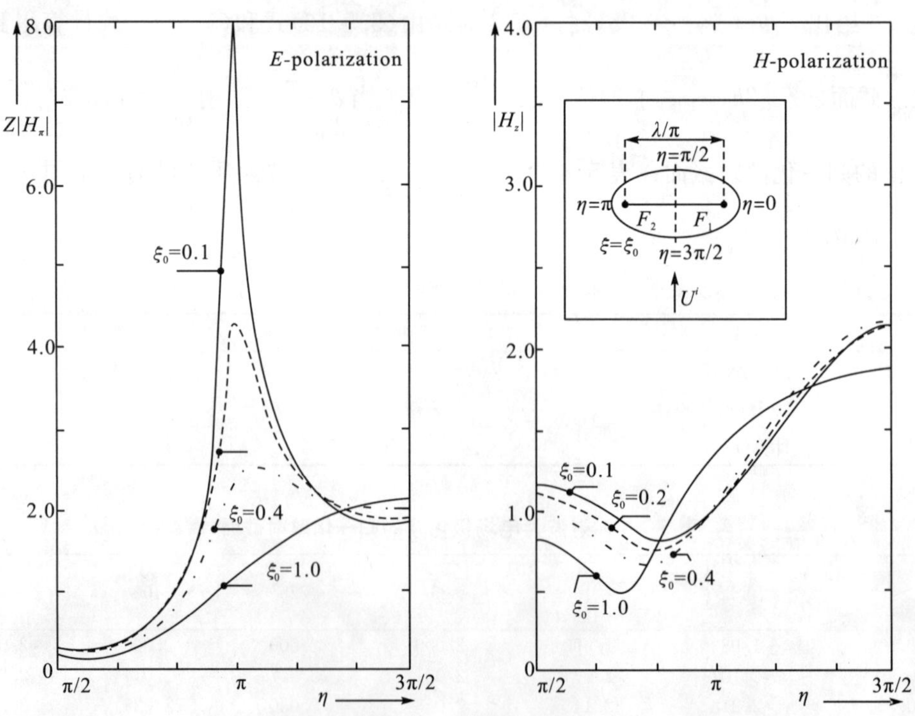

图 5-40 椭圆柱表面切向磁场的振幅随 η 变化关系

($\theta=\pi/2$，$2h=\lambda/\pi$，$q=0.25$)

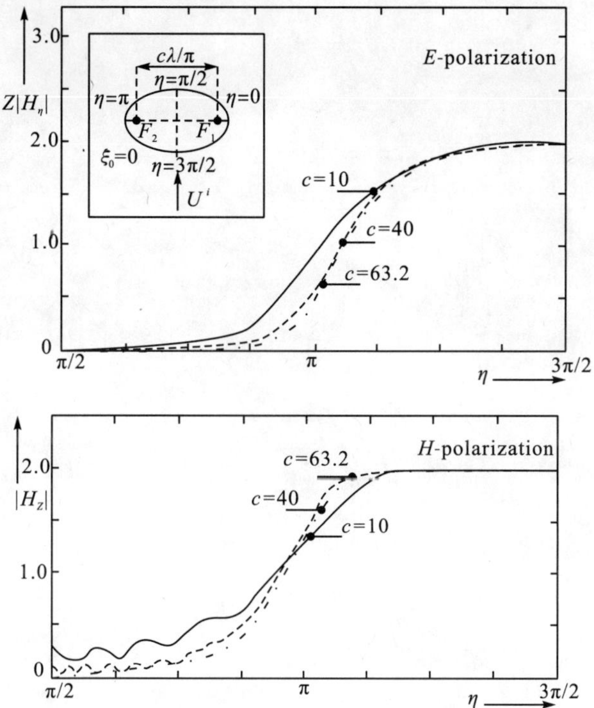

图 5-41　椭圆柱表面切向磁场的振幅随 η 变化关系

($\theta=\pi/2$，$2h=c\lambda/\pi$，$c\in\{10, 40, 62.5\}$，$q\in\{25, 400, 1000\}$)

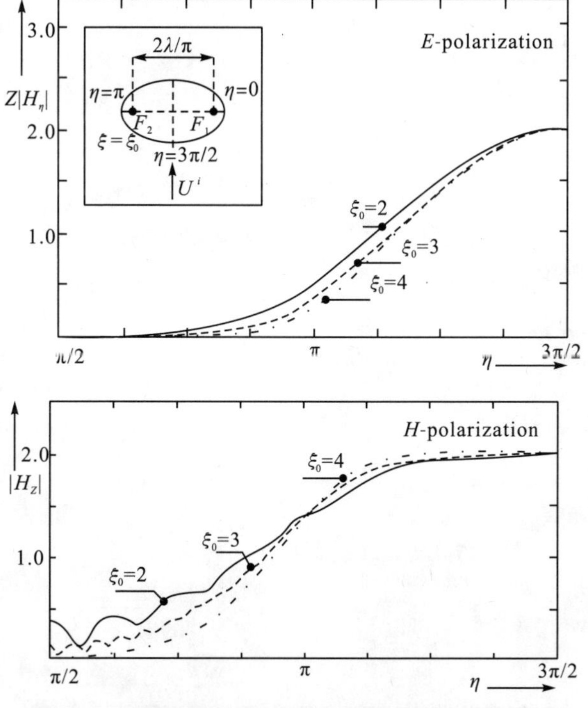

图 5-42　椭圆柱表面切向磁场的振幅随 η 变化关系

($\theta=\pi/2$，$2h=2\lambda/\pi$，$q=0.25$)

参 考 文 献

[1] 梁昆淼. 数学物理方法 [M]. 北京：人民教育出版社，1979.

[2] 任朗. 天线理论基础 [M]. 北京：人民邮电出版社，1980.

[3] Ince E L. The elliptic cylinder functions of second kind [J]. Proc. Edinburgh Math. Soc.，1914(33)：2−13.

[4] Whittaker E T，Watson G N. A course of modern analysis [M]. Cambridge University Press，Westford Mass，1927.

[5] Stratton J A. Electromagnetic theory [M]. Mc−Graw Hill，New York，1941.

[6] Morse P M，Feshbach H. Methods of theorerical physics [M]. Mc−Graw Hill，New York，1953.

[7] Abramowitz M，Stegun I. Handbook of mathematical functions with formulas，graphs，and mathematical tables [M]. Dover，New York：1964.

[8] Erdélyi A. Bateman manuscript project on higher transcendental functions [M]. McGraw−Hill，Malabar Florida，1981，1st. reprinted.

[9] Gradshteyn I S，Ryzhik I M. Table of integrals，series，and products(7th Edition) [M]. Academic Press，San Diego，California，2007.

[10] McLachlan N W. Theory and a application of Mathieu functions [M]. Oxford Press，London，1951.

[11] Gutiérrez−Vega J C. Theory and numerical analysis of the Mathieu functions [EB/OL]. http：//homepages. mty. itesm. mx/jgutierr/Mathieu/Mathieu. pdf.

[12] 王竹溪，郭敦仁. 特殊函数概论 [M]. 北京：北京大学出版社，2000.

[13] 刘式适，刘式达. 特殊函数 [M]. 北京：气象出版社，2002.

[14] 数学名词审订委员会编. 全国自然科学名词审订委员会公布：数学名词(1993) [M]. 科学出版社，1994.

[15]《数学辞海》编委会. 数学辞海(第三卷) [M]. 中国科学技术出版社，东南大学出版社，山西教育出版社，2002，570−572.

[16] 王元，王兰，陈木法. 数学大辞典 [M]. 科学出版社，2010.

[17] 龙永兴. 一类与马丢函数有关的强烈振荡积分的数值计算 [J]. 计算物理，1992，9(4)：506−510.

[18] 张善杰，沈耀春. 任意偏心率椭圆波导的本征模序列 [J]. 电子学报，1994，22(3)：86−89.

[19] 张善杰，沈耀春. 马丢函数的数值计算 [J]. 电子学报，1995，23(9)：41−46.

[20] 朱峰. 大 q 值下马丢函数特征值的快速算法 [J]. 电子科技大学学报，1999，28(2)：128−131.

[21] 林其文. 椭圆波导的截止波长和衰减常数的理论计算 [J]. 强激光与粒子束，1999，11(6)：755−758.

[22] 王百锁，李森，王演. 椭圆波导中的本征模 [J]. 电子学报，2003，31(3)：353−357.

[23] 熊天信，邓洪，张慧玲. 填充多层手征介质的共焦椭圆波导模式特征方程 [J]. 四川师范大学学报(自然版)，2008，31(1)：100−105.

[24] 董建峰，聂秋华. 双包层椭圆光波导解析解 [J]. 光学学报，1997，17(1)：106−111.

[25] 董建峰. 椭圆芯手征光纤的基模特性研究 [J]. 光学学报，1998，18(10)：1385−1389.

[26] 熊天信，李德华，杨儒贵. 填充多层介质的共焦椭圆同轴线解析解研究 [J]. 四川大学学报(自然版)，2004，41(6)：1188−1192.

[27] 熊天信，杨儒贵. 左手介质椭圆光波导基模传播特性 [J]. 光子学报，2006，35(7)：1099−1102.

[28] 熊天信. 填充多层介质的共焦椭圆同轴线传播特性 [J]. 量子电子学报，2007，23(3)：391－396.

[29] Mathieu E L. Mémoire sur le mouvement vibratoire d'une membrane de forme elliptique [J]. Jour. de Math. Pures et Appliquées，1868，13(2)：137－203.

[30] Aroscott F M. Periodic differential equations [M]. Rergamon Press Limited，Oxford，England，1964.

[31] Ince E L. Researches into the characteristic numbers of the Mathieu equation [J]. Proc. Roy. Soc. Edim.，1926(46)：20－29.

[32] Goldstein S. On the asymtotic expansion of the characteristic number of the Mathieu equation [J]. Proc. Roy. Soc. Edim.，1929(49)：203－223.

[33] Blanch G. On the computation of Mathieu functions [J]. J. Math. Phys.，1946，25(1)：1－20.

[34] Goldstein S. Approximate solutions of linear differential equations of the second order，with application to the Mathieu equation [J]. Proc. London Math. Soc.，1927，28(2)：81－90.

[35] Goldstein S. The free oscillations of water in a canal of elliptic plan [J]. Proc. London Math. Soc.，1927，28(2)：91－101.

[36] Jeffreys H. The free oscillations of water in an elliptical lake [J]. Proc. London Math. Soc.，1924(23)：455－473.

[37] Sips R. Représentation asymptotique des fonctions de Mathieu et des fonctions d'onde sphéroidales [J]. Trans. Am. Math. Soc.，1949，66(1)：93－134.

[38] Sips R. Représentation asymptotique des fonctions de Mathieu et des fonctions d'onde sphéroidales II [J]. Trans. Am. Math. Soc.，1959，90(2)：340－368.

[39] Bickley W G. The tabulation of Mathieu function [J]. Mathematics of Computation，1945，1(11)：409－419.

[40] Bickley W G，McLachlan N W. Mathieu functions of integral order and their tabulation [J]. Mathematical Tables and Other Aids to Computation，1946，2(13)：1－11.

[41] Blanch，G. The asymptotic expansions for the odd periodic Mathieu functions [J]. Trans. Am. Math. Soc. 1960，97(11)：357－366.

[42] Kirkpatrick E T. Tables of values of the modified Mathieu functions [J]. Mathematics of Computation，1960，14(70)：118－129.

[43] Blanch G. Numerical evaluation of continued fractions [J]. SIAM Review，1964，6(4)：383－421.

[44] Blanch G. Numerical aspects of Mathieu eigenvalues [J]. Rendiconti del Circolo Matematico di Palermo，1966，15(1)：51－97.

[45] Tamir T. Characteristic exponents of Mathieu functions [J]. Math. of Comput.，1962(16)：100－106.

[46] Tamir T，Wang H C. Characteristic relations for nonperiodic solutions of Matheu's equation [J]. J. of Research of Nac. Bureau of Standards，1965，69B(1)：101－119.

[47] Früchting，H. Fourier coefficients of Mathieu functions in stable regions [J]. J. of Research of Nac. Bureau of Standards，1965，73B(1)：21－24.

[48] Clemm D. Algorithm 352 characteristic values and associated solutions of Mathieu's differential equation [J]. Comm. of the ACM，1969，12(7)：399－408.

[49] TOMS352 characteristic values and associated solutions of Matthieu's differential equation [EB/OL]. http：//people. sc. fsu. edu/～jburkardt/f77 _ src/toms352/toms352. html

[50] The group " numerical analysis" at Delft University of Technology. On the computation of Mathieu

functions [J]. J. of Engineering Mathematics，1973，7(1)：39－61.

[51] Leeb W. Algorithm 537 characteristic values of Mathieu's differential equation [J]. ACM Trans. Math. Soft.，1979，5(1)：112－117.

[52] Rengarajan S R，Lewis J E. Mathieu funtions of integral order and real arguments [J]. IEEE Trans. Microw. Theory and Tech.，1980，MTT－28(3)：276－277.

[53] Toyama N，Shogen K. Computation of the value of the even and odd Mathieu funtions of order n for a given parameter s and an argument x [J]. IEEE Trans. Ant. and Propagat.，1994，AP－32(5)；537－539.

[54] Shirts R B. Algorithm 721 MTIEU1 and MTIEU2：two subroutines to compute eigenvalues and solutions to Mathieu's diffrential equation for noninteger and integer order [J]. ACM Trans. Math. Soft.，1993，19(3)：391－406.

[55] Lindner A，Heino Freese. A New method to compute Mathieu functions [J]. J. Phys. A：Math. Gen.，1994(27)：5565－5571.

[56] Stammes J J，Spjelkavik B. New method for computing eigenfunctions(Mathieu functions)for scattering by elliptical cylinders [J]. Pure Appl. Opt.，1995(4)：251－262.

[57] Alhargan F A. A complete method for the computation of Mathieu characteristics numbers of interger orders [J]. SIAM Review，1996，38(2)：239－255.

[58] Alhargan F A. Algorithms for the computation of all Mathieu functions of integer orders [J]. ACM Transactions on Mathematical Software，2000，26(3)：390－407.

[59] Alhargan F A. Algorithm 804：subroutines for the computation of Mathieu functions of integer orders [J]. ACM Transactions on Mathematical Software，2000，26(3)：408－414.

[60] Schneider M，Marquardt J. Fast computation of modified Mathieu functions applied to elliptical waveguide problems [J]. IEEE Trans. Microw. Theory and Tech.，1999，MTT－47(4)：513－516.

[61] Frenkel D，Portugal R. Algebraic methods to compute mathieu functions [J]. J. of Phys. A：Math. Gen.，2001(34)：3541－3551.

[62] Danilo Erricolo. Algorithm XXX：fortran 90 subroutines for computing the expansion coeffcients of Mathieu functions using blanch's algorithm [J]. ACM Transactions on Mathematical Software，2001，2(3)：1－13.

[63] Danilo Erricolo. Algorithm 861：fortran 90 subroutines for computing the expansion coefficients of Mathieu functions using Blanch's algorithm [J]. ACM Transactions on Mathematical Software，2006，32(4)：622－634.

[64] Gutiérrez－Vega J C，Rodríguez－Dagnino R M，Meneses－Nava M A，et al. Mathieu functions，a visual approach [J]. Am. J. Phys.，2003，71(3)：233－242.

[65] Cojocaru E. Mathieu functions computational toolbox implemented in matlab [OL/EB]. http：//arxiv. org/pdf/0811. 1970v2. pdf.

[66] 隋国芳，丁芝莱. 马丢函数的一种计算方法 [J]，数值计算与计算机应用，1987(3)：165－170.

[67] 葛俊祥，林为干. Mathieu 函数及其加法定理的数值计算 [J]. 计算物理，1994，11(4)：472－476.

[68] Shan－Chieh Zhang，Jianming Jin. Computation of special functions [M]. John Wiley，New York，1996.

[69] 张善杰，金建铭. 特殊函数计算手册 [M]. 南京：南京大学出版社，2011.

[70] Fortran routines for computation of special functions [EB/OL]. http：//jin. ece. illinois. edu/routines/routines. html.

[71] 马达，章文勋，张善杰. 负参数 Matheiu 函数类的计算 [J]. 东南大学学报(自然科学版)，2010，40(1)：11－17.

[72] Chaos－Cador L，Ley－Koo E. Mathieu functions revisited：matrix evaluation and generating functions [J]. Revista Mexicana De Fisica，2002，48(1)：67－75.

[73] 薛哲修，杨淳青. 薄膜振动的模式 [J]. 物理双月刊，2002，24(6)：802－811.

[74] 季欧. 质谱仪器及其应用(一) [J]. 分析仪器，1972(2)：1－36.

[75] 方向，覃莉莉，白岗. 四极杆质量分析器的研究现状及进展 [J]. 质谱学报，2005，26(4)：234－242.

[76] Dawson P H. Quadrupole mass spectrometry and its applications [M]. Amsterdam：Elsivier Scientific Publishing Company，1976，1－151.

[77] 丁传凡. 四级场质量分析器的理论研究 [D]. 上海：复旦大学，2011.

[78] 北京师范大学数学系《马绍方程小组》. 马绍(Mathieu)方程及其在质谱学中的一些应用 [J]. 分析仪器，1974(1)：1－17.

[79] Voo A C C，Ng R，Tunstall J，et al. Transmission through the quadrupole mass spectrometer mass filter：the effect of aperture and harmonics [J]. Journal Vac. Sci. Technol.，1997，15(4)：2276－2281.

[80] Colin Steel，Michael Henchman. Understanding the quadrupole mass filter through computer simulation [J]. Journal of Chemical Education，1998，75(8)：1049－1054.

[81] 季欧. 质谱仪器及其应用(二) [J]. 分析仪器，1972(3)：16－73.

[82] Miller P E，Denton M. B. The quadrupole mass filter：basic operating concepts [J]. Journal of Chemical，Education，1986，63(7)：617－622.

[83] Sudakov Mikhail，Apatskaya Maria. Perturbation theory for ion motion in quadrupole radio frequency field [J]. International Journal of Mass Spectrometry，2012(325－327)：58－66.

[84] 李燕，梁汉东，韦妙，等. 离子阱质谱计的研究现状及其进展 [J]. 质谱学报，2006，27(4)：249－256.

[85] March R E. An Introduction to quadrupole ion trap mass spectrometry [J]. Journal of mass spectrometry，1997(32)：351－369.

[86] Todd J F. Quadrupole ion trap mass spectrometer(2nd Edition) [M]. Hoboken，New Jeney：John Wiley & Sons，Inc.，2005.

[87] Chu L J. Electromagnetic waves in elliptic hollow pipes of metal [J]. Journal of Appl. Physics，1938(9)：583－591.

[88] 张克潜，李德杰. 微波与光电子中的电磁理论(第二版) [M]. 北京：电子工业出版社，2001.

[89] Marcuvitz N. Waveguide Handbook [M]. London：Peter Peregrinius，1986：80－84.

[90] 李志君，王百锁. 椭圆波导中的场量和场图 [J]. 电子学报，1997，25(3)：58－64.

[91] Krank W. Über die theorie und technik des elliptisches welirohrhohlleitiers [D]. [Ph. D. thesis]. Technische Hochschule Achen，1962.

[92] Piefke G. Die Übertagungseigenschaften des elliptische hohlleithers [J]. Arch. Elek. Üebertragung，1964，18(4)：255－267.

[93] Kretzschmar J G. Field configuration of the TM_{c01} mode in an elliptical waveguide [J]. Proc. IEEE，1971，118：1187－1189.

[94] Goldberg D A，Laslett L J，Rimmer R A. Modes of elliptical waveguides：a correction [J]. IEEE Trans. on Microwave Theory and Tech.，1990，38(11)：1603－1608.

[95] Wang B S，Li Z. J. Field plots in elliptic waveguide [C]. Proc. 3rd Int. Antennas EM Theory Symp.，

Najing, China, 1993, 351—318.

[96] WangBaisuo and Li Zhijun. The $_cE_{01}$ mode in elliptic waveguide [J]. Chinese Journal of Electronics, 1993, 2: 54—60.

[97] 王百锁，李志君. 椭圆波导中的 $_cE_{01}$ 模 [J]. 电子学报，1993，21(12)：10—16.

[98] Li S, Wang B S. Field expressions and patterns in elliptical waveguide [J]. IEEE Trans. Microwave Theory and Tech., 2000, 48(5): 864—867.

[99] 王百锁，李森，王演，等. 椭圆波导中的本征模 [J]. 电子学报，2003，31(3)：353—357.

[100] Kretzschmar J G. Wave propagation in hollow conducting elliptical waveguides [J]. IEEE Trans. Microwave Theory Tech., 1970, 18(9): 547—554.

[101] Zhang S J, Shen Y C. Eigenmode sequence for an elliptical waveguide with arbitrary ellipticity [J]. IEEE Trans. Microwave Theory Tech., 1995, 43(1): 227—230.

[102] Chu C. Analysis of elliptical waveguides by differential quadrature method [J]. IEEE Trans. Microwave Theory Tech., 2000, 48(2): 319—322.

[103] Mei Z L, Xu F. Y. A Simple, Fast and accurate method for calculating cutoff wavelengths for the dominant mode in elliptical waveguide [J]. Journal Electromagnetic Waves Appl., 2007, 21(3): 367—374.

[104] Tsogkas G D, Roumeliotis J A, Savaidis S P. Cutoff wavelengths of elliptical metallic waveguides [J]. IEEE Trans. on Microwave Theory and Techniques, 2009, 57(10): 2406—2415.

[105] Yeh C. Elliptical dielectric waveguides [J]. Journal of Appl. Physics, 1962, 33(11): 3235—3243.

[106] Yeh C, Shimabukuro F I. The essence of dielectric waveguides [M]. New York: Springer Science+Business Media, LLC, 2008: 179—219.

[107] Mongiardo M, Tomassoni C. Modal analysis of discontinuities between elliptical waveguides [J]. IEEE Trans. on Microwave Theory and Techniques, 2000, 48(4): 597—605.

[108] Ragheb H A. Analysis of a nonconfocal suspended strip in an elliptical cylindrical waveguide [J]. IEEE Trans. on Microwave Theory and Techniques, 2000, 48(7): 1148—1151.

[109] Ragheb H A. Cutoff wavenumber of an elliptical waveguide partially filled with nonconfocal dielectric [J]. The Arabian Journal for Science and Engineering, 2004, 29(1B): 49—64.

[110] Xu Jin, Wang Wenxiang, Yue Lingna, et al. Analysis of elliptical thin ridged waveguide [J]. Int. J. Infrared Milli Waves, 2007, 28: 733—739.

[111] Zouros G P. Exact cutoff wavenumbers of composite elliptical metallic waveguides [J]. IEEE Trans. on Microwave Theory and Techniques, 2013, 61(9): 3179—3186.

[112] 陈孟尧，安红明，李培明. 椭圆谐振腔中最低振荡模式的工作特性 [J]. 兰州大学学报(自然科学版)，1984，20(3)：36—47.

[113] 陈孟尧，安红明，李培明. 椭圆柱谐振腔的基本特性 [J]. 电子学报，1985，13(4)：83—92.

[114] Higgins T P, Straiton A W. Characteristics of an elliptical electromagnetic resonant cavity operating in the TE_{111} mode [J]. J. Appl. Phys. 1953, 24(10): 1297—1299.

[115] Irish R T. Elliptic resonator and its use in microcircuit systems [J]. Electron. Lett., 1971, 7(7): 149—150.

[116] Alhargan Fayez A, Judah Sunil R. Tables of normalized cutoff wavenumbers of elliptic cross section resonators [J]. IEEE Trans. on Microwave Theory and Techniques, 1994, 42(2): 333—338.

[117] Alhargan F A, Judah S R. Mode charts for confocal annular elliptic resonators [J]. IEE Proc.-Microw. Antennas Propag., 1996, 143(4): 258—360.

[118] Tadjalli A, Sebak A, Denidni T. Modes of elliptical cylinder dielectric resonator and its resonant frequencies [C]. Antennas and Propagation Society International Symposium, 2004. IEEE. 2004, 2: 2039 - 2042.

[119] Kretzschmar J G. Mode charts for elliptical resonant cavities [J], Electronics Lett., 1970, 6(14): 432-434

[120] Gutiérrez-Vega Julio C, Chávez-Cerda Sabino, Rodríguez-Dagnino Ramón M. Attenuation characteristics in confocal annular elliptic waveguides and resonators [J]. IEEE Trans. on Microwave Theory and Techniques, 2002, 50(4): 1095-1100.

[121] Van Den BergP M, Van Schaik H J. Diffraction of a plane electromagnetic wave by a perfectly conducting elliptic cylinder [J]. Appl. Sci. Res., 1973, 28(1): 145-157.

[122] Chen Z N, Zhang W X. Application of OSRC operator of 3rd order to electromagnetic scattering from conducting or dielectric cylinder [J]. Electronics Letters, 1990, 27(10): 806-808.

[123] Yeh C. Backscattering cross section of a dielectric elliptic cylinder [J]. J. Opt Soc. Am, 1965, 55: 309-314.

[124] Sebak A, Shafai L. Generalized solutions for electromagnetic scattering by elliptical structures [J]. Computer Physics Communications, 1991(68): 315-330.

[125] Richmond J H. Scattering by a conducting elliptic cylinder with dielectric coating [J]. Radio, Sci., 1988, 23(6): 1061-1066.

[126] Chen Z N, Zhang W X, Xie X R. Application of OSRC to EM scattering from homogeneous dielectric elliptic cylinder [J], ACTAElectronica SINICA, 1993, 2(1): 88-91.

[127] Sebak A, Shafai L, Ragheb H A. Electromagnetic wave scattering by a two layered piecewise homogeneous confocal elliptic cylinder [J]. Radio Sci., 1991, 26(1): 111-119.

[128] 毛仕春，吴振森，邢赞扬. 二维各向异性椭圆柱的电磁散射 [J]. 电子学报，2010，38(3)：529-533.

[129] 毛仕春，王帆. 均匀回旋介质椭圆柱体对垂直入射波的电磁散射 [J]. 广西物理，2012，33(3)：8-11.

[130] 毛仕春，王 帆. 弱耗散均匀回旋介质椭圆柱体的电磁散射 [J]. 淮阴师范学院学报(自然科学)，2012，11(3)：251-255.

[131] 葛俊祥，林为干. 非同轴多层介质椭圆柱体的电磁散射——任意方向斜入射电磁波 [J]. 电子学报，1995，23(3)：20-25.

[132] Hussein M I, Cooray F R. Scattering properties of elliptical cylinder coated by lossy DNG metamaterial [J]. PIERS Proceedings, Marrakesh, MOROCCO, 2011.

[133] Cooraya F R, Hamid A K. Scattering from a coated perfect electromagnetic conducting elliptic cylinder [J]. International Journal of Electronics and Communications(AEÜ), 2012(66): 472-479.

[134] Hamid A K. Scattering by a perfect electromagnetic conducting elliptic cylinder [J]. Progress in Electromagnetics Research Letters, 2009(10): 59-67.

[135] Meixner J, Schafke F W. Mathieusche funktionen und sphäroidfunktionen [M]. Springer-Verlag, Berlin, Göttingen, Heidelberg, 1954.

附录 A　马蒂厄函数符号对照表

Stratton 文献[5]	Morse 文献[6]	Abramowitz 文献[7]		Erdélyi 文献[8]	McLachlan 文献[10]	Gutiérrez—Vega 文献[1[illegible]]	张善杰,金建铭 文献[70]	
$\mathrm{Se}_m(z,q)$	$\mathrm{Se}_m(z,q)$	$\mathrm{ce}_m(z,q)$		$\mathrm{ce}_m(z,q)$	$\mathrm{ce}_m(z,q)$	$\mathrm{ce}_m(z,q)$	$\mathrm{ce}_m(z,q)$	
$\mathrm{So}_m(z,q)$	$\mathrm{So}_m(z,q)$	$\mathrm{se}_m(z,q)$		$\mathrm{se}_m(z,q)$	$\mathrm{se}_m(z,q)$	$\mathrm{se}_m(z,q)$	$\mathrm{se}_m(z,q)$	
$\mathrm{Re}_m^{(1)}(z,q)$	$\mathrm{Je}_m(z,q)$	$\mathrm{Ce}_m(z,q)$	$\mathrm{Mc}_m^{(1)}(z,q)$	$\mathrm{Ce}_m(z,q)$	$\mathrm{Ce}_m(z,q)$	$\mathrm{Je}_m(z,q)$	$\mathrm{Ce}_m(z,q)$	$\mathrm{Mc}_m^{(1)}(z,q)$
$\mathrm{Ro}_m^{(1)}(z,q)$	$\mathrm{Jo}_m(z,q)$	$\mathrm{Se}_m(z,q)$	$\mathrm{Ms}_m^{(1)}(z,q)$	$\mathrm{Se}_m(z,q)$	$\mathrm{Se}_m(z,q)$	$\mathrm{Jo}_m(z,q)$	$\mathrm{Se}_m(z,q)$	$\mathrm{Ms}_m^{(1)}(z,q)$
$\mathrm{Re}_m^{(2)}(z,q)$	$\mathrm{Ne}_m(z,q)$	$\mathrm{Fey}_m(z,q)$	$\mathrm{Mc}_m^{(2)}(z,q)$	$\mathrm{Fey}_m(z,q)$	$\mathrm{Fey}_m(z,q)$	$\mathrm{Ne}_m(z,q)$	$\mathrm{Fey}_m(z,q)$	$\mathrm{Mc}_m^{(2)}(z,q)$
$\mathrm{Ro}_m^{(2)}(z,q)$	$\mathrm{No}_m(z,q)$	$\mathrm{Gey}_m(z,q)$	$\mathrm{Ms}_m^{(2)}(z,q)$	$\mathrm{Gey}_m(z,q)$	$\mathrm{Gey}_m(z,q)$	$\mathrm{No}_m(z,q)$	$\mathrm{Gey}_m(z,q)$	$\mathrm{Ms}_m^{(2)}(z,q)$
—	—	$\mathrm{Ie}_m(z,q)$		—	$\mathrm{Ce}_m(z,-q)$	$\mathrm{Ie}_m(z,-q)$	$\mathrm{Mc}_m^{(1)}(z,-q)$	
—	—	$\mathrm{Io}_m(z,q)$		—	$\mathrm{Se}_m(z,-q)$	$\mathrm{Io}_m(z,-q)$	$\mathrm{Ms}_m^{(1)}(z,-q)$	
—	—	$\mathrm{Ke}_m(z,q)$		—	$\mathrm{Fek}_m(z,-q)$	$\mathrm{Ke}_m(z,-q)$	$\mathrm{Mc}_m^{(2)}(z,-q)$	
—	—	$\mathrm{Ko}_m(z,q)$		—	$\mathrm{Gek}_m(z,-q)$	$\mathrm{Ko}_m(z,-q)$	$\mathrm{Ms}_m^{(2)}(z,-q)$	
$\mathrm{Re}_m^{(3),(4)}(z,q))$	$\mathrm{He}_m^{(1),(2)}(z,-q)$	$\mathrm{Mc}_m^{(3),(4)}(z,q)$		$\mathrm{Me}_m^{(1),(2)}(z,q)$	$\mathrm{Me}_m^{(1),(2)}(z,q)$	$\mathrm{He}_m^{(1),(2)}(z,-q)$	$\mathrm{Mc}_m^{(3),(4)}(z,-q)$	
$\mathrm{Ro}_m^{(3),(4)}(z,q)$	$\mathrm{Ho}_m^{(1),(2)}(z,-q)$	$\mathrm{Ms}_m^{(3),(4)}(z,q)$		$\mathrm{Ne}_m^{(1),(2)}(z,q)$	$\mathrm{Ne}_m^{(1),(2)}(z,q)$	$\mathrm{Ho}_m^{(1),(2)}(z,-q)$	$\mathrm{Ms}_m^{(3),(4)}(z,-q)$	

附录 B　贝塞尔函数

1. 贝塞尔方程和贝塞尔函数

贝塞尔方程

$$x^2 \frac{\mathrm{d}^2 y}{\mathrm{d}x^2} + x \frac{\mathrm{d}y}{\mathrm{d}x} + (x^2 - \nu^2) y = 0 \tag{B-1}$$

的特解 $\mathrm{B}_\nu(x)$为贝塞尔函数，贝塞尔函数或第一类贝塞尔函数 $\mathrm{J}_{\pm\nu}(x)$形式为

$$\mathrm{J}_{\pm\nu}(x) = \sum_{m=0}^{\infty} \frac{(-1)^m}{m!\,\Gamma(\pm\nu + m + 1)} \left(\frac{x}{2}\right)^{\pm\nu+2m} \tag{B-2}$$

当 ν 为整数 n 时，$\mathrm{J}_{-n}(x)=(-1)^n \mathrm{J}_n(x)$，$\mathrm{J}_{-n}(x)$与 $\mathrm{J}_n(x)$线性相关；当 ν 不为整数时，$\mathrm{J}_\nu(x)$与 $\mathrm{J}_{-\nu}(x)$线性无关。图 1 为第一类贝塞尔函数图像。

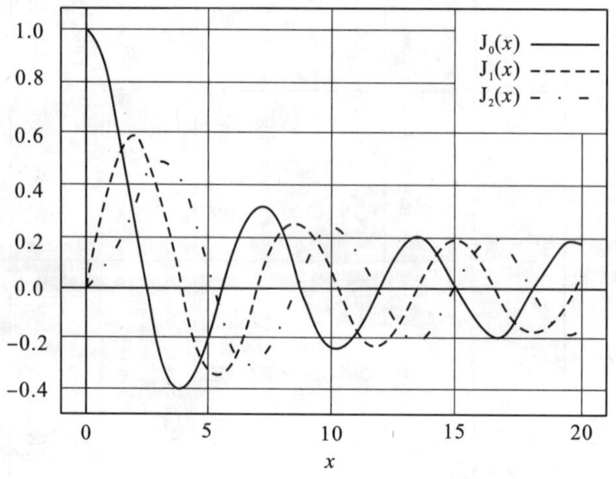

图 1　第一类贝塞尔函数图像

第二类贝塞尔函数 $\mathrm{N}_\nu(x)$或诺依曼函数形式为

$$\mathrm{N}_\nu(x) = \frac{\mathrm{J}_\nu(x)\cos\nu\pi - \mathrm{J}_{-\nu}(x)}{\sin\nu\pi} \tag{B-3}$$

$$\mathrm{N}_n(x) = \lim_{\nu\to n} \mathrm{N}_\nu(x) = \frac{1}{\pi}\left[\frac{\partial}{\partial\nu}\mathrm{J}_\nu(x) - (-1)^n \frac{\partial}{\partial\nu}\mathrm{J}_{-\nu}(x)\right] \tag{B-4}$$

当 n 为整数时有 $\mathrm{N}_{-n}(x) = (-1)^n \mathrm{N}_n(x)$。第二类贝塞尔函数图像如图 2 所示。

第三类贝塞尔函数或汉克尔函数分为第一类汉克尔函数和第二类汉克尔函数。第一类汉克尔函数定义为

$$\mathrm{H}_\nu^{(1)}(x) = \mathrm{J}_\nu(x) + \mathrm{j}\mathrm{N}_\nu(x) \tag{B-5}$$

第二类汉克尔函数定义为

$$\mathrm{H}_\nu^{(2)}(x) = \mathrm{J}_\nu(x) - \mathrm{j}\mathrm{N}_\nu(x) \tag{B-6}$$

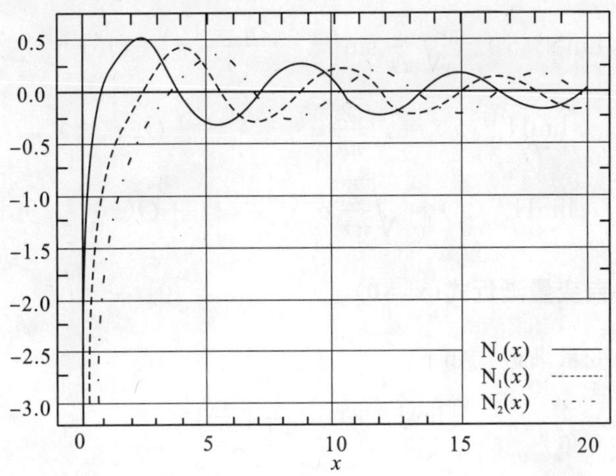

图2　第二类贝塞尔函数图像

2. 贝塞尔函数的有关公式

以 $B_n(x)$ 表示贝塞尔函数 $J_n(x)$、$N_n(x)$、$H_n^{(1)}(x)$ 及 $H_n^{(2)}(x)$，则有如下公式

$$B_{-n}(x) = (-1)^n B_n(x) = B_n(-x) \tag{B-7}$$

$$B'_n(x) = \frac{1}{2}[B_{n-1}(x) - B_{n+1}(x)] \tag{B-8}$$

$$xB'_n(x) = nB_n(x) - xB_{n+1}(x) \tag{B-9}$$

$$xB'_n(x) = xB_{n-1}(x) - \nu B_n(x) \tag{B-10}$$

$$2nB_n(x) = xB_{n-1}(x) + xB_{n+1}(x) \tag{B-11}$$

$$\frac{d}{dx}[x^n B_n(x)] = x^n B_{n-1}(x) \tag{B-12}$$

$$\frac{d}{dx}[x^{-n} B_n(x)] = -x^{-n} B_{n+1}(x) \tag{B-13}$$

$$\int x^{n+1} B_n(x) = x^{n+1} B_{n+1}(x) \tag{B-14}$$

$$\int x^{-n+1} B_n(x) = -x^{-n+1} B_{n-1}(x) \tag{B-15}$$

$$\int xB_n^2(kx) = \frac{1}{2}x^2[B_n^2(kx) - B_{n-1}(kx)B_{n+1}(kx)] \tag{B-16}$$

$$\int_0^\infty e^{-ax} J_0(bx)dx = \frac{1}{\sqrt{a^2+b^2}},(a>0,b>0) \tag{B-17}$$

$$\int_0^\infty xe^{-ax} J_0(bx)dx = \frac{a}{(a^2+b^2)^{3/2}},(a>0,b>0) \tag{B-18}$$

$$\int_0^\infty xe^{-ax} J_1(bx)dx = \frac{b}{(a^2+b^2)^{3/2}},(a>0,b>0) \tag{B-19}$$

3. 贝塞尔函数大自变量渐近式($x\to\infty$)

贝塞尔函数大自变量渐近式如下：

$$\lim_{x\to\infty} J_n(x) = \sqrt{\frac{2}{\pi x}}\cos\left(x - \frac{2n+1}{4}\pi\right) + O(x^{-3/2}) \tag{B-20}$$

$$\lim_{x\to\infty}\mathrm{N}_n(x)=\sqrt{\frac{2}{\pi x}}\sin\left(x-\frac{2n+1}{4}\pi\right)+O(x^{-3/2}) \tag{B-21}$$

$$\lim_{x\to\infty}\mathrm{H}_n^{(1)}(x)=\sqrt{\frac{2}{\pi x}}\mathrm{e}^{\mathrm{j}\left(x-\frac{2n+1}{4}\pi\right)}+O(x^{-3/2}) \tag{B-22}$$

$$\lim_{x\to\infty}\mathrm{H}_n^{(2)}(x)=\sqrt{\frac{2}{\pi x}}\mathrm{e}^{-\mathrm{j}\left(x-\frac{2n+1}{4}\pi\right)}+O(x^{-3/2}) \tag{B-23}$$

4. 贝塞尔函数小自变量渐近式(x →0)

贝塞尔函数小自变量渐近式如下。

$$\lim_{x\to 0}\mathrm{J}_n(x)=\frac{1}{n!}\left(\frac{x}{2}\right)^n \tag{B-24}$$

$$\lim_{x\to 0}\mathrm{J}_0(x)=1-\frac{x^2}{4} \tag{B-25}$$

$$\lim_{x\to 0}\mathrm{J}_1(x)=\frac{x}{2}-\frac{x^3}{16} \tag{B-26}$$

$$\lim_{x\to 0}\mathrm{N}_n(x)=\frac{(n-1)!}{\pi}\left(\frac{2}{x}\right)^n, n\neq 0 \tag{B-27}$$

$$\lim_{x\to 0}\mathrm{N}_0(x)=\frac{2}{\pi}\ln\frac{\gamma x}{2} \tag{B-28}$$

$$\lim_{x\to 0}\mathrm{H}_\nu^{(1)}(x)=-\mathrm{j}\left(\frac{2}{x}\right)^\nu\frac{\Gamma(\nu)}{\pi}, \nu>0 \tag{B-29}$$

$$\lim_{x\to 0}\mathrm{H}_\nu^{(2)}(x)=\mathrm{j}\left(\frac{2}{x}\right)^\nu\frac{\Gamma(\nu)}{\pi}, \nu>0 \tag{B-30}$$

$$\lim_{x\to 0}\mathrm{H}_0^{(1)}(x)=-\mathrm{j}\frac{2}{\pi}\ln\frac{2}{x} \tag{B-31}$$

$$\lim_{x\to 0}\mathrm{H}_0^{(2)}(x)=\mathrm{j}\frac{2}{\pi}\ln\frac{2}{x} \tag{B-32}$$

式中 γ 为欧拉常数，$\ln\gamma=\lim\limits_{x\to 0}\left(\sum\limits_{m=1}^{n}\frac{1}{m}-\ln n\right)=0.05772\cdots$ ，$\gamma=1.781\cdots$。

5. $J_n(x)$的母函数和有关公式

函数 $\mathrm{e}^{x\left(2t-\frac{1}{2t}\right)}$ 称为第一类贝塞尔函数的母函数，或称生成函数，若将此函数在 t=0 附近展开成洛朗级数，可得到

$$\mathrm{e}^{x\left(2t-\frac{1}{2t}\right)}=\mathrm{J}_0(x)+\sum_{m=1}^{\infty}\mathrm{J}_m(x)\left[t^m+(-1)^m\frac{1}{t}\right]=\sum_{m=-\infty}^{\infty}\mathrm{J}_m(x)t^m \tag{B-33}$$

在上式中作代换，令 $t=e^{\mathrm{j}\varphi}$，$t=\pm\mathrm{j}e^{\mathrm{j}\varphi}$等，可得

$$\mathrm{e}^{\mathrm{j}x\cos\varphi}=\sum_{m=-\infty}^{\infty}\mathrm{j}^m\mathrm{J}_m(x)\mathrm{e}^{\mathrm{j}m\varphi}=\mathrm{J}_0(x)+2\sum_{m=1}^{\infty}\mathrm{j}^m\mathrm{J}_m(x)\cos m\varphi \tag{B-34}$$

$$\begin{aligned}\mathrm{e}^{\mathrm{j}x\sin\varphi}&=\sum_{m=-\infty}^{\infty}\mathrm{J}_m(x)\mathrm{e}^{\mathrm{j}m\varphi}\\&=\mathrm{J}_0(x)+2\sum_{m=1}^{\infty}\mathrm{J}_{2m}(x)\cos 2m\varphi+2\mathrm{j}\sum_{m=0}^{\infty}\mathrm{J}_{2m+1}(x)\sin(2m+1)\varphi\end{aligned} \tag{B-35}$$

$$e^{-jx\cos\varphi} = \sum_{m=-\infty}^{\infty} (-j)^m J_m(x) e^{jm\varphi} \tag{B-36}$$

将(B-34)式和(B-36)式分开实部和虚部，可得

$$\cos(x\cos\varphi) = J_0(x) + 2\sum_{m=1}^{\infty} (-1)^m J_{2m}(x)\cos 2m\varphi \tag{B-37}$$

$$\sin(x\cos\varphi) = 2\sum_{m=0}^{\infty} (-1)^m J_{2m+1}(x)\cos(2m+1)\varphi \tag{B-38}$$

$$\cos(x\sin\varphi) = J_0(x) + 2\sum_{m=1}^{\infty} J_{2m}(x)\cos 2m\varphi \tag{B-39}$$

$$\sin(x\sin\varphi) = 2\sum_{m=0}^{\infty} J_{2m+1}(x)\sin(2m+1)\varphi \tag{B-40}$$

由(B-34)~(B-36)式可得

$$J_n(x) = \frac{1}{2\pi}\int_0^{2\pi} e^{j(x\sin\varphi - n\varphi)} = \frac{1}{\pi}\int_0^{\pi} \cos(x\sin\varphi - n\varphi)d\varphi \tag{B-41}$$

$$J_n(x) = \frac{j^{-n}}{2\pi}\int_0^{2\pi} e^{j(x\cos\varphi - n\varphi)} \tag{B-42}$$

$$J_n(x) = \frac{(-j)^{-n}}{2\pi}\int_0^{2\pi} e^{-j(x\cos\varphi + n\varphi)} \tag{B-43}$$

6. 贝塞尔函数的加法公式

贝塞尔函数的加法公式如下：

$$J_n(\rho_1 + \rho_2) = \sum_{m=-\infty}^{\infty} J_m(\rho_1) J_{n-m}(\rho_2) \tag{B-44}$$

$$J_n(2x) = [J_0(x)]^2 + 2\sum_{m=1}^{\infty} (-1)^m [J_m(x)]^2 \tag{B-45}$$

$$J_n(|\boldsymbol{\rho} - \boldsymbol{\rho}'|) = e^{-jn(\pi-\varphi)} \sum_{m=-\infty}^{\infty} J_m(\rho') J_{n+m}(\rho) e^{jm(\varphi-\varphi')} \tag{B-46}$$

$$\begin{aligned} J_0(|\boldsymbol{\rho} - \boldsymbol{\rho}'|) &= \sum_{m=-\infty}^{\infty} J_m(\rho') J_m(\rho) e^{jm(\varphi-\varphi')} \\ &= J_0(\rho') J_0(\rho) + 2\sum_{m=1}^{\infty} J_m(\rho') J_m(\rho) \cos m(\varphi - \varphi') \end{aligned} \tag{B-47}$$

$$H_0^{(1),(2)}(k|\boldsymbol{\rho} - \boldsymbol{\rho}'|) = \begin{cases} \sum_{m=-\infty}^{\infty} H_m^{(1),(2)}(k\rho') J_m(k\rho) e^{jm(\varphi-\varphi')}, (\rho < \rho') \\ \sum_{m=-\infty}^{\infty} J_m(k\rho') H_m^{(1),(2)}(k\rho) e^{jm(\varphi-\varphi')}, (\rho > \rho') \end{cases} \tag{B-48}$$

式中，$|\boldsymbol{\rho} - \boldsymbol{\rho}'| = [\rho^2 + \rho'^2 - 2\rho\rho'\cos(\varphi - \varphi')]^{1/2}$。

7. $J_n(x)$的零点和$J_n'(x)$的零点

$J_n(x)$和 $N_n(x)$有无穷多个单的实的零点，且除 $x=0$ 外，所有零点都是一阶的；$J_n(x)$和$J_{n+1}(x)$的零点彼此相间分布，即$J_n(x)$的任意两个相邻零点之间，有且只有一个$J_{n+1}(x)$的零点。表 1 和表 2 分别列出了$J_n(x)$和$J_n'(x)$的零点。

表 1 $J_n(x)$的零点

k	$J_0(x)$	$J_1(x)$	$J_2(x)$	$J_3(x)$	$J_4(x)$	$J_5(x)$
1	2.4048	3.8317	5.1356	6.3802	7.5883	8.7715
2	5.5201	7.0156	8.4172	9.7610	11.0647	12.3386
3	8.6537	10.1735	11.6198	13.0152	14.3725	15.7002
4	11.7915	13.3237	14.7960	16.2235	17.6160	18.9801
5	14.9309	16.4706	17.9598	19.4094	20.8269	22.2178

表 2 $J_n'(x)$的零点

k	$J_0'(x)$	$J_1'(x)$	$J_2'(x)$	$J_3'(x)$	$J_4'(x)$	$J_5'(x)$
1	3.8317	1.8412	3.0542	4.2012	5.3175	6.4156
2	7.0156	5.3314	6.7061	8.0152	9.2824	10.5199
3	10.1735	8.5363	9.9695	11.3459	12.6819	13.9872
4	13.3237	11.7060	13.1704	14.5858	15.9641	17.3128
5	16.4706	14.8636	16.3475	17.7887	19.1960	20.5755

8. 半整数阶贝塞尔函数

半整数阶贝塞尔函数如下：

$$J_{\frac{1}{2}}(x)=\sqrt{\frac{2}{\pi x}}\sin x \tag{B-49}$$

$$J_{-\frac{1}{2}}(x)=\sqrt{\frac{2}{\pi x}}\cos x \tag{B-50}$$

$$J_{\frac{3}{2}}(x)=\sqrt{\frac{2}{\pi x}}\left(\frac{\sin x}{x}-\cos x\right) \tag{B-51}$$

$$J_{-\frac{3}{2}}(x)=\sqrt{\frac{2}{\pi x}}\left(-\sin x-\frac{\cos x}{x}\right) \tag{B-52}$$

$$J_{n+\frac{1}{2}}(x)=(-1)^n\sqrt{\frac{2}{\pi}}x^{n+\frac{1}{2}}\left(\frac{\mathrm{d}}{x\mathrm{d}x}\right)^n\left(\frac{\sin x}{x}\right),(n=0,1,2,\cdots) \tag{B-53}$$

$$J_{-n-\frac{1}{2}}(x)=\sqrt{\frac{2}{\pi}}x^{n+\frac{1}{2}}\left(\frac{\mathrm{d}}{x\mathrm{d}x}\right)^n\left(\frac{\cos x}{x}\right),(n=0,1,2,\cdots) \tag{B-54}$$

$$N_{\frac{1}{2}}(x)=-J_{-\frac{1}{2}}(x)=-\sqrt{\frac{2}{\pi x}}\cos x \tag{B-55}$$

$$N_{-\frac{1}{2}}(x)=J_{\frac{1}{2}}(x)=\sqrt{\frac{2}{\pi x}}\sin x \tag{B-56}$$

$$N_{\frac{3}{2}}(x)=-\sqrt{\frac{2}{\pi x}}\left(\sin x+\frac{\cos x}{x}\right) \tag{B-57}$$

$$N_{-\frac{3}{2}}(x)=-\sqrt{\frac{2}{\pi x}}\left(\frac{\sin x}{x}-\cos x\right) \tag{B-58}$$

$$N_{n+\frac{1}{2}}(x)=(-1)^{n-1}J_{-n-\frac{1}{2}}(x)=(-1)^{n-1}\sqrt{\frac{2}{\pi}}x^{n+\frac{1}{2}}\left(\frac{\mathrm{d}}{x\mathrm{d}x}\right)^n\left(\frac{\cos x}{x}\right),(n=0,1,2,\cdots) \tag{B-59}$$

$$N_{-n-\frac{1}{2}}(x)=(-1)^n J_{n+\frac{1}{2}}(x)=\sqrt{\frac{2}{\pi}}x^{n+\frac{1}{2}}\left(\frac{d}{x dx}\right)^n\left(\frac{\sin x}{x}\right),(n=0,1,2,\cdots) \tag{B-60}$$

$$H^{(1)}_{\frac{1}{2}}(x)=\sqrt{\frac{2}{\pi x}}\frac{e^{jx}}{j} \tag{B-61}$$

$$H^{(1)}_{-\frac{1}{2}}(x)=\sqrt{\frac{2}{\pi x}}e^{jx} \tag{B-62}$$

$$H^{(2)}_{\frac{1}{2}}(x)=\sqrt{\frac{2}{\pi x}}\frac{e^{-jx}}{-j} \tag{B-63}$$

$$H^{(2)}_{-\frac{1}{2}}(x)=\sqrt{\frac{2}{\pi x}}e^{-jx} \tag{B-64}$$

$$H^{(1)}_{n+\frac{1}{2}}(x)=J_{n+\frac{1}{2}}(x)+j(-1)^{n+1}J_{-n-\frac{1}{2}}(x)=-j(-1)^n\sqrt{\frac{2}{\pi x}}x^{n+1}\frac{d^n}{(x dx)^n}\left(\frac{e^{jx}}{x}\right) \tag{B-65}$$

$$H^{(2)}_{n+\frac{1}{2}}(x)=J_{n+\frac{1}{2}}(x)-j(-1)^{n+1}J_{-n-\frac{1}{2}}(x)=j(-1)^n\sqrt{\frac{2}{\pi x}}x^{n+1}\frac{d^n}{(x dx)^n}\left(\frac{e^{-jx}}{x}\right) \tag{B-66}$$

$$H^{(1)}_{-n-\frac{1}{2}}(x)=j(-1)^n H^{(1)}_{n+\frac{1}{2}}(x) \tag{B-67}$$

$$H^{(2)}_{-n-\frac{1}{2}}(x)=-j(-1)^n H^{(2)}_{n+\frac{1}{2}}(x) \tag{B-68}$$

9. 朗斯基行列式及其他关系式

朗斯基行列式及其他关系式列举如下。

$$J_\nu(x)J'_{-\nu}(x)-J'_\nu(x)J_{-\nu}(x)=-\frac{2\sin\nu\pi}{\pi x},(\nu\neq n) \tag{B-69}$$

$$J_\nu(x)N'_\nu(x)-J'_\nu(x)N_\nu(x)=\frac{2}{\pi x} \tag{B-70}$$

$$J_\nu(x)N_{\nu-1}(x)-J_{\nu-1}(x)N_\nu(x)=\frac{2}{\pi x} \tag{B-71}$$

$$J_\nu(x)N_{\nu+1}(x)-J_{\nu+1}(x)N_\nu(x)=-\frac{2}{\pi x} \tag{B-72}$$

$$J_\nu(x)N_{\nu+2}(x)-J_{\nu+2}(x)N_\nu(x)=-\frac{4(\nu+1)}{\pi x^2} \tag{B-73}$$

$$J_\nu(x)N'_{\nu+1}(x)-J'_\nu(x)N_{\nu+1}(x)+J_{\nu+1}(x)N'_\nu(x)-J'_{\nu+1}(x)N_\nu(x)=-\frac{2(2\nu+1)}{\pi x^2} \tag{B-74}$$

$$J_\nu(x)H^{(1)'}_\nu(x)-J'_\nu(x)H^{(1)}_\nu(x)=\frac{2j}{\pi x} \tag{B-75}$$

$$N_\nu(x)H^{(2)'}_\nu(x)-N'_\nu(x)H^{(2)}_\nu(x)=-\frac{2}{\pi x} \tag{B-76}$$

$$J_\nu(x)H^{(2)'}_\nu(x)-J'_\nu(x)H^{(2)}_\nu(x)=\frac{2}{j\pi x} \tag{B-77}$$

$$H_\nu^{(2)}(x)H_{\nu+1}^{(1)}(x)-H_\nu^{(1)}(x)H_{\nu+1}^{(2)}(x)=\frac{4}{\mathrm{j}\pi x} \tag{B-78}$$

$$J_\nu(-x)=(-1)^\nu J_\nu(x) \tag{B-79}$$

$$N_\nu(-x)=(-1)^\nu[N_\nu(x)+2\,\mathrm{j}J_\nu(x)] \tag{B-80}$$

$$H_\nu^{(1)}(-x)=(-1)^{\nu+1}H_\nu^{(2)}(x) \tag{B-81}$$

$$H_\nu^{(2)}(-x)=(-1)^\nu[H_\nu^{(1)}(x)+2H_\nu^{(2)}(x)] \tag{B-82}$$

10. 变形贝塞尔函数公式

在贝塞尔方程中用 $\mathrm{j}x$ 代换 x，得到变形贝塞尔方程

$$x^2\frac{\mathrm{d}^2y}{\mathrm{d}x^2}+x\frac{\mathrm{d}y}{\mathrm{d}x}-(x^2+\nu^2)y=0 \tag{B-83}$$

此方程的两个线性无关的解分别为 $I_\nu(x)$和 $K_\nu(x)$。$I_\nu(x)$称为第一类变形贝塞尔函数，$K_\nu(x)$称为第二类变形贝塞尔函数，其表达式如下，图 3 和图 4 分别为其图像。

$$I_{\pm\nu}(x)=\mathrm{j}^{\mp\nu}J_{\pm\nu}(\mathrm{j}x)=\sum_{m=0}^{\infty}\frac{(-1)^m}{m!\,\Gamma(\pm\nu+m+1)}\left(\frac{x}{2}\right)^{\pm\nu+2m} \tag{B-84}$$

$$K_\nu(x)=\frac{\pi}{2}\frac{I_{-\nu}(x)-I_\nu(x)}{\sin\nu\pi} \tag{B-85}$$

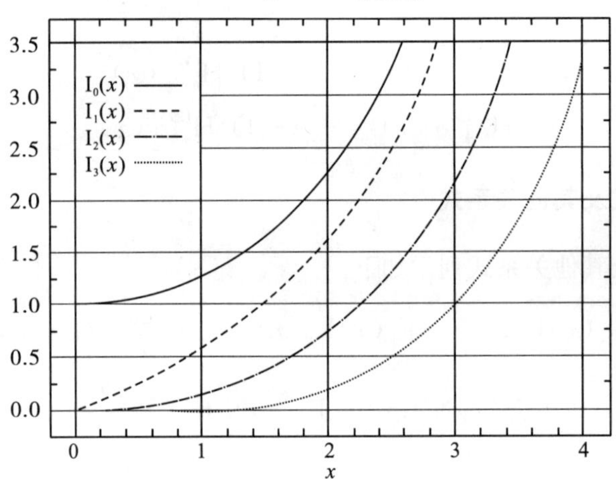

图 3　第一类变形贝塞尔函数图像

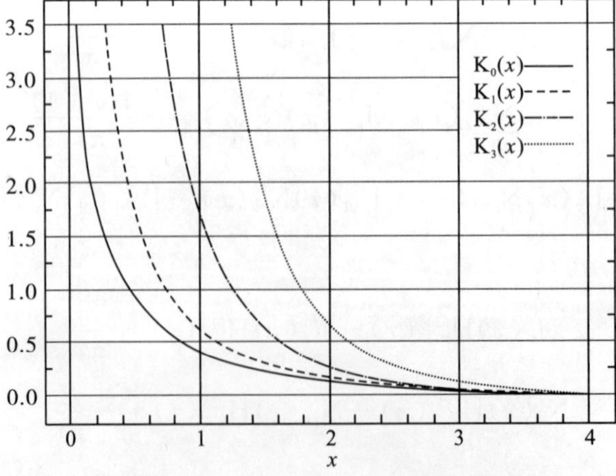

图 4　第二类变形贝塞尔函数图像

(1)变形贝塞尔函数常用公式如下:

$$e^{x\left(2t+\frac{1}{2t}\right)} = \sum_{m=-\infty}^{\infty} j^{-m} J_m(jx) t^m = \sum_{m=-\infty}^{\infty} I_m(x) t^m \tag{B-86}$$

$$I_{-n}(x) = I_n(x) \tag{B-87}$$

$$I_n(-x) = (-1)^n I_n(x) \tag{B-88}$$

$$I'_\nu(x) = \frac{1}{2}[I_{\nu-1}(x) + I_{\nu+1}(x)] \tag{B-89}$$

$$xI'_\nu(x) = \nu I_\nu(x) + xI_{\nu+1}(x) \tag{B-90}$$

$$xI'_\nu(x) = -\nu I_\nu(x) + xI_{\nu-1}(x) \tag{B-91}$$

$$2\nu I_\nu(x) = xI_{\nu-1}(x) - xI_{\nu+1}(x) \tag{B-92}$$

$$I_{\frac{1}{2}}(x) = \sqrt{\frac{2}{\pi x}}\sinh x \tag{B-93}$$

$$\frac{d}{dx}[x^\nu I_\nu(x)] = x^\nu I_{\nu-1}(x) \tag{B-94}$$

$$\frac{d}{dx}[x^{-\nu} I_\nu(x)] = x^{-\nu} I_{\nu+1}(x) \tag{B-95}$$

$$I_{-\frac{1}{2}}(x) = \sqrt{\frac{2}{\pi x}}\cosh x \tag{B-96}$$

$$K_{-\nu}(x) = K_\nu(x) \tag{B-97}$$

$$K'_\nu(x) = -\frac{1}{2}[K_{\nu-1}(x) + K_{\nu+1}(x)] \tag{B-98}$$

$$xK'_\nu(x) = \nu K_\nu(x) - xK_{\nu+1}(x) \tag{B-99}$$

$$xK'_\nu(x) = -\nu K_\nu(x) - xK_{\nu-1}(x) \tag{B-100}$$

$$-2\nu K_\nu(x) = xK_{\nu-1}(x) - xK_{\nu+1}(x) \tag{B-101}$$

$$\frac{d}{dx}[x^\nu K_\nu(x)] = -x^\nu K_{\nu-1}(x) \tag{B-102}$$

$$\frac{d}{dx}[x^{-\nu} K_\nu(x)] = -x^{-\nu} K_{\nu+1}(x) \tag{B-103}$$

$$K_{\pm\frac{1}{2}}(x) = \sqrt{\frac{\pi}{2x}}e^{-x} \tag{B-104}$$

$$I'_\nu(x)K_\nu(x) - I_\nu(x)K'_\nu(x) = I_\nu(x)K_{\nu+1}(x) + I_{\nu+1}(x)K_\nu(x) = \frac{1}{x} \tag{B-105}$$

$$I_\nu(x)K_{\nu+2}(x) - I_{\nu+2}(x)K_\nu(x) = \frac{2\nu+2}{x^2} \tag{B-106}$$

$$I_\nu(x)K'_{\nu+1}(x) + I'_{\nu+1}(x)K_\nu(x) - I_{\nu+1}(x)K'_\nu(x) - I'_\nu(x)K_{\nu+1}(x) = -\frac{2\nu+1}{x^2} \tag{B-107}$$

$$\begin{aligned} I_n(\rho_1+\rho_2) &= \sum_{m=-\infty}^{\infty} I_m(\rho_1)I_{n-m}(\rho_2) \\ &= \sum_{m=0}^{n} I_m(\rho_1)I_{n-m}(\rho_2) + \sum_{m=1}^{\infty}[I_m(\rho_1)I_{n+m}(\rho_2) + I_{n+m}(\rho_1)I_m(\rho_2)] \end{aligned} \tag{B-108}$$

$$\mathrm{I}_n(2x)=[\mathrm{I}_0(x)]^2+2\sum_{m=1}^{\infty}[\mathrm{I}_m(x)]^2 \tag{B-109}$$

$$\mathrm{I}_n(|\boldsymbol{\rho}-\boldsymbol{\rho}'|)=\mathrm{e}^{-\mathrm{j}n(\pi-\varphi)}\sum_{m=-\infty}^{\infty}(-1)^m\mathrm{I}_m(\rho')\mathrm{I}_{n+m}(\rho)\mathrm{e}^{\mathrm{j}m(\varphi-\varphi')} \tag{B-110}$$

$$\begin{aligned}\mathrm{I}_0(|\boldsymbol{\rho}-\boldsymbol{\rho}'|)&=\sum_{m=-\infty}^{\infty}(-1)^m\mathrm{I}_m(\rho')\mathrm{I}_m(\rho)\mathrm{e}^{\mathrm{j}m(\varphi-\varphi')}\\&=\mathrm{I}_0(\rho')\mathrm{I}_0(\rho)+2\sum_{m=1}^{\infty}(-1)^m\mathrm{I}_m(\rho')\mathrm{I}_m(\rho)\cos m(\varphi-\varphi')\end{aligned} \tag{B-111}$$

$$\mathrm{e}^{x\cos\varphi}=\sum_{m=-\infty}^{\infty}\mathrm{I}_m(x)\mathrm{e}^{\mathrm{j}m\varphi}=\mathrm{I}_0(x)+2\sum_{m=1}^{\infty}\mathrm{I}_m(x)\cos m\varphi \tag{B-112}$$

$$\begin{aligned}\mathrm{e}^{x\sin\varphi}&=\sum_{m=-\infty}^{\infty}\mathrm{j}^{-n}\mathrm{I}_m(x)\mathrm{e}^{\mathrm{j}m\varphi}\\&=\mathrm{I}_0(x)+2\sum_{m=1}^{\infty}(-1)^m\mathrm{I}_{2m}(x)\cos 2m\varphi+2\mathrm{j}\sum_{m=0}^{\infty}(-1)^m\mathrm{I}_{2m+1}(x)\sin(2m+1)\varphi\end{aligned} \tag{B-113}$$

$$\cosh(x\cos\varphi)=\mathrm{I}_0(x)+2\sum_{m=1}^{\infty}\mathrm{I}_{2m}(x)\cos 2m\varphi \tag{B-114}$$

$$\sinh(x\cos\varphi)=2\sum_{m=0}^{\infty}\mathrm{I}_{2m+1}(x)\cos(2m+1)\varphi \tag{B-115}$$

$$\cosh(x\sin\varphi)=\mathrm{I}_0(x)+2\sum_{m=1}^{\infty}(-1)^m\mathrm{I}_{2m}(x)\cos 2m\varphi \tag{B-116}$$

$$\sinh(x\sin\varphi)=2\sum_{m=0}^{\infty}(-1)^m\mathrm{I}_{2m+1}(x)\sin(2m+1)\varphi \tag{B-117}$$

$$\mathrm{I}_n(x)=\frac{1}{2\pi}\int_0^{2\pi}\mathrm{e}^{x\cos\varphi}\mathrm{e}^{-\mathrm{j}n\varphi}\mathrm{d}\varphi=\frac{\mathrm{j}^n}{2\pi}\int_0^{2\pi}\mathrm{e}^{x\sin\varphi}\mathrm{e}^{-\mathrm{j}n\varphi}\mathrm{d}\varphi \tag{B-118}$$

$$\mathrm{K}_n(x)=\frac{1}{2}\int_{-\infty}^{+\infty}\mathrm{e}^{-x\cosh t}\mathrm{e}^{-\mathrm{j}nt}\mathrm{d}t=\int_0^{+\infty}\mathrm{e}^{-x\cosh t}\cosh nt\,\mathrm{d}t,(x>0) \tag{B-119}$$

(2)变形贝塞尔函数大自变量渐近式($x\to\infty$)如下：

$$\mathrm{I}_\nu(x)=\sqrt{\frac{1}{2\pi x}}\mathrm{e}^{x}[1+O(x^{-1})] \tag{B-120}$$

$$\mathrm{K}_\nu(x)=\sqrt{\frac{\pi}{2x}}\mathrm{e}^{-x}[1+O(x^{-1})] \tag{B-121}$$

(3)变形贝塞尔函数小自变量渐近式($x\to 0$)如下：

$$\mathrm{I}_0(x)\approx 1+\frac{x^2}{4}\approx 1 \tag{B-122}$$

$$\mathrm{I}_1(x)\approx\frac{x}{2}+\frac{x^3}{16} \tag{B-123}$$

$$\mathrm{I}_\nu(x)\approx\frac{1}{\Gamma(\nu+1)}\left(\frac{x}{2}\right)^\nu \tag{B-124}$$

$$\mathrm{K}_0(x)\approx\ln\frac{2}{x} \tag{B-125}$$

$$\mathrm{K}_\nu(x)\approx\frac{2^{\nu-1}\Gamma(\nu)}{x^\nu} \tag{B-126}$$

附录 C　马蒂厄方程的特征值

当 $q<1$，$-10\leqslant m\leqslant 10$ 时，角向马蒂厄方程的特征值 $a_m(q)$ 和 $b_m(q)$ 可展开成如下级数①。

$$a_m(q)=m^2+\frac{q^2}{2(m-1)(m+1)}+\frac{(5m^2+7)q^2}{32(m-2)(m-1)^3(m+1)^3(m+2)}$$
$$+\frac{(9m^4+58m^2+29)q^6}{64(m-3)(m-2)(m-1)^5(m+1)^5(m+2)(m+3)}$$
$$+\frac{(1\,469m^{10}+9\,144m^8-140\,354m^6+64\,228m^4+827\,565m^2+274\,748)q^8}{8192(m-4)(m-3)(m-2)^3(m-1)^7(m+1)^7(m+2)^3(m+3)(m+4)}$$
$$+\frac{(4\,471m^{12}+69\,361m^{10}-1\,039\,598m^8-2\,844\,430m^6+13\,541\,915m^4+20\,651\,309m^2+4\,453\,452)q^{10}}{16\,384(m-5)(m-4)(m-3)(m-2)^3(m-1)^9(m+1)^9(m+2)^3(m+3)(m+4)(m+5)}$$
$$+O(9^{11})/;\urcorner(m\in z\wedge -10\leqslant m\leqslant 10) \tag{C-1}$$

$$a_0(q)=-\frac{q^2}{2}+\frac{7q^4}{128}-\frac{29q^6}{2\,304}+\frac{68\,687q^8}{18\,874\,368}+\frac{123\,707q^{10}}{104\,857\,600}$$
$$+\frac{8\,022\,167\,579q^{12}}{19\,568\,944\,742\,400}-\frac{286\,241\,141\,477q^{14}}{1\,917\,756\,584\,755\,200}+\frac{7\,534\,554\,811\,777\,337q^{16}}{134\,060\,901\,907\,751\,239\,680}$$
$$-\frac{63\,642\,189\,915\,976\,296\,887q^{18}}{2\,931\,911\,924\,722\,519611\,801\,600}+\frac{4\,011\,632\,808\,829\,219892\,175\,301q^{20}}{469\,105\,907\,955\,603\,137888\,256\,000\,000}+O(q^{21}) \tag{C-2}$$

$$a_1(q)=1+q-\frac{q^2}{8}-\frac{q^3}{64}-\frac{q^4}{1\,536}+\frac{11q^5}{36\,864}+\frac{49q^6}{589\,824}+\frac{55q^7}{9\,437\,184}-\frac{83q^8}{35\,389\,440}-\frac{12\,121q^9}{15\,099\,494\,400}$$
$$-\frac{114\,299q^{10}}{1\,630\,745\,395\,200}+\frac{192\,151q^{11}}{7\,827\,577\,896\,960}+\frac{83\,513\,957q^{12}}{8\,766\,887\,244\,595\,200}$$
$$+\frac{944\,750\,239q^{13}}{981\,891\,371\,394\,662\,400}-\frac{27\,587\,714\,461q^{14}}{94\,261\,571\,653\,887\,590\,400}$$
$$-\frac{45\,487\,147\,753q^{15}}{361\,964\,435\,150\,928\,347\,136}-\frac{11\,583\,279\,236\,477q^{16}}{814\,419\,979\,089\,588\,781\,056\,000}$$
$$+\frac{4\,401\,918\,060\,178\,787q^{17}}{1\,172\,764\,769\,889\,007\,844\,720\,640\,000}+\frac{20\,737\,942\,737\,397\,933q^{18}}{11\,727\,647\,698\,890\,078\,447\,206\,400\,000}$$
$$+\frac{206\,649\,295\,526\,133\,419q^{19}}{938\,211\,815\,911\,206\,275\,776\,512\,000\,000}$$
$$-\frac{230\,932\,630\,430\,735\,533q^{20}}{4586\,813\,322\,232\,564\,014\,907\,392\,000\,000}+O(q^{21}) \tag{C-3}$$

$$a_2(q)=4+\frac{5q^2}{12}-\frac{763q^4}{13\,824}+\frac{1\,002\,401q^6}{79\,626\,240}-\frac{1\,669\,068\,401q^8}{458\,647\,142\,400}+\frac{4\,363\,384\,401\,463q^{10}}{3\,698\,530\,556\,313\,600}$$
$$-\frac{40\,755\,179\,450\,909\,507q^{12}}{99\,416\,501\,353\,709\,568\,000}+\frac{170\,942\,293\,775\,248\,009\,327q^{14}}{1\,145\,278\,095\,594\,734\,223\,360\,000}$$
$$-\frac{11\,586\,143\,933\,886\,768\,007\,817q^{16}}{206\,150\,057\,207\,052\,160\,204\,800\,000}$$
$$+\frac{27\,218491\,783\,251\,329\,740\,936\,233\,551q^{18}}{1\,253\,920\,091\,965\,327\,187\,575\,308\,288\,000\,000}$$
$$-\frac{475\,590\,687\,175\,353\,210\,308\,450\,391\,084\,589q^{20}}{55\,613\,863\,918\,846\,191\,423\,340\,073\,189\,376\,000\,000}+O(q^{21}) \tag{C-4}$$

$$a_3(q)=9+\frac{q^2}{16}+\frac{q^3}{64}+\frac{13q^4}{20\,480}-\frac{5q^5}{16\,384}-\frac{1961q^6}{23\,592\,960}-\frac{609q^7}{104\,857\,600}$$

---

① 文献来自网站，网址为：http：//functions. wolfram. com/MathieuandSpheroidalFunctions/。

$$-\frac{4\,957\,199\,q^{8}}{2\,113\,929\,216\,000}+\frac{872\,713\,q^{9}}{1\,087\,163\,596\,800}+\frac{421\,511\,q^{10}}{6\,012\,954\,214\,400}$$
$$-\frac{16\,738\,435\,813\,q^{11}}{681\,869\,007\,912\,960\,000}-\frac{572\,669\,780\,189\,q^{12}}{60\,115\,798\,248\,652\,800\,000}$$
$$-\frac{27\,992\,567\,161\,q^{13}}{29\,093\,077\,670\,952\,960\,000}+\frac{110\,350\,873\,865\,291\,q^{14}}{377\,046\,286\,615\,550\,361\,600\,000}$$
$$+\frac{10\,234\,605\,999\,596\,669\,q^{15}}{81\,441\,997\,908\,958\,878\,105\,600\,000}$$
$$+\frac{704\,720\,978\,382\,089\,561\,q^{16}}{49\,548\,909\,345\,104\,858\,185\,728\,000\,000}$$
$$-\frac{195\,640\,795\,481\,512\,957\,q^{17}}{52\,122\,878\,661\,733\,681\,987\,584\,000\,000}$$
$$-\frac{40\,878\,632\,822\,977\,874\,980\,039\,q^{18}}{23\,117\,539\,144\,052\,122\,635\,133\,255\,680\,000\,000}$$
$$-\frac{38\,723\,118\,606\,468\,500\,148\,773\,q^{19}}{175\,807\,458\,181\,927\,253\,620\,272\,660\,480\,000\,000}$$
$$+\frac{96\,836\,518\,225\,571\,706\,158\,506\,019\,q^{20}}{1\,923\,379\,256\,785\,136\,603\,243\,086\,872\,576\,000\,000\,000}+O(q^{21}) \tag{C-5}$$

$$a_4(q)=16+\frac{q^2}{30}+\frac{433\,q^4}{864\,000}-\frac{5701\,q^6}{2\,721\,600\,000}-\frac{112\,236\,997\,q^8}{2\,006\,581\,248\,000\,000}$$
$$+\frac{8\,417\,126\,443\,q^{10}}{31\,603\,654\,656\,000\,000\,000}+\frac{2\,887\,659\,548\,698\,709\,q^{12}}{271\,841\,995\,889\,049\,600\,000\,000\,000}$$
$$-\frac{1\,362\,879\,008\,360\,033\,q^{14}}{27\,461\,589\,380\,628\,480\,000\,000\,000\,000}$$
$$-\frac{85\,043\,641\,535\,997\,859\,212\,637\,q^{16}}{34\,723\,400\,260\,812\,848\,234\,496\,000\,000\,000\,000\,000}$$
$$+\frac{100\,385\,830\,833\,154\,261\,150\,792\,187\,q^{18}}{9\,384\,693\,388\,489\,888\,492\,337\,233\,920\,000\,000\,000\,000\,000}+O(q^{21}) \tag{C-6}$$

$$a_5(q)=25+\frac{q^2}{48}+\frac{11\,q^4}{774\,144}+\frac{q^5}{147\,456}+\frac{37\,q^6}{891\,813\,888}-\frac{7\,q^7}{339\,738\,624}$$
$$+\frac{63\,439\,q^8}{201\,364\,441\,399\,296}-\frac{q^9}{2\,130\,840\,649\,728}-\frac{60\,609\,509\,q^{10}}{5\,799\,295\,912\,299\,724\,800}$$
$$-\frac{6655\,q^{11}}{88\,370\,223\,425\,519\,616}+\frac{105\,674\,803\,279\,q^{12}}{2\,400\,630\,141\,488\,295\,680\,409\,600}$$
$$+\frac{5\,574\,517\,q^{13}}{4\,988\,322\,371\,923\,731\,283\,968}-\frac{16\,772\,318\,839\,q^{14}}{395\,075\,131\,856\,359\,517\,690\,265\,600}$$
$$+\frac{65\,998\,078\,949\,q^{15}}{2\,394\,394\,738\,523\,391\,016\,304\,640\,000}$$
$$+\frac{670\,043\,657\,712\,623\,q^{16}}{3\,247\,054\,871\,864\,845\,067\,146\,864\,392\,929\,280}$$
$$-\frac{6\,770\,772\,278\,721\,223\,q^{17}}{49\,062\,642\,294\,661\,120\,520\,076\,247\,695\,360\,000}$$
$$+\frac{240\,333\,014\,990\,212\,253\,q^{18}}{56\,109\,108\,185\,824\,522\,760\,297\,816\,709\,817\,958\,400}$$
$$+\frac{120\,574\,357\,589\,460\,233\,q^{19}}{452\,161\,311\,387\,596\,886\,713\,022\,698\,760\,437\,760\,000}$$
$$-\frac{50\,669\,327\,402\,196\,350\,835\,443\,q^{20}}{565\,579\,810\,513\,111\,189\,423\,801\,992\,434\,965\,020\,672\,000\,000}+O(q^{21}) \tag{C-7}$$

$$a_6(q)=36+\frac{q^2}{70}+\frac{187\,q^4}{43\,904\,000}+\frac{6\,743\,617\,q^6}{92\,935\,987\,200\,000}-\frac{2\,337\,184\,771\,q^8}{23\,315\,780\,468\,736\,000\,000}$$
$$+\frac{107\,856\,094\,183\,q^{10}}{1\,595\,835\,640\,971\,264\,000\,000\,000}$$
$$-\frac{6\,219\,042\,272\,496\,549\,577\,q^{12}}{6\,566\,958\,136\,066\,696\,858\,828\,800\,000\,000\,000}$$
$$+\frac{176\,848\,789\,897\,619\,589\,410\,449\,q^{14}}{93\,702\,612\,251\,908\,484\,139\,256\,381\,440\,000\,000\,000\,000}$$

$$-\frac{1\,312\,104\,713\,817\,372\,060\,914\,843\,821\,q^{16}}{430\,982\,041\,632\,244\,675\,849\,038\,417\,887\,232\,000\,000\,000\,000\,000}$$
$$+\frac{159\,171\,985\,780\,417\,056\,808\,424\,886\,521\,009\,q^{18}}{7\,389\,652\,564\,389\,797\,791\,681\,680\,636\,167\,910\,850\,560000\,000\,000\,000\,000}$$
$$-\frac{352\,531\,861\,885\,330\,332\,479\,936\,898\,959\,174\,099\,749\,q^{20}}{6\,627\,749\,826\,390\,952\,080\,168\,132\,635\,856\,454\,570\,223\,861\,760\,000\,000\,000\,000\,000\,000}+O(q^{21}) \tag{C-8}$$

$$a_7(q)=49+\frac{q^2}{96}+\frac{7\,q^4}{4\,423\,680}+\frac{17\,q^6}{20\,384\,317\,440}+\frac{q^7}{2\,123\,366\,400}+\frac{80\,617\,q^8}{103\,324\,028\,239\,872\,000}$$
$$-\frac{q^9}{2\,174\,327\,193\,600}+\frac{22\,381\,q^{10}}{19\,044\,684\,885\,173\,207\,040}+\frac{121\,q^{11}}{1\,502\,894\,956\,216\,320\,000}$$
$$+\frac{1\,585\,697\,167\,q^{12}}{475\,355\,334\,733\,923\,247\,718\,400\,000}-\frac{169\,q^{13}}{4\,155\,203\,974\,946\,881\,536\,000}$$
$$-\frac{4\,087\,866\,435\,403\,q^{14}}{107\,331\,431\,740\,241\,997\,948\,832\,972\,800\,000}$$
$$-\frac{619\,q^{15}}{11\,770\,607\,986\,095\,528\,345\,600\,000}$$
$$+\frac{127\,886\,416\,305\,104\,603\,q^{16}}{2\,393\,782\,869\,301\,730\,012\,493\,396\,119\,126\,016\,000\,000}$$
$$-\frac{710\,653\,159\,q^{17}}{5\,337\,927\,405\,856\,933\,273\,185\,288\,192\,000\,000}$$
$$-\frac{4\,615\,810\,827\,596\,713\,259\,q^{18}}{165\,458\,271\,926\,135\,578\,463\,543\,539\,753\,990\,225\,920\,000\,000}$$
$$-\frac{8\,903\,677\,513\,487\,q^{19}}{13\,856\,405\,477\,219\,661\,667\,865\,298\,500\,321\,280\,000\,000}$$
$$+\frac{6\,648\,543\,660\,666\,518\,664\,511\,q^{20}}{648\,066\,959\,480\,287\,833\,726\,007\,336\,508\,428\,916\,883\,456\,000\,000\,000}+O(q^{21}) \tag{C-9}$$

$$a_8(q)=64+\frac{q^2}{126}+\frac{109\,q^4}{160\,030\,080}+\frac{2707\,q^6}{13\,973\,506\,525\,440}-\frac{8\,826\,844\,303\,q^{10}}{6\,088\,918\,573\,525\,228\,742\,246\,400}$$
$$+\frac{1\,515\,253\,244\,196\,940\,621\,q^{14}}{19\,065\,016\,210\,783\,962\,279\,192\,767\,442\,085\,478\,400\,000}$$
$$-\frac{718\,193\,843\,284\,873\,708\,135\,309\,579\,q^{16}}{793\,447\,490\,813\,706\,069\,985\,104\,693\,586\,949\,714\,944\,720\,896\,000\,000}$$
$$+\frac{2\,003\,770\,466\,274\,941\,097\,606\,322\,564\,005\,809\,q^{18}}{2\,526\,377\,173\,424\,697\,820\,060\,353\,486\,656\,610\,660\,515\,990\,570\,815\,979\,520\,000\,000}$$
$$-\frac{279\,965\,926\,267\,161\,319\,306\,810\,784\,467\,204\,616\,783\,q^{20}}{834\,262\,291\,310\,042\,453\,898\,585\,976\,646\,535\,297\,604\,118\,819\,087\,309\,409\,878\,016\,000\,000\,000}+O(q^{21}) \tag{C-10}$$

$$a_9(q)=81+\frac{q^2}{160}+\frac{103\,q^4}{315\,392\,000}+\frac{1993\,q^6}{36\,333\,158\,400\,000}+\frac{425\,125\,339\,q^8}{28\,676\,616\,703\,967\,232\,000\,000}$$
$$+\frac{q^9}{106\,542\,032\,486\,400}+\frac{1\,130\,345\,443\,q^{10}}{203\,922\,607\,672\,655\,872\,000\,000\,000}$$
$$-\frac{11\,q^{11}}{2\,727\,476\,031\,651\,840\,000}+\frac{62\,629\,265\,104\,555\,151\,q^{12}}{22\,563\,907\,986\,167\,495\,394\,538\,291\,200\,000\,000\,000}$$
$$+\frac{31\,447\,q^{13}}{68\,997\,143\,004\,432\,039\,936\,000\,000}$$
$$+\frac{80\,555\,146\,157\,400\,451\,q^{14}}{41\,259\,717\,460\,420\,563\,007\,155\,732\,480\,000\,000\,000\,000}$$
$$-\frac{7\,339\,639\,q^{15}}{171\,686\,970\,880\,788\,333\,613\,547\,520\,000\,000}$$
$$+\frac{405\,059\,575\,281\,583\,710\,161\,972\,141\,q^{16}}{167\,926\,821\,562\,095\,099\,968\,656\,489\,164\,199\,428\,096\,000\,000\,000\,000\,000}$$
$$-\frac{15\,120\,710\,271\,341\,q^{17}}{2\,201\,990\,611\,321\,866\,125\,684\,585\,325\,920\,256\,000\,000\,000}$$
$$-\frac{11\,523\,405\,880\,011\,634\,059\,270\,211\,650\,029\,q^{18}}{940\,175\,254\,416\,133\,078\,096\,516\,459\,013\,386\,622\,069\,637\,120\,000\,000\,000\,000\,000}$$
$$+\frac{15\,089\,819\,507\,835\,055\,103\,567\,092\,482\,603\,681\,329\,q^{20}}{1\,936\,670\,767\,272\,810\,192\,103\,326\,639\,987\,511\,156\,347\,733\,782\,036\,480\,000\,000\,000\,000\,000\,000}+O(q^{21}) \tag{C-11}$$

$$a_{10}(q)=100+\frac{q^2}{198}+\frac{169\,q^4}{993\,586\,176}+\frac{31\,943\,q^6}{1\,772\,341\,136\,197\,632}+\frac{1\,704\,670\,559\,q^8}{569\,203\,604\,713\,406\,176\,690\,176}$$
$$+\frac{370\,335\,410\,859\,899\,q^{10}}{12\,496\,432\,546\,743\,250\,420\,538\,529\,546\,240}$$
$$-\frac{214\,594\,017\,197\,038\,697\,689\,q^{12}}{24\,728\,051\,091\,987\,796\,768\,549\,356\,462\,392\,664\,391\,680}$$
$$+\frac{5\,861\,959\,225\,549\,071\,902\,627\,q^{14}}{6\,849\,020\,157\,994\,773\,168\,515\,969\,871\,284\,328\,000\,745\,635\,840}$$
$$-\frac{8\,114\,398\,180\,685\,822\,279\,346\,163\,q^{16}}{673\,635\,344\,764\,279\,156\,614\,477\,007\,813\,514\,698\,348\,562\,609\,464\,147\,968}$$
$$+\frac{1\,938\,126\,664\,701\,022\,749\,795\,786\,101\,196\,163\,q^{18}}{71\,231\,950\,759\,419\,817\,062\,813\,360\,338\,411\,255\,588\,508\,033\,607\,893\,280\,150\,026\,977\,280}$$
$$-\frac{241\,356\,573\,945\,261\,403\,675\,626\,142\,142\,516\,673\,875\,393\,q^{20}}{2\,234\,061\,918\,057\,835\,606\,504\,427\,982\,965\,659\,891\,273\,495\,159\,651\,078\,524\,001\,326\,093\,828\,096\,000\,000}+O(q^{21})\tag{C-12}$$

$$b_m(q)=m^2+\frac{q^2}{2(m-1)(m+1)}+\frac{(5\,m^2+7)q^4}{32(m-2)(m-3)^3(m+1)^1(m+2)}$$
$$+\frac{(9\,m^4+58\,m^2+29)q^6}{64(m-3)(m-2)(m-1)^5(m+1)^5(m+2)(m+3)}$$
$$+\frac{(1469\,m^{10}+9144\,m^8-140\,354\,m^6+64\,228\,m^4+827\,565\,m^2+274\,748)q^8}{8192(m-4)(m-3)(m-2)^3(m-1)^7(m+1)^7(m+2)^3(m+3)(m+4)}$$
$$+\frac{[4471\,m^{12}+69\,361\,m^{10}-1\,039\,598\,m^8-2\,844\,430\,m^6+13\,541\,915\,m^4+20\,651\,309\,m^2+4\,453\,452]q^{10}}{16384(m-5)(m-4)(m-3)(m-2)^3(m-1)^9(m+1)^9(m+2)^3(m+3)(m+4)(m+5)}$$
$$+O(q^{11})/;\urcorner(m\in z\wedge-10\leqslant m\leqslant 10)\tag{C-13}$$

$$b_0(q)=-\frac{q^2}{2}+\frac{7\,q^4}{128}-\frac{29\,q^6}{2304}+\frac{68\,687\,q^8}{18\,874\,368}-\frac{123\,707\,q^{10}}{104\,857\,600}+O(q^{11})\tag{C-14}$$

$$b_1(q)=1-q-\frac{q^2}{8}+\frac{q^3}{64}-\frac{q^4}{1536}-\frac{11\,q^5}{36\,864}+\frac{49\,q^6}{9\,437\,184}-\frac{55\,q^7}{589\,824}-\frac{83\,q^8}{35\,389\,440}+\frac{12\,121\,q^9}{15\,099\,494\,400}$$
$$-\frac{114\,299\,q^{10}}{1\,630\,745\,395\,200}-\frac{192\,151\,q^{11}}{7\,827\,577\,896\,960}+\frac{83\,513\,957\,q^{12}}{8\,766\,887\,244\,595\,200}$$
$$-\frac{944\,750\,239\,q^{13}}{981\,891\,371\,394\,662\,400}-\frac{27\,587\,714\,461\,q^{14}}{94\,261\,571\,653\,887\,590\,400}$$
$$+\frac{45\,487\,147\,753\,q^{15}}{361\,964\,435\,150\,928\,347\,136}-\frac{11\,583\,279\,236\,477\,q^{16}}{814\,419\,979\,089\,588\,781\,056\,000}$$
$$-\frac{4\,401\,918\,060\,178\,787\,q^{17}}{1\,172\,764\,769\,889\,007\,844\,720\,640\,000}+\frac{20\,737\,942\,737\,397\,933\,q^{18}}{11\,727\,647\,698\,890\,078\,447\,206\,400\,000}$$
$$-\frac{206\,649\,295\,526\,133\,419\,q^{19}}{938\,211\,815\,911\,206\,275\,776\,512\,000\,000}-\frac{230\,932\,630\,430\,735\,533\,q^{20}}{4\,586\,813\,322\,232\,564\,014\,907\,392\,000\,000}+O(q^{21})\tag{C-15}$$

$$b_2(q)=4-\frac{q^2}{12}+\frac{5\,q^4}{13\,824}-\frac{289\,q^6}{79\,626\,240}+\frac{21\,391\,q^8}{458\,647\,142\,400}-\frac{2\,499\,767\,q^{10}}{3\,698\,530\,556\,313\,600}$$
$$+\frac{1\,046\,070\,973\,q^{12}}{99\,416\,501\,353\,709\,568\,000}-\frac{196\,784\,996\,207\,q^{14}}{1\,145\,278\,095\,594\,734\,223\,360\,000}$$
$$+\frac{598\,543\,743\,703\,q^{16}}{206\,150\,057\,207\,052\,160\,204\,800\,000}$$
$$-\frac{63\,122\,700\,730\,716\,751\,q^{18}}{1\,253\,920\,091\,965\,327\,187\,575\,308\,288\,000\,000}$$
$$+\frac{49\,524\,045\,775\,449\,454\,931\,q^{20}}{55\,613\,863\,918\,846\,191\,423\,340\,073\,189\,376\,000\,000}+O(q^{21})\tag{C-16}$$

$$b_3(q)=9+\frac{q^2}{16}-\frac{q^3}{64}+\frac{13\,q^4}{20\,480}+\frac{595}{16\,384}-\frac{1961\,q^6}{23\,592\,960}+\frac{609\,q^7}{104\,857\,600}+\frac{4\,957\,199\,q^8}{2\,113\,929\,216\,000}$$
$$-\frac{872\,713\,q^9}{1\,087\,163\,596\,800}+\frac{421\,511\,q^{10}}{6\,012\,954\,214\,400}+\frac{16\,738\,435\,813\,q^{11}}{681\,869\,007\,912\,960\,000}$$
$$-\frac{572\,669\,780\,189\,q^{12}}{60\,115\,798\,248\,652\,800\,000}+\frac{27\,992\,567\,161\,q^{13}}{29\,093\,077\,670\,952\,960\,000}$$

$$
+\frac{110\ 350\ 873\ 865\ 291\ q^{14}}{377\ 046\ 286\ 615\ 550\ 361\ 600\ 000}-\frac{10\ 234\ 605\ 999\ 596\ 669\ q^{15}}{81\ 441\ 997\ 908\ 958\ 878\ 105\ 600\ 000}
$$

$$
-\frac{704\ 720\ 978\ 382\ 089\ 561\ q^{16}}{49\ 548\ 909\ 345\ 104\ 858\ 185\ 728\ 000\ 000}
$$

$$
+\frac{195\ 640\ 795\ 481\ 512\ 957\ q^{17}}{52\ 122\ 878\ 661\ 733\ 681\ 987\ 584\ 000\ 000}
$$

$$
-\frac{40\ 878\ 632\ 822\ 977\ 874\ 980\ 039\ q^{18}}{23\ 117\ 539\ 144\ 052\ 122\ 635\ 133\ 255\ 680\ 000\ 000}
$$

$$
+\frac{38\ 723\ 118\ 606\ 468\ 500\ 148\ 773\ q^{19}}{175\ 807\ 458\ 181\ 927\ 253\ 620\ 272\ 660\ 480\ 000\ 000}
$$

$$
+\frac{96\ 836\ 518\ 225\ 571\ 706\ 158\ 506\ 019\ q^{20}}{1\ 923\ 379\ 256\ 785\ 136\ 603\ 243\ 086\ 872\ 576\ 000\ 000\ 000}+O(q^{21}) \tag{C-17}
$$

$$
b_4(q)=16+\frac{q^2}{30}-\frac{317\ q^4}{864\ 000}+\frac{10\ 049\ q^6}{2\ 721\ 600\ 000}-\frac{93\ 824\ 197\ q^8}{2\ 006\ 581\ 248\ 000\ 000}
$$

$$
+\frac{21\ 359\ 366\ 443\ q^{10}}{31\ 603\ 654\ 656\ 000\ 000\ 000}-\frac{2\ 860\ 119\ 307\ 587\ 541\ q^{12}}{271\ 841\ 995\ 889\ 049\ 600\ 000\ 000\ 000}
$$

$$
+\frac{674\ 066\ 844\ 771\ 031\ q^{14}}{3\ 923\ 084\ 197\ 232\ 640\ 000\ 000\ 000\ 000}
$$

$$
-\frac{100\ 817\ 210\ 359\ 950\ 705\ 228\ 637\ q^{16}}{34\ 723\ 400\ 260\ 812\ 848\ 234\ 496\ 000\ 000\ 000\ 000\ 000}
$$

$$
+\frac{472\ 428\ 361\ 549\ 262\ 608\ 073\ 838\ 587\ q^{18}}{9\ 384\ 693\ 388\ 489\ 888\ 492\ 337\ 233\ 920\ 000\ 000\ 000\ 000\ 000}
$$

$$
-\frac{154\ 037\ 203\ 587\ 442\ 993\ 906\ 456\ 195\ 807\ 519\ q^{20}}{172\ 978\ 668\ 536\ 645\ 624\ 690\ 759\ 895\ 613\ 440\ 000\ 000\ 000\ 000\ 000\ 000}+O(q^{21}) \tag{C-18}
$$

$$
b_5(q)=25+\frac{q^2}{48}+\frac{11\ q^4}{774\ 144}-\frac{q^5}{147\ 456}+\frac{37\ q^6}{891\ 813\ 888}+\frac{7\ q^7}{339\ 738\ 624}+\frac{63\ 439\ q^8}{201\ 364\ 441\ 399\ 296}
$$

$$
+\frac{q^9}{2\ 130\ 840\ 649\ 728}-\frac{60\ 609\ 509\ q^{10}}{5\ 799\ 295\ 912\ 299\ 724\ 800}+\frac{6655\ q^{11}}{88\ 370\ 223\ 425\ 519\ 616}
$$

$$
+\frac{105\ 674\ 803\ 279\ q^{12}}{2\ 400\ 630\ 141\ 488\ 295\ 680\ 409\ 600}+\frac{5\ 574\ 517\ q^{13}}{4\ 988\ 322\ 371\ 923\ 731\ 283\ 968}
$$

$$
-\frac{16\ 772\ 318\ 839\ q^{14}}{395\ 075\ 131\ 856\ 359\ 517\ 690\ 265\ 600}-\frac{65\ 998\ 078\ 949\ q^{15}}{2\ 394\ 394\ 738\ 523\ 391\ 016\ 304\ 640\ 000}
$$

$$
+\frac{670\ 043\ 657\ 712\ 623\ q^{16}}{3\ 247\ 054\ 871\ 864\ 845\ 067\ 146\ 864\ 392\ 929\ 280}
$$

$$
+\frac{6\ 770\ 772\ 278\ 721\ 223\ q^{17}}{49\ 062\ 642\ 294\ 661\ 120\ 520076\ 247\ 695\ 360\ 000}
$$

$$
+\frac{240\ 333\ 014\ 990\ 212\ 253\ q^{18}}{56\ 109\ 108\ 185\ 824\ 522\ 760\ 297\ 816\ 709\ 817\ 958\ 400}
$$

$$
-\frac{120\ 574\ 357\ 589\ 460\ 233\ q^{19}}{452\ 161\ 311\ 387\ 596\ 886\ 713\ 022\ 698\ 760\ 437\ 760\ 000}
$$

$$
-\frac{50\ 669\ 327\ 402\ 196\ 350\ 835\ 443\ q^{20}}{565\ 579\ 810\ 513\ 111\ 189\ 423\ 801\ 992\ 434\ 965\ 020\ 672\ 000\ 000}+O(q^{21}) \tag{C-19}
$$

$$
b_6(q)=36+\frac{q^2}{70}+\frac{187\ q^4}{43\ 904\ 000}-\frac{5\ 861\ 633\ q^6}{92\ 935\ 987\ 200\ 000}+\frac{2\ 825\ 925\ 629\ q^8}{23\ 315\ 780\ 468\ 736\ 000\ 000}
$$

$$
+\frac{45\ 361\ 065\ 433\ q^{10}}{1\ 595\ 835\ 640\ 971\ 264\ 000\ 000\ 000}
$$

$$
-\frac{5\ 579\ 610\ 563\ 247\ 909\ 577\ q^{12}}{6\ 566\ 958\ 136\ 066\ 696\ 858\ 828\ 800\ 000\ 000\ 000}
$$

$$
+\frac{210\ 968\ 021\ 365\ 243\ 733\ 001\ 199\ q^{14}}{93\ 702\ 612\ 251\ 908\ 484\ 139\ 256\ 381\ 440\ 000\ 000\ 000\ 000}
$$

$$
-\frac{17\ 871\ 705\ 224\ 834\ 685\ 935\ 771\ 821\ q^{16}}{430\ 982\ 041\ 632\ 244\ 675\ 849\ 038\ 417\ 887\ 232\ 000\ 000\ 000\ 000\ 000}
$$

$$
-\frac{139\ 633\ 570\ 904\ 270\ 043\ 589\ 485\ 822\ 895\ 441\ q^{18}}{7\ 389\ 652\ 564\ 389\ 797\ 791\ 681\ 680\ 636\ 167\ 910\ 850\ 560\ 000\ 000\ 000\ 000\ 000\ 000}
$$

$$
+\frac{399\ 572\ 262\ 352\ 900\ 565\ 424\ 308\ 968\ 663\ 357\ 740\ 251\ q^{20}}{6\ 627\ 749\ 826\ 390\ 952\ 080\ 168\ 132\ 635\ 856\ 454\ 570\ 223\ 861\ 760\ 000\ 000\ 000\ 000\ 000\ 000}+O(q^{21}) \tag{C-20}
$$

$$b_7(q)=49+\frac{q^2}{96}+\frac{7\,q^4}{4\,423\,680}+\frac{17\,q^6}{20\,384\,317\,440}-\frac{q^7}{2\,123\,366\,400}+\frac{80\,617\,q^8}{103\,324\,028\,239\,872\,000}$$
$$+\frac{q^9}{2\,174\,327\,193\,600}+\frac{22\,381\,q^{10}}{19\,044\,684\,885\,173\,207\,040}-\frac{121\,q^{11}}{1\,502\,894\,956\,216\,320\,000}$$
$$+\frac{1\,585\,697\,167\,q^{12}}{475\,355\,334\,733\,923\,247\,718\,400\,000}+\frac{169\,q^{13}}{4\,155\,203\,974\,946\,881\,536\,000}$$
$$-\frac{4\,087\,866\,435\,403\,q^{14}}{107\,331\,431\,740\,241\,997\,948\,832\,972\,800\,000}$$
$$+\frac{619\,q^{15}}{11\,770\,607\,986\,095\,528\,345\,600\,000}$$
$$+\frac{127\,886\,416\,305\,104\,603\,q^{16}}{2\,393\,782\,869\,301\,730\,012\,493\,396\,119\,126\,016\,000\,000}$$
$$+\frac{710\,653\,159\,q^{17}}{5\,337\,927\,405\,856\,933\,273\,185\,288\,192\,000\,000}$$
$$-\frac{4\,615\,810\,827\,596\,713\,259\,q^{18}}{165\,458\,271\,926\,135\,578\,463\,543\,539\,753\,990\,225\,920\,000\,000}$$
$$+\frac{8\,903\,677\,513\,487\,q^{19}}{13\,856\,405\,477\,219\,661\,667\,865\,298\,500\,321\,280\,000\,000}$$
$$+\frac{6\,648\,543\,660\,666\,518\,664\,511\,q^{20}}{648\,066\,959\,480\,287\,833\,726\,007\,336\,508\,428\,916\,883\,456\,000\,000\,000}+O(q^{21}) \tag{C-21}$$

$$b_8(q)=64+\frac{q^2}{126}+\frac{109\,q^4}{160\,030\,080}+\frac{2707\,q^6}{13973\,506\,525\,440}-\frac{52\,492\,329\,667\,q^8}{22\,716\,763\,094\,823\,469\,056\,000}$$
$$+\frac{9\,604\,120\,067\,q^{10}}{6\,088\,918\,573\,525\,228\,742\,246\,400}$$
$$-\frac{52\,131\,336\,111\,051\,551\,q^{12}}{343\,105\,787\,905\,984\,995\,846\,250\,718\,822\,400\,000}$$
$$+\frac{3\,037\,944\,758\,311\,201\,111\,q^{14}}{19\,065\,016\,210\,783\,962\,279\,192\,767\,442\,085\,478\,400\,000}$$
$$-\frac{688\,644\,321\,431\,203\,907\,962\,783\,243\,q^{16}}{793\,447\,490\,813\,706\,069\,985\,104\,693\,586\,949\,714\,944\,720\,896\,000\,000}$$
$$+\frac{2\,113\,914\,045\,440\,842\,540\,935\,295\,950\,474\,929\,q^{18}}{2\,526\,377\,173\,424\,697\,820\,060\,353\,486\,656\,610\,660\,515\,990\,570\,815\,979\,520\,000\,000}$$
$$-\frac{222\,064\,082\,834\,050\,351\,792\,146\,883\,461\,654\,210\,383\,q^{20}}{834\,262\,291\,310\,042\,453\,898\,585\,976\,646\,535\,297\,604\,118\,819\,087\,309\,409\,878\,016\,000\,000\,000}+O(q^{21}) \tag{C-22}$$

$$b_9(q)=81+\frac{q^2}{160}+\frac{103\,q^4}{315\,392\,000}+\frac{1993\,q^6}{36\,333\,158\,400\,000}+\frac{425\,125\,339\,q^8}{28\,676\,616\,703\,967\,232\,000\,000}$$
$$-\frac{q^9}{106\,542\,032\,486\,400}+\frac{1\,130\,345\,443\,q^{10}}{203\,922\,607\,672\,655\,872\,000\,000\,000}$$
$$+\frac{11\,q^{11}}{2\,727\,476\,031\,651\,840\,000}$$
$$+\frac{62\,629\,265\,104\,555\,151\,q^{12}}{22\,563\,907\,986\,167\,495\,394\,538\,291\,200\,000\,000\,000}$$
$$-\frac{31\,447\,q^{13}}{68\,997\,143\,004\,432\,039\,936\,000\,000}$$
$$+\frac{80\,555\,146\,157\,400\,451\,q^{14}}{41\,259\,717\,460\,420\,563\,007\,155\,732\,480\,000\,000\,000\,000}$$
$$+\frac{7339\,639\,q^{15}}{171\,686\,970\,880\,788\,333\,613\,547\,520\,000\,000}$$
$$+\frac{405\,059\,575\,281\,583\,710\,161\,972\,141\,q^{16}}{167\,926\,821\,562\,095\,099\,968\,656\,489\,164\,199\,428\,096\,000\,000\,000\,000\,000}$$
$$+\frac{15\,120710\,271\,341\,q^{17}}{2\,201\,990\,611\,321\,866\,125\,684\,585\,325\,920\,256\,000\,000\,000}$$
$$-\frac{11\,523\,405\,880\,011\,634\,059\,270\,211\,650\,029\,q^{18}}{940\,175\,254\,416\,133\,078\,096\,516\,459\,013\,386\,622\,069\,637\,120\,000\,000\,000\,000\,000}$$

$$+\frac{145\ 650\ 578\ 734\ 543\ q^{19}}{31\ 317\ 199\ 805\ 466\ 540\ 454\ 180\ 769\ 079\ 754\ 752\ 000\ 000\ 000\ 000}$$
$$+\frac{15089\ 819\ 507\ 835\ 055\ 103\ 567\ 092\ 482\ 603\ 681\ 329\ q^{20}}{1\ 936\ 670\ 767\ 272\ 810\ 192\ 103\ 326\ 639\ 987\ 511\ 156\ 347\ 733\ 782\ 036\ 480\ 000\ 000\ 000\ 000\ 000\ 000}+O(q^{21}) \tag{C-23}$$

$$b_{10}(q)=100+\frac{q^2}{198}+\frac{169\ q^4}{993\ 586\ 176}+\frac{31\ 943\ q^6}{1\ 772\ 341\ 136\ 197\ 632}+\frac{1\ 704\ 670\ 559\ q^8}{569\ 203\ 604\ 713\ 406\ 176\ 690\ 176}$$
$$-\frac{1\ 768\ 418\ 729\ 052\ 839\ q^{10}}{62\ 482\ 162\ 733\ 716\ 252\ 102\ 692\ 647\ 731\ 200}$$
$$+\frac{1\ 119\ 707\ 449\ 608\ 181\ 806\ 019\ q^{12}}{123\ 640\ 255\ 459\ 938\ 983\ 842\ 746\ 782\ 311\ 963\ 321\ 958\ 400}$$
$$-\frac{24\ 606\ 893\ 441\ 988\ 925\ 522\ 607\ q^{14}}{34\ 245\ 100\ 789\ 973\ 865\ 842\ 579\ 849\ 356\ 421\ 640\ 003\ 728\ 179\ 200}$$
$$+\frac{270\ 635\ 998\ 049\ 518\ 041\ 370\ 843\ 201\ q^{16}}{3\ 368\ 176\ 723\ 821\ 395\ 783\ 072\ 385\ 039\ 067\ 573\ 491\ 742\ 813\ 047\ 320\ 739\ 480}$$
$$+\frac{11\ 314\ 282\ 409\ 772\ 177\ 042\ 594\ 165\ 212\ 832\ 017\ q^{18}}{356\ 159\ 753\ 797\ 099\ 085\ 314\ 066\ 801\ 692\ 056\ 277\ 942\ 540\ 168\ 039\ 466\ 400\ 750\ 134\ 886\ 400}$$
$$-\frac{47\ 256\ 590\ 145\ 830\ 056\ 043\ 660\ 165\ 066\ 696\ 641\ 992\ 589\ q^{20}}{446\ 812\ 383\ 611\ 567\ 121\ 300\ 885\ 596\ 593\ 131\ 978\ 254\ 699\ 031\ 930\ 215\ 704\ 800\ 265\ 218\ 765\ 619\ 200\ 000}+O(q^{21}) \tag{C-24}$$

附录 D　角向马蒂厄函数的高阶级数展开

当 $q<1$，$-6\leqslant m\leqslant 6$ 时，整数阶角向马蒂厄函数可展开成如下级数[①]。

$$
\begin{aligned}
\mathrm{ce}_m(q,z) =& \cos(m z) + \frac{1}{4}\left[\frac{\cos((m-2)z)}{m-1} - \frac{\cos((m+2)z)}{m+1}\right]q \\
&+ \frac{1}{32}\left[\frac{\cos((m-4)z)}{(m-2)(m-1)} - \frac{2(m^2+1)\cos(m z)}{(m-1)^2(m+1)^2} + \frac{\cos((m+4)z)}{(m+1)(m+2)}\right]q^2 \\
&+ \frac{1}{384}\left[\frac{\cos((m-6)z)}{(m-3)(m-2)(m-1)} - \frac{3(m^3-m^2-m-11)\cos((m-2)z)}{(m-2)(m-1)^3(m+1)^2}\right. \\
&\left.- \frac{3(m^3+m^2-m+11)\cos((m+2)z)}{(m-1)^2(m+1)^3(m+2)} - \frac{\cos((m+6)z)}{(m+1)(m+2)(m+3)}\right]q^3 \\
&+ \frac{1}{6144}\left[\frac{\cos((m-8)z)}{(m-4)(m-3)(m-2)(m-1)} - \frac{4(m^3-m^2-7m-29)\cos((m-4)z)}{(m-3)(m-2)(m-1)^3(m+1)^2}\right. \\
&+ \frac{6(m^8-15m^6-185m^4+675m^2+316)\cos(m z)}{(m-2)^2(m-1)^4(m+1)^4(m+2)^2} \\
&\left.- \frac{4(m^3+m^2-7m+29)\cos((m+4)z)}{(m-1)^2(m+1)^3(m+2)(m+3)} + \frac{\cos((m+8)z)}{(m+1)(m+2)(m+2)(m+4)}\right]q^4 \\
&+ \frac{1}{122\,880}\left\{\frac{\cos((m-10)z)}{(m-5)(m-4)(m-3)(m-2)(m-1)} - \frac{5(m^3-m^2-17m-55)\cos((m-6)z)}{(m-4)(m-3)(m-2)(m-1)^3(m+1)^2}\right. \\
&+ \frac{[(10(m^9-m^8-31m^7-5m^6-273m^5+2457m^4]\cos((m-2)z)}{[(m-3)(m-2)^2(m-1)^5(m+1)^4(m+2)^2]} \\
&+ \frac{[1931m^3-6335m^2-3572m-7564)]\cos((m-2)z)}{[(m-3)(m-2)^2(m-1)^5(m+1)^4(m+2)^2]} \\
&- \frac{[10(m^9+m^8-31m^7+5m^6-273m^5-2457m^4-1931m^3]\cos((m+2)z)}{[(m-2)^2(m-1)^4(m+1)^5(m+2)^2(m+3)]} \\
&- \frac{[6335m^2-3572m+7564)]\cos((m+2)z)}{[(m-2)^2(m-1)^4(m+1)^5(m+2)^2(m+3)]} \\
&\left.+ \frac{5(m^3+m^2-17m+55)\cos((m+6)z)}{(m-1)^2(m+1)^3(m+2)(m+3)(m+4)} - \frac{\cos((m+10)z)}{(m+1)(m+2)(m+3)(m+4)(m+5)}\right\}q^5 \\
&+ \frac{1}{2\,949\,120}\left\{\frac{\cos((m-12)z)}{(m-6)(m-5)(m-4)(m-3)(m-2)(m-1)}\right. \\
&- \frac{6(m^3-m^2-31m-89)\cos((m-8)z)}{(m-5)(m-4)(m-3)(m-2)(m-1)^3(m+1)^2} \\
&+ \frac{[15(m^{10}-3m^9-53m^8+69m^7+145m^6+8211m^5-16879m^4-32\,025m^3]\cos((m-4)z)}{[(m-4)(m-3)(m-2)^3(m-1)^5(m+1)^4(m+2)^2]} \\
&+ \frac{[32\,954m^3+16\,404m+71528)]\cos((m-4)z)}{[(m-4)(m-3)(m-2)^3(m-1)^5(m+1)^4(m+2)^2]} \\
&- \frac{[20(m^{14}-72m^{12}+597m^{10}+75\,244m^8-718\,317m^6+153\,312m^4+4\,883\,287m^2+1\,389\,084)\cos(m z)]}{[(m-3)^3(m-2)^2(m-1)^6(m+1)^6(m+2)^2(m+3)^2]} \\
&+ \frac{[15(m^{10}+3m^9-53m^8-69m^7+145m^6-8\,211m^5-16\,879m^4+32\,025m^3)\cos((m+4)z)]}{[(m-2)^2(m-1)^4(m+1)^5(m+2)^3(m+3)(m+4)]} \\
&+ \frac{[32\,954m^2-16\,404m+71\,528)\cos((m+4)z)]}{[(m-2)^2(m-1)^4(m+1)^5(m+2)^3(m+3)(m+4)]}
\end{aligned}
$$

① 文献来自网站，网址：http：//functions. wolfram. com/MathieuandSpheroidalFunctions/。

$$
-\frac{6(m^3+m^2-31m+89)\cos((m+8)z)}{(m-1)^2(m+1)^3(m+2)(m+3)(m+4)(m+5)}
$$

$$
\left.+\frac{\cos((m+12)z)}{(m+1)(m+2)(m+3)(m+4)(m+5)(m+6)}\right\}q^6
$$

$$
+O(q^7)/;\urcorner(m\in z\wedge -10\leqslant m\leqslant 10) \tag{D-1}
$$

$$
\mathrm{se}_m(q,z)=\sin(mz)+\frac{1}{4}\left(\frac{\sin((m-2)z)}{m-1}-\frac{\sin((m+2)z)}{m+1}\right)q
$$

$$
+\frac{1}{32}\left(\frac{\sin((m-4)z)}{(m-2)(m-1)}-\frac{2(m^2+1)\sin(mz)}{(m-1)^2(m+1)^2}+\frac{\sin((m+4)z)}{(m+1)(m+2)}\right)q^2
$$

$$
+\frac{1}{384}\left[\frac{\sin((m+6)z)}{(m-3)(m-2)(m-1)}-\frac{3(m^3-m^2-m-11)\sin((m-2)z)}{(m-2)(m-1)^3(m+1)^2}\right.
$$

$$
\left.+\frac{3(m^3+m^2-m+11)\sin((m+2)z)}{(m-1)^2(m+1)^3(m+2)}-\frac{\sin((m+6)z)}{(m+1)(m+2)(m+3)}\right]q^3
$$

$$
+\frac{1}{6144}\left[\frac{\sin((m-8)z)}{(m-4)(m-3)(m-2)(m-1)}-\frac{4(m^3-m^2-7m-29)\sin((m-4)z)}{(m-3)(m-2)(m-1)^3(m+1)^2}\right.
$$

$$
+\frac{6(m^8-15m^6-185m^4+675m^2+316)\sin(mz)}{(m-2)^2(m-1)^4(m+1)^4(m+2)^2}
$$

$$
\left.-\frac{4(m^3+m^2-7m+29)\sin((m+4)z)}{(m-1)^2(m+1)^3(m+2)(m+3)}+\frac{\sin((m+8)z)}{(m+1)(m+2)(m+3)(m+4)}\right]q^4
$$

$$
+\frac{1}{122\,880}\left[\frac{\sin((m-10)z)}{(m-5)(m-4)(m-3)(m-2)(m-1)}-\frac{5(m^3-m^2-17m-55)\sin((m-6)z)}{(m-4)(m-3)(m-2)(m-1)^3(m+1)^2}\right.
$$

$$
+\frac{10(m^9-m^8-31m^7-5m^6-273m^5+2457m^4+1931m^3-6335m^2-3572m-7564)\sin((m-2)z)}{(m-3)(m-2)^2(m-1)^5(m+1)^4(m+2)^2}
$$

$$
-\frac{10(m^9+m^8-31m^7+5m^6-273m^5-2457m^4+1931m^3+6335m^2-3572m+7564)\sin((m+2)z)}{(m-2)^2(m-1)^4(m+1)^5(m+2)^2(m+3)}
$$

$$
\left.+\frac{5[m^3+m^2-17m+55]\sin((m+6)z)}{(m-1)^2(m+1)^3(m+2)(m+3)(m+4)}-\frac{\sin((m+10)z)}{(m+1)(m+2)(m+3)(m+4)(m+5)}\right]q^5
$$

$$
+\frac{1}{2\,949\,120}\left[\frac{\sin((m-12)z)}{(m-6)(m-5)(m-4)(m-3)(m-2)(m-1)}\right.
$$

$$
-\frac{6[m^3-m^2-31m-89]\sin((m-8)z)}{(m-5)(m-4)(m-3)(m-2)(m-1)^3(m+1)^2}
$$

$$
+\frac{15(m^{10}-3m^9-53m^8+69m^7+145m^6+8211m^5-16879m^4-32\,025m^3)\sin((m-4)z)}{(m-4)(m-3)(m-2)^3(m-1)^5(m+1)^4(m+2)^2}
$$

$$
+\frac{15(32954m^2+16\,404m+71\,528)\sin((m-4)z)}{(m-4)(m-3)(m-2)^3(m-1)^5(m+1)^4(m+2)^2}
$$

$$
-\frac{20(m^{14}-72m^{12}+597m^{10}+75\,244m^8-718\,317m^6+153\,312m^4+4\,883\,287m^2+1\,329084)\sin(mz)}{(m-3)^2(m-2)^2(m-1)^6(m+1)^6(m+2)^2(m+3)^2}
$$

$$
+\frac{15(m^{10}+3m^9-53m^8-69m^7+145m^6-8211m^5-16879m^4)\sin((m+4)z)}{(m-2)^2(m-1)^4(m+1)^5(m+2)^3(m+3)(m+4)}
$$

$$
+\frac{15(32\,025m^3+32\,954m^2-16\,404m+71\,528)\sin((m+4)z)}{(m-2)^2(m-1)^4(m+1)^5(m+2)^3(m+3)(m+4)}
$$

$$
-\frac{6[m^3+m^2-31m+89]\sin((m+8)z)}{(m-1)^2(m+1)^3(m+2)(m+3)(m+4)(m+5)}
$$

$$
\left.+\frac{\sin((m+12)z)}{(m+1)(m+2)(m+3)(m+4)(m+5)(m+6)}\right]q^6
$$

$$
+O(q^7)/;\urcorner(m\in z\wedge -6\leqslant m\leqslant 6) \tag{D-2}
$$